Ökologische Biochemie

Jeffrey B. Harborne

Ökologische Biochemie

Eine Einführung

Aus dem Englischen übersetzt von Andreas Held

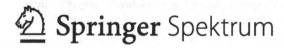
Springer Spektrum

Jeffrey B. Harborne
Dept. of Botany
University of Reading
Reading, Großbritannien

Aus dem Englischen übersetzt von Andreas Held.

ISBN 978-3-642-39850-6 ISBN 978-3-642-39851-3 (eBook)
DOI 10.1007/978-3-642-39851-3

Die Deutsche Nationalbibliothek verzeichnet diese Publikation in der Deutschen Nationalbibliografie; detaillierte bibliografische Daten sind im Internet über http://dnb.d-nb.de abrufbar.

Springer Spektrum
Übersetzung der englischen Ausgabe „Introduction to Ecological Biochemistry. Fourth Edition" von Jeffrey B. Harborne, erschienen bei Academic Press Limited 1993.
© 1993 Academic Press Limited. Alle Rechte vorbehalten.
© Springer-Verlag Berlin Heidelberg 1995, unveränderter Nachdruck 2013

Redaktion: Marianne Mauch

Gedruckt auf säurefreiem und chlorfrei gebleichtem Papier

Springer Spektrum ist eine Marke von Springer DE. Springer DE ist Teil der Fachverlagsgruppe Springer Science+Business Media.
www.springer-spektrum.de

Inhalt

6. Nahrungspräferenzen von Wirbeltieren einschließlich des Menschen

7. Das coevolutionäre Wettrüsten: Pflanzliche Abwehr und tierische Reaktionen

8. Tierische Pheromone und Abwehrsubstanzen

9. Biochemische Wechselwirkungen zwischen höheren Pflanzen

10. Wechselbeziehungen zwischen höheren und niederen Pflanzen: Phytoalexine und Phytotoxine

Vorwort

Laut François Jacob versucht die Naturwissenschaft, das Mögliche dem Tatsächlichen gegenüberzustellen, und indem sie das tut, muß sie zwangsläufig auf ein vereinigendes Weltkonzept verzichten. Jeffrey Harborne rückt dieses Konzept für einen Bereich auf dem Gebiet der Biologie und Biochemie zurecht, und das ist vielleicht der Hauptgrund, warum dieses Buch so rückhaltlos begeistert. Wir warteten alle schon ungeduldig auf eine Synthese, welche die Beziehung zwischen Pflanzen und Insekten mit ihrer ökologischen Biochemie in Zusammenhang bringt; aber zusätzlich zu diesem willkommenen vereinheitlichenden Konzept präsentiert der Autor die komplexe Thematik treffend und einfach. Wir erhalten einen meisterhaften Überblick, so daß wir mit einem Seufzer der Anerkennung und Erleichterung zum ersten Mal nicht nur wissen, wo wir stehen, sondern auch, wie wir weiter fortfahren sollten. Zwar sind die komplizierten Verflechtungen und Wechselbeziehungen ohne Umschweife dargestellt, durch scharfsinniges Sichten und Beurteilen der Beweise, ohne unnötige Ausschmückungen und auf logische wissenschaftliche Art und Weise, doch bleibt ein romantischer Unterton, der den Autor als hervorragenden und engagierten Naturforscher, aber auch als ebensolchen Laborwissenschaftler offenbart.

Merkwürdigerweise waren es Feldforscher (letztendlich die Begründer des britischen Imperiums), die Versuche unternahmen, die Gebiete der Entomologie und der Pflanzenchemie im modernen Sinne zu verbinden. Ihre Phantasie wurde beflügelt durch die evolutionären Auswirkungen der Warnfärbung und der Mimikry der Schmetterlinge. Es waren ihr ansteckender Enthusiasmus und ihr überschwenglicher Schreibstil, heute oft als „anekdotenhaft" abgetan, die mich überhaupt erst ermutigten, die Chemie der Beziehungen zwischen Schmetterlingen (Lepidoptera) und Pflanzen zu erforschen. Die Beobachtungen von C. F. M. Swynnerton fesselten mich besonders, und es war schon tragisch, daß man einen Großteil der kraft seiner Dynamik und seiner unermüdlichen Energie gesammelten Aufzeichnungen nicht zufriedenstellend entziffern konnte, weil er plötzlich in der Blüte seines Lebens starb. Im Jahre 1915 veröffentlichte er einen Bericht über (in Afrika durchgeführte) Fütterungsexperimente mit Schmetterlingen als Beute und Baumhopfen, Hornvögeln und Droßlingen als Räubern, der eindeutig zeigte, daß Danaiden, anders als ihre Nachahmer, giftige Arten waren. Außerdem demonstrierte Swynnerton unzweifelhaft, daß Geschmack und Geruch, wie auch einige chemische Bestandteile, die bei seinen in Käfigen gehaltenen Vögeln zu Erbrechen führten, zu den abschreckenden Eigenschaften dieser Schmetterlinge zählten. Wie er beschrieb, auf welche Weise ein Elternvogel, der ein solches widerliches Insekt verschluckt hatte, seine Jungen davon abzubringen versuchte, ebenfalls davon zu fressen, ist wirklich begeisternd und eindrucksvoll, und wir warten gespannt auf weitere Forschungen zum Sehvermögen und Verhalten von Vögeln auf diesem Gebiet.

Gleichzeitig gelangte E. B. Poulton, der Swynnerton bei seinen Versuchen und scharfsinnigen Beobachtungen unterstützte und über enzyklopädische Kenntnisse über die Natur verfügte, nach Beurteilung der Theorien von Haase, Wallace, Müller, Meldola und Slater zu dem Schluß, die Hypothesen dieser Autoren seien gerechtfertigt: Aposematische – abschreckend gefärbte – Tag- und Nachtfalter, deren Raupen sich von giftigen Pflanzen ernähren, können aus deren Blättern Schutzgifte gewinnen und durch ihre äußere Erscheinung als Vorbilder für harmlose Arten dienen. Poulton trieb daraufhin die chemische Bestätigung dieser Theorien voran, allerdings gelang es ihm nicht selbst. Vielleicht mußte einen solchen Beweis jemand liefern, der sowohl Biochemiker als auch Botaniker war. Ein solcher Wissenschaftler tauchte jedoch erst 50 Jahre später auf, als nämlich T. Reichstein, ein Mann mit enormen Kenntnissen über die Chemie der Schwalbenwurzgewächse (Asclepiadaceae) und Osterluzeigewächse (Aristolochiaceae), seine Aufmerksamkeit den Danaiden und den Papilioniden (Schwalbenschwänzen), die sich von letzteren ernähren, zuwandte. Mittlerweile hatte jedoch Jane van Z. Brower einen großen Schritt nach vorne getan mit einer einwandfreien Reihe von Laborexperimenten, die zeigten, daß Mimikry tatsächlich funktioniert. Weitere bedeutende Beobachtungen von ihr (später bekräftigt und ausgearbeitet in einigen gemeinsamen Veröffentlichungen mit Lincoln Brower) waren, daß sowohl die Nachahmer als auch die Vorbilder für die Räuber etwas unangenehm schmecken und daß dieser schlechte Geschmack, hervorgerufen durch die in einem Schmetterlingsvorbild gespeicherten Pflanzengifte, bei den Beutegreifern einen bleibenden Eindruck hinterläßt. Es waren jedoch T. Reichsteins einzigartige und zuverlässige chemische Erkenntnisse, die plötzlich Klarheit brachten und die Pflanzenfresser und ihre Nahrungspflanzen in einen biochemischen Zusammenhang stellten.

Die Grundlage dafür schuf in gewisser Hinsicht schon Gottfried Frankels intuitive Interpretation der schützenden Rolle der sekundären Pflanzenstoffe; dies wiederum regte Ehrlich und Raven zu ihrer denkwürdigen Veröffentlichung über die Coevolution von Pflanzen und Schmetterlingen an. Und nicht zu vergessen sind all die Feldforscher, welche die grundlegenden Beobachtungen lieferten, die diese Synthese überhaupt erst ermöglichten, insbesondere Sevastopulo, van Someren und Carcasson. Es ist eine merkwürdige Facette der modernen Naturwissenschaft, daß diese Autoren tatsächlich Schwierigkeiten haben, ihre unschätzbar wertvollen Aufzeichnungen über Nahrungspflanzen zu veröffentlichen. Glücklich schätzen konnten sich diejenigen, die sich für die ökologische Chemie der Danaiden interessierten. Denn ihnen stand das von F. A. Urquhart zusammengetragene und veröffentlichte Wissen über die allgemeine Biologie, die Lebensweise und die Wanderung des Monarchfalters zur Verfügung.

Wir haben nun einen Punkt erreicht, an dem subtile Anpassungen zwischen Pflanzen und Insekten offensichtlich werden, von denen wir nie zu träumen gewagt hätten. So wählt das eierlegende Monarchweibchen mit Vorliebe jene *Asclepias*-Arten als Futterpflanzen aus, deren giftige sekundären Pflanzenstoffe dic Raupen am besten aufnehmen und speichern können; die Nachahmer bestimmter Danaiden ähneln ihren Vorbildern nicht nur im Aussehen, sondern sezernieren auch Substanzen, welche die Wirkung der Cardenolide auf das Herz nachahmen.

Die Identifizierung von zehn Herzglykosiden, die sowohl bei *D. plexippus* als auch bei seiner Futterpflanze vorkommen, durch Reichstein schien der Funke zu sein, der ein loderndes Feuer entfachen sollte, denn bis 1966 bestand wirklich nur relativ wenig Interesse an der Coevolution der Biochemie von Pflanzen und Insekten. Die darauffolgende Explosion des Interesses (*embarras de richesse*) hinterließ eine gewisse Verwirrung, und wir können Jeffrey Harborne dankbar sein, daß er die verstreuten Teile des Puzzles in diesem Buch zusammenfügte. Dabei gelang ihm eine Synthese, die reich gewürzt ist mit seinen eigenen ungewöhnlichen Ideen und glänzenden Interpretationen.

Einer der anregendsten Aspekte dieses Buches ist, daß Harborne viele Türen absichtlich offen läßt. Wenn man einen Überblick über ein kompliziertes Gebiet gibt, vermittelt man einem Studenten, der sich neu in dieses Gebiet einarbeitet, allzu leicht das Gefühl, über die Thematik sei schon alles bekannt. Dieses Buch hat genau den entgegengesetzten Effekt: Am Ende jedes Kapitels kommen dem Leser ein Dutzend neue Ideen in den Sinn. Wenngleich dankbar für einen vollständigen und vereinigenden Überblick, insbesondere da das Thema sehr verworren ist und es nur sehr wenig Literatur gibt, wird er angeregt, den nächsten Schritt nach vorne zu tun und die nächste Tür aufzustoßen.

Miriam Rothschild
Ashton Wold
Peterborough, England

Juli 1977

Vorwort des Autors
zur vierten Auflage

Die letzten beiden Jahrzehnte erlebten das Heranwachsen einer neuen, interdisziplinären Forschungsrichtung, verschiedentlich als ökologische Biochemie, chemische oder phytochemische Ökologie bezeichnet; sie befaßt sich mit der Biochemie der Wechselbeziehungen zwischen Pflanzen und Tieren. Ihre Entwicklung ist in nicht geringem Maße der Tatsache zu verdanken, daß man durch Anwendung moderner chemischer Techniken auf biologische Systeme immer erfolgreicher organische Moleküle in winzigsten Mengen identifizieren konnte. Sie erwuchs auch aus dem Bewußtsein von Ökologen, daß chemische Substanzen und insbesondere sekundäre Metabolite wie Alkaloide, Tannine und Terpenoide bei den komplexen Wechselbeziehungen von Tieren beziehungsweise Pflanzen untereinander oder zwischen Tieren und Pflanzen in ihrer natürlichen Umgebung eine bedeutende Rolle spielen. Ein weiterer Anreiz war die mögliche Anwendung solcher neuen Erkenntnisse bei der Bekämpfung von Schadinsekten und mikrobiellen Krankheiten von Nutzpflanzen sowie zur Bewahrung natürlicher Lebensgemeinschaften. Das vorliegende Buch ist als Einführung in die neuen Entwicklungen auf dem Gebiet der Biochemie gedacht, die unser Wissen über die Ökologie von Tieren und Pflanzen so enorm erweitert haben.

Das Buch basiert auf einer Vorlesungsreihe, die ich einige Jahre lang in Reading und an anderen Universitäten abhielt. Es ist so ausgerichtet, daß es sich für das zweite oder dritte Universitätsjahr zum Unterricht in den Fachrichtungen Botanik, Biochemie und Biowissenschaften eignet. Für den Einsatz als Lehrstoff für Studenten möchte ich zwei Punkte hervorheben. Erstens ist jedes Kapitel in sich abgeschlossen, so daß es keine Probleme geben sollte, wenn die Reihenfolge, in der die Kapitel besprochen werden, den Anforderungen eines bestimmten Kurses entsprechend geändert wird. Zweitens habe ich in der Literatur die wichtigsten Bücher und Übersichtsartikel von den übrigen Quellen getrennt aufgelistet, um die weiterführende Literatur für Studenten separat zusammenzustellen. Ich hoffe, daß das Buch als einfache Einführung in eine neue Thematik auch allgemein wertvoll sein wird.

Bei Überarbeitung der vierten Auflage habe ich mich bemüht, auch die jüngsten Entwicklungen auf dem Gebiet der ökologischen Biochemie mit einfließen zu lassen. Auf Kosten der chemischen Abwehr und der Freisetzung von flüchtigen Stoffen, die Räuber anziehen, habe ich neue Abschnitte aufgenommen. Der Abschnitt über die zunehmende Synthese von Giften ist neu verfaßt. In Kapitel 3 habe ich eine Zusammenfassung und an vielen Stellen neue Quellen ergänzt.

Dr. Miriam Rothschild, Mitglied der Royal Society, bin ich für ihr einführendes Vorwort zu Dank verpflichtet. Durch ihre eigenen bahnbrechenden Experimente mit aposematischen Insekten und gleichermaßen durch ihre Unterstützung anderer Wissenschaftler hat Dr. Rothschild mehr als jeder andere zu dieser neuen Forschungsrichtung beigetragen. Dieses Buch hat ihr viel zu verdanken. Ich bedanke mich auch bei zahlreichen Freunden und Kollegen, die mich mit Sonderdrucken über die Ergebnisse ihrer Feldforschungen versorgten. Ebenso bin ich meiner Sekretärin Valerie Norris für ihre Hilfe bei der Überarbeitung des Textes zu Dank verpflichtet. Schließlich ist es mir eine Freude, den Redaktionsmitarbeitern des Verlags für ihren Enthusiasmus und ihre Sachkenntnis bei der Bewältigung dieses Unternehmens meinen anerkennenden Dank auszusprechen.

Diese Ausgabe ist, wie schon die dritte Auflage, Professor Tony Swain (1922–1987) in Erinnerung gewidmet – einem engen Freund und Kollegen und einem der bedeutendsten Pioniere bei der Entwicklung des Forschungsgebiets der ökologischen Biochemie.

Jeffrey B. Harborne
Universität Reading

März 1993

1

Die Pflanze und ihre biochemische Anpassung an die Umwelt

I. Einführung

Der Zusammenschluß von solch unterschiedlichen Disziplinen wie der Ökologie und der Biochemie mag auf den ersten Blick merkwürdig erscheinen. Die Ökologie ist in erster Linie eine beobachtende Wissenschaft; sie befaßt sich mit den Wechselwirkungen zwischen lebenden Organismen in ihrem natürlichen Lebensraum und wird im Feld ausgeführt. Die Biochemie hingegen beschäftigt sich als experimentelle Disziplin mit den Wechselbeziehungen auf molekularer Ebene und geschieht im Labor. Dennoch haben sich die beiden unterschiedlichen Disziplinen in den letzten Jahren mit erstaunlichem Erfolg gegenseitig befruchtet,

und als Folge davon hat sich ein völlig neues Forschungsgebiet eröffnet. „Ökologische Biochemie" ist nur einer der zahlreichen Ausdrücke, mit denen man
diese aufregenden Entwicklungen zu bezeichnen versuchte.

Für den Ökologen haben die Erkenntnisse der Biochemie die komplexen
Wechselbeziehungen und coevolutionären Anpassungen zwischen Pflanzen beziehungsweise Tieren untereinander sowie zwischen Pflanzen und Tieren in be-
merkenswertem Ausmaß erhellt. Das führte beispielsweise zu der Einsicht, daß
Pflanzen hinsichtlich der tierischen Pflanzenfresser funktionell voneinander abhängig sind und sogenannte „pflanzliche Abwehrgilden" bilden (Atsatt und
O'Dowd 1976). Ähnlich haben dem Biochemiker ökologische Studien zum ersten Mal vernünftige und zufriedenstellende Erklärungen für zumindest einen
Teil des enorm vielfältigen sekundären Stoffwechsels geliefert, wie man ihn
bei Pflanzen beobachtet. Der Zweck der Synthese komplexer Terpenoide, Alkaloide und Phenolverbindungen liegt größtenteils in ihrer Verwendung als Abwehrstoffe beim Überlebenskampf der Pflanzen gegen Tierfraß.

Das Ziel des vorliegenden Buches ist es daher, dem studentischen Leser einen
Überblick über die explosionsartige Entwicklung in der ökologischen Biochemie
während der letzten beiden Jahrzehnte zu geben. Die verschiedenen Kapitel befassen sich mit Pflanzen und ihren Wechselbeziehungen zu Tieren und anderen
Pflanzen; Interaktionen zwischen Tieren werden detaillierter in Kapitel 8 betrachtet. An diesem Punkt möchte ich betonen, daß ich die Biochemie vieler Wechselbeziehungen hier absichtlich vereinfacht dargestellt habe, um eine verständliche
Beschreibung zu liefern. Es sei bemerkt, daß eine Wechselbeziehung zwischen
einer Nahrungspflanzenart und einer herbivoren Tierart sehr subtil und komplex
sein kann und daß bestimmte Aspekte einer solchen Wechselbeziehung einer lang-
jährigen Untersuchung bedürfen, bevor alle Einzelheiten offenbart sind. Darüber
hinaus kann sich ein dritter Organismus kontrollierend auf das Zusammenspiel
zwischen einer Pflanze und einem Tier auswirken – etwa ein Parasitoid des Tieres
oder ein Mikroorganismus, der die Pflanze infiziert.

Der Begriff „Pflanze" bezieht sich in diesem Buch in der Regel auf höhere
Pflanzen, und hier vor allem auf Angiospermen (Bedecktsamer), Gymnospermen
(Nacktsamer) und Farne. Pilze, Bakterien und Viren werden im allgemeinen als
Mikroorganismen bezeichnet; andere Pflanzengruppen wie Algen, Moose und
Lebermoose werden nur selten erwähnt, vor allem, weil ihre ökologische Bioche-
mie bisher noch nicht sehr detailliert untersucht worden ist.

Die in diesem Buch erwähnte Auswahl von Tieren beschränkt sich auf jene
Taxa, die experimentell erforscht wurden, und ist sicherlich nicht repräsentativ
für das gesamte Tierreich. Dies liegt ganz einfach darin begründet, daß sich
die Studien über die Interaktionen zwischen Pflanzen und Tieren hinsichtlich
der Ernährung und Abwehr bisher großenteils auf das Insektenreich konzentrier-
ten. Erst in jüngster Zeit hat man überhaupt biochemische Aspekte der Säugetier-
ökologie erforscht.

Die starke Betonung der Pflanzen in diesem Buch ergibt sich zumindest teilweise aus der Tatsache, daß Pflanzen biochemisch gesehen vielfältiger sind als
Tiere. Zwar verfügen auch Tiere über einen Sekundärstoffwechsel (Luckner

Tabelle 1.1: Hauptklassen sekundärer Pflanzenstoffe, die an Wechselbeziehungen zwischen Pflanzen und Tieren beteiligt sind

Klasse	ungefähre Zahl von Verbindungen	Verbreitung	physiologische Wirkung
Stickstoffverbindungen			
Alkaloide	10 000	weit verbreitet bei Angiospermen, besonders in Wurzeln, Blättern und Früchten	viele giftig und bitter schmeckend
Amine	100	weit verbreitet bei Angiospermen, oft in den Blüten	viele abstoßend riechend, einige halluzinogen
Aminosäuren (freie)	400	besonders in Samen von Leguminosen, aber relativ weit verbreitet	viele giftig
cyanogene Glykoside	40	vereinzelt, besonders in Früchten und Blättern	giftig (als HCN)
Glucosinolate	80	Brassicaceae und zehn andere Familien	scharf und bitter (als Isothiocyanate)
Terpenoide			
Monoterpene	1 000	weit verbreitet, in ätherischen Ölen	angenehm duftend
Sesquiterpenlactone	3 000	vor allem in Asteraceae, aber auch in anderen Angiospermen	einige bitter und giftig, auch allergen
Diterpenoide	2 000	weit verbreitet, besonders in Latex und Harzen	einige giftig
Saponine	600	in über 70 Pflanzenfamilien	hämolysieren Blutzellen
Limonoide	100	vor allem in Rutaceae, Meliaceae und Simaroubaceae	bitter schmeckend
Cucurbitacine	50	vor allem in Cucurbitaceae	bitter schmeckend und giftig
Cardenolide	150	besonders häufig bei Apocynaceae, Asclepiadaceae und Scrophulariaceae	giftig und bitter
Carotinoide	600	allgemein in Blättern, oft in Blüten und Früchten	farbig
Phenole			
einfache Phenole	200	allgemein in Blättern, oft auch in anderen Geweben	antimikrobiell
Flavonoide	4 000	allgemein bei Angiospermen, Gymnospermen und Farnen	oft farbig
Chinone	800	weit verbreitet, vor allem bei Rhamnaceae	farbig
andere			
Polyacetylene	650	vor allem bei Asteraceae und Apiaceae	einige giftig

1990), aber dennoch sind vier Fünftel aller bisher bekannten natürlichen sekundären Stoffwechselprodukte pflanzlichen Ursprungs (Robinson 1980; Swain 1974). Eine Vorstellung vom Spektrum sekundärer Pflanzenstoffe vermittelt Tabelle 1.1; in ihr sind einige der wichtigsten Klassen aufgelistet, die Zahl der bekannten Stoffe aus diesen Klassen, ihre Verbreitungsmuster und ihre biologische Wirkung. Viele dieser Substanzen werden in den späteren Kapiteln detaillierter besprochen. Der Reichtum an sekundären chemischen Stoffen bei Pflanzen läßt sich zumindest zum Teil durch die einfache Tatsache erklären, daß Pflanzen in der Erde wurzeln und unbeweglich sind; sie können auf die Umwelt nicht in der gleichen Weise reagieren, wie es Tieren möglich ist.

Bei Tieren steht der sekundäre Stoffwechsel besonders mit der Abwehr und Signalgebung in Zusammenhang, und er kann in einigen Fällen sehr vielfältig sein (siehe Kapitel 8). Tierische Stoffwechselprodukte unterscheiden sich nicht generell von pflanzlichen; zahlreiche biologische Synthesewege sind Tieren und Pflanzen gemeinsam. Die cyanogenen Gifte Linamarin und Lotaustralin zum Beispiel reichern sich sowohl in Pflanzen als auch in Insekten an, und sie werden in beiden Fällen aus Valin beziehungsweise Isoleucin gebildet.

In diesem ersten Kapitel richten wir das Augenmerk auf die biochemische Anpassung. Zwar setzt sich dieses Thema im weitesten Sinne in späteren Kapiteln fort, aber hier behandeln wir es in engerem Sinne als Anpassung an die physikalische Umgebung. Unsere Aufmerksamkeit beschränken wir dabei absichtlich auf das Pflanzenreich, wo die Informationen über biochemische Anpassung alle aus neuerer Zeit stammen. Parallelen zwischen pflanzlichen und tierischen Prozessen erwähne ich, wann immer diese von Bedeutung sind. Über die biochemische Anpassung von Tieren ist viel bekannt, und diese Thematik ist in Lehrbüchern über vergleichende Biochemie bereits gut dokumentiert (zum Beispiel Baldwin 1937; Florkin und Mason 1960–1964). Einen guten Überblick über die biochemische Anpassung von Tieren an Umweltveränderungen geben Smellie und Pennock (1976).

Unter Anpassung versteht man die Fähigkeit eines lebenden Organismus, sich auf eine sich verändernde Umwelt einzustellen und gleichzeitig seine Überlebens- und Fortpflanzungschancen zu verbessern. Die außerordentliche Vielfalt an Lebensformen auf unserem Planeten (das heißt mehrere Millionen Arten) und die Tatsache, daß sie in praktisch jedem Habitattyp vorkommen, bezeugen, daß Lebewesen in der Tat morphologisch und anatomisch an ihre Umwelt angepaßt sind. Solche Vorstellungen sind grundlegend für die Darwinsche Sicht der Natur und wurden im letzten Jahrhundert durch viele Experimente bekräftigt. Die Ideen von der physiologischen und biochemischen Anpassung kamen erst später hinzu – in den zwanziger und dreißiger Jahren mit der experimentellen Entwicklung dieser beiden Gebiete. Erst in allerjüngster Zeit jedoch hat man die ökologische Biochemie der Pflanzen genügend erforscht, um ihre getrennte Betrachtung wie im vorliegenden Kapitel zu rechtfertigen.

Im allgemeinen geht man davon aus, daß Anpassung in außerordentlich großen Zeitmaßstäben erfolgt und viele Generationen umfaßt. Sie kann jedoch auch während des Lebens eines Individuums auftreten; dann bezeichnet man sie manchmal auch als Akklimatisierung. Der Begriff „Anpassung" wird hier hauptsächlich in evolutionärem Sinne gebraucht. Biochemische Anpassung ist besonders eng verbunden mit physiologischer Anpassung, und es ist in der Tat bisweilen schwierig, die beiden Anpassungsformen auseinanderzuhalten. Physiologische Anpassungen bei Pflanzen sind in diesem Buch nur dort in wenigen Worten berücksichtigt, wo es angemessen ist. Eine umfassende Darstellung findet sich bei Levitt (1980). Zwei ausgezeichnete Bücher zu diesem Thema für den studentischen Leser sind Crawford (1989) sowie Fitter und Hay (1987).

Eine biochemische Anpassung kann auf verschiedenen Ebenen im Stoffwechsel erfolgen. Sie kann die Enzyme beeinflussen und Aminosäuren in der primären Sequenz eines Proteins ersetzen oder auch das Gleichgewicht von Isozymen ändern. Sie vermag auf den intermediären Stoffwechsel einzuwirken; ein Beispiel aus dem Kohlenstoffweg in der Photosynthese wird später erwähnt. Schließlich kann sie sich auf den sekundären Stoffwechsel auswirken; das gilt insbesondere für die Anpassungen von Pflanzen gegen Tierfraß.

Die Umweltfaktoren, denen Pflanzen unterworfen sind, lassen sich grob in fünf Typen unterteilen:

1. *Klimatische Faktoren.* Dazu gehören Temperatur, Lichtintensität, Tageslänge, Feuchtigkeit und jahreszeitliche Auswirkungen.
2. *Edaphische Faktoren.* Alle Pflanzen, außer den Wasserpflanzen, Epiphyten und Parasiten, erhalten ihre mineralischen Nährstoffe über den Boden. Er ist auch die Quelle symbiontischer Mikroorganismen, zum Beispiel jener der Leguminosen und anderer stickstofffixierender Pflanzenarten. Durch ihren Kontakt mit dem Boden müssen die Pflanzen unter Umständen mit toxischen Schwermetallen oder einem erheblichen Salzgehalt zurechtkommen. Genauso können sie jedoch auch infolge Mineralmangels im Boden biochemischen Belastungen ausgesetzt sein.
3. *Unnatürliche Verschmutzungen.* Sie werden durch die obere Atmosphäre verbreitet (Ozon, industrielle Gase, Benzindämpfe) oder durch die Umgebung (organische Pestizide) und können potentiell für viele Pflanzen toxisch wirken.
4. *Tiere.* Auch wenn der Fraß durch Tiere etwas von einer Symbiose beinhaltet, sind Herbivoren für Pflanzen in erster Linie feindlich, da ihr Überleben von ihnen abhängt. Man kennt zahlreiche verschiedene Abwehranpassungen bei Pflanzen. Auch im Falle jener Tiere, die die Pflanzen bei der Bestäubung unterstützen, ist eine Symbiose erkennbar (siehe Kapitel 2).
5. *Konkurrenz mit anderen Pflanzen.* Dies kann entweder Konkurrenz zwischen verschiedenen höheren Pflanzen oder zwischen unterschiedlichen pflanzlichen Lebensformen sein, etwa zwischen höheren Pflanzen und Mikroorganismen.

In diesem Kapitel befassen wir uns nur mit den ersten drei Faktoren: dem Klima, dem Boden und den unnatürlichen Verschmutzungen. Die biochemische Anpassung an Tierfraß und biochemische Wechselwirkungen zwischen Pflanzen sind Gegenstand späterer Kapitel.

II. Die biochemischen Grundlagen der Anpassung an das Klima

A. Allgemeines

Über anatomische und morphologische Anpassungen von Pflanzen an verschiedene Klimafaktoren wissen wir gut Bescheid; ihre Untersuchung macht einen großen Teil der pflanzenökologischen Forschung aus. Wie Wüstenkakteen und Sukkulente an ihren ausgedörrten Lebensraum angepaßt sind und unter der sengenden Wüstensonne den Verlust von Feuchtigkeit verringern können ist allgemein bekannt. Sie tun dies, indem sie sich einen größeren Bodenbereich für die Wasseraufnahme zunutze machen, den Wasserverlust über die Blätter reduzieren oder mehr Wasser in den Geweben speichern. Fälle, in denen biochemische Eigenschaften an der Klimaanpassung beteiligt sind, werden weniger oft betrachtet oder erörtert. Dennoch wächst das Bewußtsein für die Notwendigkeit, aus praktischen Gesichtspunkten biochemische Aspekte zu erforschen.

In den letzten Jahren gab es zahlreiche Studien über die hormonelle Steuerung der Spaltöffnungen durch das Sesquiterpenoid Abscisinsäure zur Regulation des Feuchtigkeitsverlusts von Pflanzen. Einen praktischen Ansporn hierfür liefert die Notwendigkeit, trockenresistente Nutzpflanzensorten zu entwickeln, die in den Wüstenrandgebieten der Erde wachsen können. In Israel zum Beispiel arbeiten Botaniker an der Entwicklung von Pflanzen für landwirtschaftliche Zwecke, die in den Gebieten der Negevwüste wachsen sollen. Umgekehrt müssen sich manche Pflanzen unter Umständen an übermäßige Feuchtigkeit anpassen. Man weiß mittlerweile einiges über die Anpassung des Intermediärstoffwechsels an die Überflutung der Pflanzenwurzeln. Unter Frostbedingungen wachsende Pflanzen können die Zusammensetzung ihrer Pflanzensäfte ebenfalls verändern. Das vielleicht dramatischste Beispiel einer in den letzten Jahren entdeckten, langfristigen biochemischen Anpassung an das Klima ist der spezielle Photosyntheseweg, den tropische Pflanzen anscheinend als Reaktion auf heiße und trockene Bedingungen entwickelt haben. All diese Themen werde ich in den folgenden Abschnitten detaillierter erörtern.

B. Photosynthese bei tropischen Pflanzen

Seit den Versuchen von Warburg (1920) zur Sauerstoffhemmung der Photosynthese war offensichtlich, daß Pflanzen der gemäßigten Zone bei hohen Temperaturen (wie an einem heißen Sommertag) nicht die theoretisch erwartete Zunahme der Photosyntheserate mit der Temperatur zeigen. Ihre Effizienz beim Einbau von Kohlendioxid in Zucker während der Atmung wird limitiert durch den Verlust von Kohlenstoff beim Calvinzyklus über Ribulosediphosphat und Glykolat (Abb. 1.1), so daß ein Teil des ursprünglich von der Pflanze absorbierten Kohlendioxids durch „Photorespiration" (Lichtatmung) an der Blattoberfläche verlorengeht. Solche

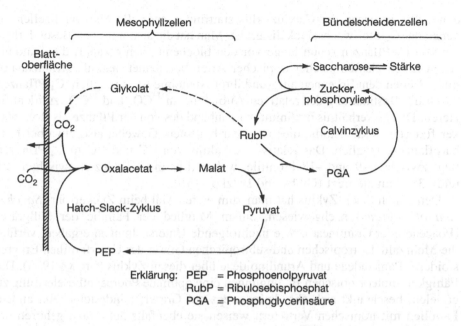

1.1 Die Veränderung des Kohlenstoffweges der Photosynthese durch den Hatch-Slack-Zyklus.

Verluste bei der Umwandlung von Kohlendioxid in Zucker infolge der Sauerstoffhemmung sind jedoch nicht allzu schwerwiegend, da sehr hohe Temperaturen in gemäßigten Breiten relativ selten sind. Bei in den Tropen wachsenden Pflanzen könnten die Verluste jedoch weitaus beträchtlicher sein.

Daß tropische Pflanzen wie Zuckerrohr imstande sind, einer solchen Hemmung durch hohe Sauerstoffpartialdrucke zu widerstehen und in heißen Klimaten effizient Photosynthese zu betreiben, wurde erst vor kurzem nachgewiesen. Diese neuen Entdeckungen zeigten, daß sich solche Pflanzen biochemisch von Arten der gemäßigten Zone unterscheiden (Hatch und Slack 1970; Bjorkman und Berry 1973). Bringt man Zuckerrohrblätter wenige Sekunden lang in eine Atmosphäre mit ^{14}C-markiertem Kohlendioxid, so sind die ersten radioaktiv markierten Verbindungen nicht jene des Calvinzyklus, sondern C_4-Säuren. Solche Pflanzen haben einen modifizierten Kohlenstoffweg, der ein neues zyklisches System enthält, den sogenannten Hatch-Slack-Zyklus; dieser transportiert CO_2 von der Blattoberfläche zum Calvinzyklus (Coombs 1971). Pflanzen mit dem Hatch-Slack-Zyklus sammeln im Endeffekt das Kohlendioxid, das ansonsten durch Photorespiration verlorenginge, und bringen es zurück in den Calvinzyklus, wo es in Rohrzucker umgewandelt wird (Abb. 1.1). Solche tropischen Pflanzen nennt man C_4-Pflanzen (nach den vier Kohlenstoffatomen im Hatch-Slack-Zyklus) und unterscheidet sie so von den gewöhnlicheren C_3-Pflanzen, bei denen nur der einfache Calvinzyklus abläuft.

Diese biochemische Veränderung geht auch mit anatomischen Unterschieden einher; Pflanzen mit einem C_4-Stoffwechsel besitzen neben den Leitbündelscheidenzellen, in denen der Calvinzyklus stattfindet, spezielle Mesophyllzellen, in denen der C_4-Stoffwechsel lokalisiert ist. Man hat die anatomischen Besonderheiten von C_4-Pflanzen schon lange vor den biochemischen erkannt; die anatomischen Eigenschaften solcher tropischer Arten bezeichnet man als „Kranzanatomie". Neben dem Erkennen aufgrund ihrer Anatomie ist es möglich, C_4-Pflanzen durch die Bestimmung der relativen Aufnahme an $^{13}CO_2$ und $^{12}CO_2$ zu identifizieren. Dieses Verhältnis bestimmt man anhand des von der Pflanze als Rohrzucker fixierten Kohlenstoffs; dies ist sogar bei totem Gewebe, also etwa bei Herbarpflanzen, möglich. Das relative Verhältnis von ^{13}C und ^{12}C in C_4-Pflanzen liegt zwischen −9 und −18 Promille, während es in C_3-Pflanzen zwischen −21 und −38 Promille liegt (Gibbs und Latzko 1979).

Den Hatch-Slack-Zyklus hat man zum ersten Mal beim Zuckerrohr (*Saccharum officinarum*) nachgewiesen, einem Mitglied der Familie der Süßgräser (Poaceae oder Gramineae). Wie nachfolgende Untersuchungen ergaben, verfügt die Mehrzahl der tropischen und subtropischen Gräser der Unterfamilien Eragrostoideae, Panicoideae und Arundinoideae über diesen Zyklus (Brown 1975). Die Fähigkeit, unter tropischen Bedingungen eine optimale Photosyntheseleistung zu erzielen, beschränkt sich aber keineswegs auf Gräser; mindestens zehn andere Familien mit tropischen Vertretern weisen sie ebenfalls auf. Dazu gehören die Cyperaceae, die Asteraceae (Compositae), Euphorbiaceae, Zygophyllaceae und verschiedene Familien der Centrospermae (Caryophyllidae). Bei den Sauergräsern (Cyperaceae) steht die Verteilung der C_4-Pflanzen mit der Taxonomie in Zusammenhang; die Eigenschaft tritt ausschließlich in den Gattungsgruppen (Tribus) Cypereae und Fimbristylideae der Unterfamilie Cyperoideae auf (Raynal 1973). Im allgemeinen sind Pflanzen mit C_4-Stoffwechsel krautig, und es ist anzunehmen, daß es sich im Vergleich zu den C_3-Pflanzen um einen fortschrittlichen evolutionären Zustand handelt.

Der Weg des Kohlenstoffs in Pflanzen, die an tropische Klimate angepaßt sind, ist in Abbildung 1.1 skizziert. Der Zweck des Hatch-Slack-Zyklus besteht im wesentlichen darin, das Kohlendioxid von außerhalb der Blattoberfläche zum Ort der Photosysnthese in den Chloroplasten zu transportieren. Das Kohlendioxid verbindet sich zunächst mit Phosphoenolpyruvat (PEP) (Abb. 1.2) zu Oxalacetat (OAA), welches dann zu Malat reduziert wird; dieses wiederum wird zu Pyruvat decarboxyliert. Das in diesem Stadium freigesetzte CO_2 tritt in den Calvinzyklus ein, indem es sich mit Ribulosediphospaht zu Phosphoglycerinsäure (PGA) verbindet, dem ersten organischen C_3-Bestandteil des Calvinzyklus. Die meisten der im C_4-Stoffwechsel erforderlichen Enzyme sind in sämtlichen Pflanzenarten vorhanden; das einzige wirklich besondere Enzym ist die Pyruvat-Phosphat-Dikinase, die aus Pyruvat wieder PEP herstellt und so den Zyklus vervollständigt (Abb. 1.2). Es gibt jedoch Hinweise, daß andere Formen (oder Isozyme) der sowohl bei C_3- als auch bei C_4-Pflanzen häufigen Enzyme erforderlich sind, damit der C_4-Stoffwechsel die optimale Effizienz erreicht. Genauso bedeutend für den Erfolg der C_4-Pflanzen ist die Neuanordnung der Zellen und Membranen, welche den Transport der C_4-Säuren und des Pyruvats zwischen den beiden Zelltypen ermöglichen.

$$
\begin{array}{ccc}
\begin{matrix} CH_2 \\ \| \\ HCO\ \textcircled{P} \\ | \\ CO_2^- \end{matrix}
& \xrightarrow[\text{Carboxylase}]{+CO_2}
& \begin{matrix} CH_2CO_2H \\ | \\ CO \\ | \\ CO_2^- \end{matrix}
& \xrightarrow[\text{Dehydrogenase}]{+2H}
& \begin{matrix} CH_2CO_2H \\ | \\ CH-OH \\ | \\ CO_2^- \end{matrix}
\end{array}
$$

Phosphoenolpyruvat

Oxalacetat

Malat

Pyruvat-Phosphat-Dikinase

NADP⁺-Malatenzym

CO_2
zum Calvinzyklus

$$
\begin{matrix} CH_3 \\ | \\ CO \\ | \\ CO_2^- \end{matrix}
$$

Pyruvat

1.2 Der C_4-Stoffwechsel bei Zuckerrohr.

Die Carboxylierung von PEP über die PEP-carboxylase tritt zwar einheitlich bei allen C_4-Pflanzen auf, doch die nachfolgende Decarboxylierung von Malat – wobei CO_2 entsteht, das (als HCO_3-) in den Calvinzyklus einfließt – kann enzymologisch variieren. Man hat drei verschiedene Enzyme gefunden (Tabelle 1.2), und alle C_4-Pflanzen fallen in eine der drei Untergruppen, je nachdem, welches decarboxylierende Enzym in den Bündelscheiden vorhanden ist. Das Schema in Abbildung 1.2 trifft nur für Pflanzen mit dem $NADP^+$-Malatenzym exakt zu; die anderen beiden Typen unterscheiden sich in den Substraten, die zu den Leitbündelscheiden und Mesophyllzellen und von ihnen weg transportiert werden (Tabelle 1.2). Die drei Enzyme sind auch in unterschiedlicher Weise in den Organellen der Leitbündelscheidenzellen lokalisiert: Das $NADP^+$-Malatenzym operiert in den Chloroplasten, das NAD^+-Malatenzym in den Mitochondrien, und die PEP-Carboxykinase im Cytoplasma mit Oxalacetat anstelle von Malat als Substrat. Die

Tabelle 1.2: Biochemische Variationen im C_4-Stoffwechsel der Photosynthese

wichtigste BS-Decarboxylase[a]	energetische Veränderung	vom Mesophyll zu den BS transportiertes Substrat[a]	von den BS zurück zum Mesophyll transportiertes Substrat[a]
$NADP^+$-Malatenzym	NADPH-Produktion	Malat	Pyruvat
NAD^+-Malatenzym	NADH-Produktion	Aspartat[b]	Alanin/Pyruvat
PEP-Carboxykinase	ATP-Verbrauch	Aspartat[b]	PEP

[a] BS = Bündelscheide.
[b] Gebildet aus Oxalacetat durch Transaminierung vor dem Transport; ergibt Oxalacetat durch Desaminierung vor der Decarboxylierung

drei Typen der C_4-Pflanzen kann man sowohl anatomisch als auch biochemisch identifizieren. Sie finden sich alle bei den Gräsern, wobei die Verteilung der Untergruppen im allgemeinen der taxonomischen Klassifizierung folgt.

Allen verfügbaren Hinweisen zufolge haben sich Arten mit C_4-Photosynthese aus jenen entwickelt, die nur den C_3-Stoffwechsel aufweisen; sollte dies zutreffen, dann würde man erwarten, in der Natur intermediäre Formen zu finden. Die Existenz von C_3- und C_4-Arten innerhalb derselben Gattung, wie sie bei der Gattung *Atriplex* (Chenopodiaceae) auftritt, ließ hoffen, daß man intermediäre Formen durch einfache Kreuzungsexperimente erhalten könnte. Doch obwohl man echte Hybriden erzeugen konnte, die auch einige C_4-Merkmale aufwiesen, funktionierten diese photosynthetisch nachweislich nur als C_3-Pflanzen. Bei der fortgesetzten Suche unter subtropischen Pflanzenarten entdeckte man jedoch verschiedene natürliche C_3/C_4-Zwischenformen; die inzwischen am besten erforschte ist die Grasart *Panicum milioides* (Rathnam und Chollet 1980). Solche Pflanzen unterscheiden sich anatomisch sowohl von C_3- als auch von C_4-Formen und verfügen über einen funktionierenden C_4-Stoffwechsel, der aber nicht so effizient arbeitet wie jener echter C_4-Arten. Schließlich wird die Ansicht, C_4-Pflanzen hätten sich aus C_3-Pflanzen entwickelt, noch durch Experimente gestützt, die den Wechsel von einer C_3- zu einer C_4-Photosynthese in verschiedenen Blättern derselben Pflanze, beispielsweise beim Mais (*Zea mays*), demonstrieren (Crespo et al. 1979).

Möglicherweise bringt den C_4-Pflanzen ihr besonderer Stoffwechsel neben der Erhaltung der photosynthetischen Effizienz in den Tropen noch den zusätzlichen Vorteil einer erhöhten Widerstandskraft gegenüber Pflanzenfressern. Es gibt Hinweise darauf, daß Herbivoren, insbesondere Heuschrecken, es vermeiden, C_4-Pflanzen zu fressen, wenn sie die freie Wahl zwischen C_3- und C_4-Pflanzen haben (Caswell et al. 1973; Heidorn und Joern 1984). Der Grund dafür könnten ganz einfach die anantomischen Veränderungen sein, wie sie die Kranzanatomie widerspiegelt. So ist die Stärke in C_4-Pflanzen weiter von der Blattoberfläche entfernt lokalisiert und daher für Pflanzenfresser weniger leicht zugänglich. Die Bündelscheiden von C_4-Pflanzen scheinen auch relativ derb, und zumindest in der Gruppe der Gräser ist der Ligningehalt bei C_4-Pflanzen wohl viel höher als bei C_3-Pflanzen. Schließlich gibt es Hinweise darauf, daß in C_4-Pflanzen Stickstoff weniger leicht verfügbar ist als in C_3-Pflanzen. Doch nicht alle Insekten sind durch diese Eigenschaften der C_4-Pflanzen beeinträchtigt; die Raupe des Schmetterlings *Paratryone melane* gedeiht ebensogut mit C_3- wie mit C_4-Gras als Futter (Barbehenn und Bernays 1992).

Während die hauptsächliche Umweltbelastung für C_4-Pflanzen die hohen Tagestemperaturen sind, sind viele in den arideren Regionen der Tropen und Subtropen wachsende Pflanzen oft auch der Trockenheit ausgesetzt. Das gilt insbesondere für Wüstenpflanzen, die mit diesem Streß umgehen, indem sie einen sukkulenten Habitus annehmen und das verfügbare Wasser speichern (siehe auch Seite 17). Von zahlreichen sukkulenten Pflanzen (zum Beispiel *Kalanchoe daigremontiana*) weiß man schon lange, daß sie eine typische Biochemie aufweisen und nachts organische Säuren, insbesondere Malat, in den Blättern speichern, nur um sie am folgenden Tage wieder abzugeben. Pflanzen mit diesem ungewöhnlichen

Verhalten findet man besonders häufig in der Familie der Crassulaceae (Dick-blattgewächse); ihren Stoffwechsel bezeichnet man als CAM (vom Englischen *Crassulacean Acid Metabolism*). Wie neuere Forschungen zeigten (Kluge und Ting 1978), sind CAM-Pflanzen in Wirklichkeit ein spezieller Typ von C_4-Pflanzen, bei denen der Hatch-Slack- und der Calvinzyklus zu unterschiedlichen Zeiten in einem 24-Stunden-Intervall ablaufen. Darüber hinaus sind die CAM-Pflanzen ein einzigartiges Beispiel für eine biochemische Anpassung in der Photosynthese, die mit der Bewahrung von Feuchtigkeit in einem ariden Lebensraum verbunden ist.

Der Weg des Kohlenstoffs in CAM-Pflanzen, wie in Abbildung 1.3 skizziert, wird durch das Öffnen und Schließen der Spaltöffnungen (Stomata) in der Blatt-oberfläche bestimmt. So bleiben die Stomata nachts offen, wenn der Wasserverlust durch Verdunstung minimal ist, und die Pflanze nimmt CO_2 auf. Dies wird mit PEP verbunden, was zunächst Oxalacetat und dann Malat ergibt. Letzteres wird dann in den Vakuolen bis zum nächsten Morgen gespeichert. Gleich nach Sonnenaufgang schließt die Pflanze ihre Spaltöffnungen, um während der Hitze des Tages einen Wasserverlust durch Verdunstung zu vermeiden. Gleichzeitig läuft der zweite Kohlenstoffzyklus an, und das gespeicherte Malat liefert die Hauptquelle für jenes CO_2, das den Calvinzyklus in Gang bringt; durch ihn wird zunächst Zucker synthetisiert und dann gespeichert. So sind CAM-Pflanzen C_4-Arten funktionell ähnlich, mit der Ausnahme, daß in den CAM-Formen die aufeinanderfolgende Carboxylierung von PEP und Ribulosebisphosphat im Laufe des Tages zeitlich

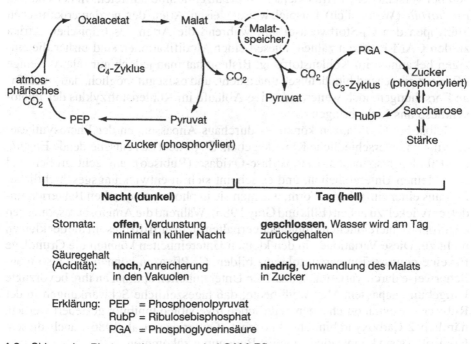

1.3 Skizze des Photosyntheseweges bei CAM-Pflanzen.

getrennt verlaufen, während sie in C_4-Pflanzen räumlich, das heißt anatomisch, voneinander getrennt sind. Unter günstigen Umständen betreiben die CAM-Pflanzen ausschließlich C_3-Photosynthese. Diese Tatsache und andere Hinweise belegen, daß der CAM-Stoffwechsel eine spezielle Anpassung xerophytischer (trockenheitsliebender) Pflanzen an eine rauhe Wüstenumgebung ist.

Anhand des Mechanismus der Decarboxylierung des über Nacht in den Vakuolen gespeicherten Malats lassen sich zwei Untergruppen von CAM-Pflanzen unterscheiden. Eine Untergruppe verwendet ein NADP- oder NAD-gebundenes Malatenzym, die andere eine PEP-Carboxykinase (siehe die Variationen bei C_4-Pflanzen in Tabelle 1.2). Einige Pflanzen mit CAM-Stoffwechsel scheinen in der Lage zu sein, ihren Stoffwechsel als Reaktion auf sich verändernde Umweltbedingungen von C_3 auf CAM umzustellen, zum Beispiel wenn die Bewässerung eingestellt wird. Wie wichtig solche Umstellungen in natürlichen Lebensräumen sind, bleibt erst noch festzustellen, doch bei der bemerkenswerten Gymnospermenpflanze *Welwitschia mirabilis* aus der afrikanischen Namibwüste hat man beobachtet, daß sie zwischen C_3-Stoffwechsel, CAM-Stoffwechsel und zyklischem CAM-Stoffwechsel hin- und herschalten kann. In letzterem Fall kommt es zu Schwankungen des Gehalts an organischen Säuren, aber nur zu einer geringen nächtlichen Kohlendioxidfixierung (Ting 1985). Insgesamt betrachtet scheint das CAM-System der Photosynthese flexibler zu sein als der direkte C_4-Stoffwechsel.

CAM-Pflanzen sind in der Natur genauso weit verbreitet wie C_4-Pflanzen; man findet sie bei rund 25 Familien und 109 Gattungen. Beide Spezialisierungen können bei verschiedenen Arten derselben Pflanzenfamilie auftreten. In der Gattung *Euphorbia* (Wolfsmilch) beispielsweise weisen Arten der nordamerikanischen Subtropen den C_4-Stoffwechsel auf, während die Arten des tropischen Afrika zu den CAM-Pflanzen zählen. Diese beiden Modifikationen sind bisher die einzigen bekannten im Kohlenstoffweg. Bislang hat man jedoch nur relativ wenige Pflanzen eingehend biochemisch untersucht, und es ist gut möglich, daß zukünftige Forschungen noch weitere adaptive Abläufe im Kohlenstoffzyklus der Photosynthese ans Licht bringen.

Selbst bei C_3-Pflanzen könnte es durchaus Anpassungen der Photosyntheseenzyme an unterschiedliche Klimate geben. So besteht das entscheidende Enzym, die Ribulosebisphosphat-Carboxylase-Oxidase (Rubisco), aus acht großen und acht kleinen Untereinheiten, und es scheint sich in entwicklungsgeschichtlicher Zeit aus einer einfacheren Form, wie man sie in photosynthetischen Bakterien findet, entwickelt zu haben (Ellis und Gray 1986). Während die Aminosäuresequenzen der großen Untereinheiten größtenteils erhalten bleiben, trifft dies auf die der kleinen nicht zu. Diese Variationen in den kleinen Untereinheiten könnten die Grundlage für eine gewisse Temperaturtoleranz bilden. C_3-Pflanzen können sich also möglicherweise durch Variationen in diesen Untereinheiten optimal an ihre bevorzugte Umgebung anpassen. Man weiß heute, daß tageszeitliche Schwankungen in der Rubisco-Aktivität durch einen natürlichen reversiblen Inhibitor gesteuert werden, nämlich 2-Carboxyarabinitol-1-Phosphat (Gutteridge et al. 1986); auch diesem Kontrollsystem könnte eine adaptive Bedeutung zukommen.

C. Anpassungen an Frost

Zahlreiche Pflanzen und Tiere besitzen die Fähigkeit, Temperaturen unter dem Gefrierpunkt zu widerstehen und sie zu überleben – Temperaturen, denen sie während der Wintermonate in den nördlich-gemäßigten und arktischen Regionen der Welt oft ausgesetzt sind. Für Insekten gibt es Hinweise darauf, daß sie ihre Frosttoleranz ganz einfach durch die Synthese von Glycerin (Abb. 1.4) erlangen, das ebenso als Gefrierschutz dient wie Ethylenglykol CH_2OH-CH_2OH (auch nur als Glykol bezeichnet) in wassergekühlten Fahrzeugen. Bei höheren Pflanzen scheint die Anpassung an Frost komplexer zu sein (Levitt 1980). Es bestehen jedoch wenig Zweifel, daß die Frosttoleranz mit einer Zunahme im Zuckergehalt des Zellsaftes zusammenhängt. Die Fähigkeit zur Frostresistenz läßt sich auch künstlich erzeugen, indem man Zucker in die Pflanzen einschleust.

$$
\begin{array}{ccc}
 & CH_2OH & CH_2OH \\
 & | & | \\
 & CHOH & HOCH \\
CH_2OH & | & | \\
| & HOCH & HOCH \\
HOCH & | & | \\
| & CHOH & CHOH \\
CH_2OH & | & | \\
 & CHOH & CHOH \\
 & | & | \\
 & CH_2OH & CH_2OH \\
\text{Glycerin} & \text{Sorbitol} & \text{Mannitol}
\end{array}
$$

1.4 Strukturformeln mehrfacher Alkohole.

Die in frostresistenten Pflanzen nachgewiesenen Zucker variieren von Pflanze zu Pflanze. Oft sind es die drei häufigen Zucker Glucose, Fructose und Saccharose, und in manchen Fällen Oligosaccharide wie Raffinose. Von mehrfachen Alkoholen wie Mannitol, Sorbitol und Glycerin (Abb. 1.4), die vermutlich direkt als Frostschutzmittel dienen könnten, wird weniger häufig berichtet. Man fand sie jedoch in bedeutenden Mengen (bis zu 40 Prozent des gesamten Zuckergehalts) in Pflanzen wie Gardenie, Apfel, Eberesche und Granatapfel (Sakai 1960; siehe auch Sakai 1961; Sakai und Yoshida 1968).

Ob Zucker eine entscheidende Rolle bei der Frostresistenz von Pflanzen spielen, ist noch nicht klar. Sie scheinen jedoch auf mindestens zweierlei Art und Weise an der Gefriertoleranz beteiligt. Erstens bewirken sie durch ihren osmotischen Effekt, daß sich in den Vakuolen weniger Eis bildet. Zweitens liefert ihre Stoffwechselwirkung einen zusätzlichen Schutz, indem sie im Protoplasma zu anderen Verbindungen umgewandelt werden. Ob zu diesen Veränderungen auch die Umwandlung gewöhnlicher Zucker in mehrfache Alkohole zählt, oder ob komplexere biochemische Vorgänge daran beteiligt sind, weiß man noch nicht.

Bei Tieren kann die Anpassung an Frost sowohl die Produktion von Frostschutzmitteln mit niedrigem (zum Beispiel Glycerin) als auch mit hohem Molekulargewicht beinhalten. So isolierte man zum Beispiel aus dem Blut antarktischer Fische acht Antifrost-Glykoproteine, die verhindern, daß sich bei Temperaturen unter dem Gefrierpunkt Eiskristalle bilden. Ihr Molekulargewicht reicht von 2 600 bis zu 33 700, und sie weisen in ihrer Primärstruktur eine wiederholte Abfolge von Alanin-Alanin-Threonin auf, wobei an jeden Threoninrest das Disaccharid Galactosyl-*N*-acetylglucosamin gekoppelt ist. Auch Fische aus Gewässern der gemäßigten Zone können während der Wintermonate diese Glykoproteine bilden (Knight et al. 1984). Das Vorhandensein der Zuckeranhängsel scheint jedoch für den Frostschutz nicht unbedingt erforderlich, denn den Antifrostproteinen arktischer Fische fehlen solche Zuckersubstituenten.

Ob frostharte Pflanzen über ähnliche makromolekulare Schutzmechanismen verfügen, ist noch nicht klar, aber Versuche mit der Südbuchenart *Nothofagus dombeyii*, die in den kalten chilenischen Regenwäldern wächst, lassen darauf schließen, daß dies der Fall sein könnte. Aus kältebehandelten Sämlingen isolierte man ein Polypeptid mit einem Molekulargewicht von 35 000; es schützte isolierte Thylakoidmembranen vor Frostschäden bei −20 Grad Celsius (Rosas et al. 1986). Veränderungen im Proteingehalt hat man in zahlreichen frostharten Pflanzen festgestellt, und es ist wahrscheinlich, daß die konstitutiven Enzyme im Prozeß der Kälteanpassung Konformations- und sonstige Änderungen durchmachen.

Ein lange gesuchter biochemischer Faktor bei kälteresistenten Pflanzen ist die Zunahme der relativen Menge ungesättigter und gesättigter Fettsäuren in den Membranlipiden. Theoretisch sollte eine derartige Zunahme für die Pflanze von Vorteil sein, da sie die Flexibilität der Membran bei niedrigeren Temperaturen aufrechterhalten würde. Solche Veränderungen im Sättigungsgrad von Fettsäuren sind auch im Phosphatidylglycerin der Chloroplastenmembranen zu beobachten. Pflanzen mit einem hohen Anteil an ungesättigten *cis*-Fettsäuren wie Spinat (*Spinacia oleracea*) sind kälteresistent, Arten wie Kürbis (*Cucurbita pepo*) mit nur einem geringen Anteil hingegen nicht (Murata et al. 1992). In Getreiden wie Weizen und Roggen ist die Frosttoleranz enger mit einer Abnahme im Anteil von *trans*-Δ^3-Hexadecensäure verbunden als mit einer Zunahme an *cis*-Säuren (Huner et al. 1989). Dieser Schutz der Chloroplastenmembran ermöglicht die Wiederaufnahme der Photosynthese wenn die Außentemperaturen wieder über den Gefrierpunkt steigen.

D. Anpassung an hohe Temperaturen

Der Stoffwechsel lebender Zellen ist allgemein hitzeempfindlich, weil viele der am intermediären Stoffwechsel beteiligten Moleküle, zum Beispiel ATP, bei Temperaturen über 40 Grad Celsius instabil sind. Das gilt insbesondere auch für die Makromoleküle – die DNA des Zellkerns und die RNA des Cytoplasmas – sowie für die Enzyme, die mit steigenden Temperaturen oft denaturiert und inaktiviert werden. Und doch können Lebewesen durch Anpassung hohe Temperaturen überdauern. Die drastischsten Beispiele hierfür sind die extrem thermophilen (wärmeliebenden) Archaebakterien, die man aus heißen Quellen isoliert hat. Das wärmeliebendste von allen ist *Pyrodictium*; es wächst bei Temperaturen über 80 Grad Celsius optimal und vermehrt sich sogar noch bei Temperaturen bis zu 110 Grad Celsius. Es wurde sogar behauptet, Bakterien wüchsen noch bei 250 Grad Celsius (Baross und Deming 1983), doch das ist vermutlich nicht korrekt (siehe Stetter et al. 1986). Schon das Wachstum am Siedepunkt von Wasser stellt den Organismus vor zahlreiche Probleme, doch leider wissen wir erst wenig darüber, welche Mechanismen die makromolekularen Bestandteile dieser Zellen stabilisieren.

Eine Form der Hitzeanpassung, die wir besser verstehen, ist die Hitzetoleranz oder kurzzeitige Einstellung auf Temperaturbelastungen. Von einem breiten Spektrum an Organismen vom Bakterium bis hin zum Menschen, darunter auch die Fruchtfliege *Drosophila melanogaster*, weiß man, daß sie auf hohe Temperaturen mit der Synthese spezieller Hitzeschockproteine reagieren, wobei die normale Proteinsynthese unterdrückt wird (Schlesinger et al. 1982). Das Erstaunliche an dieser Reaktion ist ihre Geschwindigkeit, die auch die Gentranskription und die Synthese neuer Boten-RNA einschließt; außerdem tritt die Reaktion nicht erst nach Stunden, sondern schon innerhalb von Minuten nach dem Hitzeschock ein. Hitzeschockproteine scheinen jedesmal produziert zu werden, wenn ein Organismus höheren Temperaturen ausgesetzt ist, als er normalerweise gewöhnt ist, und sie verschwinden allmählich wieder, wenn die Hitzebelastung vorüber ist.

Hitzetoleranz bei Pflanzen wird definiert als die Fähigkeit einer Pflanze, eine ansonsten letale Temperatur zu überleben, indem sie zunächst einer nicht-letalen ausgesetzt ist. Sojabohnensämlinge, die bei 28 Grad Celsius wachsen, werden normalerweise eine zweistündige Behandlung mit 45 Grad Celsius nicht überleben; sie schaffen es jedoch, wenn man sie zunächst zwei Stunden bei 40 Grad vorinkubiert. Eine ähnliche Hitzetoleranz läßt sich durch einen kurzen, zehnminütigen Hitzestoß von 45 Grad Celsius erzielen, wenn dazwischen eine zweistündige Inkubation bei 28 Grad Celsius erfolgt.

Die Reaktion von Pflanzen auf einen Hitzeschock ist recht umfassend und beinhaltet die Synthese von zwei Gruppen von Hitzeschockproteinen: vier mit hohem Molekulargewicht (68 000, 70 000, 84 000 und 92 000) und mehrere Proteine kleinerer Größe (15 000 bis 23 000). Diese Hitzeschockproteine überdauern einige Zeit und sind anscheinend in erster Linie für die Fähigkeit von Pflanzen verantwortlich, einen Temperaturanstieg zu überleben. Sie finden sich in bestimmten Bereichen der Zelle; bei Sojabohnen und Tomaten zum Beispiel sind die Hitzeschockproteine mit niedrigem Molekulargewicht besonders mit den Bestandteilen des Zellkerns assoziiert (Schoeffl et al. 1984).

Bislang beobachtete man die Synthese der Hitzeschockproteine größtenteils im Labor, und es ist noch nicht recht klar, inwieweit dieser Prozeß in der Natur von Bedeutung ist. Da Pflanzen in ihrer Hitzetoleranz variieren, scheint es, als könne es zur Verbesserung von Nutzpflanzen in Zukunft durchaus erforderlich sein, Sorten auszuwählen, die in erhöhtem Maße Hitzeschockproteine exprimieren.

E. Anpassung an Überflutung

Zahlreiche Pflanzenarten sind imstande, in Gebieten zu wachsen, in denen ihre Wurzelsysteme der Überflutung ausgesetzt sind, wie etwa in den flachen Ebenen vergletscherter Flußtäler. Manche Pflanzen verbringen sogar die Hälfte des Jahres mit ihren Wurzeln und unteren Sproßbereichen unter Wasser; im restlichen Teil des Jahres sind die Bedingungen entschieden trockener. So müssen sie unter Umständen ihren Stoffwechsel während ihres Lebenszyklus in sechsmonatigen Intervallen regelmäßig neu an feuchte und trockene Verhältnisse anpassen. Zu den Arten, bei denen dies der Fall ist, gehören die Sumpfschwertlilie (*Iris pseudacorus*) und die Flatterbinse (*Juncus effusus*). Im Gegensatz zur Sumpfschwertlilie toleriert die Gartenform, die Deutsche Schwertlilie (*Iris germanica*), keine Überflutung. Die Fähigkeit, Staunässe zu tolerieren, kann sogar innerhalb von Arten variieren: Vom Gemeinen Greis- oder Kreuzkraut (*Senecio vulgaris*) lassen sich sowohl tolerante als auch nichttolerante Rassen unterscheiden.

Solche Pflanzen müssen unter Umständen den Atmungsstoffwechsel in ihren Wurzelsystemen ändern, um den Wechsel von aeroben zu semi-anaeroben Bedingungen zu überleben, wie sie bei Überflutungen auftreten. Eines der Hauptprobleme der überfluteten Wurzel ist, daß nach der Glykolyse in Ermangelung von Sauerstoff aus dem Pyruvat Acetaldehyd entsteht; dieser wird durch die in hoher Konzentration vorliegende, induzierte Alkoholdehydrogenase zu Ethanol umgewandelt. Ethanol ist in größeren Mengen hochgradig giftig für Pflanzenzellen. In Reisfeldern beispielsweise kommt es zu einem ausreichenden Wasserdurchfluß, um das Ethanol wegzuspülen. In den dicken Wurzeln vieler Holzpflanzen jedoch können Anpassungen an eine erhöhte Ethanolkonzentration lebenswichtig sein. Nichttolerante Pflanzenarten können durch Ethanol, das sich auf diese Weise ansammelt, sogar getötet werden.

Ein weiteres wichtiges Problem der anaeroben Atmung ist der niedrige Energieertrag dieses Prozesses. Weitere Herausforderungen, denen überflutete Pflanzen gegenüberstehen, sind die Toxizität anorganischer Ionen (zum Beispiel von Eisen) im Boden, die unter den reduzierenden Bedingungen der Überflutung freigesetzt werden, und auch hormonelle Ungleichgewichte in den Wurzeln.

Crawford (1978) stellte eine biochemische Hypothese auf, um die Toleranz mancher Pflanzen gegenüber einer Überflutung zu erklären, die unter anderem auf den Reaktionen von Tieren auf Anoxie (Sauerstoffmangel) basierte. Dieser Hypothese zufolge wird unter Überflutungsbedingungen die Glykolyse so verändert, daß die Zwischenprodukte des Kohlenhydratabbaus (zum Beispiel PEP) anstatt zu giftigem Ethanol in andere Produkte umgewandelt werden, etwa in Malat, Lactat oder Alanin, die sich ohne schädliche Folgen anhäufen können. Bei Tieren (beispielsweise bei unter Wasser lebenden Reptilien, Vögeln und bei Meeresmollusken) hat man unter anoxischen Bedingungen eine Vielzahl von Metaboliten festgestellt, darunter Lactat, Pyruvat und Succinat. Im Falle der Pflanzen wird diese Hypothese durch die gelegentliche Beobachtung gestützt, daß sich bestimmte Stoffwechselprodukte bei Überflutungen der Wurzeln im Winter anhäufen. Bei *Juncus effusus* handelt es sich dabei um Malat und bei der Grauerle (*Alnus incana*) um Glycerin.

Leider hielt diese Hypothese einer detaillierten biochemischen Analyse nicht stand. Als man drei überflutungstolerante Arten unter anoxischen Bedingungen testete, fand man keinerlei Hinweise auf eine Diversifizierung des Stoffwechsels; außerdem wiesen alle drei Arten einen erhöhten Spiegel an Alkoholdehydrogenase und eine vermehrte Ethanolproduktion auf (Smith und Ap Rees 1979). Ein Vergleich des gegen Überflutung toleranten Großen Schwaden (*Glyceria maxima*) mit der nichttoleranten Gartenerbse (*Pisum sativum*) ergab jedoch wiederum keine Anhaltspunkte dafür, daß die Induktion der Alkoholdehydrogenase mit der Anpassung in Zusammenhang steht (Jenkin und Ap Rees 1983).

Weitere Forschungen zu dieser Problematik führten zu zwei neuen Hypothesen, um die vorhandene oder nicht vorhandene Toleranz von Pflanzen gegenüber anaerobem Wachstum zu erklären. Die erste basiert auf der Theorie der „cytoplasmatischen Acidose". Sie besagt, daß bei nichttoleranten Pflanzen Milchsäure aus der Vakuole in das Cytoplasma austritt und dort Schäden verursacht (Roberts et al. 1984). Diese Hypothese wird gestützt durch die Beobachtungen, daß bei Hypoxie ein solches Aussickern in Wurzelspitzen von Erbsen früher erfolgt als in den Wurzelspitzen von Mais, und daß sich in Maissämlingen, denen Isoenzyme der Alkoholdehydrogenase fehlen, Milchsäure ansammelt.

Der zweiten Hypothese zufolge treten bei nichttoleranten Pflanzen die Schäden nicht während der Anoxie auf, sondern erst danach, wenn die Pflanzen zu aerobem Wachstum zurückkehren. Zum Beispiel führt eine Oxidation von anaerob produziertem Ethanol nach der Anoxie unter Umständen zur Produktion von einer großen Menge Acetaldehyd durch Katalaseoxidation. Der auf diese Weise produzierte Acetaldehyd ist hochgiftig. Experimente, die eine Zunahme der Katalaseaktivität in den Rhizomen der nichttoleranten *Iris germanica* zeigten, nicht aber bei der anoxietoleranten *I. pseudacorus* (Monk et al. 1987), stützen diese Vorstellung. Eine ähnliche Peroxidierung von Rhizomlipiden nach einer Anoxie könnte irreversible Schäden an den Membranen hervorrufen. Hieran sind möglicherweise die Katalase oder die Superoxiddismutase beteiligt. Auch auf eine Zunahme der Lipidperoxidierung bei *Iris germanica*, die bei *I. pseudacorus* nicht auftritt, gibt es experimentelle Hinweise (Hunter et al. 1983). Weitere biochemische Arbeiten zu überflutungstoleranten Pflanzen sind sehr gut in Crawford (1989) zusammengefaßt.

F. Anpassung an Trockenheit

In Gebieten mit geringem Niederschlag wachsende Pflanzen tolerieren oft sogar Trockenheit. Solche auch als Xerophyten bezeichnete Pflanzen aus den Wüstenoder Hochplateaugebieten passen sich durch morphologische oder anatomische Besonderheiten an die Trockenheit an. Kakteen zum Beispiel sind von einer dicken Wachsschicht umgeben, und das Tragen von „Stacheln"* anstelle von Blättern hilft ihnen, den Wasserverlust durch Verdunstung minimal zu halten.

---

* Anmerkung des Übersetzers: Die Bezeichnung "Stacheln" bei Kakteen ist irreführend. Es handelt sich dabei nämlich um umgebildete Organe – Blätter – und somit definitionsgemäß um Dornen. Stacheln hingegen sind nur Auswüchse der Epidermis und darunter liegender Gewebe.

Man hat die trockenresistenten Pflanzen grob in zwei Gruppen unterteilt: in jene, die Wasser speichern, und in jene mit einer erhöhten Fähigkeit, Wasser aufzunehmen (Levitt 1980). Der letztere Mechanismus ist größtenteils physiologischer Natur, während der erste ein biochemisches Element beinhaltet. Eine Möglichkeit zur Wasserspeicherung besteht darin, die Öffnungzeiten der Stomata in der Blattoberfläche zu verringern oder generell auf die Nachtzeit zu beschränken. Das Hormon Abscisinsäure bewirkt das Schließen der Spaltöffnungen, und es gibt Hinweise darauf, daß trockenresistente Pflanzen größere Mengen dieses wichtigen Hormons aufweisen als andere Pflanzen. Wie man außerdem herausfand, kann sich der Gehalt an Abscisinsäure beim Welken von Weizenpflanzen innerhalb von vier Stunden um nicht weniger als das 40fache erhöhen; der Spiegel steigt bei derart osmotisch belasteten Pflanzen noch mindestens 48 Stunden nach Beginn des Welkens weiter (Wright und Hiron 1969; Milborrow und Noddle 1970).

Die Wirkung der Abscisinsäure ist jedoch reversibel, und der Hormonspiegel geht auf normale Werte zurück, wenn wieder genügend Wasser vorhanden ist. Die während des Welkens produzierte Abscisinsäure wird dabei aber offensichtlich nicht abgebaut, sondern vielmehr in einer inaktiven Form im Blatt gespeichert. Somit steht sie der Pflanze vermutlich schnell zur Verfügung, wenn sie einem erneuten Wassermangel ausgesetzt ist. Den Verschluß der Spaltöffnungen können außer der Abscisinsäure noch mindestens drei ähnliche oxidierte Sesquiterpene regulieren (Abb. 1.5). Besonders Phaseinsäure und (E),(E)-Farnesol induzieren sehr wirksam das Schließen der Stomata beim Wein (*Vitis vinifera*) beziehungsweise bei der Mohrenhirse (*Sorghum*) (Loveys und Kriedemann 1974; Wellburn et al. 1974). Über welchen Mechanismus diese Sesquiterpenoide den Spaltöffnungsapparat beeinflussen ist noch nicht völlig geklärt, es gibt jedoch Hinweise darauf, daß die Chloroplasten des Mesophylls bei Wassermangel Abscisinsäure freisetzen, die zu den Schließzellen transportiert wird. Möglicherweise fungiert also bei *Sorghum* (E),(E)-Farnesol nicht als Ersatz für Abscisinsäure, sondern verändert statt dessen die Permeabilität der Chloroplastenmembran, so daß die Abscisinsäure ins Cytoplasma gelangen kann (Mansfield et al. 1978).

(+)-Abscisinsäure

Phaseinsäure

(E),(E)-Farnesol

Xanthoxin

1.5 Sesquiterpenoide, die das Schließen der Spaltöffnungen bei Pflanzen bewirken können.

Das Besprühen der Blätter von Nutzpflanzen mit Abscisinsäure oder verwandten Sesquiterpenen sollte theoretisch die Verdunstung und somit die benötigte Wassermenge verringern, also praktische Vorteile bringen. Solche Behandlungen wären aber wohl sehr teuer, denn man bräuchte relativ große Hormonmengen, weil Abscisinsäure bei der äußerlichen Anwendung von den Pflanzen rasch umgesetzt wird. Darüber hinaus würde die verringerte Photosyntheseleistung und der geringere Ernteertrag, die sich aus dem Schließen der Spaltöffnungen ergäben, vermutlich jegliche Einsparungen beim Wasserverlust ausgleichen.

Weitere biochemische Beobachtungen an Pflanzen mit Wassermangel deuten darauf hin, daß sich Prolin während der Anpassung anreichert. Ein Vergleich zwischen trockenresistenten und trockenheitsempfindlichen Varietäten derselben Art zeigte einen durchweg höheren Gehalt an Prolin bei den ersteren gegenüber den letzteren. Bei der Gerste kommt es so regelmäßig zu erhöhten Prolinspiegeln, daß man anhand der Prolinkonzentration Aussagen über die Trockenresistenz der einzelnen Sorten machen kann (Singh et al. 1972). Gewöhnlich nimmt die Prolinmenge so stark zu, daß diese Iminosäure schließlich etwa 30 Prozent der Menge an freien Aminosäuren ausmacht. In realen Zahlen beträgt die Zunahme beim Hundszahngras (*Cynodon dactylon*) unter Wassermangel 1,2 Milligramm pro Gramm Trockengewicht. Bei Leguminosen ersetzt Pinitol Prolin als Trockenheitsanzeiger (Ford 1984). Die Zunahme an Prolin oder Pinitol könnte einfach ein Symptom einer viel grundlegenderen Anpassung an Wassermangel sein. Möglicherweise ist Prolin aber auch aufgrund seiner speziellen osmotischen Eigenschaften imstande, selbst direkt zur Bewahrung von Wasser in der Pflanze und somit zur Trockenresistenz beizutragen (man vergleiche die Rolle von Prolin bei der Anpassung von Halophyten).

Des weiteren besteht die Möglichkeit, daß Prolin vielleicht direkt bei der Stoffwechselanpassung der Pflanzenzelle eine Rolle spielt. So sind Pflanzen, die unter Trockenheit leiden, oft auch hohen Temperaturen ausgesetzt (siehe Abschnitt II.D). Es gibt Hinweise, daß Prolin und verwandte Streßmetaboliten die Hitzebeständigkeit bestimmter Enzyme verbessern können. Bei dem auf Sanddünen wachsenden Gemeinen Strandhafer (*Ammophila arenaria*) zum Beispiel erhöht das vorhandene Prolin die Hitzebeständigkeit der Glutaminsynthetase und der Glutamat-Oxalacetat-Aminotransferase – der beiden entscheidenden Enzyme der Ammoniumassimilation bei Pflanzen (Smirnoff und Stewart 1985).

Die biochemische Anpassung zur Bildung erhöhter Mengen der Iminosäure Prolin erfordert einige Veränderungen in der Konzentration der Enzyme, die an der Biosynthese, der Nutzung oder dem Abbau von Prolin beteiligt sind (Abb. 1.6). Bei Trockenheit oder Salzbelastung setzt unter anderem die Rückkopplungsregulierung beim ersten Schritt der Prolinsynthese aus; dazu kommt eine verminderte Oxidationsrate des Prolins und ein verlangsamter Einbau von Prolin in Proteine. Was für Prolin gilt, trifft auch zu, wenn sich andere primäre Stoffwechselprodukte in belasteten Pflanzen ansammeln, zum Beispiel Pinitol, Glycerin und Glycinbetain (siehe Abschnitt III.C).

Zu den Auswirkungen der biochemischen Anpassung von Pflanzen an Trockenheit ließe sich hier noch folgendes ergänzen: Pflanzen wie Gerste auf

1.6 Der Verlauf der Prolinbiosynthese und Ansatzpunkte (*) für eine Anreicherung von Prolin.

Trockenresistenz zu züchten, könnte eine Zunahme des Prolingehalts in den Blättern bedeuten, und das wiederum könnte die Pflanze anfälliger gegen Insektenfraß machen. Prolin regt bekanntlich Wander- und Feldheuschrecken zum Fressen an. Glücklicherweise zeigten jedoch Tests mit Gerstenmutanten, die das Sechsfache des normalen Gehalts an Prolin enthielten, daß damit keine Zunahme der Anfälligkeit gegenüber Schädlingen oder Krankheiten einhergeht (Bright et al. 1982).

III. Biochemische Anpassung an den Boden

A. Selenbelastung

Selen ist ebenso wie Schwefel ein Element der VI. Hauptgruppe des Periodensystems, ist aber im Gegensatz zu diesem gewöhnlich nicht lebensnotwendig für Pflanzen. Aufgrund der starken Ähnlichkeit seiner Eigenschaften kann es Schwefel in biochemischen Systemen ersetzen. Diese Fähigkeit des Selens, anstelle von Schwefel in Aminosäuren und weiter in Proteine, die sogenannten Selenoproteine, eingebaut zu werden, bildet die Grundlage seiner toxischen Eigenschaften. So ist Selen unabhängig von der Menge hochgradig giftig für alle lebenden Organismen.

Selen kommt in Böden hauptsächlich in gebundener Form vor, so daß es für das Leben der Pflanzen normalerweise keine Gefahr darstellt. In manchen Regionen der Welt weist der Boden jedoch einen außergewöhnlich hohen Gehalt an löslichem Selen auf, das von Pflanzen aufgenommen wird. Dazu gehört Weideland in Zentralasien, Australien und Nordamerika, und die hohen Selenkonzentrationen wirken sich in Vergiftungssymptomen bei den Weidetieren aus. Die Toxizität äußert sich sowohl in akuter als auch in chronischer Form, und eine Aufnahme von Selen über einen längeren Zeitraum führt zum Tode. Eines der Vergiftungssymptome bei Schafen ist Haarausfall, wodurch kahle Stellen entstehen. Sogar bei Menschen ist es schon zu selenbedingten Todesfällen gekommen. Doch erst in den dreißiger Jahren unternahm man ernsthafte Versuche, das Phänomen der Selenvergiftung zu erforschen. Man verfolgte die Ursache der Vergiftung bis zur Fähigkeit bestimmter Pflanzen, sich an Selen durch Anreicherung dieses Elements anzupassen; und es zeigte sich, daß die Aufnahme genau dieser Pflanzen zum Tod von Rindern und Schafen führte (Rosenfeld und Beath 1964).

Viele der Pflanzen, die sich an vorhandene hohe Selenkonzentrationen angepaßt haben, gehören zu der Leguminosengattung *Astragalus* (Tragant); diese Pflanzen hat man auch am eingehendsten erforscht. Von den etwa 500 *Astragalus*-Arten der nordamerikanischen Flora haben sich rund 25 an Selen angepaßt. Man bezeichnet diese Arten als „Selenakkumulatorpflanzen", um sie so von den nichtangepaßten Pflanzen, den sogenannten „Nichtakkumulatoren", zu unterscheiden, die solche Gebiete meiden. Die Fähigkeit von Akkumulatorpflanzen wie *A. bisulcatus* und *A. pectinatus* zur Selenaufnahme ist bemerkenswert: Solche Pflanzen enthalten mitunter nicht weniger als 5 000 ppm (*parts per million*, Teile pro Million Teile) Selen im Vergleich zu Nichtakkumulatoren, die weniger als 5 ppm aufweisen. Welche Gefahr diese Pflanzen für andere Lebensformen mit sich bringen, zeigt sich in Experimenten, bei denen man toxische Symptome sowohl bei *Trifolium*-Pflanzen feststellte, die man mit 5 ppm behandelt hatte, als auch bei Weidetieren, die man mit einem Futter ernährte, das nicht mehr als 1 ppm Selen enthielt (Shrift 1972).

Die Toxizität von Selen für Nutztiere steht ausschließlich mit ihrer Aufnahme in großer Menge über gefährliche Akkumulatorpflanzen in Zusammenhang. Für Tiere ist Selen in Spuren notwendig, weil eines der entscheidenden Enzyme des Glutathionstoffwechsels, nämlich die Gluthationperoxidase, vier Grammatome Selen enthält. Die Grenze zwischen Leben und Tod ist jedoch recht schmal. So liegt der minimal notwendige Selengehalt einer Viehweide bei 0,03 ppm; fortgesetzte Aufnahme von Futter mit einem Gehalt von 1–5 ppm führt jedoch zur Vergiftung. Eine weitere wichtige Größe bei der Aufnahme von Selen durch Tiere ist das Verhältnis von Schwefel und Selen in der Futterpflanze, denn ein hoher Schwefelgehalt begrenzt die Verfügbarkeit des Selens für das Tier (Anderson und Scarf 1983).

So ergibt sich folgende Frage: Wie kommt es, daß Selenakkumulatorpflanzen soviel Selen aufnehmen können, ohne selbst dabei Schaden zu nehmen? Die Antwort liegt offenbar in der Fähigkeit der Akkumulatorpflanzen, anorganischen Schwefel (als Sulfat) von anorganischem Selen (als Selenat oder Selenit) zu trennen, wenn diese in die Pflanze gelangen, und das Selen in die Synthese von nicht zum Proteinaufbau verwendeten Aminosäureanaloga zu kanalisieren (Abb. 1.7). Diese Aminosäuren unterscheiden sich im Aufbau von den beiden normalerweise in Proteinen vorkommenden schwefelhaltigen Aminosäuren Cystein und Methionin und werden daher nicht zur Proteinsynthese verwendet. Die Pflanze nimmt sie wahrscheinlich in die Vakuolen der Blätter auf, und sie sind dort völlig harm-

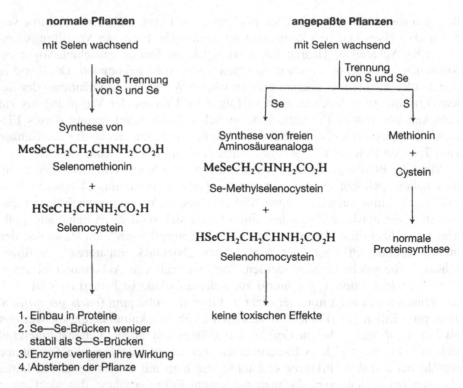

normale Pflanzen

mit Selen wachsend

↓ keine Trennung von S und Se

Synthese von

$MeSeCH_2CH_2CHNH_2CO_2H$

Selenomethionin

+

$HSeCH_2CHNH_2CO_2H$

Selenocystein

↓

1. Einbau in Proteine
2. Se—Se-Brücken weniger stabil als S—S-Brücken
3. Enzyme verlieren ihre Wirkung
4. Absterben der Pflanze

angepaßte Pflanzen

mit Selen wachsend

↓ Trennung von S und Se

Se | S

Synthese von freien Aminosäureanaloga

$MeSeCH_2CHNH_2CO_2H$

Se-Methylselenocystein

+

$HSeCH_2CH_2CHNH_2CO_2H$

Selenohomocystein

↓

keine toxischen Effekte

Methionin

+

Cystein

↓

normale Proteinsynthese

1.7 Die Anpassung von Pflanzen an Selenbelastung.

los für die Pflanze, aber natürlich ausgesprochen gefährlich für die nichtsahnenden Weidetiere.

Die Aufnahme löslichen Selens aus dem Boden durch eine nichtangepaßte Pflanze verläuft ähnlich, führt letztlich jedoch zum Tod (Abb. 1.7). Hier werden Aminosäuren für Proteine synthetisiert, in denen Schwefel direkt durch Selen ersetzt ist. Während Selenocystein und Selenomethionin schon als solche unter Umständen gefährlich sind, kommt es zwangsläufig zu den größten Schädigungen, wenn sie statt der schwefelhaltigen Aminosäuren in enzymatisch wirkende Proteine eingebaut werden. Die Giftwirkung des Selens kann man dann dem Einbau von Selenocystein statt Cystein zuschreiben und damit der Produktion von Proteinen mit gestörter Funktion, in denen die Schwefelbrücken zwischen den Polypeptidketten durch weniger stabile Selenbrücken ersetzt sind. Vor einiger Zeit gelang Brown und Shrift (1980) der Nachweis, daß Selenocystein in Proteine der Mungbohne (*Vigna radiata*) eingebaut wird, der sie Selen zugeführt hatten. Selenomethionin verabreichte man erfolgreich an das Bakterium *Escherichia coli*; als Folge davon wurden nicht weniger als 150 Methioninreste im Enzym β-Galactosidase ersetzt. Obwohl dies die Eigenschaften der Seleno-β-Galactosidase stark beeinflußte, war das Enzym in diesem Fall nicht völlig inaktiviert. Selenomethionin ist also möglicherweise weniger schädlich für den Stoffwechsel der Zelle als das eher tödlich wirkende Selenocystein.

Zu den nicht in Proteinen eingebauten, selenhaltigen Aminosäuren, welche die Akkumulatorpflanze *Astragalus* synthetisiert, gehören unter anderem die beiden in Abbildung 1.7 dargestellten; man findet jedoch auch einige andere, insbesondere Selen-Methylcystein-Sulfoxid sowie γ-Glutamyl-Selen-Methylcystein und dessen Sulfoxid. Diese verschiedenen Säuren kommen nicht nur in den Blättern vor, sondern auch in den Samen. Eine Einordnung der Vertreter der Gattung *Astragalus* in Akkumulator- und Nichtakkumulatorpflanzen ist also anhand der Aminosäuren der Samen ebensogut möglich wie anhand der Aminosäuren der Blätter (Dunnill und Fowden 1967). Möglicherweise gedeihen Akkumulatorarten tatsächlich erst in Gegenwart von Selensalzen im Boden richtig gut. In Laborexperimenten mit Akkumulatorpflanzen läßt sich demonstrieren, daß man durch den Zusatz von Selenaten in den Boden das Wachstum anregen kann. Dieses Verhalten ähnelt dem einiger Halophyten (Salzpflanzen), die besser in Anwesenheit von Kochsalz (NaCl) wachsen als auf salzfreiem Boden (siehe Seite 26).

B. Schwermetallbelastung

Eines der bemerkenswertesten Beispiele für die Fähigkeit von Pflanzen, sich durch Selektion an hohe Konzentrationen giftiger Metalle anzupassen, ist die Art und Weise, wie Gräser wie das Rote Straußgras (*Agrostis tenuis*) und der Schafschwingel (*Festuca ovina*) Abraumhalden von Schwermetallminen sehr rasch besiedeln. Einige Linien von *A. tenuis* zum Beispiel wachsen erfolgreich auf Böden, die nicht weniger als ein Prozent Blei enthalten. Die genetischen Aspekte dieses Phänomens untersuchten Bradshaw und seine Mitarbeiter an den Pflanzengesellschaften der Bergbaugebiete von Nordwales (zum Beispiel Gregory und Bradshaw 1965; Smith und Bradshaw 1970). Sehr rasch entwickeln sich Populationen, die gegenüber Blei, Kupfer oder Zink tolerant sind und die man untersuchen kann, um die biochemische Grundlage dieser Toleranz festzustellen. Der präzise Mechanismus dieser Anpassung ist zwar noch nicht bekannt, aber es gibt einige Anhaltspunkte über die daran beteiligten Prozesse.

Die erste Stelle, an der die Fähigkeit, mit toxischen Mengen von Schwermetallen zurechtzukommen, von Bedeutung ist, ist die Wurzeloberfläche. Daß hier biochemische Veränderungen auftreten, wies Woolhouse (1970) nach; er untersuchte die Aktivität von sauren Phosphatasen auf den Wurzeln von *Agrostis tenuis*. Wie seine Experimente zeigten (Abb. 1.8), sind die Enzyme der Wurzeloberfläche an hohe Schwermetallkonzentrationen angepaßt und funktionieren trotz des hohen Schwermetallgehalts ihrer Umgebung. Vermutlich treten auf der Wurzeloberfläche mehrere verschiedene Formen (oder Isozyme) der sauren Phosphatase auf, und einige von ihnen wurden durch die Umwelt positiv selektioniert. Man fand sogar heraus, daß in schwermetalltoleranten Klonen teilweise mehr Isozyme vorkommen als in nichttoleranten Ökotypen (Cox und Thurmann 1978).

Durch welchen Mechanismus das Schwermetall tatsächlich von einer toleranten Pflanze inaktiviert oder aufgenommen wird, ist noch nicht völlig geklärt, doch Pflanzen produzieren eine Reihe schwermetallbindender Peptide, die in der Lage

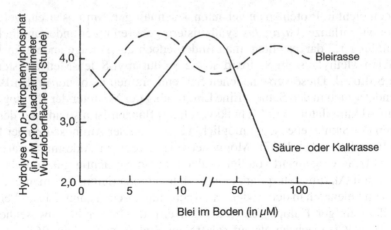

1.8 Wirkung der sauren Phosphatasen in den Wurzeln von *Agrostis tenuis*.

sind, diese Kationen in Chelate einzubauen. Diese Peptide, sogenannte pflanzliche Chelatbildner (Grill et al. 1978), werden auch von Pflanzenzellen in Suspensionskultur produziert, wo man ihre Synthese durch den Zusatz von geringen Mengen Cadmium, Zink, Blei, Silber oder Zinn induzieren kann. Sie haben die allgemeine Struktur (Glutamylcysteinyl)$_n$-Glycin, wobei n = 2–8. Sie werden aus Glutathion (Glutamylcysteinyl-Glycin) gebildet und unterscheiden sich daher in ihrer Biosynthese von den meisten anderen Peptiden. Daß sie an der Anpassung der Pflanzen an Schwermetalle beteiligt sind, zeigt sich darin, daß kupfertolerante Linien der Taubenkropflichtnelke (*Silene cucubalus*) größere Mengen dieser pflanzlichen Chelatbildner produzieren als nichttolerante Linien.

Die Entdeckung der pflanzlichen Chelatbildner weist auf eine klare evolutionäre Abweichung in den Anpassungsmechanismen zwischen höheren Pflanzen und Mikroorganismen und Tieren hin; bei letzteren erfolgt die Bindung der Schwermetalle über Metallothionine. Metallothionine sind echte Proteine; sie sind reich an Cystein und scheinen über entwicklungsgeschichtliche Zeiträume stark konserviert worden zu sein, denn die Aminosäuresequenzen der Metallothionine von Mikroorganismen unterscheiden sich nicht wesentlich von den entsprechenden Sequenzen bei Tieren (Lurch 1980). Es gab zwar vorläufige Berichte über solche Proteine auch bei Pflanzen, die jedoch vermutlich auf falschen Deutungen beruhen. Pflanzliche Chelatbildner hat man inzwischen in allen daraufhin untersuchten Pflanzen festgestellt, von Algen bis hin zu Orchideen (Grill et al. 1987).

Die genaue Rolle der pflanzlichen Chelatbildner bei der Schwermetallentgiftung muß zwar noch ergründet werden, sie ermöglichen es der Pflanze jedoch mit Sicherheit, das Metall bei seinem Eintritt in die Wurzel in ein Chelat einzubauen und es so in den Geweben zu transportieren. Diese Peptide sind aber nicht die einzige Möglichkeit zum Einbau von Metallen in Chelate, denn sie können auch einen Komplex mit bestimmten organischen Säuren bilden. Wie Untersuchungen von zinktoleranten und nichttoleranten Ökotypen der Rasenschmiele (*Deschampsia caespitosa*) zeigen, sammelt sich Zink in den Vakuolen als Citratkomplex und im Cytoplasma als Malatkomplex an (Godbold et al. 1984). Ähnlich hat man Nickel in nickelanreichernden Pflanzen als Citratkomplex festgestellt, während Chrom in der Chromakkumulatorpflanze *Leptospermum scoparium* (Manukabaum) als Trioxalat auftritt (Woolhouse 1983).

Bei der Kupfertoleranz scheinen mehrere verschiedene Mechanismen in Kraft zu sein. Der Ausschluß von Kupfer ist möglich und offenbar bei der Grünalge *Chlorella vulgaris* der Fall (Foster 1977). Allerdings ist damit kein völliger Ausschluß gemeint, denn winzige Mengen müssen eindringen können, weil Kupfer ein lebenswichtiger Mikronährstoff ist. Die Immobilisierung des Kupfers an der Zellwand ist Teil des Toleranzmechanismus einiger Arten; bei anderen wird es transportiert und verteilt (Woolhouse 1983). Im Gegensatz dazu wird Blei von toleranten Ökotypen wie etwa dem Wohlriechenden Ruchgras (*Anthoxanthum odoratum*) in der Regel irreversibel an die Zellwand gebunden. In bleiempfindlichen Linien beruht die Giftigkeit vermutlich darauf, daß ein Teil dieses Bleies ins Cytoplasma gelangt (Qureshi et al. 1986).

Insgesamt gesehen liegt es auf der Hand, daß die Anpassung von Pflanzen an Schwermetalle mehrere Mechanismen beinhaltet: Den Ausschluß, die Bindung an die Zellwand, die Komplexbildung durch pflanzliche Chelatbildner, die Komplexbildung mit organischen Säuren, den Transport und die Verteilung. Die Anreicherung eines Metalls, und daher auch die Toleranz ihm gegenüber, ist metallspezifisch; jedes Metallkation stellt die Pflanze vor ein anderes Problem. Pflanzen zeigen jedoch oft eine Toleranz gegenüber zwei Metallen, beispielsweise gegenüber Zink und Kupfer, und man hat auch schon Toleranz gegenüber mehreren Metallen festgestellt (Peterson 1983), so daß es einige Mechanismen geben mag, die mit mehr als einem Metall funktionieren.

Die Fähigkeit bestimmter Pflanzen wie der gerade erwähnten, sich an das eine oder andere dieser Schwermetalle anzupassen, machte sich der Mensch bei der Suche nach neuen Mineralfeldern zunutze. Der Einsatz von Indikatorpflanzen, die anzeigen, wo unter der Erde wertvolle Mineralvorräte liegen, ist mittlerweile eine weitverbreitete Methode im Bergbau. So ist zum Beispiel der Strauch *Hybanthus floribundus* (Violaceae) in Australien ein Anzeiger für Nickel; er kann dieses Metall so stark anreichern, daß es bis zu 22 Prozent seiner Asche ausmacht. Die Wollknöterichart *Eriogonum ovalifolium* wiederum ist ein Anzeiger für Silberablagerungen in Montana, während bestimmte Tragantarten (*Astragalus*) in Colorado Uran anzeigen. Schließlich fand man mehrere goldanreichernde Pflanzen, die für den Bergbau natürlich sehr interessant sind, in der natürlichen Vegetation Südafrikas. Dazu gehört die Büschelschönart *Phacelia sericea*, die Gold als Cyanid aufnimmt – ein Mechanismus, welcher der Pflanze ermöglicht, 21 ppb (*parts per billion*, Teile pro Milliarde Teile) Gold in ihren Blättern anzusammeln (Peterson 1983).

Die Fähigkeit, sich an eine Schwermetallbelastung anzupassen, erstreckt sich auch auf marine Pflanzen. So reichert die Braunalge *Ecklonia radiata* in den Küstenökosystemen Australiens Arsen an, das sie in organischer Form als zwei Arsen-Zucker-Derivate in ihren Geweben speichert. Interessanterweise findet man Arsen auch in gebundener Form als Arsenbetain ($Me_3As^+CH_2CO_2^-$)

in der marinen Fauna der Umgebung, beispielsweise in Hummern und Seehechten (*Merluccius*). Offenbar gelangt das Arsen indirekt aus der Braunalge über Detritusfresser in diese Meerestiere, wobei die organische Form des Arsens während dieses Prozesses verändert wird (Abb. 1.9) (Edmonds et al. 1982).

$$O=AsCH_2 \quad \xrightarrow{} \quad OCH_2CHOHCH_2R \quad \xrightarrow[\text{Abbau}]{\text{anaerober}} \quad O=As-CH_2CH_2OH$$

Arsen-Zucker-Derivate in Braunalgen

$$\xrightarrow{\text{Oxidation}} \quad O=As-CH_2CO_2H \quad \xrightarrow{\text{Methylierung}} \quad Me_3As^+CH_2CO_2^-$$

Arsenbetain beim Hummer

1.9 Umwandlung gebundener Formen von Arsen in der Nahrungskette des Meeres.

C. Anpassung an Salinität

Pflanzen, die in salzreichen Lebensräumen wachsen – in Salzmarschen, Salzwüsten oder an der Meeresküste –, nennt man Halophyten. Daß sie sich an den hohen Salzgehalt des Bodens angepaßt haben, wird klar, wenn man versucht, Nichthalophyten, sogenannte Glykophyten, in Anwesenheit zunehmender Mengen Kochsalz (NaCl) wachsen zu lassen. Die normalen Anforderungen höherer Pflanzen an Natrium im Boden sind sehr niedrig (nur wenige ppm). Sobald der Gehalt ansteigt, zeigen sie rasch Vergiftungssymptome: Schon so geringe Mengen wie 0,1 Prozent Kochsalz können sich auf relativ empfindliche Glykophyten wie Tomaten, Erbsen und Bohnen schädigend auswirken. Im Gegensatz dazu widerstehen echte Halophyten auch hohen Kochsalzkonzentrationen. Sie brauchen vielleicht sogar ein bis zwei Prozent Kochsalz, damit ihr Wachstum überhaupt in Gang kommt. Einige Halophyten ertragen bis zu 20 Prozent Kochsalz im Boden, wenngleich die Konzentration in den meisten salzhaltigen Böden niedriger liegt, nämlich zwischen zwei und sechs Prozent (Levitt 1980).

Zu den typischen Halophyten der Küste gehören solche Pflanzen wie die Gemeine Grasnelke (*Armeria maritima*) und der Strandwegerich (*Plantago maritima*) der gemäßigten Breiten sowie die Mangroven (zum Beispiel *Rhizophora* und *Avicennia*) und Seegräser (wie *Thalassia*) der tropischen Küstengebiete. Die Wüstenhalophyten umfassen viele *Atriplex-Arten* (Melde), beispielsweise *A. halimus* und *A. spongiosa*, sowie die Sode *Suaeda fruticosa*. Halophyten sind nicht immer eindeutig zu definieren, und sie sind auch nicht unbedingt auf salzhaltige Lebensräume beschränkt. Glykophyten variieren in gewissem Ausmaß in ihrer Reaktion auf die Belastung durch Kochsalz; einige Pflanzen (zum Beispiel Tomaten und Erbsen) sind besonders empfindlich, andere hingegen (beispielsweise viele Gräser) widerstandsfähiger. Detaillierte Beschreibungen der Ökologie und allgemeinen Biologie von Halophyten finden sich bei Reimold und Queen (1974) sowie bei Waisel (1972).

Für die Anpassung gibt es drei Möglichkeiten: die Anreicherung des Kochsalzes in den Vakuolen (der Queller (*Salicornia*) enthält in seinen Geweben eine zehnprozentige Kochsalzlösung), die Fähigkeit, das Eindringen von NaCl in die Zelle zu verhindern, sowie die Verdünnung des Kochsalzes nach seinem Eintritt in die Pflanze. Zwischen Halophyten und Glykophyten hat man zwar biochemische Abweichungen, insbesondere im Enzymgehalt, festgestellt, keiner dieser Unterschiede scheint jedoch mit dem Anpassungsprozeß in Zusammenhang zu stehen. So sind Enzyme von Halophyten *in vitro* nicht toleranter gegenüber hohen Salzkonzentrationen als jene von Glykophyten. Mehr noch: Zwar läßt sich die Aktivität bestimmter Enzyme, zum Beispiel der Malatdehydrogenase, durch Zugabe von (bis zu 50 mM) NaCl nachweisbar anregen, doch funktioniert dies sowohl mit Enzymen von Halophyten als auch von Glykophyten (Flowers et al. 1976). Ein spezielles Symptom, das bei Kochsalzüberschuß bei der Pferde- oder Saubohne (*Vicia faba*) auftritt, ist die Anreicherung des Diamins Putrescin (Strogonov 1964). Dies läßt sich jedoch als Auswirkung des überschüssigen Natriums erklären, das die Aufnahme von Kalium in die Zelle begrenzt, denn ein Kaliummangel führt bei einer Reihe von Pflanzen, darunter auch die Saubohne, ebenfalls zur Anreicherung von Putrescin (Smith 1965).

Ein entscheidendes biochemisches Merkmal von Halophyten ist die Anreicherung zweier Stickstoffverbindungen, nämlich der zum Aufbau von Proteinen verwendeten Iminosäure Prolin und der quartären Stickstoffverbindung Glycinbetain. Im Falle von Prolin können die festgestellten Konzentrationen bis zum Zehnfachen des „normalen" Wertes an freien Aminosäuren bei Glykophyten betragen (Stewart und Lee 1974). Im Extremfall des halophytischen Stranddreizack (*Triglochin maritima*) reichert sich freies Prolin in solchen Mengen an, daß es zehn bis 20 Prozent des Trockengewichts der Schößlinge ausmacht. Weitere Halophyten, in denen man hohe Prolinkonzentrationen findet, sind die Salzaster (*Aster tripolium*) und die Gemeine Grasnelke (*Armeria maritima*). Es ist jedoch zu beachten, daß einige wenige Halophyten, insbesondere *Plantago maritima*, keinen erhöhten Prolingehalt aufweisen.

Daß ein hoher Prolingehalt tatsächlich mit einer erhöhten Salzbelastung zusammenhängt, wurde durch Experimente bestätigt, bei denen man bei Glykophyten die Bildung dieser Säure in hoher Konzentration induzierte, indem man sie hohen Salzkonzentrationen aussetzte (siehe die Ergebnisse mit Tomaten in Tabelle 1.3). Tatsächlich lassen sich erhöhte Prolingehalte sowohl bei Halophyten als auch bei Glykophyten induzieren, wenn man sie unter nichtsalzigen Bedingungen wachsen läßt und sie dann nach und nach in zunehmende Salinität bringt. Daß die Prolinakkumulation wirklich eine adaptive Reaktion auf Salinität ist, legen die Beobachtungen von Stewart und Lee (1974) nahe; ihnen zufolge haben *Armeria*-Populationen im Binnenland einen relativ normalen Prolingehalt (1,4 μmol/g Frischgewicht), während Küstenpopulationen aus der näheren Umgebung Konzentrationen von bis zu 26 μmol pro Gramm Frischgewicht erreichen.

Tabelle 1.3:   Gehalt an Glycinbetain und Prolin (in mg/100 g Frischgewicht) in Pflanzenschößlingen bei niedrigen und hohen Salzkonzentrationen

Pflanzentyp	Pflanze	Glycinbetain		Prolin	
		kaum salzig	stark salzig	kaum salzig	stark salzig
salzempfindlicher Glykophyt	Tomate	2	2	6,9	72
salzresistenter Glykophyt	Gerste „Arimar"	32	158	0,8	22
	Chloris gayana	25	106	0,6	48
Halophyt	*Atriplex spongiosa*	177	246	1,3	2,0
	Suaeda monoica	385	462	5,7	3,7

Angaben aus Storey und Wyn Jones (1975). Ähnliche Veränderungen waren auch in den Wurzeln festzustellen. Die Bedingungen geringen Salzgehalts beziehen sich auf die Hoaglandsche Standardnährlösung, die Bedingungen hoher Salzkonzentration auf das Wachstum in Anwesenheit von 100–500 mM NaCl.

Auf welche Weise derart hohe Prolinkonzentrationen wirklich die Grundlage für die Widerstandskraft gegenüber der Anreicherung von Salz bilden, ist nicht genau bekannt; Prolin verfügt aber über wertvolle osmotische Eigenschaften, so daß seine Anwesenheit solchen Pflanzen ermöglichen könnte, den hohen osmotischen Kräften zu widerstehen, denen ihre Zellen ansonsten ausgesetzt wären. Die Anreicherung von Prolin in Halophyten scheint auch mit den erhöhten Prolinkonzentrationen in Zusammenhang zu stehen, die man in trockenresistenten Pflanzen fand (siehe Seite 17). Gewiß könnte es einen gemeinsamen Mechanismus der Anpassung an salzhaltige Lebensräume und an extrem trockene Klimate geben.

Wyn Jones und seine Mitarbeiter fanden Hinweise darauf, daß Pflanzen durch die Anreicherung aliphatischer, quartärer Ammoniumverbindungen eine Kochsalzbelastung leichter ertragen (siehe zum Beispiel Storey und Wyn Jones 1977). Sie betrachteten insbesondere Cholin, $(CH_3)_3N^+CH_2CH_2OH$, und das verwandte saure Betain $(CH_3)_3N^+CH_2CO_2^-$. Beide Substanzen sind in Pflanzen weit verbreitet, doch während Cholin bekanntermaßen als Bestandteil der Membranlipide fungiert, läßt sich dem Glycinbetain keine ähnliche Rolle zuschreiben. Wie Messungen der Konzentration dieses Betains in einer Reihe von salzempfindlichen Pflanzen zeigten, führt eine Zunahme der Salzbelastung zu einem deutlichen Anstieg des Betains, ohne jedoch den Cholingehalt zu beeinflussen (Tabelle 1.3). Zunahmen der Betainkonzentration gehen oft mit einer Erhöhung des Prolingehalts einher, doch gibt es hierbei auch einige Ausnahmen. Während der Prolinspiegel also bei den salzempfindlichen Tomaten dramatisch ansteigt, sind die Konzentrationen von Glycinbetain nicht in ähnlicher Weise betroffen (Tabelle 1.3). Andererseits werden im Falle zweier Halophyten, die Storey und Wyn Jones (1975) für ihre Untersuchungen auswählten, die Betaingehalte bei hoher Salzkonzentration signifikant erhöht, während sich die Prolinspiegel nicht verändern.

Diese Daten (Tabelle 1.3) zeigen, daß Glycinbetain in mancher Hinsicht für die Anpassung von Halophyten an Kochsalzbelastungen wichtiger sein könnte als Prolin. Wie bei der Prolinanreicherung kennt man jedoch auch einige Halophyten, bei denen es nicht zu einer Anreicherung von Glycinbetain kommt.

Wir müssen also davon ausgehen, daß es mehr als einen biochemischen Mechanismus für die Anpassung an Salinität gibt. Die tatsächliche Rolle des Glycinbetains hinsichtlich einer osmotischen Anpassung könnte der des Prolins durchaus ähnlich sein. Man hat in der Tat einen engen Zusammenhang zwischen dem osmotischen Druck von Schößlingen und ihrem Betaingehalt beobachtet, und zwar sowohl beim Vergleich von Pflanzen derselben Art, die man bei unterschiedlicher Salinität wachsen ließ, als auch, wenn man verschiedene Pflanzenarten unter ähnlichen Wachstumsbedingungen einander gegenüberstellte (Wyn Jones et al. 1977). Auf die schützende Funktion dieser beiden Stickstoffverbindungen deutet außerdem die Tatsache hin, daß sich weder Glycinbetain noch Prolin irgendwie hemmend auf die Enzymaktivität von Halophyten auswirken, selbst dann nicht, wenn sie in hohen Konzentrationen vorhanden sind.

Prolin und Glycinbetain sind zwar die am weitesten verbreiteten Verbindungen, die an der Anpassung an halophytische Bedingungen beteiligt sind, doch in bestimmten Pflanzen können sie durch andere, verwandte Substanzen ersetzt sein (Tabelle 1.4). Welche Verbindungen angereichert werden, hängt tatsächlich stark von der taxonomischen Einordnung der Pflanze ab. Von besonderem Interesse sind zwei Sulfonderivate, die wie Glycinbetain Zwitterionen sind. Eines davon, S-Dimethylsulfonpropansäure, wurde vor einiger Zeit auch als cytoplasmatisches Osmotikum bei der marinen Alge *Ulva lactuca* (Meersalat) nachgewiesen (Dickson et al. 1980). Braunalgen der Ordnung Laminariales reichern neben anderen Osmotika auch Lysinbetain an, das man als Dioxalat aus diesem Tang isolierte (Blunden et al. 1982). Die Entdeckung der aliphatischen Polyole (Zuckeralkohole) Sorbitol und Pinitol bei halophytischen höheren Pflanzen (Tabelle 1.4; siehe Ahmad et al. 1979; Gorham et al. 1980) knüpft an Berichte an, die eine enorme Anreicherung von Glycerin (bis zu 80 Prozent des Trockengewichts) bei der Grünalge *Dunaliella parva* als Reaktion auf eine salzige Umgebung be-

Tabelle 1.4: Substanzen mit niedrigem Molekulargewicht, die sich in salztoleranten höheren Pflanzen ansammeln

cytoplasmatische Osmotika	Formel	Halophyten, bei denen eine Anreicherung auftritt
Prolin	$N^+H_2 - (CH_2)_3 - CHCO_2^-$	*Triglochin maritima* Juncaginaceae
Glycinbetain	$Me_3N^+ - CH_2CO_2^-$	*Atriplex spongiosa* Chenopodiaceae
β-Trimethylamino-Propansäure	$Me_3N^+ - CH_2CH_2CO_2^-$	*Limonium vulgare* Plumbaginaceae
S-Dimethylsulfon-Propansäure	$Me_2S^+ - CH_2CH_2CO_2^-$	*Spartina anglica* Poaceae
S-Dimethylsulfon-Pentansäure	$Me_2S^+ - (CH_2)_4CO_2^-$	*Diplotaxis tenuifolia* Brassicaceae
Sorbitol	$CH_2OH - (CHOH)_4 - CH_2OH$	*Plantago maritima* Plantaginaceae
Pinitol	$CHOH - (CHOH)_4 - CHOMe$	*Spergularia medea* Caryophyllaceae

schreiben (Ben-Amotz und Avron 1973). Auch Polyole wurden bereits mit Frostresistenz in Verbindung gebracht (siehe Seite 13). Die relativen Kosten für die Pflanze hinsichtlich des Nährstoff- und Energiegehalts dieser verschiedenen Osmotika sind zweifellos unterschiedlich, und es ist eine interessante Frage, ob es irgendeinen Selektionsvorteil bringt, den einen oder anderen Typ zu produzieren. Wie vielleicht erwartet, gibt es im Falle der quartären Ammoniumsalze Hinweise darauf, daß der vorhandene Stickstoff in der Pflanze auf saisonaler Basis wieder dem Zyklus zugeführt wird.

Mit Hilfe von Kernspinresonanzmessungen direkt am Pflanzengewebe konnten Robinson und Jones (1986) zeigen, daß in den Chloroplasten der Blätter von salzbelastetem Spinat die Konzentration von Glycinbetain zehnmal so hoch ist wie im gesamten Blatt. Tatsächlich konzentriert sich die Hälfte des vorhandenen Glycinbetains in den Chloroplasten und die andere Hälfte im Cytoplasma. Die Lokalisation in diesen Zellorganellen ermöglicht dem Glycinbetain, ein osmotisches Potential zu erzeugen, das ausreicht, um jenes auszugleichen, das infolge der Speicherung von Natriumkationen in den Vakuolen vorliegt.

Insgesamt betrachtet deuten also neuere Experimente darauf hin, daß viele der Halophyten, vielleicht sogar die meisten von ihnen, in der Lage sind, sich biochemisch an Kochsalzbelastungen anzupassen, indem sie im Cytoplasma bestimmte nichtgiftige gelöste Stoffe anreichern. Derartige Substanzen üben eine Schutzwirkung auf die osmotische Regulation aus, indem sie das durch die Anreicherung anorganischer Ionen in den Vakuolen verminderte Wasserpotential ausgleichen. Die häufigsten Osmotika sind Prolin und Glycinbetain, aber Sulfonderivate und Polyole könnten ebenfalls diese Funktion übernehmen. Bedenkt man das enorme Spektrum an Pflanzen, die imstande sind, sich in salzhaltigen Umgebungen zu etablieren, so werden wir zweifellos noch weitere Mechanismen entdecken.

Pflanzen, die im oder am Meer oder in Salzmarschen wachsen, sind neben Natrium und Chlorid auch noch dem Einfluß anderer Ionen ausgesetzt. Für das Überleben von Pflanzen in solchen Habitaten ist also möglicherweise auch noch eine Anpassung an andere, im Brackwasser vorhandene anorganische Salze notwendig. Ein solches, in beträchtlicher Menge im Meerwasser enthaltenes Ion ist anorganisches Sulfat. Ein möglicher Weg, es zu inaktivieren oder zu speichern, ist über den Zusammenschluß mit natürlich auftretenden Phenolverbindungen und insbesondere mit Flavonoiden. Unlängst wurden über 50 solcher Verbindungen bei Pflanzen entdeckt (Harborne 1977), und bemerkenswerterweise treten sie hauptsächlich in Pflanzen auf, die Wasserbelastungen unterworfen sind, insbesondere jedoch bei Halophyten.

Flavonoidsulfate (typische Strukturformeln sind in Abbildung 1.10 gezeigt) stellte man in Landhalophyten wie *Suaeda maritima, Armeria maritima, Limonium vulgare, Nypa fruticans* sowie in Arten der Gattungen *Atriplex, Frankenia* und *Tamarix* fest. Sie kommen ebenfalls häufig bei Seegräsern wie *Thalassia, Zannichellia* und *Zostera* vor. Wie im Zusammenhang mit der Anreicherung von Prolin und Glycinbetain erwähnt, gibt es einige Halophyten (zum Beispiel *Plantago maritima*), bei denen Flavonoidsulfate offensichtlich fehlen. Dies deutet darauf hin, daß mehr als ein System der Sulfatbindung existiert. Daß diese organischen Verbindungen des Schwefels eine dynamische Rolle in den Ionenbeziehungen spielen, ist noch immer nur eine Vermutung, die man aber derzeit intensiv erforscht.

Luteolin-7,3-disulfat in *Zostera*   Ombuin-3-sulfat in *Flareria*

1.10 Struktur zweier Flavonoidsulfate, die in Halophyten vorkommen.

IV. Entgiftungsmechanismen

A. Allgemeines

Neben den vielen Belastungen, denen Pflanzen in ihrer natürlichen Umgebung ausgesetzt sind, sind sie heute auch noch vom Menschen verursachten Streßsituationen unterworfen. Diese stammen von der Verschmutzung der Atmosphäre mit Industrieabgasen und Abbauprodukten von Benzindämpfen, von anderen Emmissionen organischer Substanzen in die Umwelt und der willkürlichen Anwendung einer Vielzahl von Pestiziden auf Nutzpflanzen. Glücklicherweise können Pflanzen mit diesen Belastungen zurechtkommen und trotz eines solchen Bombardements überleben. Daß sie dazu in der Lage sind, beruht zumindest zum Teil auf der Tatsache, daß sie in ihren Zellen ein wirkungsvolles System zur Entgiftung fremder Verbindungen besitzen. Dies hat man durch Experimente nachgewiesen, bei denen man Pflanzen toxische Verbindungen zuführte, und es zeigt sich auch in der Art und Weise, wie Pflanzen in ihren Zellen Gifte in nichttoxischer, gebundener Form speichern können (zum Beispiel Cyanwasserstoff oder Blausäure (HCN) gebunden als cyanogenes Glykosid). Selbst fremden Gasen, die über die Spaltöffnungen in die Pflanzen gelangen, können sie widerstehen. Bei in Industriegebieten wachsendem Englischen Raygras (*Lolium perenne*) hat man eine Toleranz gegenüber Schwefeldioxid (SO_2) festgestellt, das normalerweise in jeglicher Konzentration tödlich für das Pflanzenleben ist (Horsman et al. 1978). Dieses Gras kann mit Konzentrationen von bis zu 700 Mikrogramm pro Kubikmeter Schwefeldioxid in der Atmosphäre fertig werden, wenngleich der Mechanismus der Entgiftung noch nicht bekannt ist.

Die entscheidende Reaktion bei Pflanzen zur Entgiftung organischer Verbindungen ist die Bildung von Glykosiden (auch Glucoside genannt). Sie wird durch ein Glykosyltransferase-Enzym in Anwesenheit der energiereichen Uridindiphospatglucose (UDP) als Cofaktor katalysiert. Das steht im Gegensatz zu der bei Tieren vorherrschenden Entgiftungsreaktion, bei der eine Umwandlung in Glucuronide – nicht Glucoside – erfolgt oder ätherische Sulfate gebildet werden (Williams 1964). Das Ziel ist bei Pflanzen und Tieren dasselbe: das Gift zu inaktivieren und es wasserlöslich zu machen, so daß die Pflanzen es in die Zellvakuolen aufnehmen und die Tiere es über den Urin ausscheiden können.

Fremde Verbindungen, die Phenol- oder Stickstoffgruppen enthalten, werden direkt als Glucoside entgiftet. Bei anderen Verbindungen müssen diese funktionellen Gruppen erst eingeführt werden, bevor es zu einem Zusammenschluß mit einem Zucker kommen kann. So können als Teil des Entgiftungsprozesses auch andere chemische Reaktionen stattfinden, vor allem Oxidation, Decarboxylierung, Methylierung, Acylierung oder Esterbildung. Gelegentlich erfolgt auch eine Verbindung mit Aminosäuren anstelle von Glucose.

B. Entgiftung von Phenolen

Phenole sind in dieser Hinsicht die am eingehendsten erforschte Gruppe von Verbindungen (Towers 1964). Sie sind sowohl für Pflanzen als auch für Mikroorganismen hochgiftig. Wie Experimente mit Phenolgaben zeigten, werden sie rasch glykosyliert – innerhalb von Stunden nach dem Eintritt in die Pflanze –, und die Produkte – die Glykoside – entweder in den Vakuolen gespeichert oder in der Pflanze weiter verarbeitet und schließlich zu CO_2 abgebaut.

Einige Beispiel für Produkte der Glykosylierung von Phenolen zeigt Abbildung 1.11. Die Entgiftung von Hydrochinon wurde besonders ausführlich untersucht (Pridham 1964). Dabei fand man heraus, daß die Fähigkeit zur Glykosylierung von Hydrochinon bei allen höheren Pflanzen allgemein verbreitet ist; nur Pilze, Algen und Bakterien sind dazu nicht in der Lage. In der Regel wird das Monoglykosid Arbutin gebildet, das natürlicherweise in Birnbaumblättern (*Pyrus*) vorkommt. Bei einigen Pflanzen und in manchen Geweben ist die Glykosylierungsreaktion so gut entwickelt, daß auch höhere Glykoside gebildet werden. In Weizenkeimen zum Beispiel stellte man sowohl Diglykoside (Gentiobioside) als auch Triglykoside als Stoffwechselprodukte fest. In Verbindungen mit zwei benachbarten Phenolhydroxylgruppen (zum Beispiel Aesculetin) können sich isomere Glykoside herausbilden. In manchen Pflanzen wird Aesculetin auch zu Scopoletin methyliert und als das Glykosid Scopolin zurückgewonnen.

Verbindungen, die sowohl Phenol- als auch Carboxylgruppen enthalten, zum Beispiel p-Cumarinsäure (Abb. 1.11), werden vor allem über Glucoseester entgiftet, das heißt, der Zucker verbindet sich bevorzugt mit der Carboxyl- und nicht der Phenolgruppe. Interessant ist jedoch, daß bei Zuführung von Zimtsäure nur kleine Mengen von Cinnamoylglucose zurückgewonnen werden. Die Hauptreaktion ist die Hydroxylierung der p-Cumarinsäure, die daraufhin an der Carboxylgruppe glykosyliert wird, so daß hauptsächlich p-Cumarylglucose entsteht. In diesem Zusammenhang ist zu beachten, daß das Wachstumshormon Indolessigsäure, wenn man es Pflanzen verabreicht, nicht *N*-glykosyliert, sondern über den

1.11 Entgiftungsprodukte von Phenolen in Pflanzen.

Glucoseester entgiftet wird. In diesem Fall kann sich eine Verbindung mit Asparaginsäure bilden, die ebenfalls über die Carboxylgruppe verknüpft wird. Eine solche Verbindung mit dieser Aminosäure stellt einen weiteren, wenn auch weniger bedeutenden Entgiftungsprozeß bei Pflanzen dar.

C. Entgiftung von systemischen Fungiziden

In den vergangenen 20 Jahren hat man systemische Fungizide entwickelt, um solche Krankheiten wie den Mehltaubefall von Getreide oder Gurken zu bekämpfen. Die Idee beim Einsatz solcher Fungizide ist, daß sie von der Pflanze aufgenommen werden sollen, für die sie ungefährlich sind, und in deren Geweben erhalten bleiben, um das Wachstum und die Entwicklung des Pilzparasiten zu verhindern. Während man herkömmliche Fungizide auf die ausgereiften Pflanzen versprüht, kann man systemische Fungizide den Samen beigeben; sie bleiben dann ausreichend lange in der Pflanze, um während der gesamten Wachstumsperiode Resistenz zu verleihen. Solche Verbindungen können natürlich *in vivo* verändert werden, wobei das Entgiftungsprodukt selbst zum Teil für die Resistenz gegenüber einer Pilzinfektion verantwortlich ist.

Ein weithin verwendetes systemisches Fungizid für Gerste ist Ethirimol, ein Pyrimidinderivat, das vermutlich als Antimetabolit gegen den Pilz wirkt. Man erforschte seinen Abbau in Gerstenblättern und konnte durch Isotopenexperimente zeigen, daß die Halbwertzeit von Ethirimol *in vivo* nur drei Tage beträgt. Es kommt zu einer begrenzten photochemischen Umwandlung, aber eines der wichtigsten Reaktionsprodukte ist das erwartete Glykosid. Interessanterweise wird jedoch kein einfaches *N*-Glykosid gebildet. Statt dessen wird die aliphatische Seitenkette des Ethirimol zuerst zum entsprechenden Alkohol oxidiert, und das natürliche Abbauprodukt ist das Glykosid dieses Alkohols (Abb. 1.12) (Teal 1973). Weitere Metabolite, die aus diesem und anderen Pyrimidinderivaten gebildet werden, sind bei Vonk (1983) beschrieben.

1.12 Abbau von Ethirimol bei der Gerste.

D. Entgiftung von Herbiziden

Ein letztes Beispiel für die Flexibilität von Pflanzen beim Umgang mit fremden Verbindungen stammt aus dem Gebiet der praktischen Unkrautbekämpfung. Die Entgiftung von Herbiziden wurde vielerorts untersucht, und offenbar ist die Geschwindigkeit und die Art ihrer Entgiftung oft entscheidend für ihre Wirksamkeit als Unkrautvernichter. Die Wirkung von 2,4-Dichlorphenoxy-Essigsäure (2,4-D) beruht zum Beispiel auf der Tatsache, daß Nutzpflanzen wie Getreide die Substanz zwar leicht in ihrem Stoffwechsel umsetzen können, dazwischen wachsende Unkräuter jedoch nicht und letztere infolgedessen getötet werden.

Zwar kann es an der Carboxylgruppe zu einer Verknüpfung mit Glucose beziehungsweise Asparaginsäure oder zu einer Hydroxylierung des aromatischen Ringes kommen, die wichtigste Reaktion bei der Entgiftung von 2,4-D ist jedoch die Oxidation der Seitenkette (Naylor 1976). Wenn diese Seitenkette erst einmal entfernt ist, geht die Wirkung als Wachstumshormon verloren, es bildet sich 2,4-Dichlorphenol, und dieses verbindet sich dann auf normale Weise mit der Glucose (Abb 1.13). Zwar ist die Fähigkeit, die Seitenkette abzubauen, bei Pflanzen weit verbreitet, doch nur einige wenige Nutzpflanzen können dies auch rasch bewerkstelligen. Bei Unkräutern ist die enzymatische Maschinerie nicht unmittelbar aktiv, und genau diese Abweichung in der *Geschwindigkeit* der Entgiftung ist entscheidend. Da die Unkrautarten nicht imstande sind, das 2,4-D schnell genug abzubauen, werden sie nicht nur abgetötet, weil 2,4-D an sich schon giftig ist, sondern auch, weil es ein ausgesprochen wirkungsvolles Auxin ist. In übermäßiger Konzentration bewirkt es, daß die Pflanze zu schnell wächst und schließlich an dieser Wachstumsstörung zugrunde geht.

1.13 Entgiftung und Abbau von 2,4-D bei Pflanzen.

Ungewöhnlicher verläuft die Entgiftung des stickstoffhaltigen Herbizids Monuron in der Baumwollpflanze. Die Verbindung wird zunächst entmethyliert, dann wird die terminale *N*-Methylgruppe oxidiert, und schließlich kommt es zur Glykosylierung (Abb. 1.14). Es bedarf also zweier komplexer enzymatischer Veränderungen, bevor die Verbindung über das Glykosid aus dem System entfernt werden kann (Frear et al. 1972). Weitere Hinweise auf den Abbau von Fungiziden und Herbiziden finden sich in den Übersichtsartikeln von Hutson und Roberts (1981–1985).

1.14 Abbau des Herbizids Monuron bei Pflanzen.

V. Schlußfolgerung

Die biochemische Anpassung von Pflanzen umfaßt verschiedene grundlegende Veränderungen des Zellstoffwechsels (Tabelle 1.5). Hierzu gehören:

1. Die Entwicklung neuer Stoffwechselwege (zum Beispiel photosynthetische Anpassung).
2. Die Anreicherung von Stoffwechselprodukten mit niedrigem Molekulargewicht, in der Regel aus dem Pool der Kohlenhydrate oder Stickstoffverbindungen (solche Verbindungen können schützende Eigenschaften haben, das heißt, sich beispielsweise osmotisch auswirken).
3. Veränderungen im Hormongehalt (zum Beispiel im Gehalt an Abscisinsäure bei ausgetrockneten Pflanzen).
4. Die Synthese spezieller Proteine (zum Beispiel Hitzeschock- oder Frostschutzproteine).
5. Entgiftungsmechanismen (zum Beispiel die Chelatbildung von Schwermetallen mit organischen Säuren oder speziellen Peptiden).

In jedem Fall ist die Reaktion wahrscheinlich weitaus komplizierter und beinhaltet noch zahlreiche weitere subtile Veränderungen in der Biochemie der Zelle, wie etwa auf der Ebene der Membranen. Die biochemischen Reaktionen gehen oft mit physiologischen oder anatomischen Anpassungen einher.

Häufig sind die biochemischen Anpassungsvorgänge bei Pflanzen ähnlich denen bei Tieren. Die Reaktion auf Salzbelastung ist bei Mikroorganismen, Pflanzen und Tieren dieselbe. Bei der Bindung von Schwermetallen gibt es jedoch eine echte Divergenz: Bei Pflanzen werden pflanzliche Chelate gebildet, während Mi-

Tabelle 1.5: Biochemische Reaktionen von Pflanzen auf verschiedene Formen von Umweltbelastungen

Belastung	biochemische Reaktion der Pflanze
hohe Temperaturen	langfristig: C_4-Photosynthese
	kurzfristig: Hitzeschockproteine*
Trockenheit	CAM-Photosynthese
	Zunahme der Abscisinsäure
	Zunahme von Prolin und Pinitol
niedrige Temperaturen	Anreicherung von Zuckern und/oder Polyolen*
	Synthese von Frostschutzproteinen*
Salz	Anreicherung von cytoplasmatischen Osmotika*
	(Polyole, quartäre Ammoniumverbindungen etc.)
Selen	Anreicherung von Selen in freien Aminosäuren
Schwermetalle	Veränderung von Enzymen an der Wurzeloberfläche
	Bindung an die Zellwände der Wurzeln
	Anreicherung/Entgiftung als Peptidkomplex*
	Anreicherung/Entgiftung als organischer Säurekomplex

* Ähnliche Reaktionen hat man auch bei Mikroorganismen und/oder Tieren beobachtet.

kroorganismen und Tiere Metallothionine bilden. Eine weitere Abweichung besteht in der Reaktion auf Anoxie und in der Gefahr einer Alkoholvergiftung. Im Gegensatz zu Tieren scheinen Pflanzen nicht den Verlauf der Glykolyse zu verändern, um organische Säuren oder Aminosäuren anzureichern.

Manchmal kann man deutlich zwischen kurzfristiger und langfristiger biochemischer Anpassung unterscheiden. So sind die Gene für die Synthese von Hitzeschockproteinen ständig bereit, bei hohen Temperaturen „angeschaltet" zu werden, und die Reaktion erfolgt rasch. Im Gegensatz dazu erfolgte die Evolution des C_4-Stoffwechsels der Photosynthese bei Pflanzen in tropischen Klimaten über einen sehr langen Zeitraum und ist nun im Genom von C_4-Pflanzen dauerhaft manifestiert. Andererseits kann die Anpassung an eine Schwermetallbelastung und an andere Arten von Verschmutzungen auch relativ schnell geschehen. Pflanzen verfügen über ein sehr vielseitiges Entgiftungssystem und können mit einer Reihe von Umweltgiften direkt fertig werden (zum Beispiel mit Herbiziden und Fungiziden). Im Falle von Blei und Zink in Abraumhalden des Bergbaus erfordert die Anpassung mehrere Mutationsereignisse, aber auch hier entwickeln sich innerhalb weniger Jahre tolerante Pflanzen.

Daß Pflanzen die Fähigkeit besitzen, flexibel und rasch auf Umweltbelastungen zu reagieren, ist für den Menschen wie auch für Herbivoren gleichermaßen wichtig. Gelegentlich kann dies Vergiftungen zur Folge haben (wie bei den Rindern, die unter Selenvergiftung leiden). Im allgemeinen ist es auf lange Sicht jedoch von Vorteil für den Menschen, daß Pflanzen imstande sind, neue Lebensräume zu besiedeln oder trotz der Auswirkungen der Umweltverschmutzung oder von Klimaveränderungen erfolgreich in ihren alten Lebensräumen zu überleben.

Literatur

Bücher und Übersichtsartikel

Anderson, J. W.; Scarf, A. R. *Selenium and Plant Metabolism.* In: Robb, D. A.; Pierpoint, W. S. (Hrsg.) *Metals and Micronutrients, Uptake and Utilisation by Plants.* London (Academic Press) 1983. S. 241–275.

Atsatt, P. R.; O'Dowd, D. J. *Plant Defense Guilds.* In: *Science* 193 (1976) S. 24–29.

Baldwin, J. *An Introduction to Comparative Biochemistry.* Cambridge (Cambridge University Press) 1937.

Bjorkman, O.; Berry, J. *High Efficiency Photosynthesis.* In: *Scientific American* 10 (1973) S. 80–93.

Crawford, R. M. M. *Studies in Plant Survival.* Oxford (Blackwell) 1989.

Ellis, R. J.; Gray, J. C. (Hrsg.) *Ribulose Bisphosphate Carboxylase-Oxygenase.* London (Royal Society) 1986.

Fitter, A. H.; Hay, R. K. M. *Environmental Physiology of Plants.* 2. Aufl. London (Academic Press) 1987.

Florkin, M.; Mason, H. *Comparative Biochemistry.* Bd. 1–8. New York (Academic Press) 1960–1964.

Gibbs, M.; Latzko, E. (Hrsg.) *Photosynthesis II.* In: *Encyclopedia of Plant Physiology, New Series* 6 (1979) S. 1–578.

Harborne, J. B. *Flavonoid Sulphates: A New Class of Natural Product of Ecological Significance in Plants.* In: *Prog. Phytochem.* 4 (1977) S. 189–208.

Hatch, M. D.; Slack, C. R. *The C_4-Dicarboxylic Acid Pathway of Photosynthesis.* In: *Prog. Phytochem.* 2 (1970) S. 35–106.

Hutson, D. H.; Roberts, T. R. *Progress in Pesticide Biochemistry and Toxicology.* Bde. 1–4. Chichester (Wiley) 1981–85.

Kluge, M.; Ting, I. P. *Crassulacean Acid Metabolism.* Berlin (Springer) 1978.

Levitt, J. *Responses of Plants to Environmental Stresses.* 2. Aufl. 2 Bde. New York (Academic Press) 1980.

Luckner, M. *Secondary Metabolism in Microorganisms, Plants and Animals.* 3. Aufl. Berlin (Springer) 1990.

Naylor, A. W. *Herbicide Metabolism in Plants.* In: Audus, L. J. (Hrsg.) *Herbicides.* London (Academic Press) 1976. Bd. 1, S. 397–426.

Peterson, P. J. *Adaptation to Toxic Metals.* In: Robb, D. A.; Pierpoint, W. S. (Hrsg.) *Metals and Micronutrients, Uptake and Utilisation by Plants.* London (Academic Press) 1983. S. 51–69.

Rathnam, C. K. M.; Chollet, R. *Photosynthetic Carbon Metabolism in C_4 Plants and C_3-C_4 Intermediate Species.* In: *Prog. Phytochem.* 6 (1980) S. 1–48.

Reimold, R. J.; Queen, W. H. *Ecology of Halophytes.* New York (Academic Press) 1974.

Robinson, T. *The Organic Constituents of Higher Plants.* 4. Aufl. N. Amherst, Mass. (Cordus Press) 1980.

Rosenfeld, I.; Beath, O. A. *Selenium, Geobotany, Biochemistry, Toxicity and Nutrition.* New York (Academic Press) 1964.

Schlesinger, M.; Ashburner, M.; Tissieres, A. *Heat Shock: From Bacteria to Man.* New York (Cold Spring Harbor) 1982.

Schoeffl, F.; Lin, C. Y.; Key, J. L. *Soybean Heat Shock Proteins: Temperature Regulated Gene Expression and the Development of Thermotolerance.* In: *Ann. Proc. Phytochem. Soc. Eur.* 23 (1984) S. 129–140.

Shrift, A. *Selenium Toxicity.* In: Harborne, J. B. (Hrsg.) *Phytochemical Ecology.* London (Academic Press) 1972. S. 145–162.

Smellie, R. M. S.; Pennock, J. F. (Hrsg.) *Biochemical Adaptation to Environmental Change.* Symposium Bd. 41. London (Biochemical Society) 1976.

Stetter, K. O.; Fiala, G.; Huber, R.; Huber, G.; Segerer, A. *Life Above the Boiling Point of Water?* In: *Experientia* 42 (1986) S. 1191–1198.

Strogonov, B. P. *Physiological Basis of Salt Tolerance of Plants.* In: Poljakoff-Mayber, A.; Mayer, A. M. (Hrsg.). Jerusalem (Monson) 1964.

Swain, T. *Biochemical Evolution in Plants.* In: *Comp. Biochem.* 29A (1974) S. 125–302.

Ting, I. P. *Crassulacean Acid Metabolism.* In: *Anm. Rev. Plant Physiol.* 26 (1985) S. 595–622.

Towers, G. H. N. *Metabolism of Phenolics in Higher Plants and Microorganisms.* In: Harborne, J. B. (Hrsg.) *Biochemistry of Phenolic Compounds.* London (Academic Press) 1964. S. 249–294.

Vonk, J. W. *Metabolism of Fungicides in Plants.* In: Hutson, D. H.; Roberts, T. R. (Hrsg.) *Progress in Pesticide Biochemistry and Toxicology.* Chichester (Wiley) 1983. Bd. 3, S. 111–162.

Waisel, Y. *Biology of Halophytes.* New York (Academic Press) 1972.

Williams, R. T. *Metabolism of Phenolics in Animals.* In: Harborne, J. B. (Hrsg.) *Biochemistry of Phenolic Compounds.* London (Academic Press) 1964. S. 205–248.

Woolhouse, H. *Environment and Enzyme Evolution in Plants.* In: Harborne, J. B. (Hrsg.) *Phytochemical Phylogeny.* London (Academic Press) 1970. S. 207–232.

Woolhouse, H. W. *Toxicity and Tolerance in the Responses of Plants to Metals.* In: *Encyclopedia of Plant Physiology, New Series* 12c (1983) S. 245–300.

Sonstige Quellen

Ahmad, I.; Larher, F.; Stewart, G. R. In: *New Phytologist* 82 (1979) S. 671–678.

Barbehenn, R. V.; Bernays, E. A. In: *Oecologia* 92 (1992) S. 97–103.

Baross, J. A.; Deming, J. W. In: *Nature* 302 (1983) S. 423–426.

Ben-Amotz, A.; Avron, M. In: *Plant Physiol.* 51 (1973) S. 875–878.

Blunden, G.; Gordon, S. M.; Keysell, G. R. In: *J. Nat. Prod.* 45 (1982) S. 449–452.

Bright, S. W. J.; Lea, P. J.; Kueh, J. S. H.; Woodcock, C.; Hollomon, D. W.; Scott, G. C. In: *Nature* 295 (1982) S. 592–593.

Brown, W. V. In: *Am. J. Bot.* 62 (1975) S. 395–402.

Brown, T. A.; Shrift, A. In: *Plant Physiol.* 66 (1980) S. 758–761.

Caswell, H.; Reed, F.; Stephenson, S. N.; Werner, P. A. In: *Am. Nat.* 107 (1973) S. 465–480.

Coombs, J. In: *Proc. R. Soc. Lond. B.* 179 (1971) S. 221–235.

Cox, R. M.; Thurman, D. A. In: *New Phytologist* 80 (1978) S. 17–22.

Crawford, R. M. M. In: *Naturwissensch.* 65 (1978) S. 194–201.

Crespo, H. M.; Frean, M.; Cresswell, C. F.; Tew, J. In: *Planta* 147 (1979) S. 257–263.

Dickson, D. M. J.; Wyn Jones, R. G.; Davenport, J. In: *Planta* 150 (1980) S. 158–165.

Dorne, A. J.; Cadel, G.; Douce, R. In: *Phytochemistry* 25 (1986) S. 65–68.

Dunnill, P. M.; Fowden, L. In: *Phytochemistry* 6 (1967) S. 1659–1663.

Edmonds, J. S.; Francesconi, K. A.; Hansen, J. A. In: *Experientia* 38 (1982) S. 643f.

Flowers, T. J.; Hall, J. L.; Wand, M. E. In: *Phytochemistry* 15 (1976) S. 1231–1234.

Ford, C. W. In: *Phytochemistry* 23 (1984) S. 1007–1015.

Foster, P. L. In: *Nature* 269 (1977) S. 322f.

Frear, D. S.; Swanson, H. R.; Tanaka, F. S. In: *Recent Adv. Phytochem.* 5 (1972) S. 225–246.

Godbold, D. L.; Horst, W. J.; Collins, J. C.; Thurman, D. A.; Marschner, H. In: *J. Plant Physiol.* 116 (1984) S. 59–70.

Gorham, J.; Hughes, L.; Wyn Jones, R. G. In: *Plant Cell Environ.* 3 (1980) S. 309–318.

Gregory, R. P. G.; Bradshaw, A. D. In: *New Phytol.* 64 (1965) S. 131–143.

Grill, E.; Winnacker, E. L.; Zenk, M. H. In: *Proc. Natl. Acad. Sci. U.S.A.* 84 (1987) S. 439–443.

Gutteridge, S.; Parry, M. A. J.; Burton, S.; Keys, A. J.; Mudd, A.; Feeny, J.; Servaites, J. C.; Pierce, J. In: *Nature* 324 (1986) S. 274–276.

Heidorn, T.; Joern, A. In: *Oecologia (Berlin)* 65 (1984) S. 19–25.

Horsman, D. C.; Roberts, T. M.; Bradshaw, A. D. In: *Nature* 276 (1978) S. 493f.

Huner, N. P. A.; Williams, J. P.; Maissan, E. E.; Myseich, E. G.; Krol, M.; Laroche, A.; Singh, J. In: *Plant Physiology* 89 (1989) S. 144–150.

Hunter, M. I. S.; Hetherington, A. M.; Crawford, R. M. M. In: *Phytochemistry* 22 (1983) S. 1145–1147.

Jenkin, L. E. T.; Ap Rees, T. In: *Phytochemistry* 22 (1983) S. 2389–2393.

Knight, C. A.; De Vries, A. L.; Oolman, L. D. In: *Nature* 308 (1984) S. 295f.

Loveys, B. R.; Kriedemann, P. E. In: *Aust. J. Plant Physiol.* 1 (1974) S. 407–415.

Lurch, K. In: *Nature* 284 (1980) S. 368–370.

Mansfield, T. A.; Wellburn, A. R.; Moreira, T. J. S. In: *Phil. Trans. R. Soc. Lond.* 284B (1978) S. 471–482.

Milborrow, B. V.; Noddle, R. C. In: *Biochem. J.* 119 (1970) S. 727–734.

Monk, L. S.; Braendle, R.; Crawford, R. M. M. In: *J. Exp. Bot.* 38 (1987) S. 233–246.

Murata, N.; Nishizawa, O. I.; Higashi, S.; Hayashi, H.; Tasaka, Y.; Nishida, I. In: *Nature* 356 (1992) S. 710–713.

Pridham, J. B. In: *Phytochemistry* 3 (1964) S. 493–497.

Qureshi, J. A. K.; Hardwick, K.; Collin, H. In: *J. Plant Physiol.* 122 (1986) S. 357–364.

Raynal, J. In: *Adansonia* Ser. 2/13 (1973) S. 145–171.

Roberts, J. K. M.; Callis, J.; Jardetzky, O.; Walbot, V.; Freeling, M. In: *Proc. natn. Acad. Sci. U.S.A.* 81 (1984) S. 6029–6033.

Robinson, S. P.; Jones, G. In: *Aust. J. Plant. Physiol.* 13 (1986) S. 659–668.

Rosas, A.; Alberdi, M.; Delseny, M.; Meza-Basso, L. In: *Phytochemistry* 25 (1986) S. 2497–2500.

Sakai, A. In: *Low Temp. Sci. Ser.* B18 (1960) S. 15–22.

Sakai, A. In: *Nature, Lond.* 189 (1961) S. 416f.

Sakai, A.; Yoshida, S. In: *Cryobiology* 5 (1968) S. 160–174.

Singh, T. N.; Aspinall, D.; Paleg, L. G. In: *Nature New Biol.* 236 (1972) S. 188–190.

Smirnoff, N.; Stewart, G. R. In: *Vegetatio* 62 (1985) S. 273–278.

Smith, A. M.; Ap Rees, T. In: *Planta* 146 (1979) S. 327–334.

Smith, R. A. H.; Bradshaw, A. D. In: *Nature* 227 (1970) S. 376f.

Smith, T. A. In: *Phytochemistry* 4 (1965) S. 599–607.

Stewart, G. R.; Lee, J. A. In: *Planta* 120 (1974) S. 279–289.

Storey, R.; Wyn Jones, R. G. In: *Plant Sci. Lett.* 4 (1975) S. 161–168.

Storey, R.; Wyn Jones, R. G. In: *Phytochemistry* 16 (1977) S. 447–453.

Teal, G. Ph. D. Thesis. Univ. Reading. 1973. (unveröffentlicht)

Warburg, O. In: *Biochem. Z.* 103 (1920) S. 108.

Wellburn, A. R.; Ogunkanmi, A. B.; Mansfield, T. A. In: *Planta* 120 (1974) S. 255–263.

Wright, S. T. C.; Hiron, R. W. P. In: *Nature* 224 (1969) S. 719f.

Wyn Jones, R. G.; Storey, R.; Leigh, R. A.; Ahmad, N.; Pollard, A. In: Marre, E. (Hrsg.) *Regulation of Cell Membrane Activities in Plants*. Amsterdam (North Holland Press) 1977.

2

Die Biochemie der Bestäubung

I. Einführung

Wenn Insekten, Fledermäuse und Vögel Blüten besuchen, um sich von Nektar und Pollen zu ernähren (oder sie für den späteren Verzehr zu sammeln), bestäuben sie dabei in der Regel die Blüten. So profitieren beide Partner von dieser wechselseitigen (mutualistischen) Beziehung. In dieser Wechselwirkung gibt es drei biochemische Faktoren: den Duft der Blüte, ihre Farbe sowie den Nährwert von Nektar und Pollen. Nähert sich ein bestäubendes Tier einer Blütenpflanze, ist eines der Signale, die es erhält, olfaktorischer Art: der Duft der Blüte. Tiere leben in einer Welt der chemischen Kommunikation – in einer Welt der Pheromone –, und sie können die Terpene und anderen flüchtigen Stoffe des Blütenduftes schon aus einiger Entfernung wahrnehmen. Kommt der Bestäuber in die Nähe der Pflanze, erreicht ihn darüber hinaus auch ein visuelles Signal, gegeben durch die Kontrastfarbe der Blüte gegen den im allgemeinen grünen Hintergrund der Blätter. Hat

er die Blüte erreicht, kann der Bestäuber durch visuelle Saftmale auf den Blütenblättern (Petalen) zum Nektar hin geleitet werden. Sie entstehen durch unterschiedliche Verteilung der Pigmente im Blütengewebe. Schließlich erhält der Bestäuber noch eine Belohnung dafür, daß er den Pollen von der Anthere auf die
Narbe überträgt – eine nahrhafte Belohnung, die aus den Zuckern und anderen
Bestandteilen von Nektar und Pollen besteht.

Trotz der umfangreichen Literatur über die Ökologie der Bestäubung (zum
Beispiel Faegri und van der Pijl 1979; Kevan und Baker 1983; Proctor und
Yeo 1973; Real 1983; Richards 1978) wurden die biochemischen Aspekte selten
im Detail untersucht. In diesem Kapitel soll der Versuch gewagt werden, den
Großteil der verfügbaren Informationen über dieses ökologische Thema zusammenzustellen. Die Biologie der Bestäubung ist vor allem deshalb ein so umfas-
sendes Thema, weil diese Wechselbeziehung zwischen Pflanze und Tier so komplex und subtil ist und weil fast jede Pflanzengruppe über ihre eigenen Methoden
verfügt, Bestäuber anzulocken. Daher gibt es auch eine enorme Vielfalt morpho-
logischer Anpassungen an die verschiedenen tierischen Bestäuber, die für die
einzelnen Pflanzenarten in Frage kommen. Eine kurze Einführung ist hier ange-
bracht, und dabei möchte ich insbesondere auf das Spektrum der tierischen Bestäuber, die unterschiedlichen Rollen der tierischen Besucher beim Bestäubungs-
vorgang und das Phänomen der Blütenstetigkeit eingehen.

Für den zufälligen Beobachter in einem Blumengarten in gemäßigten Breiten
scheint die Bestäubung der Blüten größtenteils bei Tage zu erfolgen und die Aufgabe der äußerst aktiven Hummeln und Honigbienen zu sein, die dabei nur von
einigen wenigen, kleineren Insekten unterstützt werden. Diese Betrachtungsweise
läßt natürlich das sehr viel umfassendere Spektrum aktiver Bestäuber in tropischen Lebensräumen unberücksichtigt: die Kolibris und anderen Vögel, die
enorme Vielzahl großer tropischer Schmetterlinge, die Wespen und Käfer. Darüber hinaus werden einige Blüten nur des nachts durch Fledermäuse oder Nachtfalter bestäubt. Gelegentlich erfolgt die Bestäubung auch durch kleine Nagetiere
wie Mäuse, durch Insektenfresser wie Spitzmäuse bei den Proteen Südafrikas
(*Protea* spec.) oder durch kleine Beuteltiere bei bestimmten *Banksia*-Arten Australiens. Schließlich gibt es noch viele kleinere Vertreter der Tierwelt, verschiedene Arten von Fliegen und anderen Insekten, die nur dem ganz genauen Beobachter als Bestäuber auffallen. Festzustellen, welcher oder welche Bestäuber bei
bestimmten Pflanzenarten aktiv sind, ist schwierig und erfordert viel zeitaufwen-
diges Beobachten durch den Feldbiologen. Manche Tiere besuchen die Blüten
vielleicht aus anderen Gründen als der Bestäubung; möglicherweise sind sie
auch in der Lage, den Nektar zu „stehlen", ohne die für die Pflanze notwendige
Bestäubung auszuführen. Ameisen zum Beispiel sind wohlbekannte Nektardiebe
und oft so klein, daß sie sich in Blüten hinein und wieder heraus schleichen, ohne
dabei die Fortpflanzungsorgane zu berühren. In manchen Fällen fungieren sie
jedoch auch tatsächlich als Bestäuber. Wie Hickman (1974) zeigte, wird der kleine, selbststerile (selbstinkompatible), einjährige Knöterich *Polygonum cascaden-
se* durch die Ameisenart *Formica argentea* bestäubt. Berichte über ameisenbe-
stäubte Pflanzen sind jedoch nach wie vor ausgesprochen selten (Beattie 1991).

Ob es für eine Pflanze notwendig ist, Tiere zum Zweck der Bestäubung als Besucher anzulocken, hängt natürlich von ihrem Fortpflanzungssystem und ihrer Blütenstruktur ab. Es gibt einige Gruppen, etwa die Gräser, bei denen die Pollenübertragung durch den Wind erfolgt und ein Besuch der Blütenstände durch Tiere demnach überflüssig wäre. Solche Angiospermengruppen sind jedoch relativ selten, und der Großteil der Pflanzen ist für die Bestäubung eindeutig auf Tiere angewiesen. Besonders augenscheinlich ist dies bei Pflanzen mit eingeschlechtigen Blüten, speziell bei zweihäusigen (diözischen), bei denen also männliche und weibliche Blüten auf verschiedene Pflanzen verteilt sind. Ebenso naheliegend ist es bei selbstinkompatiblen Pflanzen mit zwittrigen Blüten, die den Hauptanteil der Angiospermen ausmachen. Selbststerilität oder Selbstinkompatibilität dient im wesentlichen dazu, die Kreuzung mit einem anderen Individuum und somit die genetische Variabilität innerhalb einer Pflanzenpopulation sicherzustellen. Einer Selbstbestäubung solcher Pflanzen stehen immunologische Hindernisse im Weg. Sie sind also von einer Übertragung fremden Pollens abhängig, um die Samenreifung in Gang zu setzen, so zum Beispiel von Insekten, die von Blüte zu Blüte fliegen und dabei unabsichtlich Pollen von der Anthere der einen Pflanze auf die Narbe einer anderen übertragen.

Das Fortpflanzungssystem der Angiospermen hat sich generell von der Selbstinkompatibilität zur Selbstkompatibilität hin entwickelt (siehe Crowe 1964). Doch selbst bei jenen selbstkompatiblen Arten mit großen, farbigen Blüten (zum Beispiel bei der Gartenwicke), bei denen die Blüten morphologisch so gestaltet sind, daß es ohne tierische Besucher zu einer Selbstbestäubung kommen kann, sind Insekten nach allgemeinem Dafürhalten für einen vermehrten Samenansatz von Vorteil. Ausschlaggebend hierfür könnte sein, daß durch die Bestäuber mehr eigener Pollen auf die Narbe gelangt oder, wenn fremder Pollen vorhanden ist, dessen Pollenschlauch schneller in den Griffel hinunter auswächst als der des eigenen Pollens. Die Theorie, daß viele selbstbestäubte Arten dennoch einen Vorteil aus der Bestäubung durch Tiere ziehen, erklärt zumindest, warum zahlreiche solcher Pflanzen weiterhin große und leuchtend gefärbte Blütenblätter und wohlriechende Blütendüfte produzieren, die Bienen und andere Besucher anlocken.

Schließlich gibt es noch das Phänomen der Blütentreue – ein Faktor von größter Bedeutung bei der Coevolution von Angiospermen und ihren tierischen Partnern. Als Blütentreue oder auch Blütenstetigkeit bezeichnet man das Verhalten eines Bestäubers, immer nur eine begrenzte Zahl von Pflanzenarten und in Extremfällen sogar nur eine einzige Art aufzusuchen. Eine solche Treue wird durch die Blütenmorphologie, den Duft und die Farbe der Petalen geleitet. Viele Pflanzen haben sich während der Evolution ihrer Blütenbestandteile absichtlich auf die Bestäubung durch nur einen Überträger beschränkt, so daß wir heute sogenannte „Bienenblüten" (mit kurzen, weiten Kronröhren), „Schmetterlingsblüten" (mit mittellangen, engen Kronröhren) oder „Kolibriblüten" (mit langen, engen Kronröhren) unterscheiden. Die Tiere beschränken sich ihrerseits innerhalb des Spektrums von Pflanzen, die sie bestäuben können, und hängen schließlich von einer kleinen Zahl von Arten oder letztlich sogar nur einer einzigen Art ab. Gründe dafür können ein spezieller Blütenduft, ein besonderer Nektarreichtum oder irgendein anderer Anreiz sein. Diese wechselseitige Coevolution bringt sowohl der Pflanze als auch dem Tier viele Vorteile. In extremer Form zeigt sie sich in der Gattung *Ficus* (Feige), bei der fast jede Spezies ihre eigene Feigenwespenart (Agaonidae) zur Bestäubung hat. Ähnliche Beispiele findet man bei den Orchideen (Orchidaceae); so hängen manche Ragwurzarten (*Ophrys* spec.) von einem einzigen Bestäuber, wie etwa Erdbienen (*Andrena* spec.), ab. Die Situation bei den bienenbestäubten Orchideen werden wir in einem späteren Abschnitt noch genauer betrachten.

II. Die Rolle der Blütenfarbe

A. Farbpräferenzen der Bestäuber

Unter anderem aufgrund der Arbeiten von Karl von Frisch (1950) verfügen wir über zahlreiche Informationen hinsichtlich der Farbpräferenzen von Bienen. Wie wir wissen, bevorzugen sie Farben, die für unser Auge blau und gelb erscheinen. Sie können auch Absorptionsunterschiede im Ultraviolettbereich des Spektrums wahrnehmen und sind empfänglich für die stark UV-absorbierenden Flavone und Flavonole, die praktisch in allen weißen Blüten vorhanden sind und als Copigmente in durch Anthocyane blau gefärbten Blüten auftreten. Wenngleich Bienen rote Farben nicht wahrnehmen können, besuchen sie dennoch einige rotblühende Arten (zum Beispiel Klatschmohn). Dabei werden sie durch UV-absorbierende Flavone geleitet, die auch in diesen Blüten vorkommen.

Honigbienen (*Apis mellifera*) sind hinsichtlich der von ihnen besuchten Pflanzen sehr vielseitig, doch fliegen sie Vertreter mancher Pflanzenfamilien häufiger an als andere. Zu den Familien mit vielen Arten typischer Bienenblumen gehören die Lippenblütler (Lamiaceae oder Labiatae), die Rachenblütler (Scrophulariaceae) und die Schmetterlingsblüter oder Leguminosen (Fabaceae oder Papilionaceae). In diesen Gruppen sind blau und gelb gefärbte Blüten häufig. Honigbienen sind auch regelmäßige Bestäuber von Korbblütlern (Asteraceae oder Compositae), einer Familie, in der gelb die dominierende Blütenfarbe ist. Andere Bienenarten sind in ihrer Blütenauswahl stärker eingeschränkt, insbesondere die Vertreter der Gattung *Andrena* (Erdbienen), die hauptsächlich Orchideen der Gattung *Ophrys* (Ragwurz) besuchen.

Honigbienen zeigen ihre Farbpräferenz, indem sie blau und gelb blühende Blumen anfliegen, wenn man ihnen solche und andersfarbige zur Wahl stellt. Ist jedoch das Angebot an Nektar knapp, besuchen Bienen natürlich auch Blüten mit anderen Farben – vorausgesetzt, deren Nektar ist für sie erreichbar. Für solche Pflanzen besteht aber ein Selektionsnachteil, zum Beispiel wenn in einem schlechten Sommer die Aktivität der Bienen begrenzt ist. Die Wirkung der natürlichen Selektion auf eine Bienenfarbe hin ist an blau blühenden Arten zu erkennen

Tabelle 2.1: Farbpräferenzen verschiedener Bestäuber

Tiere	bevorzugte Blütenfarbe	Anmerkungen
Fledermäuse	Weiß oder düstere Farben wie Grüntöne und Blaßviolett	meist farbenblind
Bienen	intensive Gelb- und Blautöne, auch Weiß	können im UV-Bereich sehen, aber kein Rot
Käfer	dunkle, cremefarbene oder grünliche Töne	schwacher Farbensinn
Vögel	leuchtendes Scharlachrot, auch zweifarbige Blüten (rot-gelb)	empfänglich für Rot
Tagfalter (Rhopalocera)	leuchtende Farben, darunter Rot und Purpur	–
Nachtfalter (Heterocera)	Rot und Purpur, Weiß oder Blaßrosa	Bestäubung meist bei Nacht
Fliegen	dunkle Töne, Braun, Violett oder Grün	eventuell Fleckenmuster
Mäuse	weißes Zentrum, umgeben von dunkelroten Blütenblättern	Bestäubung bei Nacht
Wespen	Brauntöne	

Daten verändert nach Faegri und van der Pijl (1979).

(etwa bei dem Rittersporn *Delphinium nelsonii*), bei denen in natürlichen Populationen ab und zu weiße Mutanten entstehen. Solche Mutanten sind nicht in der Lage, sich zu erhalten; sie setzen kaum Samen an und sind kaum überlebensfähig, weil sie von ihren Bestäubern benachteiligt werden (Waser und Price 1981). Beim erwähnten Rittersporn kommt es zu dieser Benachteiligung, weil die weißen Blüten weniger gute Wegweiser zum Nektar besitzen, und die Bestäuber daher länger brauchen, um diesen ausfindig zu machen. Der Nettogewinn an Energie ist für die Bestäuber somit also geringer als auf blauen Blüten – Grund genug für Tiere, die auf einen optimalen Nahrungserwerb aus sind, diese Blüten weniger häufig zu besuchen (Waser und Price 1983).

Die Farbpräferenzen anderer Bestäuber wurden weniger eingehend untersucht; die gegenwärtig verfügbaren Daten sind in Tabelle 2.1 zusammengestellt. Kolibris sind besonders empfänglich für eine rote Blütenfarbe – ihre Vorliebe für leuchtend scharlachrote Blumen wie *Hibiscus* ist bekannt. Tropische Vertreter der Familien Bignoniaceae, Gesneriaceae und Lamiaceae haben alle charakteristische Vogelblüten mit roten, orangeroten oder gelbroten Farbtönen. Gelegentlich jedoch besuchen Vögel in speziellen Lebensräumen, etwa den Wäldern auf Hawaii, auch weiße Blüten. Manche Vögel besitzen ein glänzendes, scharlachrotes Gefieder, das den Farben der Blüten ähnelt, die sie bestäuben. Dabei handelt es sich eindeutig um eine Schutzfärbung, denn diese Tiere sind am verletzlichsten für Feinde, wenn sie im Schwirrflug an einer Blüte Nektar sammeln. Ähnliches gilt auch für die Fledermauspapageien (*Loriculus* spec.), die sich vom Nektar der Blüten des Korallenbaumes (*Erythrina* spec.) ernähren. Auch andere blütenbestäubende Vögel, zum Beispiel Nektarvögel und Honigfresser, scheinen solche Farbpräferenzen zu haben.

Die anderen Bestäubergruppen (Tabelle 2.1) sind hinsichtlich der Blütenfarbe weniger wählerisch. Während Tagfalter von leuchtend gefärbten Blüten angezogen werden, bevorzugen Nachtfalter und Wespen dunkle und düstere Farben. Schließlich sind da noch die Käfer und Fledermäuse, die mehr oder weniger farbenblind sind und hauptsächlich von anderen Signalen abhängen, die sie zu ihren Nahrungspflanzen locken.

Die in Tabelle 2.1 aufgelisteten Farbpräferenzen sind nur eine sehr allgemeine Leitlinie dafür, welcher Bestäuber eine bestimmte Pflanzenart wahrscheinlich besucht. Die adaptive Bedeutung bestimmter Farben läßt sich vielleicht nicht direkt dem wichtigsten Bestäuber einer Art zuschreiben, sondern vielmehr dem Selektionsdruck, den andere Blütenbesucher ausübten. Möglicherweise entwickelten sich zum Beispiel die scharlachroten Farben der Vogelblüten ursprünglich als Mechanismus, um die Besuche von Bienen zu verringern, die für rote Farbtöne unempfänglich sind (Wyatt 1983).

B. Die chemischen Grundlagen der Blütenfarbe

Die Färbung der Blüten beruht in erster Linie auf dem Vorhandensein von Pigmenten in Chromoplasten oder Zellvakuolen des Blütengewebes. Durch Reflexion und Brechung des Lichts an den Zelloberflächen entstehende Farben, denen im Tierreich so große Bedeutung zukommt, treten bei Pflanzen nicht in Erscheinung. Die Pigmente von Blüten wurden umfassend untersucht, insbesondere in genetischer Hinsicht, und wir wissen heute bereits sehr viel über sie (siehe zum Beispiel Goodwin 1988).

Die bedeutendste Gruppe der Blütenpigmente sind die Flavonoide, denn sie tragen sowohl zu den Anthocyanfarben bei (von Orange über Rot bis zu Blau) als auch zu Gelb und Weiß (Harborne 1967, 1988). Die einzige andere größere Gruppe sind die Carotinoide, die vor allem gelbe und einige orangefarbene und rote Töne liefern. Weitere Klassen mit geringerer Bedeutung hinsichtlich der Blütenpigmentierung sind die Chlorophylle (Grüntöne), Chinone (gelegentlich für Rot- und Gelbtöne verantwortlich) und die Betalainalkaloide (die in der Ordnung der Caryophyllidae zu gelben, roten und purpurnen Farben führen). Eine kurze Zusammenfassung der chemischen Grundlagen der Blütenfarbe liefert Tabelle 2.2, zusammen mit einem Hinweis auf die Häufigkeit und die Bedeutung der verschiedenen Pigmenttypen.

Im Falle der Anthocyanfarben sind die chemischen Grundlagen einfach. Es gibt drei Hauptpigmente, alle der Klasse der Flavonoide zugehörig und als Anthocyanidine bekannt: Pelargonidin (Pg) (orangerot), Cyanidin (Cy) (magentarot) und Delphinidin (Dp) (blauviolett). Diese drei Chromophoren unterscheiden sich strukturell nur in der Anzahl der Hydroxylgruppen (eine, zwei oder drei) im Ring B (Abb. 2.1). Sie treten meist einzeln oder gelegentlich als Mischung in Angiospermenblüten auf und liefern das gesamte Spektrum an Farben von Orange, Rosa, Scharlachrot und Rot bis hin zu Blauviolett, Purpur und Blau. Im wesentlichen enthalten alle rosafarbenen, scharlachroten und orangeroten Blüten Pelar-

Tabelle 2.2: Chemische Grundlagen der Blütenfarbe bei Angiospermen

Farbe	verantwortliche Pigmente[a]	Beispiele[c]
Weiß, Elfenbein, Creme	Flavone (z.B. Luteolin) und/oder Flavonole (z.B. Quercetin)	95% aller weißblühenden Arten
Gelb	a) nur Carotinoid	Mehrzahl der Gelbblühenden
	b) nur gelbes Flavonol	*Primula, Gossypium,*
	c) nur Anthochlorpigmente	*Linaria, Oxalis, Dahlia,*
	d) Carotinoid + gelbes Flavonoid	*Coreopsis, Rudbeckia*
Orange	a) nur Carotinoid	*Calendula, Lilium,*
	b) Pelargonidin + Auron	*Antirrhinum*
Scharlachrot	a) reines Pelargonidin	viele, darunter *Salvia*
	b) Cyanidin + Carotinoid	*Tulipa*
Braun	Cyanidin auf Hintergrund aus Carotinoid	*Cheiranthus*, viele Orchidaceae
Magentarot, Karminrot	reines Cyanidin	die meisten Rotblühenden, darunter *Rosa*
Rosa	reines Päonidin	Paeonia, *Rosa rugosa*
Malve, Violett[b]	reines Delphinidin	viele, darunter *Verbena Centaurea*
Blau	a) Cyanidin + Copigment/Metall	die meisten blauen, *Gentiana*
	b) Delphinidin + Copigment/Metall	
Schwarz (Schwarzpurpur)	Delphinidin in hoher Konzentration	Schwarze Tulpe, Stiefmütterchen
Grün	Chlorophylle	*Helleborus*

[a] In der Tabelle und im Text werden Anthocyanidine als Pigmentchromophoren bezeichnet; diese Pigmente treten *in vivo* als Glykoside (Anthocyane) auf. Die Art des Zuckers hat jedoch nur wenig Einfluß auf die Farbe.
[b] Eine Gruppe von zehn Familien der Centrospermae unterscheidet sich von allen anderen höheren Pflanzen durch Betalainalkaloide als gelbe und purpurne Farbstoffe.
[c] Einzelheiten zu den betreffenden Arten sind im Text oder bei Goodwin (1988) beschrieben.

gonidin, alle karmin- und magentaroten Cyanidin und alle blauvioletten und blauen Blüten Delphinidin.

Eine seltene Veränderung im Hydroxylierungsmuster ist der Verlust der Hydroxylgruppe am C-Atom 3. Wenn es dazu kommt, verursacht dies eine deutliche Verschiebung hin zu kürzeren Wellenlängen. Wir kennen zwei solcher Pigmente: Luteolinidin (3-Desoxycyanidin) und Apigenidin (3-Desoxypelargonidin); sie sind orangegelb beziehungsweise gelb (Abb. 2.1). Diese Verbindungen kommen in neuweltlichen Gesneriaceae (siehe Seite 54) vor, aber sonst kaum irgendwo.

Diese grundlegenden Anthocyanidinfarben werden durch eine Reihe weiterer chemischer Faktoren modifiziert (Tabelle 2.3). Das ist einer der Hauptgründe, warum man bei Blütenpflanzen eine solche Vielzahl verschiedener Schattierungen und Farbtöne findet. Ein solcher modifizierender Faktor ist zum Beispiel die Methylierung einer oder mehrerer der freien Hydroxylgruppen der drei Hauptpigmente. Nur drei methylierte Pigmente sind überhaupt einigermaßen weit verbreitet: Päonidin, Petunidin und Malvidin (ihre Struktur ist Abbildung 2.1 zu entnehmen). Die Methylierung hat zwar nur einen geringen Rötungseffekt, ist jedoch vermutlich von Bedeutung für die Stabilität der Anthocyanidinchromophoren.

die drei häufigsten Anthocyanidine

häufige methylierte Pigmente

Pelargonidin, R = R' = H (510)
Cyanidin, R = OH, R' = H (525)
Delphinidin, R = R' = OH (535)

Päonidin, R = H (523)
Petunidin, R = OH (534)
Malvidin, R = OMe (532)

seltene 3-Desoxyanthocyanidine

seltene methylierte Pigmente

Apigenidin, R = H (477)
Luteolinidin, R = OH (495)

Hirsutidin, R = Me, R' = H (523)
Capensinidin, R = H, R' = Me (529)

2.1 Anthocyanidinchromophoren der Angiospermen.

Anmerkung: Alle Pigmente treten in der Natur mit Zuckern verbunden (gewöhnlich am 3-OH) als Anthocyane auf. Die Werte in Klammern geben die Absorptionsmaxima im sichtbaren Bereich des Spektrums (in Nanometern) der verschiedenen Pigmente in Methanol-Salzsäure an.

Tabelle 2.3: Faktoren, welche die Anthocyanfärbung in Blüten beeinflussen*

1. Hydroxylierungsmuster der Anthocyanidine (d.h. basierend auf Pelargonidin, Cyanidin oder Delphinidin)
2. Pigmentkonzentration
3. Vorhandensein von Flavonen oder Flavonolen als Copigmente (kann eine Verschiebung ins Blaue (Blaueffekt) bewirken
4. Vorhandensein chelatbildender Metalle (Blaueffekt)
5. Vorhandensein aromatischer Acylsubstituenten (Blaueffekt)
6. Vorhandensein von Zucker an der Hydroxylgruppe des B-Ringes (Roteffekt)
7. Methylierung der Anthocyanidine (leichter Roteffekt)
8. Vorhandensein anderer Pigmenttypen (Carotinoide haben einen Brauneffekt)

* In der ungefähren Reihenfolge ihrer Bedeutung. Es gibt noch weitere, weniger bedeutende Faktoren, wie etwa der pH-Wert, physikalische Phänomene und andere.

In höher spezialisierten Pflanzenfamilien sind methylierte Pigmente relativ häufig. Alle Anthocyanidine treten *in vivo* als Glykoside (Anthocyane) auf und sind über die 3- oder die 3- und 5-Hydroxylgruppen mit Zuckern verbunden. Die Verbindung mit den Zuckern ist wahrscheinlich (wie die Methylierung) wichtig für die Pigmentstabilität. Die Glykosylierung ist eher die Regel als die Ausnahme, wirkt sich im allgemeinen jedoch kaum auf die Blütenfarbe aus. In seltenen Fällen beobachtet man auch die Verbindung mit Zuckern über die Hydroxylgruppen des B-Ringes des Anthocyanidins; so entsteht beispielsweise Cyanidin-3,5,3'-triglucosid, das bei vielen Bromelien auftritt. Diese Substitution erzeugt eine geringe Farbveränderung hin zu kürzeren Wellenlängen (Saito und Harborne 1983).

Einer der Faktoren, welche die Anthocyanfarben verändern (Tabelle 2.3), bedarf spezieller Erwähnung: das Vorhandensein von Flavonen und/oder Flavonolen als Copigment. Viele Jahre lang dachte man, Copigmentierung sei eine sehr spezielle, auf Pflanzen mit blauen Blüten beschränkte Eigenschaft. Man dachte, die Copigmente seien dazu da, schwache Komplexe mit Anthocyanidin zu bilden, und dadurch die blauviolette oder violette Färbung des Delphinidin zu reinen Blauschattierungen zu verschieben. Mittlerweile hat sich jedoch gezeigt (Asen et al. 1972), daß für die endgültige Ausprägung der Farbe aller drei Hauptanthocyanidine – Pelargonidin, Cyanidin und Delphinidin – Flavone oder Flavonole nötig sind, welche die Pigmentchromophoren beim pH-Wert des Zellsaftes der Blüten (etwa 4,5) stabilisieren. Dies erklärt, warum tatsächlich *alle* anthocyangefärbten Blüten, also nicht nur die blauen, Anthocyanidin *und* Flavon oder Flavonol (als Glykoside) enthalten. Demnach beruht der Blaueffekt der Flavone bei blauen Blüten lediglich auf einer Zunahme der Flavonkonzentration; das heißt, das Verhältnis Anthocyan/Flavon ist gegenüber dem in blauvioletten Blüten niedriger. Dies ließ sich bestätigen, indem man die Spektren der in einem Teströhrchen gemischten Pigmente und Copigmente direkt mit jenen verglich, welche die Pigmente in den Blüten der lebenden Pflanzen liefern. Wie zu erwarten sind Flavon-Copigmente *in vivo* zusammen mit den Anthocyanen eingelagert, und zwar gewöhnlich in den Epidermiszellen der Petalen (Kay et al. 1981).

Weitere chemische Eigenschaften, die zu einer blauen Blütenfarbe beitragen, sind das Vorhandensein einer aromatischen Acylierung und die Anwesenheit eines chelatbildenden Metalls. Man unterscheidet mittlerweile zwei Formen der Copigmentierung, die inter- und die intramolekulare. Erstere beinhaltet ein locker gebundenes Flavon und ist zum Beispiel bei der Fuchsie gegeben, letztere eine aromatische Hydroxyzimtsäure, die über den Zucker kovalent an das Anthocyanidin gebunden ist, wie es bei Winden der Gattung *Ipomoea* der Fall ist. Die Acylgruppe ist so ausgerichtet, daß sie das Anthocyanidinchromophor genauso vor hydrolytischen Angriffen schützt wie das über Wasserstoffbrücken gebundene Flavon-Copigment (Abb. 2.2). Zusätzlich zu ihren Copigmenten treten einige blaue Farbstoffe *in vivo* zusammen mit Metallionen auf. Bei *Commelina communis* ist das Metall Magnesium, bei den Blüten der Hortensie (*Hydrangea*) dagegen Aluminium.

Eine gelbe Blütenfarbe kann auf vielfältige Weise entstehen (Tabelle 2.2). Meist beruht sie auf Carotinoiden. Fast alle gelben und zitronengelben, carotinoidhaltigen Blüten enthalten hauptsächlich Xanthophylle wie Zeaxanthin und seine

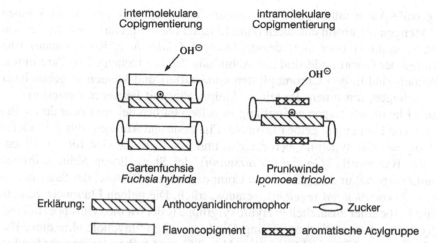

intermolekulare
Copigmentierung

intramolekulare
Copigmentierung

Gartenfuchsie
Fuchsia hybrida

Prunkwinde
Ipomoea tricolor

Erklärung: ⬛ Anthocyanidinchromophor ⬭ Zucker

⬜ Flavoncopigment ▨ aromatische Acylgruppe

2.2 Zwei alternative Formen eines blauen Blütenfarbstoffs, bei dem das Anthocyanidin-chromophor durch Copigmentierung vor einer Hydrierung geschützt ist.

β-Carotin, R = H (bei Narzissen) (451, 482)
Zeaxanthin, R = OH (bei Tulpen) (423, 451, 483)

Lycopin (bei Ringelblumen) (446, 472, 505)

Flavoxanthin (bei gelben Margariten (432, 481)

Glc−O−GlcO₂C ... CO₂Glc−O−Glc

Crocein (bei Krokusblüten) (411, 437, 458)

2.3 Einige Carotinoidpigmente gelber Blüten (Zahlen in Klammern = Absorptionsmaxima im sichtbaren Bereich, gemessen in Ethanol).

5,8-Epoxide Auroxanthin und Flavoxanthin. Tieforange gefärbte Blüten können große Mengen β-Carotin enthalten (zum Beispiel die orangefarbenen Ränder von *Narcissus majalis*) oder statt dessen Lycopin (*Calendula*, Ringelblume) (die Strukturen der Carotinoide sind aus Abbildung 2.3 zu ersehen). Die Carotinoide der Petalen sind in den Chromoplasten konzentriert und können in gebundener Form vorliegen, mit einem Protein verknüpft oder mit Fettsäuren verestert.

Auch Flavonoide tragen geringfügig zu gelben Farben bei, und zwar durch drei Gruppen von Pigmenten: gelbe Flavonole, Chalkone und Aurone (Abb. 2.4). Gelbe Flavonole wie Gossypetin, Quercetagetin und ihre Derivate sind für die Blütenfarbe der Baumwolle (*Gossypium hirsutum*), der Stengellosen Schlüsselblume (*Primula vulgaris*) und verschiedener Compositen, zum Beispiel der Saatwucherblume (*Chrysanthemum segetum*), verantwortlich. Die gelben Flavonole verdanken ihre Farbe einer zusätzlichen Hydroxylgruppe (oder Methoxylgruppe) in Position 6 oder 8 am aromatischen A-Ring. Die verwandten Flavonole ohne diese Hydroxylgruppe, zum Beispiel Quercetin (Abb. 2.5), sind mehr oder weniger farblos. Chalkone und Aurone kommen besonders häufig bei einer weiteren Gruppe von Compositen vor, darunter *Coreopsis* (Wanzenblume) und *Dahlia* (Dahlie), treten jedoch vereinzelt auch in neun anderen Pflanzenfamilien auf. Sie unterscheiden sich von anderen gelben Farbstoffen durch folgene Reaktion: Bedampft man die sie enthaltenden Petalen mit Ammoniak (oder Zigarrenrauch), dann erfolgt

Gossypetin, R = OH, R' = H (388)
Quercetagetin, R = H, R' = OH (367)

Butein, Chalkon von *Coreopsis* (382)

Aureusidin, Auron von gelben *Antirrhinum* (399)

Indicaxanthin, Betaxanthin von *Opuntia ficus-indica* (480)

2.4 Gelbe Flavonoid- und Alkaloidpigmente.

Kaempferol, R = H (372)
Quercetin, R = OH (374)

Apigenin, R = H (335)
Luteolin, R = OH (350)

2.5 Flavone und Flavonole in weißen Petalen.

ein Farbwechsel von Gelb zu Rot. Chalkone und Aurone treten oft gemeinsam in Blütenblättern auf und werden zusammen als Anthochlorpigmente bezeichnet.

Noch eine weitere Klasse wasserlöslicher Pigmente sollte erwähnt werden, nämlich jene, die auf Alkaloiden basieren. Die bekannte basische Verbindung Berberin zum Beispiel trägt zur gelben Farbe im Gewebe von Berberitzenblüten (*Berberis*) bei. Eine wichtige Klasse der Alkaloide sind auch die Betaxanthine der Caryophyllidae. Innerhalb dieser Ordnung kommen sämtliche Gelbtöne durch Pigmente wie Indicaxanthin (Abb. 2.4) zustande, ein Betaxanthin, das auf der Aminosäure Prolin basiert, die mit einer Betalaminsäure verbunden ist. Man kennt noch acht weitere Betaxanthine bei den Caryophyllidae, die anstelle von Prolin andere aliphatische Aminosäuren enthalten (Piattelli 1976).

Eine letzte Bemerkung noch zur gelben Farbe: Oft liegen Mischungen zweier nicht miteinander verwandter Klassen gelber Pigmente in Petalen vor, insbesondere von Carotinoiden und Flavonoiden bei Vertretern der Compositen (Asteraceae). Aus biosynthetischen Gesichtspunkten scheint es für Pflanzen besonders verschwenderisch, zwei Klassen von Verbindungen zu produzieren, welche dieselbe Funktion erfüllen. Die Erklärung für diese scheinbare Verschwendung liegt jedoch in den Saftmalen an den Petalen begründet, wie wir in einem späteren Abschnitt diskutieren werden.

Schließlich gibt es noch Verbindungen, die in weißen Blüten vorkommen. Für das menschliche Auge erscheinen sie kaum als Farbe und führen bei den Blütenblättern zu einer blassen Creme- oder Elfenbeinfärbung. Wie jedoch bereits erwähnt, können Bienen oder andere Insekten sie deutlich unterscheiden, denn sie nehmen Absorptionsunterschiede im UV-Bereich des Spektrums wahr. Es gibt zwei Klassen dieser Farbstoffe: Flavone, wie Luteolin und Apigenin, und Flavonole, wie Kaempferol und Quercetin (Abb. 2.5). Die einen scheinen gegenüber den anderen keinen besonderen Vorteil zu besitzen, wenngleich die Flavonole das Licht im etwas langwelligeren Bereich absorbieren als die Flavone (bei etwa 360–380 statt 330–350 nm). Tatsächlich kommen die Flavone in den Blüten weiter entwickelter Pflanzenfamilien häufiger vor als die Flavonole.

C. Evolution der Blütenfarbe

Die Verbreitung der Anthocyanfärbung ist unter den Angiospermen keineswegs zufällig. Man erkennt ein deutliches Muster der relativen Häufigkeit von Delphinidin (Dp), Cyanidin (Cy) und Pelargonidin (Pg). Die Häufigkeit schwankt je nach der gesammelten Flora, und es gibt klare Anzeichen für eine Häufung bestimmter Farben in verschiedenen Umgebungen, je nachdem, welche Bestäuber vorherrschen oder am aktivsten sind. Pigmentuntersuchungen zeigten, daß die Selektion, ausgehend von Cyanidin als dem primitiven Typus, in zwei Richtungen gewirkt hat (Abb. 2.6): Verlustmutationen in tropischen Lebensräumen führen zu scharlachroten und orangenen Färbungen, wie sie Kolibris bevorzugen, während „Gewinnmutationen" in gemäßigten Klimaten die von Bienen bevorzugten blauen Farbtöne ergeben.

Die Anhaltspunkte dafür, daß Cyanidin der primitivste Pigmenttyp ist, beruhen auf einer Vielzahl von Beobachtungen. So ist es der häufigste Typ bei den Vorfahren der Angiospermen, also bei den Gymnospermen oder Nacktsamern. Außerdem ist es das wichtigste Pigment windbestäubter Gruppen wie Gräser, bei denen eine Selektion auf eine Blütenfarbe hin natürlich nicht funktioniert. Schließlich ist es auch das verbreitetste Pigment in primitiveren Geweben als dem Blütengewebe, etwa in Blättern.

Das regelmäßige Auftreten von Pelargonidin bei tropischen Pflanzen und sein fast völliges Fehlen in den Floren der gemäßigten Zone deutet darauf hin, daß dieses Pigment fortschrittlicher ist als Cyanidin. Die weitere Verlustmutation, welche zu den 3-Desoxyanthocyanidinen Luteolinidin und Apigenidin (Abb. 2.6) führt, tritt fast ausschließlich bei sehr weit entwickelten Angiospermenfamilien auf, wie etwa bei den Gesneriaceae und Bignoniaceae. Bei den Gesneriaceae sind die 3-Desoxyanthocyanidine eindeutig auf Arten der neuweltlichen Tropen beschränkt und fehlen völlig bei altweltlichen Taxa dieser Familie. Dieser Unterschied in der Anthocyanfärbung geht auch mit Abweichungen in der Art der Gelbfärbung in den beiden geographischen Gruppen einher (Tabelle 2.4).

Tabelle 2.4: Unterschiede in der Chemie der Pigmente bei den beiden Unterfamilien der Gesneriaceae

| Unterfamilie* | Desoxyanthocyanin | Vorhandensein gelber Pigmente | | |
		Carotinoid	Chalkon	Chinon
neuweltliche Gesnerioideae	vorhanden bei 29 von 36 Arten	+	−	−
altweltliche Cyrtandrioideae	fehlt bei keiner von 50 Arten	−	+	+

* Damit sind 74 Prozent der Gattungen abgedeckt; Daten aus Harborne (1967).

Schließlich lassen sich Anzeichen, daß Delphinidin und seine Derivate fortschrittlicher sind als Cyanidin, aus ihrem Verteilungsmuster bei den Angiosper-

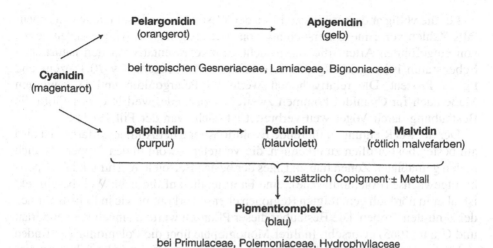

2.6 Evolution der Anthocyanfarben bei Angiospermen.

men ableiten. Insbesondere legt die weite Verbreitung von Delphinidin in hochentwickelten Familien von Bienenblumen wie den Rachenblütlern (Scrophulariaceae), Rauhblattgewächsen (Boraginaceae), Wasserblattgewächsen (Hydrophyllaceae) und Sperrkrautgewächsen (Polemoniaceae) diesen Schluß nahe.

Die in Abbildung 2.6 dargestellte Situation ist nur ein evolutionärer Trend, von dem es natürlich einige Ausnahmen gibt. Die Stellung von Cyanidin ist in gewisser Hinsicht zweifelhaft, denn mit geeigneten modifizierenden Faktoren kann es unter Umständen auch die Grundlage für scharlachrote Färbungen sein (zum Beispiel bei der Tulpe (*Tulipa*); siehe Tabelle 2.2) oder blaue Farbtöne bilden, wie bei der Kornblume (*Centaurea cyanus*). Betrachtet man jedoch die anderen beiden Pigmenttypen, Pelargonidin und Delphinidin, so scheint es, daß Vogelblüten fast nie Delphinidin enthalten, Bienenblüten hingegen fast nie Pelargonidin.

Die Auswirkungen der in Abbildung 2.6 dargestellten Trends lassen sich also beurteilen, indem man die Häufigkeiten von Pelargonidin (Pg), Cyanidin (Cy) und Delphinidin (Dp) in verschiedenen Floren vergleicht. In der australischen Flora ergaben Analysen von Wildpflanzenarten die folgenden relativen Häufigkeiten: Dp 63 Prozent, Cy 47 Prozent und Pg zwei Prozent. Die bemerkenswerte Seltenheit von Pelargonidin ist vermutlich zumindest zum Teil eine Folge der Seltenheit von Arten mit Vogelbestäubung. Außerdem unterscheidet sich die Vogelwelt Australiens von jener des tropischen Amerika, so daß abweichende Farbpräferenzen möglich sind. Wo eine Bestäubung durch Vögel erfolgt, ist auch der Mechanismus oft unterschiedlich, wie bei jenen Vertretern der Myrtengewächse (Myrtaceae) mit hellroten Infloreszenzen, die wie die Borsten einer Flaschenbürste aussehen. Andererseits deutet der hohe Wert für Delphinidin darauf hin, daß eine Bestäubung durch Insekten, die durch blauviolette und blaue Blüten angezogen werden, besonders häufig ist.

Für die völlig andere tropische Flora der Westindischen Inseln liegen uns ebenfalls Zahlen vor. Eine Untersuchung von dort ursprünglich wildlebenden sowie von eingeführten Arten (die damit nicht ganz repräsentativ für den natürlichen Lebensraum ist) ergab folgende Resultate: Dp 47 Prozent, Cy 70 Prozent und Pg 17 Prozent. Die relativ hohen Werte für Pelargonidin und in gewissem Maße auch für Cyanidin kommen zweifellos zustande, weil in dieser Flora die Bestäubung durch Vögel weit verbreitet ist (siehe van der Pijl 1961).

Der in zwei Richtungen führende Evolutionstrend der Anthocyanfarben ist also am besten bei Familien zu erkennen, die Vertreter sowohl in den Tropen als auch in den gemäßigten Zonen haben. Eines der besten Beispiele hierfür sind die Sperrkrautgewächse (Polemoniaceae), eine Familie, die auf die neue Welt beschränkt ist, aber in nördlich gemäßigten Regionen ebenso vorkommt wie in Lebensräumen der zentralen Tropen. Die Bestäuber dieser Pflanzen wurden eingehend von Grant und Grant (1965) erforscht. In ihrer Monographie über die Polemoniaceae finden sich zwei Farbtafeln typischer Arten, die jeweils von Kolibris beziehungsweise Bienen bestäubt werden. Die Tafeln verdeutlichen sehr augenfällig den bemerkenswerten Gegensatz in der Farbe und Form der Blüten. Die Vogelblumen besitzen lange, enge Kronröhren, und sind meist scharlachrot gefärbt. Die Bienenblumen zeichnen sich durch kurze, offene Kronröhren aus und sind fast alle blau.

Weitere (nicht abgebildete) Pflanzen der Familie weisen kurze, enge Kronröhren auf, sind blauviolett oder rosa und werden von Tagfaltern bestäubt. Analysen der Anthocyanidine in den Petalen von 18 repräsentativen Vertretern der Polemoniaceae (Tabelle 2.5) zeigen einen ganz eindeutigen Zusammenhang zwischen Blütenfarbe, Anthocyanidintyp und Bestäuber (Harborne und Smith 1978a). So enthalten vogelbestäubte Arten mit nur einer Ausnahme Pelargonidin, während sämtliche von Bienen oder Bienen und Fliegen bestäubte Arten Delphinidin aufweisen. Die von Tagfaltern besuchten Spezies hingegen nehmen eine Zwischenstellung ein und enthalten hauptsächlich Cyanidin oder ein Gemisch aus Cyanidin und Delphinidin.

Ähnliche Unterschiede in den Blütenfarbstoffen beobachtete man zwischen tropischen Vertretern der Lippenblütler (Lamiaceae) und solchen aus gemäßigten Breiten. In allen sechs untersuchten, scharlachrot blühenden Arten fand man Pelargonidin, Cyanidin in 17 Arten mit purpurroten Blüten und Delphinidin in 26 Spezies mit violett oder blau gefärbten Blüten, die von Bienen bestäubt werden (Saito und Harborne 1992). Die Ergebnisse solcher Untersuchungen bei den Gesneriaceae, die sich geographisch vor allem dadurch unterscheiden, daß es Arten in der alten und in der neuen Welt gibt, sind Tabelle 2.4 zu ersehen.

Auch auf Artebene lassen sich Veränderungen in der Blütenfarbe beobachten. Unter Umständen müssen Pflanzen ihre Blütenfarbe innerhalb von einer oder zwei Generationen verändern können, um sich an wechselnde Bestäuber anzupassen. Baker und Hurd (1968) wiesen darauf hin, wie erheblich die Unterschiede in der vorherrschenden Blütenfarbe zwischen angrenzenden Habitaten sein können. In der Flora Nordkaliforniens werden in der offenen Prärie wachsende, krautige Arten von Bienen bestäubt und haben gelbe Blüten. Im nahegelegenen, dunklen Wald aus Mammutbäumen werden die Pflanzen durch Nachtfalter bestäubt

**Tabelle 2.5: Zusammenhang zwischen dem Anthocyanidintyp, der Blüten-
farbe und dem Bestäuber bei den Polemoniaceae**

Pflanze	Blütenfarbe	Anthocyanidin der Petalen
von Kolibris bestäubte Arten		
Cantua buxifolia	scharlachrot	Cy
Loeselia mexicana	orangerot	Pg
Ipomopsis aggregata ssp. *aggregata*	hellrot	Pg
I. aggregata ssp. *bridgesii*	rot bis magentarot	Pg, Cy
I. rubra	scharlachrot	Pg
Collomia rawsoniana	orangerot	Cy
von Bienen bestäubte Arten		
Polemonium caeruleum	blau	Dp
Gilia capitata	blauviolett	Dp
G. latiflora	violett	Dp/Cy
Eriastrum densifolium	blau	Dp
Langloisia matthewsii	rosa	Dp/Cy
Linanthus liniflorus	lila	Dp/Cy
von Schmetterlingen bestäubte Arten		
Phlox diffusa	rosa bis lila	Dp/Cy
P. drummondii	rosa bis violett	Dp/Cy (Pg)
Ipomopsis thurberi	violett	Dp
Leptodactylon californicum	hellrosa	Dp/Cy
L. pungens	rosa bis purpur	Dp/Cy
Linanthus dichotomus	rotbraun	Cy

Erklärung: Pg = Pelargonidin; Cy = Cyanidin; Dp = Delphinidin.

und besitzen daher weiß oder blaßrosa gefärbte Blüten. Jede Art, die über die
Grenze von einem Habitat zum nächsten wandert, muß rasch ihre Blütenfarbe
umstellen, um sich an die neue Umgebung anzupassen. Arten, die in ihrer Blütenfarbe variabel sind (zum Beispiel Vertreter der Gattung Viola (Veilchen), haben
wahrscheinlich eine bessere Ausgangsposition als die meisten übrigen, um auf
diese Weise erfolgreich von einem Habitat in ein anderes überzuwechseln.

Viele Pflanzenarten besitzen eine bemerkenswerte Flexibilität, indem sie die
Anthocyansynthese in den Blüten beenden, verändern oder wieder neu beginnen
können – je nachdem, welche Bestäuber oder ob überhaupt irgendwelche Bestäuber vorhanden sind. In diesem Zusammenhang ist bemerkenswert, daß zwei untersuchte autogame Polemoniaceenarten – *Allophyllum gilioides* und *Microsteris
gracilis* (Harborne und Smith 1978a) –, die Anthocyanpigmente ihrer verwandten
Kreuzungspartner beibehielten, obwohl sie als selbstkompatible Arten nicht auf
eine Bestäubung durch Tiere angewiesen sind. So bleibt diesen Pflanzen die Möglichkeit erhalten, in einer zukünftigen Generation zur Fremdzucht zurückzukehren.

Die Fähigkeit von Pflanzen, rasch auf Veränderungen bei den Bestäubern zu
reagieren, ist sehr schön bei einer weiteren Polemoniacee zu erkennen, nämlich
Ipomopsis aggregata. In Populationen, die in der Nähe von Flagstaff in Arizona
wachsen, beobachtete man, daß eine geringe Zahl der Pflanzen während der Saison
von einer roten über verschiedene Rosaschattierungen zu einer weißen Blütenfarbe

überwechselt (Paige und Whitham 1985). Dieser Wechsel fällt zeitlich genau mit der Zuwanderung der Kolibris Mitte Juli von Süden her zusammen, die dann als Hauptbestäuber fungieren. Gleichzeitig muß die Pflanze jedoch auch für den am Ort bleibenden Bestäuber, den Schwärmer *Hyles lineata*, attraktiv bleiben (Abb. 2.7). Bei dem Farbwechsel, der innerhalb desselben Blütenstandes auftreten kann, kommt es zu einer Verdünnung der in den Petalen gebildeten Anthocyanmenge (Tabelle 2.5) und schließlich zum völligen Einstellen der Anthocyansynthese.

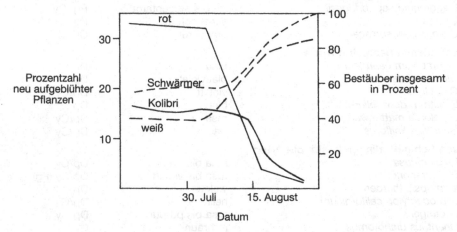

2.7 Der Farbwechsel bei *Ipomopsis aggregata* geht mit einem Wechsel bei den Bestäubern einher.

Der Farbwechsel von *Ipomopsis* soll sicherstellen, daß die zu einer bestimmten Zeit verfügbaren Bestäuber so effizient wie möglich zur Blüte gelockt werden. Eine weitere Pflanze, die von den Besuchen zweier Bestäuber profitiert, ist das Läusekraut (*Pedicularis*), ein Rachenblütler (Scrophulariaceae) (Macior 1986). Seine Blüten haben eine scharlachrote Kronröhre, um Kolibris anzuziehen, und magentarote Kelche und Hochblätter, deren Haare ultraviolettes Licht stark reflektieren und so einen Anreiz für Hummeln darstellen. Während jüngere Pflanzen von Bienen bestäubt werden, übernehmen bei älteren Exemplaren Vögel diese Aufgabe. Statt eines Farbwechsels kommt es beim Heranreifen der Blüte zu einer Zunahme im Zuckergehalt des Nektars (von 15 auf 25 Prozent), die mit der Ablösung der Bestäuber einhergeht.

Eine weitere Möglichkeit zur Veränderung der Blütenfarbe ist die Hybridisierung, die allerdings nicht immer von Vorteil ist. In der Gattung *Penstemon* (Bartfaden) zum Beispiel gibt es eine rote, von Kolibris bestäubte Art, die sich mit einer blauen, von Holzbienen bestäubten Spezies kreuzt, wenn beide in demselben Gebiet (sympatrisch) vorkommen (Grant 1971). Die Mischlinge besitzen purpurfarbene Blüten und ziehen damit noch einen weiteren Bestäuber an, eine Wespe. Die purpurne Zwischenform wird durch dasselbe Delphinidin gefärbt wie die blaue Form, wobei lediglich weniger Copigment vorhanden ist. Man geht davon aus, daß Delphinidin über das in der rotblühenden Art enthaltene Pelargonidin dominiert (Beale 1941). Eine solche purpurfarbene Hybridpflanze hat aber wohl nicht immer das Glück, wie in diesem Fall einen eigenen Bestäuber anzulocken. Die veränderte Färbung könnte sich auch als Selektionsnachteil erweisen, wenn die Pflanze dann vielleicht für keinen der Bestäuber der Elternpflanzen mehr attraktiv ist. In einem solchen Fall müßte sie rasch wieder die Blütenfarbe von einer der Ausgangspflanzen annehmen. Dies könnte ein begrenzender Faktor für den Erfolg von Hybriden in sich entwickelnden Pflanzenpopulationen sein.

Unter Umständen wechseln Blüten nach der Bestäubung die Farbe, wie etwa bei der Wandelblume (*Lantana camara*) von Gelb (Carotinoid) zu Rot (Anthocyan). Ausgelöst wird dieser Farbwechsel, wenn der Bestäuber den Nektar aus den Nektarien entnimmt (Eisikowitch und Lazar 1987). Derartige Farbwechsel sind für beide Seiten von Vorteil, denn sie leiten die Bestäuber zu den noch unbesuchten (gelben) Blüten hin und erhöhen somit die Effizienz der Bestäubung und des Nektarsammelns. Desgleichen steigert das Beibehalten der bestäubten (roten) Blüten im Blütenstand die Attraktivität der Pflanze aus der Entfernung. Solche Farbwechsel hat man mittlerweile in mindestens 75 Angiospermenfamilien nachgewiesen, und die meisten der bestäubenden Insekten können aus der Nähe problemlos zwischen den verschiedenen Blütenfarben unterscheiden (Weiss 1991). Die Farbveränderungen können auf unterschiedliche Weise zustande kommen, die biochemischen Grundlagen eines solchen Wechsels in der Pigmentsynthese müssen jedoch erst noch erforscht werden.

D. Saftmale – Wegweiser zum Nektar

Saftmale oder Nektarwegweiser sind Teil des Pigmentierungsmusters der Blüten; ihr Zweck ist es, bestäubende Insekten zum Blütenzentrum hin zu leiten, wo sich die Fortpflanzungsorgane und der Nektar befinden. Besonders auffällig sind sie bei Bienenblüten, wo sie auch eine Vielzahl verschiedener Formen annehmen. Viele sind für das menschliche Auge sichtbar und bilden einen Farbkontrast – zum Beispiel beim Zymbelkraut (*Cymbalaria muralis*) ein gelber Fleck auf der Lippe einer ansonsten blauen Blüte. Manchmal erkennen wir sie auch als farbige Tupfen oder Linien auf der Kronröhre. Wie neuere Forschungen ergaben, sind einige Nektarwegweiser bei gelben Blüten für das menschliche Auge unsichtbar, können aber aufgrund ihrer intensiven Absorption im UV-Bereich von Insekten wahrgenommen werden. Dieses Ergebnis hat der Untersuchung der Saftmale bei Blütenpflanzen einen neuen Impuls verliehen.

Sichtbare Saftmale entstehen oft durch eine lokale Konzentration der Anthocyanpigmente in bestimmten Bereichen der Blütenkrone (Abb. 2.8). Das gilt beispielsweise für den Fingerhut (*Digitalis purpurea*): Seine rosa gefärbte, glockenförmige Kronröhre, pigmentiert durch Cyanidin, weist im Inneren der Glocke eine Reihe von Flecken mit höherer Konzentration desselben Pigments auf, die das Insekt zu Narbe und Griffel leiten. Bei einigen Arten der Gattung *Streptocarpus* (Drehfrucht) finden wir eine ähnliche Situation vor, nur daß die Saftmale hier in Form von Pigmentlinien in der Kronröhre auftreten.

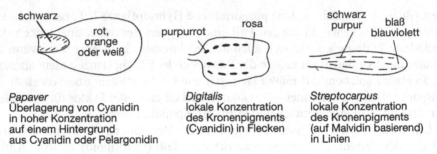

Papaver
Überlagerung von Cyanidin
in hoher Konzentration
auf einem Hintergrund
aus Cyanidin oder Pelargonidin

Digitalis
lokale Konzentration
des Kronenpigments
(Cyanidin) in Flecken

Streptocarpus
lokale Konzentration
des Kronenpigments
(auf Malvidin basierend)
in Linien

2.8 Einige sichtbare Saftmale bei anthocyangefärbten Blüten.

Auf eine etwas andere Situation treffen wir bei der Gattung *Papaver* (Mohn), bei der die Nektarwegweiser im allgemeinen als Flecken auf den Petalen in Erscheinung treten (Abb. 2.8). In diesem Fall unterscheidet sich das Pigment dieser Flecken (Cyanidin als 3-Glykosid) von jenem im übrigen Bereich der Kronblätter, nämlich Cyanidin als 3-Sophoricosid (bei *Papaver rhoeas*) oder Pelargonidin als 3-Sophoricosid (bei *P. orientale*).

Den ersten biochemischen Nachweis, daß Blüten Nektarwegweiser besitzen, die für das menschliche Auge unsichtbar sind, lieferten Thompson et al. (1972) bei einer Varietät von *Rudbeckia hirsuta* namens Black Eyed Susan. Bei Tageslicht sind die Kronblätter dieser Composite einförmig gelb. UV-Licht wird jedoch von den äußeren Bereichen der Zungenblüten reflektiert, die unter der UV-Lampe daher hell erscheinen, während die inneren Bereiche dunkelabsorbierend sind (Abb. 2.9). Chemische Analysen offenbarten, daß für die UV-Reflexion der äußeren Zungenblütenbereiche Carotinoidpigmente verantwortlich sind und daß diese auch gleichförmig über die gesamten Zungenblüten verteilt sind. In den inneren, dunkelabsorbierenden Zonen gibt es zusätzlich noch andere Pigmente: Hier sind drei wasserlösliche gelbe Flavonole vorhanden, darunter insbesondere ein Derivat von Patuletin (Abb. 2.9).

So kommt es bei *Rudbeckia* zu einer Funktionstrennung der beiden vorhandenen Typen gelber Pigmente. Das Carotinoid sorgt für die allgemeine gelbe Blütenfarbe der Pflanze, um die Bienen aus der Entfernung anzulocken. Die wasserlöslichen gelben Flavonole hingegen, die in unterschiedlichen Mengen nur in der inneren Zone der Zungenblüten auftreten, fungieren als Nektarwegweiser im UV-Bereich; sie leiten die für ultraviolettes Licht empfängliche Biene, wenn sie erst einmal auf dem Blütenköpfchen gelandet ist, direkt zum Nektar im Zentrum der Blüte. Dies erklärt, warum viele hochentwickelte Pflanzen häufig zwei Typen gelber Farbstoffe in ihren Blüten aufweisen; die beiden Typen erfüllen eindeutig unterschiedliche Funktionen (siehe Seite 53).

Unsichtbare Saftmale bei gelbblühenden Arten lassen sich einfach feststellen, indem man die Blütenköpfchen im UV-Licht betrachtet und mit einem geeigneten Filter photographiert. Solche Nachweise kann man sogar an Herbarpflanzen durchführen. Es ist jedoch auch wichtig festzustellen, ob sowohl Carotinoide als auch gelbe Flavonoide in der Blüte vorhanden sind, und das ist nur bei fri-

bei Tageslicht

Carotinoid
gleichförmig verteilt

bei UV-Licht

Quercetagetin-Derivate
um das Blütenzentrum lokalisiert

verantwortliche Flavonoide

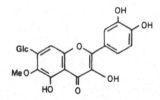

Patuletin-7-glykosid,
Nektarwegweiser bei *Rudbeckia*

Isosalipurposid,
Nektarwegweiser bei *Oenothera*

2.9 Unsichtbare Nektarwegweiser bei gelben Blüten.

schen Blüten möglich. Wie Untersuchungen an Herbarmaterial ergaben, treten UV-Saftmale vermutlich auch bei einer ganzen Reihe weiterer gelbblühender Compositen auf, insbesondere bei den Heliantheae, jener Gattungsgruppe (Tribus), der auch *Rudbeckia* angehört (Eisner et al. 1973). Durch Pigmentanalysen hat man Nektarwegweiser auch bei Arten der Gattungen *Eriophyllum* (Teppichmargarite) und *Helianthus* (Sonnenblume) nachgewiesen (Harborne und Smith 1978b). Das Vorhandensein sowohl gelber Carotinoide als auch gelber Flavonoide in derselben Blüte bedeutet aber nicht *a priori*, daß es sich um UV-Wegweiser handelt. So gibt es zum Beispiel in einem weiteren Tribus der Compositen, bei den Anthemideae, zahlreiche gelbblütige Arten, die zwar Carotinoide und gelbe Flavonole enthalten (Harborne et al. 1976), bei denen aber keinerlei Hinweise auf Saftmale schließen lassen.

Auch andere Typen gelber Flavonoide können zu Nektarwegweisern beitragen. Wie Dement und Raven (1974) zeigten, ist bei der Nachtkerze (*Oenothera*, Onagraceae) das Chalkon Isosalipurposid für UV-Saftmale an den Blüten verantwortlich. Des weiteren ermittelten Scogin und Zakar (1976), daß sowohl Chalkone als auch Aurone Absorptionsmuster im UV-Bereich beim Zweizahn (*Bidens*, Asteraceae) hervorrufen. Diese Muster sind nicht allgemein vorhanden, sondern nur in fünf der sieben Sektionen der Gattung; außerdem erstrecken sich die absorbierenden Pigmente unterschiedlich weit über die Zungenblüten.

Die Flavonoide solcher Blüten müssen nicht unbedingt sichtbar gelb sein (wenngleich dies augenscheinlich wirkungsvoller ist), denn sämtliche Flavonoide absorbieren, ungeachtet ihrer Absorptionscharakteristika im sichtbaren Licht, stark im UV-Bereich. Unlängst stellte man fest, daß farblose Flavonolglykoside bei einigen Arten ebenfalls zu Mustern führen. So liefern bei den gelben Blüten der Kronwicke *Coronilla valentina* (Fabaceae) gelbe Gossypetin-Derivate eine charakteristische UV-Absorption in den Flügeln der Kronblätter; bei den Flügeln von *C. emerus* übernehmen Kaempferol- und Quercetinglykoside diese Rolle (Harborne und Boardley 1983). Ähnlich führt in den Petalen des Fingerkrautes (*Potentilla*, Rosaceae) das gelbe Chalkon Isosalipurposid bei sechs Arten zu Saftmalen, während bei acht weiteren Arten Quercetinglykoside für das UV-Muster verantwortlich zeichnen (Harborne und Nash 1983). Auch bei einigen weißen Blüten hat man Nektarwegweiser entdeckt (Horovitz und Cohen 1972), und auch hier könnten die farblosen Flavonole in den Kronblättern unterschiedlich verteilt sein.

III. Die Rolle des Blütenduftes

A. Dufttypen

Der Geruch oder Duft einer Blüte spielt bei Angiospermen oftmals eine wichtige Rolle als Anreiz für bestäubende Insekten. Bienen reagieren ganz besonders auf Blütendüfte, die wir als wohlriechend oder „betörend" bezeichnen würden, und viele Bienenblumen duften stark, zum Beispiel das Gartenveilchen und andere Arten der Gattung *Viola*. Besonders bedeutend sind Düfte für nachtaktive Insekten und andere Tiere, denen der visuelle Anreiz praktisch völlig fehlt. Von Fledermäusen und Nachtfaltern bestäubte Blüten riechen daher in der Regel sehr intensiv.

Da Insekten auch für winzige Mengen flüchtiger Substanzen empfänglich sind, wirken Blütendüfte vermutlich schon in relativ geringer Konzentration. Viele Pflanzen, die nach menschlichem Empfinden nicht besonders stark duften, entwickeln vielleicht tatsächlich genügend Geruch, um Bienen oder Schmetterlinge anzulocken. Bei zahlreichen Arten fällt das Maximum der Duftproduktion mit der Zeit der Pollenreife zusammen, wenn die Blüte bereit zur Bestäubung ist. Es treten auch tageszeitliche Unterschiede auf; so wird der Duft für tagaktive Bestäuber mittags, der für nachtaktive am Abend produziert.

Blütendüfte können einen Bestäuber auch zu anderen als zu Nahrungszwecken anlocken. Das ist beispielsweise bei den primitiven Angiospermen *Zygogynum* und *Exospermum* (Winteraceae) der Fall, die von einem Nachtfalter der Gattung *Sabatinca* bestäubt werden. Diese Falter benutzen die nur wenige Tage lang blühenden Blüten als Ort zur Paarung. Der Duft, eine Mischung aus Terpenen und Aliphaten (Abb. 2.10), enthält auch große Mengen Ethylacetat (Essigester), das angenehm nach Obst riecht. Der Essigester scheint die Effektivität der Bestäubung zu erhöhen, indem er die Nachtfalter schläfrig macht (Thien et al. 1985).

Auch andere Pflanzengewebe als die Kronblätter verströmen Düfte. Viele Lippenblütler (Lamiaceae) und andere Pflanzen besitzen spezielle Duftdrüsen an der Oberfläche der Blätter, die mit flüchtigen Ölen angefüllt sind. Es ist aber nicht klar, ob die Düfte der Blätter überhaupt dazu beitragen, die Pollenüberträger anzu-

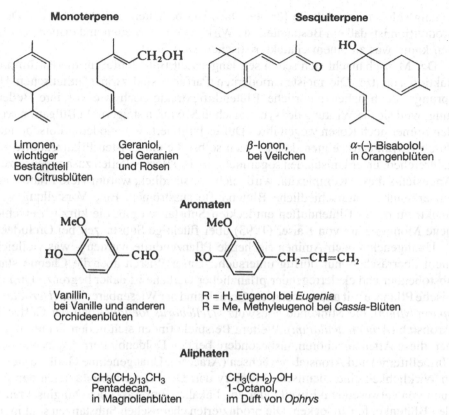

Monoterpene

Limonen,
wichtiger
Bestandteil
von Citrusblüten

Geraniol,
bei Geranien
und Rosen

Sesquiterpene

β-Ionon,
bei Veilchen

α-(–)-Bisabolol,
in Orangenblüten

Aromaten

Vanillin,
bei Vanille und anderen
Orchideenblüten

R = H, Eugenol bei *Eugenia*
R = Me, Methyleugenol bei *Cassia*-Blüten

Aliphaten

$CH_3(CH_2)_{13}CH_3$
Pentadecan,
in Magnolienblüten

$CH_3(CH_2)_7OH$
1-Octanol,
im Duft von *Ophrys*

2.10 Strukturen einiger wichtiger flüchtiger Duftstoffe von Blüten.

locken. Manche höheren Tiere sind jedoch empfänglich für die Blattdüfte der Lamiaceae – dies bezeugt die wohlbekannte Anziehungskraft der Katzenminze (*Nepeta cataria*) auf Hauskatzen.

Vom Standpunkt des menschlichen Beobachters lassen sich Blütendüfte grob in zwei Klassen einteilen: in die wohlriechenden, die angenehm oder fruchtig duften, und in jene, die ausgesprochen unangenehm oder nach Aminen riechen. Während wir aber eine solche Einteilung nach unserem eigenen Gutdünken machen, wird der Bestäuber eindeutig von jedem entsprechenden dieser Düfte angezogen, wie er auch immer für die menschliche Nase erscheinen mag. Angenehme Düfte sind in der Regel in den ätherischen Ölen der Blüte enthalten – in jenem flüchtigen Bestandteil, der sich durch Wasserdampfdestillation oder Etherextraktion isolieren läßt. Die ätherischen Öle umfassen eine Reihe organischer Verbindungen, die meisten davon sind Mono- oder Sesquiterpene. Flüchtige aromatische Substanzen können ebenso dabei sein wie einfache aliphatische Alkohole, Ketone und Ester. Typische Strukturen einiger Duftstoffe von Blüten sind in Abbildung 2.10 dargestellt. In manchen Fällen ist ein einzelner wichtiger Bestandteil für einen bestimmten Blütenduft verantwortlich, meist aber sorgt eine Mischung solcher Bestandteile für den Duft. Ein bedeutender Faktor bei der Duft-produktion ist, daß ein Bestandteil die Wirkung eines zweiten und dritten verstärken kann, was zu einem charakteristischen Duft führt.

Der Mensch macht sich schon seit langer Zeit Blütendüfte für die Parfümproduktion zunutze. Die meisten modernen Parfüme sind zwar synthetischen Ursprungs, doch haben natürliche Blütenduftextrakte nach wie vor ihre Bedeutung, weil sie die Wirkung der synthetischen Mixturen steigern. In Bulgarien werden immer noch Rosen wegen ihres Duftes kultiviert. Wie moderne Forschungen durch Parfümeure zeigten, können sich selbst die einfachsten Pflanzendüfte aus zahlreichen, unter Umständen sogar mehr als 100 Bestandteilen zusammensetzen. Angesichts dieser Komplexität wird leicht verständlich, warum viele Pflanzenarten erkennbar unterschiedliche Blütendüfte ausströmen. Eine Vorstellung vom Spektrum der in Blütendüften entdeckten Substanzen gibt die kürzlich erschienene Monographie von Kaiser (1993) über flüchtige Substanzen bei Orchideen.

Unangenehm nach Aminen riechende Pflanzendüfte wurden – was vielleicht nicht überrascht – nur dürftig untersucht. Unser Wissen über die Chemie stark abstoßender und ekelerregender pflanzlicher Gerüche ist daher begrenzt. Drei typische Pflanzen mit unangenehmem Geruch sind der Wiesenbärenklau (*Heracleum sphondylium*), die Stinkende Nieswurz (*Helleborus foetidus*) und der Gefleckte Aronstab (*Arum maculatum*). Weitere Beispiele finden sich in den Familien, denen diese Arten angehören, insbesondere bei den Doldenblütlern (Apiaceae oder Umbelliferae) und Aronstabgewächsen (Araceae). Unangenehme Gerüche stellen in Wirklichkeit eine chemische Mimikry dar: Die Pflanzen produzieren den Geruch von verwesendem Eiweiß oder von Fäkalien, um Aas- oder Dunginsekten zu den Blütenköpfen zu locken. Die produzierten chemischen Substanzen sind in der Tat jenen sehr ähnlich, die von Aas oder Dung verströmt werden.

Wichtige Bestandteile aminoider Pflanzendüfte sind die Monoamine, die unangenehm nach Fisch riechen. Sie sind relativ leicht flüchtig und reichen von Methylamin bis hin zu Hexyalamin (Abb. 2.11). Auch ungebundener Ammoniak kann enthalten sein. Als sogar noch abstoßender empfinden manche Menschen die beiden Diamine Putrescin und Cadaverin, die – wie ihre Namen schon ahnen lassen – charakteristische Abbauprodukte verwesenden Eiweißes sind. Putrescin und das Monoamin Isobutylamin hat man zum Beispiel im Blütenduft von *Arum*-Arten nachgewiesen. Weitere unangenehme Bestandteile können Skatol und Indol sein, die an den Geruch von Fäkalien erinnern, sowie verschiedene aliphatische organische Säuren, wie die ranzig riechende Isobuttersäure.

Wie Pflanzen solche Gerüche als Fallen für Insekten einsetzen, wurde recht detailliert erforscht (siehe Faegri und van der Pijl 1979). Bei *Arum nigrum* und *A. maculatum* beispielsweise öffnet sich die blaßviolette Spatha (ein Hochblatt) über Nacht, um den Kolben (Spadix) freizulegen, in dem die Atmung gewöhnlich sehr rasch erfolgt und Temperaturen von 30 Grad Celsius erreicht werden (Abb. 2.12). Die im Spadix erzeugte Wärme begünstigt das Verflüchtigen der Amine, wodurch sich die unangenehmen Gerüche bilden. Von den Aminen angezogene Dungkäfer und Fliegen landen auf dem Kolben, fallen in das Blüteninnere und sitzen in der Falle. Aufgrund der glatten Innenfläche der Spatha können

Monoamine

CH_3NH_2	Methylamin
$CH_3CH_2NH_2$	Ethylamin
$CH_3(CH_2)_2NH_2$	Propylamin
$CH_3(CH_2)_3NH_2$	Butylamin
$CH_3(CH_2)_4NH_2$	Amylamin
$CH_3(CH_2)_5NH_2$	Hexylamin

Diamine

$NH_2-(CH_2)_4-NH_2$	Putrescin
$NH_2-(CH_2)_5-NH_2$	Cadaverin

Indole

R = H, Indol
R = CH₃, Skatol

2.11 Unangenehme Amine in pflanzlichen Düften.

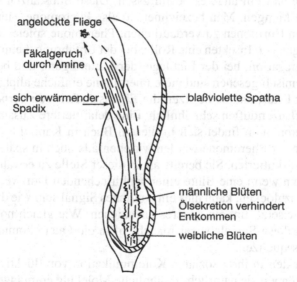

angelockte Fliege

Fäkalgeruch
durch Amine

sich erwärmender
Spadix

blaßviolette Spatha

männliche Blüten

Ölsekretion verhindert
Entkommen

weibliche Blüten

2.12 Biochemie der Bestäubung beim Aronstab (*Arum*).

die Insekten nicht entkommen und werden für 24 Stunden gefangengehalten; während dieser Zeit übertragen sie Pollen auf die empfangsbereiten Griffel. Danach kommt es zu raschen anatomischen Veränderungen (unter anderem wird die Oberfläche der Spatha runzlig), und das Insekt gelangt schließlich wieder ins Freie. Das Erzeugen von Wärme im Spadix ist eine wirklich bemerkenswerte Eigenschaft dieser Pflanzen und erhöht zweifellos die Effektivität der Fäkalgerüche. Die rasche Atmung verbraucht zwar eine Menge Stärke, aber im Hinblick auf die Stoffwechseleffizienz wird dies vermutlich dadurch ausgeglichen, daß für den Duft nur geringe Mengen von Stickstoffverbindungen notwendig sind.

Bei der verwandten Eidechsenwurzart *Sauromatum guttatum* identifizierte man Salicylsäure (2-Hydroxybenzoesäure) als Auslöser für die Wärmeerzeugung und das Verflüchtigen der Aminoide; ihre Konzentration steigt im oberen Spadix zwölf Stunden zuvor um das Hundertfache an (Raskin et al. 1987). Ihr Maximum erreichen die Wärmeproduktion und der Fäkalgestank zwischen drei und fünf Stunden nach Sonnenaufgang am Tag der Bestäubung; am späten Nachmittag gehen sie dann wieder auf normale Werte zurück. Eine zweite Phase der Erwärmung in der darauffolgenden Nacht, ebenfalls ausgelöst durch Salicylsäure, regt die in der Blütenkammer gefangenen Fliegen dazu an, die Bestäubung durchzuführen (Diamond 1989).

B. Insektenpheromone und Blütendüfte

Wie wir wissen, wird das Verhalten von Insekten durch chemische Signale in Form flüchtiger organischer Verbindungen gesteuert, die von einem Insekt freigesetzt werden und ein anderes beeinflussen. Diese Substanzen wirken bereits in sehr kleinen Mengen. Man bezeichnet sie als „Pheromone", um ihre Verwandtschaft zu den Hormonen zu verdeutlichen. Pheromone spielen bei fast allen Lebensvorgängen von Insekten eine Rolle: bei der Ernährung, beim Sexualverhalten, bei der Aggregation, bei der Eiablage, der Verteidigung und beim Anlegen von Wegen. Chemisch gesehen sind viele Pheromone einfache aliphatische Alkohole, Säuren oder Ester; andere besitzen die Eigenschaften von Terpenoiden und sind darin den Pflanzendüften sehr ähnlich. Eine detailliertere Zusammenstellung von Insektenpheromonen findet sich in diesem Buch in Kapitel 8 Abschnitt II.

Die Rolle der Pheromone werden wir ebenfalls noch in späteren Kapiteln dieses Buches diskutieren. Sie bereits an an dieser Stelle zu erwähnen ist allerdings sinnvoll, denn wenn eine Blüte einen wohlriechenden Duft verströmt, um einen Bestäuber anzulocken, kann dies ein ähnliches Signal sein wie das Pheromon, das ein Insekt freisetzt, um ein anderes anzuziehen. Wie gleich noch erwähnt wird, können sich diese Signale sogar manchmal in die Quere kommen – mit interessanten Konsequenzen.

Weil Insekten in ihrer sozialen Kommunikation von flüchtigen Verbindungen abhängen, können sie natürlich für ähnliche Moleküle empfänglich sein, die vielleicht in Blütendüften enthalten sind. Gelegentlich täuschen Pflanzen Insekten, indem sie anziehende Düfte produzieren, um sie zu fangen, wie für den Aronstab beschrieben, oder um sie von lohnenswerteren Zielen (zum Beispiel Nahrung) fernzuhalten. Indes „lernen" Insekten, die Düfte einzelner Blüten zu erkennen. Und genau diese Eigenschaft ist vielleicht mehr als jede andere für die Blütentreue verantwortlich, also für das Phänomen, daß Insekten ihre Aufmerksamkeit auf einige wenige oder sogar nur eine Pflanzenart beschränken. Es wurde sogar behauptet, einige Pflanzen produzierten halluzinogene oder narkotische Substanzen in ihren Düften, so daß die Insekten ihnen „ausgeliefert" seien und sich eine enge symbiotische Beziehung entwickelt. Zu einer solchen Belohnung durch die Blüte scheint es bei der Stechapfelart *Datura inoxia* zu kommen, deren Nektar vermutlich die typischen halluzinogenen Tropanalkaloide dieser Gattung enthält. Wie Grant und Grant (1983) beobachteten, fliegen die bestäubenden Schwärmer nach einem Besuch der Blüten in der Dämmerung ziellos umher und zeigen alle Anzeichen, dieser „Droge" verfallen zu sein.

Die folgenden drei Beispiele sollen zeigen, wie Pheromone und Blütendüfte im Verhalten der Insekten miteinander verflochten sein können. Das erste betrifft die Orientalische Fruchtfliege (*Dacus dorsalis*), die das Phenylpropanoid Eugenolmethylether (Abb. 2.10) als Sexualpheromon besitzt. Die Pheromonwirkung zeigt sich sowohl bei der Ernährung als auch bei der Aggregationen von Männchen. Dieselbe Verbindung wird auch in den Blüten einiger Pflanzen produziert, insbesondere bei der Röhrenkassie (*Cassia fistulosa*), wo sie vor allem Bestäuber anlocken soll. Gelegentlich wird Methyleugenol auch in den flüchtigen Ölen der Blätter anderer Arten erzeugt; bei dem Rötegewächs *Ziera smithii* (Rutaceae) macht es sogar 85 Prozent der gesamten ätherischen Öle aus. Aufgrund der erstaunlichen Anziehungskraft dieser chemischen Substanz auf die Fruchtfliege schlug man vor, *Cassia*-Blüten oder *Ziera*-Blätter in Insektenfallen einzusetzen, zum Beispiel wenn sich *Dacus* in Obstplantagen zu einer Plage entwickelt.

Möglicherweise ist diese Fruchtfliegenart außergewöhnlich empfänglich für diesen Blüten- oder Blätterduft. Schon 0,01 Mikrogramm Methyleugenol rufen bei einer einzeln gehaltenen Fliege eine Reaktion hervor. Die Struktur ist höchst spezifisch; selbst bei der Synthese von 34 Analoga erhielt man keine weitere dermaßen wirkungsvolle Substanz, die meisten waren sogar mehr oder weniger unwirksam. Bei männlichen Fliegen regt Methyleugenol unter anderem die Nahrungsaufnahme an; das kann bei falscher Anwendung drastische Folgen haben. So nahmen adulte Fruchtfliegen, die man in Laborexperimenten ständig Spuren von Methyleugenol aussetzte, so viel Nahrung auf, daß sie schließlich sogar an Überfütterung starben!

Das zweite Beispiel für eine Wechselwirkung zwischen Pheromonen und Blütendüften stammt aus Untersuchungen an Ragwurzarten durch Kullenberg und Bergström (1975). Wie spezifisch einige wilde solitäre Erdbienen der Gattung *Andrena* von Orchideen der Gattung *Ophrys* zum Zwecke der Bestäubung angezogen werden, ist schon seit einiger Zeit bekannt. Farbe und Form der Orchideenblüte ähneln stark jener der weiblichen Biene bestimmter Arten; die Männchen lassen sich auf der Pflanze nieder, führen eine sogenannte „Pseudokopulation" aus und bestäuben dabei die Blüte. Was man zunächst nicht erkannte (Kullenberg 1952), ist, daß der visuelle Anreiz durch die Form der Orchideenblüte eng gekoppelt ist mit einem olfaktorischen Stimulus, und daß der Orchideenduft tatsächlich die Sexualdüfte der weiblichen Biene nachahmt und so die männliche Biene zur Bestäubung veranlaßt. Bezeichnenderweise bietet die Orchideenblüte dem Insekt keinerlei Nektar und wird nicht von weiblichen Bienen aufgesucht.

Im Anschluß an diese Feldbeobachtungen analysierte man den Duft von *Ophrys*-Arten. Er besteht hauptsächlich aus kurzkettigen aliphatischen Verbindungen, Monoterpenen und einigen Sesquiterpenen der Cadinenreihe mit zwei

Ringsystemen. Man stellte sowohl (+)- als auch —-γ-Cadinen fest. Interessanterweise läßt sich in Laborexperimenten zeigen, daß die männliche Biene zwar durch das —-Isomer angezogen wird, nicht aber durch die (+)-Form. So lösen also nur Verbindungen mit der richtigen Stereochemie optimale Verhaltensreaktionen bei diesen Insekten aus.

Den Duft der weiblichen Erdbienen (*Andrena*) hat man ebenfalls extrahiert und untersucht. Die Sekrete ihrer Dufourdrüse enthalten offenkettige Mono- und Sesquiterpenester. (*E*)-Farnesyl- und Geranylhexanate sind die wichtigsten Substanzen bei fünf *Andrena*-Arten. Die entsprechenden Octanate treten bei einer sechsten Art auf. Die Sekrete der Mandibeldrüsen sind artspezifisch und setzen sich aus Fettsäurederivaten, insbesondere kurz- bis mittelkettigen Alkoholen und Estern, sowie Monoterpenen zusammen. Einige davon wie Octanol, Decylacetat und Linalool sind auch in den *Ophrys*-Düften enthalten und tragen dazu bei, daß die männlichen Bienen tatsächlich glauben, sich einem richtigen Weibchen zu nähern.

Die Coevolution zwischen diesen Orchideen und Bienen ist im Hinblick auf die beteiligten Arten recht komplex. Bei mindestens 15 *Ophrys*-Arten oder -Formen kommt es zu einer Pseudokopulation, und mehrere Bienengattungen, darunter *Andrena* (Erdbienen) und *Colletes* (Seidenbienen), sowie Grabwespen (Sphecidae) sind daran beteiligt. Die Bestäubung erfolgt eindeutig selektiv, denn verschiedene Orchideenarten oder -artengruppen werden bevorzugt von bestimmten Stechwespenarten oder -artengruppen (sie gehören zu der Teilordnung Aculeata der Hymenoptera) besucht. Eine beträchtliche Anzahl flüchtiger Stoffe entdeckte man jeweils in den Blütendüften verschiedener Orchideen und in den Kopfdrüsen der weiblichen Bienen (Bergström 1978) – genügend, um für die spezifischen, in der Natur beobachteten Wechselwirkungen verantwortlich zu zeichnen. Die Gelbe Ragwurz (*Ophrys lutea*) scheint sich von verwandten Arten darin zu unterscheiden, daß sie ein viel größeres Spektrum an Duftverbindungen produziert; sie profitiert davon, weil sie von den Männchen mehr als einer *Andrena*-Art besucht wird. Unter den über 150 Duftbestandteilen von *O. lutea* befinden sich einige, die auch in den Drüsensekreten der betreffenden weiblichen Bienen enthalten sind, so daß die Pflanze also direkt die weiblichen Pheromone imitiert (Borg-Karlson et al. 1985).

Ein spezielles Merkmal der Sekrete der weiblichen *Andrena*-Bienen ist, daß sie zwei Funktionen erfüllen. Sie dienen nicht nur als Sexuallockstoff, sondern werden auch während des Eiablagevorgangs zur Auskleidung des Nestes verwendet. Die wirksamen Bestandteile der Dufourdrüsen zweier anderer Bienengattungen, *Colletes* (Seidenbienen) und *Halictus* (Furchenbienen) untersuchte man ebenfalls und charakterisierte sie als makrozyklische Lactone mit speziellen, moschusartigen Düften. Ein Beispiel für eine solche Verbindung ist 18-Octadecanolid. Auch diese Substanzen haben zwei Funktionen. Hier wäre zu erwähnen, daß ähnliche Verbindungen bei Säugetieren zur Anziehung des anderen Geschlechts dienen, zum Beispiel Zibeton und Muscon, die wirksamen Duftstoffe der Zibetkatze (*Viverra zibetha*) beziehungsweise des Moschushirsches (*Moschus moschiferus*) (siehe auch Kapitel 8). Die chemischen Strukturen der meisten in diesem Abschnitt erwähnten Verbindungen sind in Abbildung 2.13 dargestellt.

Linalool   (+)-γ-Cadinen   (–)-γ-Cadinen

Duftkomponenten bei *Ophrys*

CH_2O Hexanoyl CH_2O Hexanoyl

(*E*)-Farnesylhexanat   Geranylhexanat

Duftstoffe weiblicher *Andrena*-Bienen

$(CH_2)_{17}$
$O-CO$

18-Octadecanolid

Duftstoff weiblicher *Colletes*-Bienen

$(CH_2)_7CH=CH(CH_2)_7$
CO

$(CH_2)_{12}CHMeCH_2$
CO

Zibeton   Muscon

2.13 Terpenoide und makrozyklische Lactone, die bei den Wechselbeziehungen zwischen Bienen und Orchideen eine Rolle spielen.

Eine weitere Verflechtung im Zusammenhang mit den Sekreten der weiblichen *Andrena*-Bienen entdeckten Tengo und Bergström (1977): Die Verbindungen aus der Dufourdrüse werden nämlich zur Lokalisierung des Nests noch von Bienen der Gattung *Nomada* oder Schmarotzerbienen genutzt, welche die Nester von *Andrena* parasitieren. Das *Nomada*-Weibchen legt sein Ei in eine benachbarte Zelle, und die daraus schlüpfende Larve öffnet das Ei der Wirtsart und frißt dessen Nahrungsvorräte auf. Trotz des Schadens, den dieser Parasit im Nest der *Andrena*-Biene verursacht, scheint ein Aufeinandertreffen zweier Weibchen dieser sehr verschiedenen Arten nie zu einem aggressiven Verhalten zu führen. Diese fehlende Aggression ist jedoch leicht verständlich, hat man erst einmal erkannt, daß die *Nomada*-Weibchen genauso riechen wie ihre *Andrena*-Wirte. Bemerkenswerterweise werden die Duftverbindungen der *Andrena*-Weibchen – Farnesylhexanat und Geranyloctanat – von den männlichen *Nomada*-Bienen produziert, die ihre Weibchen damit während der Kopulation einsprühen. Die chemi-

69

schen Zusammenhänge in dieser coevolutionären Anpassung sind fast genauso verblüffend wie jene der ursprünglichen Wechselbeziehung zwischen Erdbiene und Orchidee.

Das dritte und letzte Beispiel stammt ebenfalls aus der Literatur über Bienen und Orchideen und beschreibt einen Fall, bei dem männliche Bienen – die männlichen Prachtbienen (Euglossini), die in den Tropenwäldern Zentral- und Südamerikas leben – Blütendüfte als Sexualpheromone nutzen. Diese Bienen zeigen ein sehr ungewöhnliches Paarungsverhalten; die Männchen sind herrlich gefärbt und kommen während der Fortpflanzungszeit zu kleinen Schwärmen, sogenannten „Leks", zusammen, um die Weibchen anzulocken. Die von ihnen bestäubten Orchideen haben als Teil ihrer extremen Artaufspaltung in den neuweltlichen Tropen ein breites Spektrum verschiedener Blütendüfte entwickelt. Man stellte bei diesen Pflanzen mindestens 60 chemisch verschiedene Duftstoffe fest. Einige Arten von *Eulaema*-Bienen sammeln die Duftstoffe mit ihren Hinterbeinen, während sie die Orchideen bestäuben, und benutzen sie, um andere Männchen derselben Art anzulocken. Anschließend bilden sie Schwärme oder Leks und dadurch einen visuellen Anreiz für die Weibchen, und es kommt zur Paarung. Zu den auf diese Weise verwendeten Substanzen der Orchideen gehören Eugenol, Vanillin, Cineol, Benzylessigsäure und Methylzimtsäure. Verschiedene Bienenarten werden jeweils von nur einigen dieser Düfte angezogen. So könnten unterschiedliche Präferenzen für die Verbindungen in Orchideendüften zu den Isolationsmechanismen zählen, welche die verschiedenen Bienenarten daran hindern, sich untereinander zu paaren (Dodson 1975).

Eine enge coevolutionäre Beziehung zwischen Bienen und Orchideen beobachtete man in Zentralpanama. Hier werden elf Orchideenarten selektiv von Männchen von fünf *Eulaema*-Arten und drei *Euglossa*-Arten bestäubt. Das chemische Bindeglied ist das flüchtige Carvonepoxid der Blüten, das die männlichen Bienen sammeln und zur Schwarmbildung nutzen. Bemerkenswert hierbei ist, daß es im selben Lebensraum eine Euphorbiaceenart gibt, nämlich *Dalechampia spathulata*, welche dieselbe „Belohnung" in ihren Blüten produziert wie die Orchideen und von denselben Bienen bestäubt wird. So hat es ein nichtverwandtes Wolfsmilchgewächs geschafft, sich über biochemische Konvergenz in das Bestäubungssystem Orchideen/Bienen einzumischen (Whitten et al. 1986). Auf ähnliche Weise lockt die in Südschweden wachsende Glockenblume *Campanula rubra* durch visuelle Mimikry einer rotblühenden Orchideenart solitäre männliche Bienen zur Bestäubung an (Nilsson 1983).

IV. Die Rolle von Nektar und Pollen

A. Die Zucker des Nektars

Der Nektar ist einer der Hauptgründe, warum Tiere Blüten besuchen. Sein Nährwert ist für die meisten Bestäuber sehr wichtig, insbesondere für jene, die sich ausschließlich auf diese Weise ernähren, wie etwa Schmetterlinge. Bei Angiospermenblüten hat der Nektar einzig und allein den Zweck, bestäubende Tiere anzulocken.

Die Mehrzahl der bisher untersuchten Nektare sind einfach Zuckerlösungen. Die meisten schmecken sehr süß und variieren im Zuckergehalt von 15 bis zu 75 Gewichtsprozent. Die enthaltenen Verbindungen sind die drei wichtigsten Zucker des pflanzlichen Stoffwechsels, Glucose, Fructose und Saccharose (Abb. 2.14). In einigen Pflanzennektaren kommen auch Oligosaccharide vor, gewöhnlich aber nur in Spuren. Von diesen ist das Trisaccharid Raffinose (6^G-α-Galactosylsaccharose) das häufigste; es ist in den Nektaren von Hahnenfußgewächsen (Ranunculaceae), Berberitzengewächsen (Berberidaceae) und verwandten Familien enthalten. Andere gelegentlich nachgewiesene Zucker sind die Disaccharide Maltose (Glucosyl-α1→4-Glucose), Trehalose (α-Glucosyl-α-Glucose) und Melibiose (Galactosyl-α1→6-Glucose) sowie das Trisaccharid Melezitose (2^F-α-Glucosylsaccharose).

2.14 Im Nektar enthaltene Zucker.

Die Verbreitung von Glucose, Fructose und Saccharose im Nektar wurde bei über 900 Arten untersucht (Percival 1961). Dabei fand man heraus, daß zwischen den Arten bestimmte quantitative Unterschiede auftreten. Die Nektare der Angiospermen lassen sich sogar in drei Gruppen einteilen: In der ersten Gruppe herrscht

Saccharose vor (zum Beispiel bei Berberitze und Nieswurz), in der zweiten treten alle drei Zucker zu etwa gleichen Teilen auf (*Abutilon*, Schönmalve), und in der dritten dominieren Glucose und Fructose (Kreuzblütler, Doldenblütler und einige Compositen). Aus diesen Ergebnissen könnte man einen evolutionären Trend innerhalb der Angiospermen ableiten, von Nektaren mit hauptsächlich Saccharose hin zu solchen mit vorwiegend Glucose und Fructose. Der Vorteil von letzteren für den Bestäuber wäre die leichter verwertbare Zuckermischung, denn Saccharose muß erst in Glucose und Fructose gespalten werden, weil sie nicht direkt ins Blut absorbiert werden kann.

Tabelle 2.6: Beziehung zwischen Nektarklasse und Bestäubertyp

Zuckerverhältnis*	Bestäuber
hoher Saccharosegehalt ($\geq$ 0,5)*, z.B. Durchschnitt für 27 von Kolibris bestäubte *Erythrina*-Arten = 1,3	große Bienen Kolibris Schmetterlinge
niedriger Saccharosegehalt (< 0,5), z.B. Durchschnitt für 23 von Singvögeln bestäubte *Erythrina*-Arten = 0,4	kleine Bienen Singvögel neuweltliche Fledermäuse

* Gewichtsverhältnis von Saccharose zu den Hexosen Glucose und Fructose.

Eine Analyse der Nektartypen durch Baker und Baker (1990) deutet darauf hin, daß zwischen dem Verhältnis der vorhandenen Zucker und dem Typ des Bestäubers, der die Blüte besucht, ein Zusammenhang besteht (Tabelle 2.6). Das ist besonders verblüffend in der Gattung *Erythrina* (Korallenbaum): Von auf Zweigen sitzenden Singvögeln bestäubte Blüten weisen alle einen hohen Glucose- und Fructosegehalt in ihrem Nektar auf, während von Kolibris im Schwirrflug bestäubte Blüten einen hohen Saccharoseanteil besitzen. In günstigen Fällen kann man anhand einer solchen Korrelation den wahrscheinlichen Bestäuber einer Pflanze vorhersagen. So hat *Luehea speciosa* (Tiliaceae), die in Costa Rica wächst, einen niedrigen Saccharosewert (Tabelle 2.6), und man nahm daher an, daß sie von Fledermäusen bestäubt wird, obwohl man in diesem Land dafür noch keine Hinweise gesammelt hatte. Nachfolgende Beobachtungen an der gleichen Pflanze in Brasilien zeigten tatsächlich, daß sie von Fledermäusen besucht wird.

Bemerkenswert ist, daß die Zusammensetzung des Nektars innerhalb einer Art konstant bleibt und nicht tageszeitlichen oder jahreszeitlichen Veränderungen unterworfen ist. Da Sacharose über enzymatische Reaktionen leicht in Glucose und Fructose gespalten wird, könnte man bei Pflanzen verschiedenen Alters beträchtliche Unterschiede erwarten. Zwar hat man das Enzym Invertase im Nektar gefunden, doch ist es vermutlich nicht in ausreichenden Mengen, nicht häufig genug oder nicht zur richtigen Zeit vorhanden, um die Verteilung gravierend zu ändern. Eine Überpüfung der Nektare auf ihren Proteingehalt (Baker und Baker 1975) zeigte, daß Eiweiße im allgemeinen fehlen; nur in 14 Prozent der Proben waren sie in feststellbaren Mengen enthalten.

B. Die Aminosäuren des Nektars

Es ist schon seltsam, daß das Vorhandensein von Aminosäuren in pflanzlichem Nektar bis vor nicht allzu langer Zeit weitgehend unentdeckt blieb. Abgesehen von wenigen vereinzelten früheren Berichten (zum Beispiel Ziegler 1956) tauchten stichhaltige Nachweise, daß Aminosäuren in den meisten Nektaren vorkommen, erst 1973 auf (Baker und Baker 1973a, 1973b). Diese beiden Autoren fanden sie in geringen aber signifikanten Mengen in 260 von 266 überprüften Pflanzennektaren.

Die Bakers suchten zunächst aufgrund einer logischen Schlußfolgerung nach Aminosäuren im Nektar: Bestimmte Bestäuber, insbesondere höher entwickelte Schmetterlinge, hängen in ihrer Ernährung fast völlig von Nektar ab, und da sie als Adulte einige Monate überleben, müssen sie also sowohl Stickstoff als auch Zucker zu sich nehmen. Die Autoren ließen sich bei ihrer Suche auch von zahlreichen Beobachtungen von Naturforschern leiten, die alle darauf hindeuteten, daß dieselben Schmetterlinge aus jedem ihnen potentiell verfügbaren Stickstoff Nutzen ziehen. So finden sich die Schmetterlinge tropischer Wälder, wie man weiß, sowohl an verwesenden Krokodilen an den Uferbänken des Amazonas als auch an verrottenden und faulenden Früchten tropischer Leguminosenbäume zur Nahrungsaufnahme ein. Außerdem beobachtete man, daß sie menschlichen Schweiß wegen seines Stickstoffgehalts aufnehmen. Es gibt eine authentische Geschichte eines Trampers, der im arktischen Teil Kanadas unterwegs war, während einer mittäglichen Rast seine Stiefel auszog und daraufhin von einem Schmetterlingsschwarm heimgesucht wurde; die Schmetterlinge hatten es nur darauf abgesehen, von seinen verschwitzten Füßen und Socken den Schweiß zu sammeln.

Die in den meisten Nektaren vorhandenen Mengen an Aminosäuren genügen, wenn sie auch gering sind, um die Insekten mit Stickstoff zu versorgen. So enthalten beispielsweise 0,4 Milliliter Nektar einer Schmetterlingsblume etwa 840 nmol Aminosäuren. Die tägliche Aufnahme einer solchen Menge würde vermutlich ausreichen, um den Stickstoffbedarf der Insekten zu decken. Bei ihrer quantitativen Analyse des im Nektar enthaltenen Stickstoffs stellten Baker und Baker (1973b) signifikante Abweichungen zwischen verschiedenen Angiospermen fest. So korreliert der Aminosäuregehalt tatsächlich mit dem Entwicklungsstand der Pflanze: Primitive verholzte Familien enthalten tendenziell weniger Aminosäuren als fortschrittliche krautige Gruppen (Tabelle 2.7). Damit hängt auch die Tatsache zusammen, daß die Familien mit den niedrigeren Werten zumeist von Bienen bestäubt werden – Insekten, die ihren Stickstoff auch aus anderen Quellen beziehen können (zum Beispiel aus Pollen). Die Familien mit höherem Aminosäuregehalt hingegen umfassen deutlich mehr von Tagfaltern bestäubte Taxa und auch einige von Nachtfaltern bestäubte. Es scheint demnach, als hätten sich die Pflanzen dahingehend entwickelt, daß sie als Reaktion auf die Ernährungsbedürfnisse der von ihnen ausgewählten Bestäuber größere Mengen Nektar produzierten (Tabelle 2.8).

Alle häufigen Aminosäuren sind in Nektaren enthalten (Baker und Baker 1975). Es gibt jedoch erhebliche qualitative Abweichungen, und die Zahl der

Tabelle 2.7: Aminosäurekonzentration der Nektare verschiedener Pflanzenfamilien

evolutionäres Entwicklungsstadium	Pflanzenfamilie	Gesamtaminosäuregehalt auf der Histidinskala*
fortgeschritten	Asclepiadaceae	8,4
	Liliaceae	7,4
	Campanulaceae	7,0
	Fabaceae	6,9
	Amaryllidaceae	6,9
	Asteraceae	6,3
weniger fortgeschritten	Rosaceae	3,9
	Myrtaceae	3,1
	Saxifragaceae	2,7
	Caprifoliaceae	2,2

* Ninhydrinfärbung einzelner Nektartropfen auf Papier im Vergleich zu den gleichen Farben von Histidinlösungen. Ein Wert von 2 entspricht einer 98μMLösung, von 4 einer 391μMLösung und von 8 einer 6,25μMLösung (= etwa 1 mg/ml). Daten aus Baker und Baker (1973b).

Tabelle 2.8: Aminosäuremenge im Nektar von Pflanzen mit unterschiedlichen tierischen Besuchern

Tiergruppe	Aminosäuremenge auf der Histidinskala	andere Stickstoffquellen
Aas- und Dungfliegen	9,0	keine, Blüten imitieren Aas oder Dung
Tagfalter	5,4	
Nachtfalter, die sich auf der Blüte niederlassen	5,4	fressen keinen Pollen
Wespen	5,2	
Bienen	4,6	fressen Pollen
Schwärmer	4,4	nehmen große Mengen Nektar auf
Vögel	3,9	fressen Insekten
Fledermäuse	3,6	

Daten aus Baker und Baker (1986).

in leicht feststellbaren Mengen vorhandenen Aminosäuren kann von einer bis zu zwölf reichen. Die für die Ernährung von Insekten wichtigen zehn Aminosäuren (Arginin, Histidin, Lysin, Tryptophan, Phenylalanin, Methionin, Threonin, Leucin, Isoleucin und Valin) sind aber besser vertreten als andere. Glutaminsäure und Asparaginsäure sind ebenfalls häufig. Die Unterschiede in den feststellbaren Aminosäuren zwischen einzelnen Pflanzenarten sind stabil und können als Merkmal zur chemischen Klassifizierung dienen (Baker und Baker 1976). Nektare von Hybriden zwischen Arten mit unterschiedlichem Aminosäureprofil enthalten sämtliche Aminosäuren der beiden Elternpflanzen. Der Stickstoff im Nektar wird also additiv vererbt.

C. Lipide im Nektar

Auf Gewichtsbasis sind Lipide und die Fettsäuren, aus denen sie bestehen, energiereicher als Zucker. So kann es für eine Pflanze von Vorteil sein, Lipide statt Zucker als Nahrungsanreiz zu bieten, da sie von ihnen weniger produzieren muß. Im Laufe der Evolution der Angiospermen kam es zwar zu einem solchen Ersatz von Zuckern durch Lipide, allerdings nur in relativ seltenen Fällen. Man erkannte sogar erst recht spät, daß Lipide überhaupt Bestandteile des Nektars sind, nämlich als Vogel (1969) sie bei wenigen, von Bienen bestäubten Vertretern der Rachenblütler (Scrophulariaceae) entdeckte. Daraufhin wies er Lipide in Arten aus 49 Gattungen von fünf Familien nach. Neben den Scrophulariaceae sind dies die Iridaceae, Krameriaceae, Malpighiaceae und Orchidaceae (Vogel 1974).

Die Lipidproduktion steht offenbar in engem Zusammenhang mit bestimmten Arten solitärer Pelzbienen der Familie Anthoporidae, die für die genannten Pflanzen als Bestäuber dienen. Die Bienen nutzen das Öl hauptsächlich zur Fütterung ihrer Larven, wenngleich man auch adulte Männchen bei der Aufnahme beobachtet hat. Bei Arten der Gattung *Centris* wird das Öl ausschließlich von Weibchen gesammelt, die es zum Nest bringen, mit Pollen vermischen und ein Ei in diese Mischung ablegen. Wenn die Larven schlüpfen, haben sie auf diese Weise eine spezielle lipidreiche Kost, mit der sie sich entwickeln können. Diese Lipide spielen somit eine Rolle bei der coevolutionären Beziehung zwischen Pflanze und Bestäuber: Die Bienen profitieren von einer energiereichen Nahrung, und die Pflanzen durch die Treue der Bienen bei der Bestäubung.

Die lipidhaltigen Nektare wurden erst in wenigen Fällen chemisch analysiert, und es ist noch nicht klar, ob sie generell Triglyceride enthalten. Bei den wenigen bisher durchgeführten Analysen fand man ungewöhnliche Öle. Das Öl befindet sich in den Blüten in der Regel in Drüsenhaaren oder Trichomen. Vogel (1976) untersuchte die Absonderungen solcher Trichome bei der Pantoffelblume *Calceolaria pavonii* und identifizierte die wichtigste Komponente als Diglycerid aus Essigsäure und β-Acetoxystearinsäure. Die Öle von *Krameria*-Arten sind noch ungewöhnlicher; sie bestehen aus freien Fettsäuren mit Kettenlängen von 16 bis 22 Kohlenstoffatomen, die alle gesättigt sind und einen Essigsäurerest an der β-Position enthalten (Simpson et al. 1977). Eine dieser Fettsäuren ist β-Acetoxystearinsäure, $CH_3(CH_2)_{14}CHOAcCH_2CO_2H$, die zum Beispiel bei *Calceolaria* vorkommt. Freie Fettsäuren sind bei Pflanzen sowieso sehr selten, aber diese speziellen β-Acetoxysäuren scheinen einzigartig für Blütennektare zu sein. Es wird interessant sein zu verfolgen, ob weitere Studien die spezielle Natur dieser Öle auch bei anderen Pflanzen bestätigen, die auf Lipiden beruhende Lockmittel für Insekten besitzen.

D. Giftstoffe im Nektar

Gelegentlich enthalten Nektare Giftstoffe, die vermutlich ursprünglich von anderen Pflanzenteilen stammen. Manchmal ist der Honig, den an ungewöhnlichen Pflanzen sammelnde Bienen erzeugen, durch solche Verbindungen verdorben.

So hat man das toxische Diterpen Acetylandromedol in den Nektaren von *Rho-dodendron*-Arten gefunden. Ab und zu tauchen auch Alkaloide auf; im Nektar des Schnurbaumes *Sophora microphylla* sind sie in einer Konzentration vorhanden, die ausreicht, um die Honigbienen zu vergiften (Clinch et al. 1972). Ein gravie-renderes Problem ist die Toxizität der Nektaralkaloide jedoch aufgrund der Ver-giftungsgefahr für Menschen, die den Honig verzehren. Bienen, die sich vom Jakobsgreiskraut (*Senecio jacobaea*) ernähren, produzieren bekanntlich Honig, der mit den im Nektar enthaltenen Pyrrolizidinalkaloiden kontaminiert ist (Dein-zer et al. 1977). Die Alkaloidkonzentration im Honig kann von 0,3–0,9 ppm rei-chen. Glücklicherweise schmeckt solcher Honig bitter und hat eine ungewöhn-liche Farbe, so daß man ihn normalerweise meidet.

Andererseits können jedoch für den Menschen harmlose Substanzen für die Bienen giftig sein. So ist das Glucosid Arbutin des Erdbeerbaumes (*Arbutus unedo*) für Bienen offenbar schädlich (Pryce-Jones 1944). Ebenso entdeckte man in den Narbenabsonderungen von Tulpen den einfachen Zucker Galactose, der bei Bienen toxisch wirkt (Barker und Lehner 1976). Die Giftigkeit des Nektars und Pollens von Linden (*Tilia*) wiederum läßt sich auf die darin enthaltene Mannose zurückführen. Von diesem Zucker weiß man, daß die Insekten ihn nicht völlig abbauen können. Ihnen fehlt das Enzym Mannosephosphatisomerase, so daß sich Mannose-6-phosphat anreichert und Lähmungen hervorruft (Vogel 1978).

Das Vorhandensein von Giften im Nektar mag jedoch gelegentlich für den Bestäuber auch von Vorteil sein. Adulte Schmetterlinge der Unterfamilie Ithomi-inae aus Südamerika brauchen Pyrrolizidinalkaloide zur Pheromonproduktion. Diesen Bedarf können sie decken, indem sie welke Borretschblätter aussau-gen, aber teilweise auch, indem sie Nektar von den Blüten jener Wasserdostarten (*Eupatorium* spec.) sammeln, die diese Alkaloide mit ihrem Nektar absondern (siehe Kapitel 3, Abschnitt VI).

E. Extraflorale Nektarien

Extraflorale Nektarien sind zuckerproduzierende Drüsen, die nicht in den Blüten, sondern an Hochblättern, Blättern, Blattstielen oder Sproßachsen von zahlreichen Angiospermenpflanzen sitzen. Häufig findet man sie in Familien wie den Schmet-terlingsblütlern (Fabaceae), den Orchideen (Orchidaceae) und den Passionsblu-mengewächsen (Passifloraceae). Wenngleich diese Nektarien den floralen Nekta-rien der Blüten sehr ähnlich sind und viele Insekten anlocken, sind sie normaler-weise nicht an der Bestäubung beteiligt. In der Tat war ihre Funktion lange Zeit unklar und umstritten. Neuere biochemische Analysen ergaben jedoch, daß ihre Sekrete sehr ähnliche Nährstoffe enthalten wie jene der Blütennektarien, mit den gleichen Zuckern und Aminosäuren. Somit stellen sie eine bedeutende Nahrungs-quelle für Insekten dar. Darüber hinaus dienen sie offenbar noch einem speziellen Zweck. Die Ergebnisse ökologischer Untersuchungen deuten darauf hin, daß die Sekrete für die Pflanzen wertvoll sind, weil sie bestimmte Ameisenarten anlocken, deren Kolonien der Pflanze einen Schutz vor Herbivoren bieten (Bentley 1977).

Diese mutualistische Beziehung unterscheidet sich demnach nicht allzu sehr von dem verbreiteteren System aus Pflanzen und Bestäuber.

Bei manchen Ameisenakazien (*Acacia* spec.) sind diese für beide Seiten vorteilhaften Wechselbeziehungen zwischen Pflanze und Ameise hoch entwickelt (siehe auch Kapitel 3, Abschnitt III.C), wobei die Ameisen gegenüber jedem tierischen Besucher der Pflanze besonders tückisch reagieren. Die ökologische Bedeutung nektarfressender Ameisenkolonien kann jedoch von Pflanze zu Pflanze variieren. Bei der Winde *Ipomoea leptophylla* zum Beispiel finden sich sowohl auf den Blättern als auch auf den Kelchblättern (Sepalen) Nektarien, von denen sich Ameisen ernähren. Hier besteht die schützende Rolle der Ameisen jedoch darin, die Pflanze vor dem Verlust der Samen aufgrund von Samenkäfern (Bruchidae) oder vor der Zerstörung der Blüten durch Heuschrecken zu bewahren (Keeler 1980). Die extrafloralen Nektarien tragen somit indirekt zur Bestäubungsbiologie bei, indem sie schädliche Besucher fernhalten.

Im allgemeinen sondern Pflanzen mit extrafloralen Nektarien ständig Zucker und Aminosäuren ab, auch wenn keine mutualistische Beziehung mit einer Ameisenkolonie vorliegt. Diese scheinbare Verschwendung war einer der Gründe, warum die ökologische Bedeutung dieser Organe lange nicht anerkannt wurde. Physiologen behaupteten, die Zuckersekretion in solchen Nektarien diene lediglich dazu, während Wachstumsperioden, wenn die Zuckersynthese auf ihrem Höhepunkt angelangt ist, überschüssigen Zucker abzugeben. Inzwischen gibt es jedoch Hinweise darauf, daß bestimmte Pflanzen die Sekretion von Nahrung in solchen Organen sogar auf Zeiten beschränken können, in denen sich zahlreiche aktive Insekten in der Nähe befinden.

Bei der Pfefferart *Piper cenocladum*, die eine mutualistische Beziehung mit der Ameise *Phoidole bicornis* hat, ist beispielsweise die Bildung von Futterkörpern direkt mit der Anwesenheit der Ameisen gekoppelt. Entfernt man die Ameisen, wird das Futter, das sowohl Proteine und Lipide als auch Zucker enthält, nicht mehr produziert (Risch und Rickson 1981). Die Futterkörper dieser Pflanze sind das Äquivalent zu den extrafloralen Nektarien bei anderen Spezies, und es ist daher wahrscheinlich, daß viele dieser Pflanzen ähnlich ökonomisch sind und ihre Nährstoffe nur dann produzieren, wenn die entsprechenden Ameisen anwesend sind.

F. Der Nährwert des Pollens

Jede Zusammenstellung der Vorteile, die tierische Bestäuber hinsichtlich ihrer Ernährung aus Pflanzen ziehen, wäre unvollständig, würde man den Pollen nicht erwähnen. Pollen ist in der Regel leichter zugänglich als Nektar und wird von zahlreichen Blütenbesuchern gesammelt und genutzt. Besonders Käfer ernähren sich von Pollen; sie müssen ihn kauen, um seine harten Zellwände aufzubrechen. Bienen können Pollen ebenfalls verdauen und sehr viel Energie daraus gewinnen. Gelegentlich wird der Pollen mit Nektar vermischt; unter solchen Umständen können auch Tiere, die sich ausschließlich von Nektar ernähren (zum Beispiel Schmetterlinge der Gattung *Heliconius*), von seinem Nährwert profitieren.

Die Chemie des Pollens wurde eingehend untersucht (Barbier 1970; Stanley und Linskens 1974). Vom Nährwert her ist Pollen eine reichhaltige Nahrungsquelle mit 16 bis 30 Prozent Protein, einem bis sieben Prozent Stärke, null bis 15 Prozent freien Zuckern und drei bis zehn Prozent Fett. Zu den in Spuren vorhandenen Komponenten gehören verschiedene Vitamine und anorganische Salze. Ebenso enthält er unterschiedliche Mengen sekundärer Pflanzenstoffe. Pollen ist oft gefärbt, insbesondere durch Carotinoide, aber auch durch Flavonoide; die Farbe dient vermutlich als Signal, um ihn für Insekten als Nahrungsquelle zu kennzeichnen. Die Carotinoide des Pollens sind in der Regel α- und β-Carotin, Lutein, Zeaxanthin sowie ihre verschiedenen Epoxide. Tiefrote und purpurfarbene Pollen enthalten oft Anthocyanidine als Farbstoffe (zum Beispiel bei *Anemone*). Weitere Flavonoide, besonders das Flavonol Isorhamnetin, kommen ebenfalls häufig in Pollen vor und tragen zur blaßgelben Färbung bei.

In erster Linie dient der Pollen als Träger des männlichen Gametophyten; jegliche Nutzung durch Tiere als Nahrung ist sekundär und stellt aus der Sicht der Pflanze „Diebstahl" dar. Die beiden gegensätzlichen Nutzungen des Pollens konkurrieren nur selten miteinander, weil die Mehrheit der Angiospermen Pollen im Überfluß produziert. Würden Insekten nicht ihren Nutzen aus dem überschüssigen Pollen ziehen, würde er auf andere Weise vergeudet.

Zahlreichen Hinweisen zufolge bieten einige Pflanzen ihren Bestäubern absichtlich Pollen als Belohnung. Daß Tiere den Pflanzenpollen direkt ansteuern sollen, ist aus der Tatsache ersichtlich, daß Pollen charakteristische Gerüche verströmt, die oftmals von den Düften der Blüte abweichen. Außerdem können Honigbienen und solitäre Bienen anhand der Pollendüfte zwischen verschiedenen Pflanzenarten unterscheiden. Daß sich der Pollen in seinen flüchtigen Komponenten unterscheidet, wurde für die Japanische Apfelrose (*Rosa rugosa*) und die Hundsrose (*R. canina*) bewiesen, bei denen man 31 Terpenoide, Aliphaten und Aromaten in unterschiedlicher Kombination festgestellt hat (Dobson et al. 1987).

V. Zusammenfassung

In diesem Kapitel haben wir nacheinander die verschiedenen biochemischen Aspekte der pflanzlichen Bestäubung kennengelernt: die Rolle der Blütenfarbe, des Blütenduftes sowie von Nektar und Pollen. In der Natur können alle diese Faktoren bei den Wechselbeziehungen zwischen Pflanze und Bestäuber in unterschiedlicher Weise zusammenwirken (Tabelle 2.9). Der eine oder andere chemische Faktor mag in der einen Beziehung dominieren, wogegen bei einer anderen sämtliche Faktoren – Blütenfarbe, Duft und Nektar – „passen" müssen, um einen speziellen Bestäuber anzulocken.

Zwar besteht der Hauptzweck der Blütenfarbe, des Blütenduftes und der Belohnung durch Nektar und Pollen darin, einen geeigneten Bestäuber anzulocken, doch sollte man sich daran erinnern, daß sich Pflanzen auch vor tierischen Be-

Tabelle 2.9: Wechselbeziehung zwischen Pflanzen und Bestäubern und deren biochemische Charakteristika

Pflanze und Familie	wichtigste Bestäuber	biochemische Faktoren
Delphinium nelsonii Ranunculaceae	Hummeln und Kolibris	blaue Blütenfarbe unabding-bar; weiße Mutanten werden von Bestäubern vernachlässigt
Rechsteineria macrorhiza Gesneriaceae	Kolibris	Desoxyanthocyan liefert rotorange Blütenfarbe
Ipomopsis aggregata Polemoniaceae	Kolibris und Schwärmer	Farbwechsel von Rot nach Weiß als Reaktion auf Verfügbarkeit des Bestäubers
Rudbeckia hirta Asteraceae	Bienen	UV-Muster durch Patuletin erhöht Effizienz der Bestäubung
Arum maculatum Araceae	Dungfliegen	Skatol im Duft lockt Fliegen von Kothaufen weg
Datura inoxia Solanaceae	Schwärmer	Alkaloide im Nektar fungieren als Rauschdroge für die Bestäuber
Ophrys spp. Orchidaceae	männliche Erdbienen (*Andrena*)	Blüten ähneln weiblichen Bienen in Gestalt, Farbe und Geruch
Catasetum spp. Orchidaceae	männliche Prachtbienen (Euglossinae)	Männchen sammeln Blütenduft zur Verwendung als Pheromon
Calceolaria pavonii Scrophulariaceae	solitäre Bienen	Weibchen nutzen energiereichen Lipidnektar zur Fütterung der Larven
Passiflora spp. Passifloraceae	Falter der Familie Heliconiidae	Gemisch von Pollen und Nektar erhöht den Stickstoff-gehalt der Blütenbelohnung

suchern schützen müssen, welche die Belohnung der Blüte vielleicht nur stehlen, ohne daß es dabei zu einer Bestäubung kommt. Biochemische (und anatomische) Eigenschaften können für Pflanzen also einerseits von Bedeutung sein, um Besucher anzulocken, andererseits aber auch, um sie fernzuhalten. So werden Bienen beispielsweise generell nicht von roten Blüten angezogen, weil sie für diese Farbe nicht empfänglich sind, und genauso meiden sie Pflanzen, die in ihrem Nektar Zucker (wie etwa Mannose) enthalten, welche sie nicht verdauen können.

Schließlich wurde in diesem Kapitel anhand mehrerer Beispiele die dynamische Natur der Beziehung zwischen Blüte und Bestäuber illustriert. Die Situation ändert sich ständig im Laufe der Evolution, und selbst einige Beziehungen, die fest verzahnt scheinen (zum Beispiel die zwischen Orchideen und Bienen beziehungsweise Wespen), mögen durchaus offen für Veränderungen sein. Man denke nur an die Fähigkeit mancher Wolfsmilchgewächse (Euphorbiaceae) und Glockenblumengewächse (Campanulaceae) (Abschnitt III.B), Orchideen biochemisch zu imitieren, um von deren hochspezialisierten Bestäubern, den männlichen Bienen, besucht zu werden. Viele Vertreter der Orchidaceae stellen eine reichhaltige Quelle bizarrer Variationen von Wechselbeziehungen zwischen Pflanze und Bestäuber dar, und es ist daher sicher lohnenswert, weitere Orchideen biochemisch zu analysieren.

Literatur

Bücher und Übersichtsartikel

Baker, H. G.; Baker, I. *Amino Acid Production in Nectar.* In: Heywood, V. H. (Hrsg.) *Taxonomy and Ecology.* London (Academic Press) 1973b. S. 243–264.

Baker, H. G.; Baker, I. *Nectar Constitution and Pollinator-Plant Co-Evolution.* In: Gilbert, L. E.; Raven, P. H. (Hrsg.) *Coevolution of Animals and Plants.* Austin (Texas University Press) 1975. S. 100–140.

Baker, H. G.; Hurd, P. D. *Intrafloral Ecology.* In: *Ann. Rev. Entomol.* 13 (1968) S. 385–414.

Barbier, M. *Chemistry and Biochemistry of Pollens.* In: Reinhold, L.; Lipschitz, Y. (Hrsg.) *Progress in Phytochemistry.* London (Wiley) 1970. Bd. 2, S. 1–34.

Beattie, A. J. *Problems Outstanding in Ant-Plant Interaction Research.* In: Huxley, C. R.; Cutler, D. F. (Hrsg.) *Ant-Plant Interactions.* Oxford (Oxford Science Publications) 1991. S. 559–576.

Bergström, G. *Role of Volatile Chemicals in Ophrys-Pollinator Interactions.* In: Harborne, J. B. (Hrsg.) *Biochemical Aspects of Plant and Animal Co-Evolution.* London (Academic Press) 1978. S. 207–232.

Crowe, L. *Evolution of Outbreeding in Plants. 1. The Angiosperms.* In: *Heredity* 19 (1975) S. 435–457.

Dodson, C. H. *Coevolution of Orchids and Bees.* In: Gilbert, L. E.; Raven, P. H. (Hrsg.) *Coevolution of Animals and Plants.* Austin (Texas University Press) 1975. S. 91–99.

Faegri, K.; Pijl, L. van der *Principles of Pollination Ecology.* 3. Aufl. Oxford (Pergamon Press) 1979.

Frisch, K. von *Bees, Their Vision, Chemical Senses and Language.* Ithaca, New York (Cornell) 1950.

Goodwin, T. W. (Hrsg.) *Plant Pigments.* London (Academic Press) 1988.

Grant, V. *Plant Speciation.* New York (Columbia University Press) 1971.

Grant, V.; Grant, K. A. *Flower Pollination in the Phlox Family.* New York (Columbia University Press) 1965.

Harborne, J. B. *Comparative Biochemistry of the Flavonoids.* London (Academic Press) 1967.

Harborne, J. B. *The Flavonoids: Recent Advances.* In: Goodwin, T. W. (Hrsg.) *Plant Pigments.* London (Academic Press) 1988. S. 299–344.

Hegnauer, R. *Chemotaxonomie der Pflanzen.* 10 Bde. Basel (Birkhäuser).

Heß, D. *Die Blüte. Eine Einführung in Struktur, Funktion, Ökologie und Evolution der Blüten.* Stuttgart (Ulmer) 1983.

Kaiser, R. *The Scent of Orchids: Olfactory and Chemical Investigations.* Amsterdam (Elsevier) 1993.

Kevan, P. G.; Baker, H. G. *Insects as Flower Visitors and Pollinators.* In: *A. Rev. Entomol.* 28 (1983) S. 407–453.

Kullenberg, B.; Bergström, G. *Chemical Communication Between Living Organisms*. In: *Endeavour* 34 (1975) S. 59–66.

Metzner, H. *Biochemie der Pflanzen*. Stuttgart (Enke) 1973.

Percival, M. S. *Types of Nectar in Angiosperms*. In: *New Phytol.* 60 (1961) S. 235–281.

Piattelli, M. *Betalains*. In: Goodwin, T. W. (Hrsg.) *Chemistry and Biochemistry of Plant Pigments*. 2. Aufl. London (Academic Press) 1976. S. 560–596.

Proctor, M.; Yeo, P. *The Pollination of Flowers*. London (Collins) 1973.

Real, L. (Hrsg.) *Pollination Biology*. Orlando (Academic Press) 1983.

Richards, A. J. (Hrsg.) *The Pollination of Flowers by Insects*. London (Academic Press) 1978.

Stanley, G.; Linskens, H. F. *Pollen: Biology, Biochemistry and Management*. Berlin (Springer-Verlag) 1974.

Vogel, S. *Floral Ecology*. In: *Prog. in Bot.* 40 (1978) S. 453–481.

Wyatt, R. *Pollinator-Plant Interactions and the Evolution of Breeding Systems*. In: Real, L. (Hrsg.) *Pollination Biology*. Orlando (Academic Press) 1983. S. 51–96.

Sonstige Quellen

Asen, S.; Stewart, R. N.; Norris, K. H. In: *Phytochemistry* 11 (1972) S. 1139–1144.

Baker, H. G.; Baker, I. In: *Nature* 241 (1973a) S. 543–545.

Baker, H. G.; Baker, I. In: *New Phytol.* 76 (1976) S. 87–98.

Baker, H. G.; Baker, I. In: *Plant Syst. Evol.* 151 (1986) S. 175–186.

Baker, H. G.; Baker, I. In: *Israel J. Botany* 39 (1990) S. 157–166.

Barker, R. J.; Lehner, Y. In: *Apidologie* 7 (1976) S. 109–111.

Beale, G. H. In: *J. Genet.* 42 (1941) S. 197–213.

Bentley, B. L. In: *A. Rev. Ecol. Syst.* 8 (1977) S. 407–427.

Borg-Karlson, A. K.; Bergström, G.; Groth, I. In: *Chemica Scripta* 25 (1985) S. 283–294.

Clinch, P. G.; Palmer-Jones, T.; Forster, I. W. In: *N. Z. J. Agric. Res.* 15 (1972) S. 194–201.

Deinzer, M. L.; Thomson, P. A.; Burgett, D. M.; Isaacson, D. L. In: *Science* 195 (1977) S. 497–499.

Dement, W. A.; Raven, P. H. In: *Nature* 252 (1974) S. 705f.

Diamond, J. M. In: *Nature* 339 (1989) S. 258f.

Dobson, H. E. M.; Bergström, J.; Bergström, G.; Groth, I. In: *Phytochemistry* 26 (1987) S. 3171–3174.

Eisikowitch, D.; Lazar, Z. In: *Botan. J. Linn. Soc.* 95 (1987) S. 101–111.

Eisner, T.; Eisner, M.; Hyypio, P. A.; Aneshansley, D.; Silbersgleid, R. E. In: *Science* 179 (1973) S. 486.

Grant, V.; Grant, K. A. In: *Bot. Gaz.* 144 (1983) S. 280–284.

Harborne, J. B.; Boardley, M. In: *Z. Naturforsch.* 38c (1983) S. 148–150.

Harborne, J. B.; Nash, R. J. In: *Biochem. Syst. Ecol.* 12 (1983) S. 315–319.

Harborne, J. B.; Smith, D. M. In: *Biochem. Syst. Ecol.* 6 (1978a) S. 127–130.
Harborne, J. B.; Smith, D. M. In: *Biochem. Syst. Ecol.* 6 (1978b) S. 287–291.
Harborne, J. B.; Heywood, V. H.; King, L. In: *Biochem. Syst. Ecol.* 4 (1976) S. 1–4.
Hickman, J. C. In: *Science* 184 (1974) S. 1290.
Horovitz, A.; Cohen, Y. In: *Am. J. Bot.* 59 (1972) S. 706–713.
Kay, Q. O. N.; Daoud, H. S.; Stirton, C. H. In: *Bot. J. Linn. Soc.* 83 (1981) S. 57.
Keeler, K. H. In: *Am. J. Bot.* 67 (1980) S. 216–222.
Kullenberg, B. In: *Bull. Soc. Hist. Nat. Afr. du Nord* 43 (1952) S. 53.
Macior, L. W. In: *Bull. Torrey Bot. Club* 113 (1986) S. 101–109.
Nilsson, L. A. In: *Nature* 305 (1983) S. 799f.
Paige, K. N.; Whitham, T. G. In: *Science* 227 (1985) S. 315–317.
Pijl, L. van der. In: *Evolution* 15 (1961) S. 44–59.
Pryce-Jones, J. In: *Proc. Linn. Soc. Lond.* (1944) S. 129–174.
Raskin, J.; Ehman, A.; Melander, W. R.; Meeuse, B. J. D. In: *Science* 237 (1987) S. 1601f.
Risch, S. J.; Rickson, F. R. In: *Nature* 291 (1981) S. 149f.
Saito, N.; Harborne, J. B. In: *Phytochemistry* 22 (1983) S. 1735–1740.
Saito, N.; Harborne, J. B. In: *Phytochemistry* 31 (1992) S. 3009–3015.
Scogin, R.; Zakar, K. In: *Biochem. Syst. Ecol.* 4 (1976) S. 165–168.
Simpson, B. B.; Neff, J. L.; Seigler, D. In: *Nature* 267 (1977) S. 150f.
Tengo, J.; Bergström, G. In: *Science* 196 (1977) S. 1117–1119.
Thien, L.; Bernhardt, P.; Gibbs, G. W.; Pellmyr, O.; Bergström, G.; Groth, I.; McPherson, G. In: *Science* 227 (1985) S. 540.
Thompson, W. R.; Meinwald, J.; Aneshansley, D.; Eisner, T. In: *Science* 177 (1972) S. 528–530.
Vogel, S. In: *Abstracts XI Int. Bot. Congr.* Seattle (1969) S. 229.
Vogel, S. In: *Trop. subtrop. Pflanzenw.* 7 (1974) S. 283–547.
Vogel, S. In: *Naturwissenschaften* 63 (1976) S. 44.
Waser, N. M.; Price, M. V. In: *Evolution* 35 (1981) S. 376–390.
Waser, N. M.; Price, M. V. In: *Nature* 302 (1983) S. 422–424.
Weiss, M. R. In: *Nature* 354 (1991) S. 227–229.
Whitten, W. M.; Williams, N. H.; Armbruster, W. S.; Battiste, M. A.; Strekowski, L.; Lindquist, N. In: *Systematic* Bot. 11 (1986) S. 222–228.
Zeigler, H. In: *Planta* 47 (1956) S. 447–500.

3

Pflanzengifte und ihre Auswirkungen auf Tiere

I. Einführung

Um es mit den Worten von Feeny (1975) auszudrücken: Die bemerkenswerteste „Pleite" in der Geschichte der Angiospermen ist, daß es Insekten und anderen Herbivoren nicht gelungen ist, diese Pflanzen in großem Maßstab anzugreifen. Grüne Pflanzen beherrschen die Landschaft, obwohl die Insekten durchaus dazu fähig sind, sie kahlzufressen und zu zerstören – man denke nur an die Verheerungen durch die Wanderheuschrecken. Folglich müssen eigentlich alle Pflanzen für Tiere als Nahrung mehr oder weniger abstoßend und im weitesten Sinne giftig sein. Doch da Insekten und Weidetiere selektiv vorgehen und so diese Abwehrmechanismen umgehen können, ist es ihnen möglich, Pflanzen in jenem begrenzten Ausmaß als Nahrung zu nutzen, wie wir es heute beobachten.

Die Verteidigung der Pflanzen beruht teils auf anatomischen, teils auf chemischen Faktoren. Anatomische Abwehrmechanismen gegen Herbivoren sind leicht zu erkennen: eine widerstandsfähige Epidermis, Cuticulaeinlagerungen, Dornen, Stacheln und Brennhaare. Die Abwehr kann rein strategisch erfolgen, wie im Falle der Gräser; sie passen sich an die Beweidung an, indem sie sich dicht an die Erdoberfläche schmiegen und sich unterirdisch vegetativ vermehren. Dennoch sind auch chemische Abwehrmechanismen in Form von Giften oder abstoßenden Substanzen des einen oder anderen Typs sehr bedeutend. Diese Gifte nahmen und nehmen immer noch eine Schlüsselrolle beim Schutz der Pflanzen vor Überweidung ein.

Unsere Auffassung von Pflanzengiften, dem Gegenstand des vorliegenden Kapitels, war lange Zeit durch den eingeschränkten Standpunkt verfälscht, nur jene Pflanzen seien giftig, die für uns selbst oder unsere Haus- und Nutztiere giftig sind. Aus diesem Blickwinkel sind nur sehr wenige Pflanzen wirklich toxisch, und das enthaltene Gift ist gewöhnlich ein Alkaloid. Diese Sichtweise vernachlässigt jedoch völlig die Tatsache, daß für uns relativ ungefährliche Pflanzen für andere Tiergruppen hochgiftig sein können – etwa für Vögel, Fische und besonders Insekten. Pflanzliche Insektizide wie Nikotin, die Pyrethrine und Rotenoidverbindungen sind allseits bekannt, aber von den zahlreichen anderen, für Insekten schädlichen Giften weiß man nur wenig. McIndoo stellte 1945 eine Liste von 1180 Pflanzenarten zusammen, die Insektengifte enthalten, doch die Mehrzahl davon blieb bis heute unerforscht. Wir befassen uns hier also mit Toxizität im allerweitesten Sinne: im Hinblick auf alle Tiere, die sich von Pflanzen ernähren, vom Menschen bis zum niedrigsten Insekt. Die meisten Pflanzen sind demnach irgendwie giftig, nicht nur jene, die in einer Flora als „giftig" gekennzeichnet sind.

Wie giftig eine chemische Substanz ist, ist immer relativ und hängt ab von der Dosis, die in einem bestimmten Zeitraum aufgenommen wird, dem Alter und dem Gesundheitszustand des Tieres, dem Mechanismus der Aufnahme und der Form der Ausscheidung. Das Steroidalkaloid Solanin zum Beispiel kommt in allen kultivierten Kartoffelsorten vor, ist aber in so verschwindend geringer Menge vorhanden, daß es kaum eine Gefahr für die menschliche Ernährung darstellt. Nur wenn sich in den Knollen, die über der Erdoberfläche dem Licht ausgesetzt waren und grün wurden, außerordentlich große Mengen von Solanin anreichern, kann sich dieses wirklich tödlich auswirken. In solchen Fällen bleibt den Opfern keine Zeit, sich an das Gift anzupassen und mit ihm fertig zu werden, und wenn sie sich nicht sofort übergeben, sterben sie an Atemnot. Ob die Aufnahme eines Giftes tödliche Folgen hat, hängt also davon ab, ob dem Organismus genügend Zeit bleibt, sich an kleine Mengen des Giftes in der Nahrung zu gewöhnen, das heißt, ob es ihm möglich ist, einen Mechanismus zur Entgiftung zu entwickeln.

Gifte dienen zumeist als Fraßabwehrstoffe, denn Pflanzen zeigen das Vorhandensein von Toxinen gewöhnlich durch ein visuelles oder olfaktorisches Warnsignal an. So wissen Tiere schon bevor sie zu fressen beginnen, daß die Pflanze ein Gift enthält. Senföle beispielsweise, die in Kreuzblütlern (Brassicaceae oder Cruciferae) in gebundener Form vorkommen und für die meisten Insekten toxisch sind, verströmen einen scharfen, stechenden Geruch und werden von der Pflanze vermutlich ständig in Spuren abgegeben. Andere Gifte sind an der Oberfläche von Blättern und anderen Organen abgelagert und warnen dadurch unmittelbar visuell vor Gefahren. Auch in Oberflächenwachsen können potentiell giftige sekundäre Pflanzenstoffe enthalten sein. Alternativ dazu können Drüsenhaare auf den Blättern ein toxisches Chinon absondern, wie es bei der Becherprimel (*Primula obconica*) der Fall ist, oder es kann auf der Blattunterseite abgelagert sein, wie bei einer Anzahl von Lippenblütlern (Lamiaceae oder Labiatae). Auch bei Holzpflanzen wird die chemische Abwehr oft angezeigt, indem sie aus der Borke und aus Früchten Harze abgeben.

Die sogenannten „cyanophoren" Pflanzen produzieren ihr Gift, Blausäure (Cyanwasserstoff, HCN), nicht, solange sie intakt sind, denn die dafür notwendigen Substrate und Enzyme sind in verschiedenen Organellen lokalisiert. Nur wenn ein Blatt durch Herbivoren beschädigt wird, gelangen Substrat und Enzym zusammen und es entsteht giftige Blausäure, die durch ihren Bittermandelgeruch eine deutliche Warnung erzeugt. Bei den Alkaloiden und Saponinen erreicht das Warnsignal in Form eines bitteren Geschmacks die Tiere erst, nachdem sie zu fressen begonnen haben. Die meisten Alkaloide und Saponine sind bekanntlich bitter, als Normwert für bitteren Geschmack gilt jedoch Chinin, das Alkaloid der Chinarinde (*Cinchona*); es schmeckt für Menschen selbst in einer Konzentration von $1:10^6$ M noch bitter. Auch viele andere Pflanzenstoffe sind bitter, insbesondere die triterpenoiden Cucurbitacine der Kürbisgewächse (Cucurbitaceae), die eindeutig die Grundlage der Fraßabwehr gegen Herbivoren bei diesen Pflanzen bilden. Die Milchsäfte (Latexe) solcher Pflanzen wie Wegwarte, Löwenzahn und anderer Compositen spielen ebenfalls eine augenscheinliche Rolle bei der Abschreckung von Pflanzenfressern, denn sie enthalten häufig bittere Gifte.

Schließlich läßt sich in den glänzend gefärbten, ungenießbar aussehenden, schwarzpurpurnen Beeren der Tollkirsche (*Atropa belladonna*) ein Zusammenhang zwischen Toxizität und einer Warnfärbung erkennen. Das Farbsignal erfüllt hier einen doppelten Zweck. Es ist einerseits eine Warnung für Herbivoren (zum Beispiel weidende Säugetiere), für welche die in den Beeren reichlich vorhandenen Tropanalkaloide tödlich sein könnten. Aber es ist auch ein Futtersignal für jene Tiere, die das Gift ungefährdet vertragen, beispielsweise Vögel, und die dann zum Nutzen der Pflanze die Samen verbreiten.

Mit diesem Kapitel möchte ich also eine kurze Zusammenstellung pflanzlicher Gifte vorlegen, wobei ein besonderer Schwerpunkt auf die erst in jüngerer Zeit entdeckten Klassen gelegt wird, und die ökologische Rolle dieser Gifte in den Wechselbeziehungen zwischen Pflanzen und Tieren herausarbeiten.

II. Die verschiedenen Klassen von Pflanzengiften

A. Auf Stickstoff basierende Gifte

Von den verschiedenen, auf Stickstoff basierenden Pflanzengiften (Tabelle 3.1) sind die strukturell einfachsten die freien Aminosäuren. Diese kommen in Pflanzen in großem Umfang vor und können insofern direkt toxisch wirken, als sie Antimetabolite der einen oder anderen der 20 Proteinaminosäuren sind (Abb. 3.1). Im einfachsten Falle, zum Beispiel bei Acetidin-2-carbonsäure, werden sie fälschlicherweise in Proteine eingebaut; der Organismus produziert dann ein unnatürliches, enzymatisch wirkendes Protein, das nicht richtig funktionieren kann und zum Tod des Organismus führt. Manchmal ist die Giftwirkung freier Aminosäuren auch komplizierter. 3,4-Dihydroxyphenylalanin oder L-Dopa, das für Insekten gefährlich ist, beeinflußt die Aktivität von Tyrosinase, eines Enzyms, das für das Hartwerden und Nachdunkeln der Insektencuticula unabdingbar ist.

Tabelle 3.1: Einige auf Stickstoff basierende Gifte bei Pflanzen

Stoffklasse	Beispiele	Toxizität
freie Aminosäuren	L-Dopa in *Mucuna*-Samen	Insekten, besonders Samenkäfer (Bruchidae)
	β-Cyanoalanin in *Vicia*-Samen	tödliche Dosis bei Ratten 200 mg/kg Körpergewicht
cyanogene Glykoside	Linamarin und Lotaustralin bei *Lotus corniculatus*	generell; tödliche Menge HCN für den Menschen ca. 50 mg
Glucosinolate	Sinigrin bei *Brassica*	Rinder und Insekten
Alkaloide	Senecionin in den Blättern von *Senecio jacobaea*	insbesondere Rinder
	Atropin in den Beeren von *Atropa belladonna*	Säugetiere, für Vögel jedoch nicht; LD_{50}* bei Ratten 750 mg/kg
Peptide	Amanitin bei *Amanita phalloides*	Säugetiere
	Viscotoxin in den Beeren von *Viscum album*	viele Tiere außer Vögel
Proteine	Abrin bei *Abrus precatorius*	tödliche Menge für den Menschen 0,5 mg
	Phytohämagglutinin bei *Phaseolus vulgaris*	Samenkäfer (Bruchidae)

* Als LD_{50} bezeichnet man jene Dosis, bei der 50 Prozent der Individuen getötet werden.

Man kennt etwa 300 Strukturen dieser pflanzlichen Aminosäuren (Bell 1980; Rosenthal 1982). Obwohl sie auch in vielen anderen Familien vorkommen, sind sie besonders charakteristisch für Leguminosen (Fabaceae) und dort vor allem in den Samen enthalten. Eine besonders intensiv untersuchte Aminosäure ist die Acetidin-2-carbonsäure, die man zum erstenmal in nennenswerter Menge aus

freie Aminosäuren

NCCH$_2$CHNH$_2$CO$_2$H

β-Cyanoalanin

Proteinaminosäuren

CH$_3$CHNH$_2$CO$_2$H

Alanin

Acetidin-2-carbonsäure

Prolin

NH$_2$C=NH.NHO(CH$_2$)$_2$CHNH$_2$CO$_2$H

Canavanin

NH$_2$C=NH.NH(CH$_2$)$_3$CHNH$_2$CO$_2$H

Arginin

3,4-Dihydroxyphenylalanin
(L-Dopa)

Tyrosin

3.1 Giftige freie Aminosäuren und ihre unschädlichen Analoga in Proteinen.

Maiglöckchen (*Convallaria majalis*, Liliaceae) isoliert hat. Sie ist relativ weit verbreitet und kommt auch bei mehreren Leguminosen vor. Giftig ist sie, weil sie die Synthese von Prolin oder dessen Weiterverarbeitung beeinflußt. Pflanzen, die Acetidin-2-carbonsäure in größeren Mengen produzieren, wie *Convallaria*, sind vor deren gefährlichen Eigenschaften geschützt, weil ihre Proteinsynthesemaschinerie und insbesondere die Prolin-tRNA-Synthetase-Enzyme sie erkennen können und daher nicht in Proteine einbauen. Nicht derart angepaßte Pflanzen verwenden sie wie Prolin bei der Proteinsynthese – mit tödlichen Folgen.

Die ökologische Funktion giftiger Aminosäuren in Leguminosensamen ist recht eindeutig: Diese Samen sind nämlich besonders groß und stellen für jeglichen Herbivoren eine außerordentlich reichhaltige Nährstoffquelle dar. Besäßen sie keinen solchen Schutz, würden sie zweifellos über die Maßen häufig gefressen. Die Toxizität bei diesen Pflanzen rührt von einer Vielzahl chemischer Verbindungen her (Bell 1972). Wickenarten (*Vicia* spec.) enthalten β-Cyanoalanin (oder sein γ-Glutamyl-Derivat); beide Substanzen sind giftig für Säugetiere und führen bei Ratten zu Krämpfen und zum Tod, wenn man sie in einer Konzentration von 200 Milligramm pro Kilogramm Körpergewicht injiziert. Ein verbreiteteres Leguminosengift ist Canavanin; es kommt in den Samen der Riesen- oder Jackbohne (*Canavalia ensiformis*) in einer Menge von vier bis sechs Prozent des Frischgewichts und bei *Dioclea megacarpa* mit sieben bis zehn Prozent des Frischgewichts vor. Canavanin ist für Mäuse genauso toxisch wie β-Cyanoalanin für Ratten und bietet den Samen somit vermutlich Schutz vor einer ganzen Reihe von Pflanzenfressern.

Die wichtigste Funktion der freien Aminosäuren der Leguminosen ist jedoch wahrscheinlich der Schutz gegen Insektenfraß. Ein Beispiel dafür ist L-Dopa, das in den Samen von Samtbohnen (*Mucuna*) sechs bis neun Prozent des Frischgewichts ausmacht. Während die Substanz für Säugetiere relativ ungiftig ist und beim Menschen sogar zur Behandlung der Parkinsonschen Krankheit eingesetzt wird, ist sie für Insekten gefährlich. Verfüttert man L-Dopa an Raupen des Eulenfalters *Spodoptera eridania* (Baumwollwurm), führt sie zum Tode. Die ökologische Rolle dieser Aminosäure diskutierte Janzen (1969) im Zusammenhang mit der Ernährung von Samenkäfern (Bruchidae), die in ihrem natürlichen Lebensraum in den brasilianischen Wäldern die Samen von *Mucuna* und anderen Leguminosen verzehren. Manchmal wachsen zwei Leguminosenbaumarten nebeneinander; die Samen der einen, geschützt durch L-Dopa, sind mehr oder weniger frei von Samenkäferbefall, während die Samen der zweiten, denen dieser chemische Schutz fehlt, von den Bohrlöchern der Samenkäfer durchlöchert sind. Vergleichende Analysen der Samengröße und -zahl bei diesen beiden gegensätzlichen Fällen deuten darauf hin, daß die Bäume ihre Samenproduktion entsprechend verändern, je nachdem, wieviel abschreckende chemische Substanzen die Samen enthalten und wie effektiv diese Substanzen Übergriffe durch Käfer verhindern. Weitere Beweise dafür, daß zahlreiche Leguminosensamen insektenabwehrende Komponenten aufweisen, lieferten Fütterungsexperimente mit Samenmehl bei Raupen von Eulenfaltern (Rehr et al. 1973).

Zwar kann das Vorhandensein solcher freien Aminosäuren in einem Samen einen allgemeinen Schutz gegen Insektenübergriffe bieten, doch es ist immer möglich, daß eine einzelne Insektenart dieses Hindernis überwindet, indem sie das Toxin entgiftet oder auf andere Weise damit fertig wird. Das gilt beispielsweise für die Larven des Samenkäfers *Caryedes brasiliensis*, die sich in Costa Rica ausschließlich von Samen von *Dioclea megacarpa* ernähren – und diese enthalten, wie bereits erwähnt, große Mengen Canavanin. Wie biochemische Untersuchungen ergaben, besitzen diese Käferlarven einen zweifachen Schutz gegen dieses potentielle Gift. Erstens vermag die Arginyl-tRNA-Synthetase der Käferlarven trotz der strukturellen Ähnlichkeit von Canavanin mit der Proteinaminosäure Arginin (Abb. 3.1) zwischen den beiden Aminosäuren zu unterscheiden, und es wird kein Canavanylprotein produziert (Rosenthal et al. 1976). Zweitens zeichnen sich die Larven durch eine außergewöhnlich hohe Ureaseaktivität aus. Dieses Enzym katalysiert die Umwandlung von Canavanin zu Ammoniak über Harnstoff, nachdem die Arginase das Canavaninsubstrat angegriffen hat. So wird das Canavanin in ein und demselbem Prozeß durch die Larven entgiftet und gleichzeitig auch noch als Stickstoffquelle genutzt (Rosenthal et al. 1977).

Eine weitere, strukturell einfache Klasse auf Stickstoff basierender Gifte sind die cyanogenen Glykoside. Sie sind nicht an sich toxisch, sondern nur, wenn sie unter Freisetzung von Cyanwasserstoff (HCN) enzymatisch abgebaut werden. In erster Linie wirkt Cyanwasserstoff auf das Cytochromsystem und behindert die Atmungskette, es kommt zu Energiemangel und zum raschen Tod. Die Verbreitung und die ökologische Rolle der gebundenen Form von Cyanwasserstoff werden in einem späteren Abschnitt dieses Kapitels erörtert. Wie Blausäure ist auch Nitrit für ein großes Spektrum von Organismen toxisch. Einige Pflanzen, insbesondere Arten der Gattung *Astragalus* (Tragant), reichern Glucoside organischer Stickstoffverbindungen an, die giftig wirken, weil sie wie folgt Nitrit freisetzen:

$$Glc-O-(CH_2)_3NO_2 \rightarrow HO(CH_2)_3NO_2 \rightarrow NO_2^-$$

Kurioserweise wirkt sich die Toxizität dieses Glucosids namens Miserotoxin hauptsächlich auf Rinder aus, wenngleich auch das menschliche Nervensystem nicht völlig immun gegen Nitritvergiftung ist. Die Leguminosengattung *Astragalus* ist hinsichtlich ihrer toxischen Komponenten besonders heterogen. Zahlreiche Arten enthalten Miserotoxin oder ähnliche Nitroverbindungen (Stermitz et al. 1972), andere (zum Beispiel *A. racemosus*) akkumulieren Selenaminosäuren (siehe Kapitel 1) und wiederum andere (beispielsweise das „Narrenkraut", *A. mollisimus*) bisher noch nicht identifizierte Tiergifte.

Glucosinolate (Senfölglykoside) sind den cyanogenen Glykosiden biosynthetisch gesehen nahe verwandt und können ebenfalls giftig für Tiere sein, wenn sie in Pflanzen in genügend großer Menge vorkommen, wie es etwa bei wilden Kohlarten (*Brassica* spec.) der Fall ist. Zu den toxischen Symptomen gehören schwere Gastroenteritis, vermehrter Speichelfluß, Diarrhoe und Reizungen der Mundschleimhäute. Die Toxizität beruht auf der Freisetzung von Isothiocyanaten (Senfölen), die in hohem Maße ätzend wirken. Eine weitere Gefahr der Isothiocyanate ergibt sich aus der Tatsache, daß diese Substanzen im Zuge ihrer Freisetzung aus der gebundenen Form teilweise neu zu den entsprechenden Thiocyanaten angeordnet werden können:

$$R-N=C=S \rightleftharpoons R-S-C\equiv N \quad (R = Alkyl\text{-} oder Benzylrest)$$

Letztere Substanzen sind gefährlich, weil sie bei Säugetieren zur Vergrößerung der Schilddrüse und damit zum Kropf führen. Daß Glucosinolate auch für Insekten giftig sind, zeigten Erickson und Feeny (1974). Sie fanden heraus, daß die Raupen des Schwarzen Schwalbenschwanzes (*Papilio polyxenes*) sterben, wenn man sie mit Sellerieblättern füttert, die man zuvor mit Sinigrin getränkt hat (in einer Konzentration von 0,1 Prozent des Frischgewichts des Blattes).

Die bekannteste Klasse der Pflanzengifte sind die Alkaloide (Abb. 3.2). Diese Substanzen werden schon seit undenklichen Zeiten als Gifte genutzt. So verwendeten die alten Griechen einen Extrakt aus Schierlingsblättern, um den Philosophen Sokrates zu töten. Die physiologischen Auswirkungen der Alkaloide auf das Zentralnervensystem des Menschen wurden umfassend untersucht, und in der modernen Medizin finden Alkaloide für eine Vielzahl von Zwecken Verwendung. Man kennt die Struktur von mindestens 10 000 Alkaloiden, und zahlreiche weitere werden zur Zeit untersucht. Diese basischen Substanzen treten verbreitet, wenn auch unregelmäßig, bei den Angiospermen auf und sind in rund 20 Prozent der Familien höherer Pflanzen vorhanden. Der Begriff Alkaloid deckt ein enormes

Coniin von *Conium maculatum*
(Apiaceae)

Atropin von *Atropa belladonna*
(Solanaceae)

Solanin von *Solanum tuberosum*
(Solanaceae)

Strychnin von *Strychnos nux-vomica*
(Loganaceae)

3.2 Einige charakteristische pflanzliche Alkaloide.

Spektrum chemischer Verbindungen ab, vom einfachen, monozyklischen Piperidin, dem Coniin des Gefleckten Schierlings (*Conium maculatum*), bis hin zu Alkaloiden mit sechs oder sieben Ringsystemen, wie etwa das Solanin der Kartoffel (*Solanum tuberosum*) und das Strychnin des Brechnußbaumes (*Strychnos nux-vomica*). Nicht alle Alkaloide sind hochgradig giftig; nur wenige sind so gefährlich wie etwa Atropin, das vorherrschende Gift der Tollkirsche (*Atropa belladonna*). Dennoch zeigen die meisten Alkaloide höchstwahrscheinlich eine gewisse Giftwirkung, wenn sie, selbst in geringen Mengen, über einen längeren Zeitraum aufgenommen werden.

Eine in hohem Maße toxische Gruppe sind die Pyrrolizidinalkaloide. Man kennt sie als die toxischen Bestandteile von Pflanzen, die für Rinder giftig sind, zum Beispiel Arten der Gattung *Senecio* (Greiskraut). Auch für den Menschen sind sie giftig. Daß man sie auch in den Blättern einer angeblich harmlosen Pflanze feststellte (Culvenor et al. 1980), nämlich beim Gemeinen Beinwell (*Symphytum officinale*), sollte angemerkt werden, denn Beinwell fand nicht nur in der Medizin Verwendung, sondern wurde auch von Verfechtern der „Naturkost" als Nahrungsmittel für die menschliche Ernährung empfohlen. Der Alkaloidgehalt in den Blättern von *S. officinale* und dem Hybriden *S. × uplandicum* (bekannt als Russischer Beinwell) kann immerhin 0,15 Prozent des Trockengewichts betragen. Darüber hinaus, so konnte man zeigen, führt der Rohextrakt der Blätter bei Ratten zu einer chronischen Vergiftung der Leber. Um eine Beschädigung der Leber zu vermeiden, sollte man diese Pflanzen nicht regelmäßig in größeren Mengen zu sich nehmen. Die ökologische Funktion und Toxizität der Pyrrolizidinalkaloide werden wir später in diesem Kapitel noch ausführlicher betrachten (Abschnitt V).

Während die allgemeine Toxizität pflanzlicher Alkaloide für Säugetiere, und insbesondere für den Menschen und Nutztiere, bereits seit längerem bekannt ist, hat man ihre teratogenen Wirkungen erst in jüngerer Zeit nachgewiesen. Erwachsene weibliche Hausrinder und -schafe nehmen Alkaloide wohl nicht in ausreichender Menge mit ihrer Nahrung auf, um daran zu sterben, aber als Folge der Fütterung mit alkaloidhaltigen Pflanzen können bei ihren Nachkommen angeborene Mißbildungen auftreten. Daran sind unter anderem die Alkaloide der Pyrrolizidingruppe, der Nikotingruppe und der Lupine (*Lupinus*) sowie Coniin, das einfache Piperidinverivat des Schierlings (Keeler 1975), beteiligt. Die betroffenen Nachkommen weisen gewöhnlich Skelettmißbildungen und Defekte an den Fingern oder am Gaumen auf. Solche Tiere haben eine erheblich herabgesetzte Überlebensrate. Bei Menschen führte man Schäden am Skelett, wie sie bei „Spina bifida" (einem angeborenen Offenbleiben des Wirbelkanals) auftreten, darauf zurück, daß die Mütter während der Schwangerschaft ganz besonders viele Kartoffeln verzehrten, die das Alkaloid Solanin enthalten. Der Zusammenhang zwischen diesem angeborenen Defekt beim Menschen und der Ernährung ist jedoch kompliziert, und die Rolle der Kartoffelbestandteile als Verursacher ist noch immer keineswegs bewiesen (Kuc 1975).

Mittlerweile stieß man in Pflanzen auf einige neue und ökologisch interessante Polyhydroxyalkaloide, die in ihrer Struktur Zuckern ähneln (Fellows et al. 1986). Es handelt sich um einfache Moleküle, in denen das Sauerstoffatom eines Monosaccharids durch Stickstoff ersetzt ist (Abb. 3.3). Zwei typische Verbindungen sind Desoxymannojirimycin, das man in den Samen der Leguminose *Lonchocarpus sericeus* fand, und Castanospermin, das in den Samen von *Castanospermum australe* (Bohnenbaum) in einer Menge von bis zu 0,06 Prozent enthalten ist. Man bezeichnete diese Alkaloide auch als „zuckerförmige Waffen der Pflanzen", weil sie als Zuckeranaloga imstande sind, die Enzyme des tierischen Kohlenstoffwechsels zu inhibieren. So hemmt Desoxymannojirimycin die α-Mannosidase und Ca-

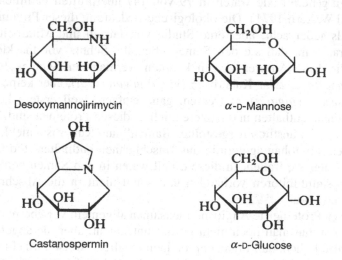

Desoxymannojirimycin   α-D-Mannose

Castanospermin   α-D-Glucose

3.3 Alkaloide, die einfachen Zuckern ähneln.

stanospermin die α-Glucosidase. Die giftige Wirkung bei Tieren, die solche Alkaloide aufnehmen, könnte also von dieser Behinderung des Kohlenhydratabbaus
herrühren. Swainsonin, ein dritter Vertreter dieser Gruppe, der in den Blättern der
Leguminosenweidepflanze *Swainsonia* vorkommt, ist giftig für weidendes Vieh
und verursacht neurologische Symptome. Diese sind eine Folge der Anreicherung
von mannosehaltigen Oligosacchariden, welche die α-Mannosidase der Tiere nun
nicht mehr abbauen kann.

Zwar werden pflanzliche Proteine in der Regel nicht als giftig angesehen,
doch es gibt einige wenige, die für Tiere außerordentlich gefährlich sind. Eines
davon ist Abrin, das Hauptprotein der Samen von *Abrus precatorius* (Fabaceae);
die letale Dosis für den Menschen beträgt nur ein halbes Milligramm. Da afri-
kanische Eingeborene die attraktiv rot und schwarz gefärbten Samen zur
Herstellung von Halsketten verwenden, kommt es gelegentlich zu Todesfällen
durch Abrinvergiftung. Doch wie die meisten Proteine läßt sich Abrin durch
Erhitzen denaturieren; bei Temperaturen über 65 Grad Celsius geht die Giftwirkung verloren. Ein zweites, gut bekanntes Proteingift ist Ricin, das Protein des
Rizinussamens (*Ricinus communis*). Es wirkt als Protoplasmagift, und als letale
Dosis für Mäuse ermittelte man 0,001 μg Ricinstickstoff pro Gramm Körper-
gewicht.

Eine Reihe von Leguminosensamen, zum Beispiel die Samen der Sojabohne
(*Glycine max*), enthalten Proteine, die Trypsin hemmen. Diese sind zwar als
solche nicht giftig, dienen aber vermutlich als Schutz gegen Tierfraß, denn
sie verringern den Nährwert der anderen Proteine in den Samen. Eine weitere, in den Samen von Leguminosen enthaltene Proteinklasse sind die Phyto-
hämagglutinine, so bezeichnet aufgrund ihrer Fähigkeit, die Erythrocyten des
menschlichen Blutes zu koagulieren. Diese Glykoproteine, die man routinemä-
ßig zur Identifizierung bestimmter Blutgruppen beim Menschen einsetzt, sind in
Pflanzensamen weit verbreitet, sowohl bei Leguminosen als auch bei den Angiospermen generell (sie waren in 79 von 147 überprüften Familien vertreten)
(Toms und Western 1971). Die ökologische Bedeutung dieser Proteine ließ man
größtenteils außer acht, aber eine Studie von Janzen und Mitarbeitern (1976)
deutet darauf hin, daß sie den Samen ebenfalls Schutz vor Insektenangriffen
bieten. Wie diese Autoren zeigen konnten, vermag der Samenkäfer *Caliosobruchus maculatus* zwar Kuherbsen (*Vigna unguiculata*), aber keine Buschbohnen (*Phaseolus vulgaris*) zu fressen, ganz einfach, weil erstere keine Phyto-
hämagglutinine enthalten und letztere reich an diesen Proteinen sind. Tatsächlich
zeigte sich, daß künstlich hergestellte „Samen" aus Kuherbsenmehl, die ein bis
fünf Prozent Phytohämagglutinin aus Buschbohnen enthielten, tödlich wirkten,
wenn die Käfer sie fraßen. In diesem Fall waren in den Samen beider Leguminosen Trypsininhibitoren vorhanden und somit nicht in die Abschreckung der
Insekten verwickelt.

Inwieweit Proteingifte Angiospermensamen allgemein vor übermäßigem Tierfraß schützen, hat man noch nicht gezielt untersucht, aber die angeführten Beispiele verdeutlichen, daß Pflanzenproteinen möglicherweise tatsächlich eine solche Bedeutung zukommt. Peptide könnten ebenfalls auf eine ähnliche Weise ge-

nutzt werden, und man kennt toxische Peptide sowohl von höheren Pflanzen (das Viscotoxin der Mistel, *Viscum album*) und von Pilzen (das zyklische Heptapetid Amanitin des Grünen Knollenblätterpilzes, *Amanita phalloides*).

B. Nicht auf Stickstoff basierende Gifte

Wir vergessen oft, daß eine Pflanzensubstanz kein Alkaloid sein muß oder sogar nicht einmal ein Stickstoffatom enthalten muß, um auf Tiere giftig zu wirken. Zahlreiche toxische Verbindungen sind Terpenoide oder recht einfache Kohlenwasserstoffe. Viele der Pflanzenextrakte beispielsweise, welche die Eingeborenen Afrikas als Pfeilgifte benutzen, enthalten Herzglykoside wie Ouabain als wirksame Bestandteile. Diese Steroidsubstanzen entfalten ihre toxische Wirkung am Herzmuskel. Die bei Mensch oder Vieh durch den Verzehr der seltsam geformten Wurzeln der Gelben Rebendolde *Oenanthe crocata* hervorgerufene, schwere Erkrankung wird durch Polyacetylenkohlenwasserstoffe wie Oenanthetoxin verursacht, nicht durch Alkaloide.

Eines der einfachsten, nicht auf Stickstoff basierenden Gifte ist die Monofluoressigsäure (CH_2FCO_2H), die in der südafrikanischen Pflanze *Dichapetalum cymosum* (Dichapetalaceae) vorkommt. Sie ist giftig, weil sie durch Hemmung des Tricarbonsäurezyklus die Zellatmung stoppt; die tödliche Dosis beim Menschen beträgt zwei bis fünf Milligramm pro Kilogramm Körpergewicht. Die Fluoressigsäure wird anstelle von Essigsäure in den Zyklus eingeschleust und zu Fluorcitronensäure umgewandelt; es ist das Enzym Aconitase, das letztendlich zum Stillstand des Zyklus führt, weil es dieses Substrat als Ersatz für Citronensäure verweigert. Eine weitere toxische organische Säure in den Blättern von Pflanzen wie Rhabarber ist Oxalsäure, $(CO_2H)_2$. Oxalsäure ist nur dann wirklich giftig, wenn sie als lösliches Natrium- oder Kaliumsalz vorliegt. Das Calciumsalz dagegen ist unlöslich und kann den Tierkörper passieren, ohne absorbiert zu werden. Trotz der einfachen Struktur der Oxalsäuresalze weiß man über ihre Wirkungsweise nur wenig, wenngleich es vorstellbar ist, daß sie letztlich die Atmung beeinträchtigen, indem sie das Schlüsselenzym Succinatdehydrogenase hemmen. Die tödliche Dosis von Oxalsäure ist recht hoch; wahrscheinlich sind nur Pflanzen, bei denen sie mehr als zehn Prozent des Trockengewichts ausmacht, für Säugetiere gefährlich (Keeler et al. 1978).

Eine Auswahl der bekannten, nicht auf Stickstoff basierenden Gifte ist in Tabelle 3.2 aufgelistet, einige ihrer Strukturen zeigt Abbildung 3.4. Unter den Terpenoiden sind zwei besonders toxische Gruppen erwähnt – die Herzglykoside (oder Cardenolide) und die Saponine. Daneben gibt es noch andere Verbindungen, wie etwa die Diterpene bei *Rhododendron*-Blättern und -Blüten. Auch die Sesquiterpenlactone, bei den Compositen weit verbreitete Verbindungen, umfassen einige Substanzen, die entweder für Insekten giftig sind (Burnett et al. 1974) oder insofern abschrecken, als sie auf der Haut von Tieren Allergien auslösen (Mitchell und Rook 1979). Einige wenige Sesquiterpenlactone sind für Nutztiere giftig (zum Beispiel Hymenovin von *Hymenoxis odorata*), während eine ganze

Reihe anderer als Zellgift und damit gegen Tumoren wirkt (Rodriguez et al. 1976). Die Sesquiterpenlactone schmecken oft bitter, wie eine weitere Gruppe terpenoider Gifte, die Monoterpenlactone oder Iridoide. Iridoide kommen in Pflanzen sowohl in ungebundenem Zustand vor (zum Beispiel Nepetalacton in den flüchtigen Ölen der Katzenminze *Nepeta*) als auch in glykosidischer Form (etwa Aucubin), aus der das Gift durch enzymatische Hydrolyse freigesetzt wird.

Tabelle 3.2: Einige nicht auf Stickstoff basierende Pflanzengifte

Stoffklasse	Beispiele	Toxizität
Iridoide	Aucubin in den Blättern von *Aucuba japonica*	Insekten, Vögel
Sesquiterpenlactone	Hymenovin bei *Hymenoxis odorata*	Vieh und Insekten
Herzglykoside	Ouabain bei *Acokanthera ouabaio*	Herzgift, LD_{50} bei Ratten 17,2 mg/kg
Saponine	Medicagensäure in den Blättern von *Medicago sativa*	Fische, Insekten
Furanocumarine	Xanthotoxin bei *Pastinaca sativa*	Insekten
Isoflavonoide	Rotenon in der *Derris*-Wurzel	vor allem Insekten und Fische
Chinone	Hypericin in den Blättern von *Hypericum perforatum*	Säugetiere, besonders Schafe
Polyacetylene	Oenanthetoxin in den Wurzeln von *Oenanthe crocata*	Säugetiere
Aflatoxine	Aflatoxin B_1 aus *Aspergillus flavus* auf Erdnüssen	Vögel und Säugetiere

Einige nicht auf Stickstoff basierende Pflanzengifte sind auch insofern bemerkenswert, als sie Nutztiere lichtempfindlich machen. Das Chinon Hypericin (Abb. 3.4) des Tüpfeljohanniskrautes (*Hypericum perforatum*) ist ein Beispiel für eine photodynamische Verbindung, die vom Tier aufgenommen wird und in den peripheren Kreislauf gelangt. Wenn es dem Sonnenlicht ausgesetzt ist, wird das Tier dadurch empfindlich für Sonnenbrand und andere Schädigungen; es kann zu ernsthaften Hautnekrosen mit anschließender Infektion kommen und letzlich zum Absterben der betreffenden Hautpartie. Andere photodynamische Verbindungen in Pflanzen sind die Furanocumarine wie etwa Psoralen; sie zeichnen für die erhöhte Lichtempfindlichkeit von Schafen verantwortlich, die *Cymopterus watsonii* gefressen haben (Keeler 1975). Durch ihre photodynamischen Eigenschaften sind die Furanocumarine auch für die meisten Insekten giftig. Verfüttert man beispielsweise Xanthotoxin, ein lineares Furanocumarin aus den Blättern des Gewöhnlichen Pastinak (*Pastinaca sativa*), in einer Konzentration von 0,1 Prozent bei Tageslicht an Raupen des Eulenfalters *Spodoptera eridania* (Baumwollwurm), dann führt dies in 100 Prozent der Fälle zum Tod. Füttert man dieselbe Verbindung im Dunkeln, überleben 40 Prozent der Raupen. Einige Arten umgehen jedoch offenbar dieses Hindernis, indem sie die Blätter (beispielsweise von Doldenblütlern, die besonders reich an diesen Cumarinen sind) aufrollen, bevor sie

Medicagensäure aus *Medicago sativa*
(Luzerne)

Aflatoxin B1 aus *Aspergillus flavus*,
auf Erdnüssen (*Arachis hypogea*) wachsend

$$HOCH_2CH=CH(C\equiv C)_2(CH=CH)_2(CH_2)_2CHOH(CH_2)_2CH_3$$

Oenanthetoxin aus *Oenanthe crocata* (Gelbe Rebendolde)

Rotenon aus der *Derris*-Wurzel

Pyrethrin I aus *Chrysanthemum cinearifolium*
(Insektenpulverpflanze)

Hypericin aus *Hypericum perforatum*
(Tüpfeljohanniskraut)

Psoralen aus den Blättern und Stengeln
von Doldenblütlern (Apiaceae)

3.4 Einige nicht auf Stickstoff basierende Pflanzengifte.

mit dem Fressen des Inneren der Blattrolle beginnen. So kommen die aufgenommenen Gifte nicht mit Sonnenlicht in Kontakt (Berenbaum 1978). Weitere pflanzliche Moleküle, von denen man in letzter Zeit zeigte, daß sie bei Tieren photosensibilisierend und dadurch toxisch wirken, sind die Polyacetylene und Thiophene (Towers 1980).

Eine weitere Gruppe von Pflanzengiften, die Aflatoxine, ist insofern einzigartig, als diese Stoffe gar keine Produkte höherer Pflanzen, sondern mikrobiellen Ursprungs sind. Die ersten Aflatoxine entdeckte man bei Erdnüssen, die Truthühnern und anderem Geflügel als Nahrung dienen und eine rätselhafte Krankheit auslösen, die man zunächst als „Turkey-X"-Krankheit bezeichnete. Als Todesursache machte man den Befall der Erdnüsse nach der Ernte mit dem Pilz *Apergillus flavus* (Gießkannenschimmel) ausfindig. Züchtet man diesen Pilz auf Erdnüssen, produziert er tatsächlich eine Reihe heterozyklischer Sauerstoffverbindungen, und genau diese Substanzen führten zum Tod der Truthühner. *A. flavus* erzeugt mindestens vier wichtige Aflatoxine, wie etwa Aflatoxin B_1 (Abb. 3.4). Die Ursache der Vergiftung als ein Produkt von Schimmelpilzen zu erkennen wurde in diesem Falle erleichtert durch die intensive Fluoreszenz dieser Gifte im ultravioletten Licht. Die reinen Verbindungen sind bei höheren Tieren carcinogen, wobei sie zunächst Leberschäden verursachen und schließlich zum Tod führen. Die letale Menge beträgt bei Entenküken 20 μg, und der Tod tritt nach 24 Stunden ein. Die LD_{50} in mg/kg Körpergewicht (das heißt jene Dosis, die für 50 Prozent der Individuen letal ist) reicht von 0,35 bei Enten und 0,5 bei Hunden bis zu 9,0 bei Mäusen. Während Aflatoxine Schweine und Rinder schädigen, sind Schafe relativ unempfindlich dagegen.

Nach der Entdeckung der Aflatoxine bei Erdnüssen, die von *A. flavus* infiziert waren, erkannte man, daß eine Reihe anderer Pilze, die ebenfalls pflanzliche Lebensmittel befallen können, ähnliche Gifte produzieren. Heute ist daher der allgemeine Begriff „Mycotoxine" in Gebrauch (Smith und Moss 1985). Diese Substanzen stellen als gefährliche Giftstoffe in Lebensmitteln pflanzlichen Ursprungs eine bedeutende Bedrohung dar. Ob solchen Giften auch in natürlichen Ökosystemen irgendeine Bedeutung zukommt, ist noch nicht klar. Höhere Pflanzen leben jedoch oft in einer symbiontischen Beziehung mit vielerlei niederen Pflanzen, und es ist also zumindest denkbar, daß sich eine höhere Pflanze vor Tierfraß schützt, indem sie in ihrem Gewebe Pilze oder Bakterien beherbergt, die ein tödliches Gift dieses Typs herstellen können.

All die bisher erwähnten Toxine entfalten ihre Wirkung bei höheren tierischen Lebensformen; über weitere Einzelheiten der Auswirkungen von Pflanzengiften auf Nutztiere berichten Keeler et al. (1978) sowie Keeler und Tu (1983). Es gibt auch noch eine Reihe nicht auf Stickstoff basierender Verbindungen, die Pflanzen offenbar speziell synthetisieren, um Insektenangriffe abzuwenden. Zwei der am besten bekannten Gruppen von Insektiziden pflanzlichen Ursprungs sind die Rotenoide, die in Leguminosenwurzeln vorkommen, und die Pyrethrine aus den Blütenköpfchen von *Chrysanthemum cinearifolium* (Insektenpulverpflanze). Auch andere, weniger bekannte Gruppen von Verbindungen, die für höhere Tiere offensichtlich nicht toxisch sind, wirken sich nachweislich auf Insekten giftig aus. So sind zum Beispiel mehrere häufige Flavonolglykoside, darunter Rutin, Quercitrin und Isoquercitrin, für eine Reihe von Insekten giftig, unter anderem für *Heliothis zea* (Amerikanischer Baumwollkapselwurm), *H. virescens* (Amerikanische Tabakeule) und *Pectinophora gossypiella* (Roter Baumwollkapselwurm) (Shaver und Lukefahr 1969). Die Bedeutung dieser Substanzen für die Ernährung von Insekten und für die Fraßabwehr werden wir in Kapitel 5 näher betrachten.

C. Das Schicksal der Giftstoffe in den Tieren

Wie bereits in der Einführung erwähnt, stehen die schädlichen Auswirkungen von Pflanzengiften auf Tiere in engem Zusammenhang mit ihrem Schicksal im lebenden Organismus. Die meisten pflanzlichen Bestandteile werden in tierischen Geweben mit großer Wahrscheinlichkeit abgebaut. Ein solcher Abbau ist Teil des Entgiftungsprozesses und gehört zu den Bemühungen des tierischen Organismus, einen potentiell schädlichen Stoff auszuschalten. Das Abbauprodukt kann dann gebunden werden, insbesondere, wenn es fettlöslich ist, um es wasserlöslich und somit ungiftig zu machen. Entgiftungssysteme sind in den Tieren entweder bereits vorhanden, oder sie werden durch erhöhte Konzentrationen eines Giftes in der Nahrung induziert. Letztendlich wird das Gift meist in einer harmlosen, gebundenen Form über den Urin oder den Kot ausgeschieden. Die Toxizität einer pflanzlichen Substanz spiegelt womöglich nur einen Defekt an irgendeiner Stelle des Entgiftungsprozesses wider, so daß der Organismus mit dieser bestimmten organischen Verbindung nicht mehr fertig wird.

Um die ökologische Bedeutung von Pflanzengiften zu erkennen, sind gewisse Kenntnisse der Entgiftungsmechanismen bei Tieren nötig. Dieses Thema wurde ausgesprochen umfassend untersucht, insbesondere im Zusammenhang mit dem Abbau von Medikamenten und Pestizidrückständen. Man erforschte dabei sowohl natürliche Gifte als auch künstlich erzeugte Verbindungen (synthetische Medikamente, Insektizide und so weiter). Mit dem Begriff „Xenobiotikum" bezeichnet man eine organische Verbindung, deren Schicksal *in vivo* erforscht wird. Einen allgemeinen Überblick über die biologischen Umwandlungen von Xenobiotika lieferte Millburn (1978). Weitere detaillierte Zusammenfassungen gibt es über die Entgiftungsprozesse bei Säugetieren (Scheline 1978) und Insekten (Dauterman und Hodgson 1978). An dieser Stelle ist nur ein kurzer Abriß nötig; entsprechende Beispiele tauchen in den späteren Abschnitten dieses Kapitels und in späteren Kapiteln auf.

Wie bei den Entgiftungsmechanismen von Pflanzen (siehe Seite 31) ist es auch in tierischen Geweben ein wichtiges Ziel, eine normalerweise lipophile Verbindung löslich zu machen, so daß sie in wasserlöslicher Form ausgeschieden werden kann (Abb. 3.5). Diesem Zweck dienen die sogenannten Phase-I-Enzyme; sie wandeln den ursprünglichen Giftstoff in ein Stoffwechselprodukt um, das sich mit einem Zucker oder Sulfatanion verbinden läßt. Die wichtigsten Phase-I-Enzyme sind die Monooxygenasen, die in den Mikrosomen der Leber enthalten sind und bei denen Cytochrom P-450 als Elektronenüberträger fungiert. Diese Enzyme, die eine große Vielzahl von Oxidationen katalysieren können, bezeichnet man als Polysubstratoxidasen mit unterschiedlichen Funktionen (PSMOs, vom Englischen *polysubstrate mixed-function oxidases*). Bei aromatischen Substanzen katalysieren die PSMOs den Einbau einer phenolischen Hydroxylgruppe. So wird Benzol, wenn man es an Tiere verfüttert, zu Phenol oxidiert, das dann als wasserlösliches *O*-Glucuronid ausgeschieden werden kann. Jede aliphatische, in der Nahrung enthaltene Verbindung kann auf diese Weise zu dem entsprechenden Alkohol oxidiert werden. Bei pflanzenfressenden Insekten läßt

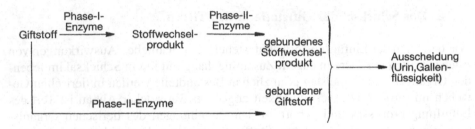

3.5 Skizze des Entgiftungsprozesses bei Säugetieren.

sich eine rasche Induktion der PSMOs zeigen, indem man einer ansonsten neutralen künstlichen Nahrung verschiedene sekundäre Pflanzenstoffe (zum Beispiel α-Pinen oder Sinigrin) hinzufügt (Brattsten 1992). Zwar sind die PSMOs die am besten erforschten Phase-I-Enzyme, doch außer einer Oxidation können auch noch andere Reaktionen auftreten, etwa eine Reduktion und/oder Hydrolyse (siehe Abschnitt V.B).

Im zweiten Stadium der Entgiftung kommt es zur Verbindung entweder der gefütterten Substanz, wenn sie eine entsprechende Bindestelle enthält, oder des Abbauprodukts der Phase-I-Reaktion (Abb. 3.5) mit einer anderen Substanz. Phase-II-Enzyme sind im allgemeinen Transferasen und bedürfen einer Energiezufuhr in Form einer aktivierten Nukleotidzwischenstufe. Bei Säugern und anderen Wirbeltieren sind die gebundenen Stoffe meist Glucuronide oder ätherische Sulfate, doch beobachtet man auch regelmäßig eine Bindung an Aminosäuren, insbesondere an Glycin oder Ornithin. Bei Insekten (und anderen Wirbellosen) ist die Bildung eines Glucosids durch die Glucosyltransferase über UDP-Glucose ein wichtiger Mechanismus; Sulfat- und Phosphatverbindungen können ebenfalls entstehen (Dauterman und Hodgson 1978).

Das letzte Stadium ist die Ausscheidung über den Urin oder die Gallenflüssigkeit, wobei die Molekülgröße der ausgeschiedenen Verbindung als wichtigster Faktor bestimmt, welcher dieser beiden Wege eingeschlagen wird. Verbindungen mit zwei oder mehr aromatischen oder gesättigten Ringen findet man meist in der Gallenflüssigkeit; solche Substanzen durchlaufen zunächst die Leber und sind außerdem einem Abbau durch die Mikroflora des Darmes unterworfen, bevor sie über den Kot ausgeschieden werden. Flavonoide, wie etwa Isoflavone, werden in der Regel durch Darmbakterien zu kleinen aromatischen Bruchstücken gespalten. Das verbreitete pflanzliche Flavonol Quercetin wird so in 3-Hydroxyphenylessigsäure umgewandelt. Dieser weitere Abbau bekommt Bedeutung, wenn wir die Östrogenwirkungen aufgenommener Isoflavonoide bei Nutztieren betrachten (siehe Kapitel 4, Abschnitt II). Bei Säugetieren kann es zur Aufnahme eines Stoffwechselprodukts in der Leber kommen, und im Falle der Pyrrolizidinalkaloide kann dies tödliche Folgen haben (siehe Abschnitt V.B). Bei pflanzenfressenden Insekten ist die Aufnahme natürlicher Produkte recht verbreitet (Duffey 1980). Es kann sich dabei um harmlose Substanzen handeln, wie die bei Schmetterlingen gefundenen Flavon- und Carotinoidpigmente, aber auch um Pflanzengifte. Die Aufnahme von

Pflanzengiften ist unter Umständen für ein Insekt überlebensnotwendig, denn durch die Speicherung giftiger Alkaloide kann es zum Beispiel vermeiden, von anderen Tieren gefressen zu werden (siehe Abschnitt IV).

Schließlich sollte man noch anmerken, daß beim Entgiftungsprozeß bei Tieren beträchtliche intra- und interspezifische Variationen auftreten können. Das unterschiedliche Schicksal mit der Nahrung aufgenommener Verbindungen beispielsweise stellt ein interessantes Gebiet der vergleichenden Biochemie im Tierreich dar. Ein besonders anschauliches Beispiel ist die Verarbeitung der Benzoesäure. Sie wird von Säugetieren, Amphibien, Fischen und Insekten als Glycinverbindung ausgeschieden, von Vögeln (Hühner- und Entenvögeln, Galliformes und Anseriformes) und Reptilien als Ornithinverbindung und von Spinnentieren (Arachnida) und Tausendfüßern (Myriapoda) als Argininverbindung (Millburn 1978). Selbst auf Populationsebene treten innerhalb bestimmter Arten Unterschiede bei der Entgiftung auf. Ein bekanntes Beispiel beim Menschen ist das Phänomen der Betaninausscheidung: 14 Prozent der erwachsenen Bevölkerung der britischen Inseln können Betanin, das rote Betacyan der Roten Bete, nicht abbauen und scheiden es unverändert im Urin aus (Watson 1964). Betanin ist ein Alkaloid und weicht somit von den auf Flavonoiden basierenden Anthocyanpigmenten der meisten Pflanzen ab. Es ist eine interessante Frage, ob Menschen, die an Betaninurie leiden, möglicherweise empfindlicher für bestimmte Typen pflanzlicher Alkaloide sind als die übrige Bevölkerung.

III. Cyanogene Glykoside, Klee und Schnecken

A. Vorkommen cyanogener Glykoside bei Pflanzen

Eines der interessantesten Beispiele für Pflanzengifte, die Wechselbeziehungen zwischen Pflanzen und Tieren beeinflussen, sind die cyanogenen Glykoside. Sie treten bei manchen Formen des Weiß- und des Hornklees auf, bei anderen nicht, und diese Pflanzen werden in unterschiedlicher Weise von Nackt- und Gehäuseschnecken gefressen. Die Erforschung dieser Wechselbeziehungen verdanken wir vor allem D. A. Jones; er schrieb seine Ergebnisse in mehreren wichtigen Übersichtsartikeln nieder (siehe zum Beispiel Jones 1972, 1988). Ich kann hier nur einen kurzen Abriß geben und den Leser für weitere Einzelheiten auf diese Abhandlungen verweisen.

Die Fähigkeit von Pflanzen, als cyanogene Glykoside bezeichnete Verbindungen zu synthetisieren, die bei Hydrolyse Blausäure oder Cyanwasserstoff (HCN) freisetzen, nennt man Cyanogenese. Eine der klassischen Quellen der Blausäure ist der Samen der Bittermandel (*Prunus amygdalus*), der das Glykosid Amygdalin enthält. Cyanwasserstoff riecht auch charakteristisch nach „bitteren Mandeln" – ein Geruch, den allerdings nicht jeder wahrnehmen kann. HCN ist so giftig, daß jedes Jahr zahlreiche Vergiftungsfälle bei Nutztieren und gelegentliche Todesfälle beim Menschen zu verzeichnen sind. Das Gift wirkt auf ein weites Spektrum an Organismen, denn es hemmt die Cytochrome der Elektronentransportkette.

HCN ist leicht durch eine Stichprobe mit Pikratpapier festzustellen (es wechselt in Anwesenheit des Gases von Gelb nach Rot oder Braun). Auf diese Weise hat man die Verbreitung der Cyanogenese umfassend untersucht. Neben Weiß- und Hornklee enthalten mindestens 2000 Arten aus 100 Familien cyanogene Verbindungen. Bei einer kleineren Auswahl hat man die Struktur der Substanzen, welche HCN freisetzen, genauer analysiert und dabei 50 Verbindungen vollständig charakterisiert. Abgesehen von einigen Cyanogenen aus der Familie der Seifenbaumgewächse (Sapindaceae), die teilweise eine Lipidstruktur zeigen (Siegler 1975), besitzen die bekannten Cyanogene alle dieselbe Grundstruktur, wie sie in Abbildung 3.6 dargestellt ist.

$$
\begin{array}{ccccc}
\underset{R}{\overset{R}{>}}C\overset{O-Glc}{<}_{C\equiv N} & \xrightarrow{\text{enzymatisch}} & \underset{R}{\overset{R}{>}}C\overset{OH}{<}_{C\equiv N} & \xrightarrow{\text{spontan}} & \underset{R}{\overset{R}{>}}C=O \;+\; HCN \\
\text{Glykosid} & & \text{Cyanhydrin} & & \text{Keton}
\end{array}
$$

3.6 Freisetzung von Blausäure aus cyanogenen Glykosiden.

Die enzymatische Freisetzung von HCN in der Pflanze unterliegt einer strikten Kontrolle; alle Pflanzen, die ein Glykosid herstellen, besitzen eine spezifische Glykosidase zu seiner Hydrolyse. Diese Glykosidasen unterscheiden sich in ihrer Substratspezifität von der gewöhnlichen β-Glucosidase und werden in der Regel nach ihrem Substrat benannt, zum Beispiel Linamarase für Linamarin und so weiter. Bei der Hydrolyse des Glykosids werden der Zucker (gewöhnlich Glucose) und als Zwischenstufe ein Cyanhydrin freigesetzt, das dann spontan zu einem Keton oder Aldehyd und HCN zerfällt (Abb. 3.6). Diesen zweiten Schritt kann auch das bei cyanogenen Pflanzen häufig vorkommende Enzym α-Hydroxynitrilase katalysieren. Es beschleunigt den sonst spontanen Abbau des Cyanhydrins.

Wahrscheinlich sind Linamarin (Dimethylrest substituiert) und Lotaustralin (Methyl- und Ethylrest substituiert), die Glykoside von Weiß- und Hornklee, die beiden häufigsten cyanogenen Verbindungen in der Natur. Sie treten auch in anderen Leguminosenfutterpflanzen, bei Flachs (*Linum*) sowie bei mehreren Wolfsmilchgewächsen (Euphorbiaceae) und Compositen auf. Aromatisch substituierte cyanogene Glykoside sind ebenfalls bekannt, etwa Amygdalin, das in einer Konzentration von 1,8 Prozent in den Samen der Bittermandeln vorkommt, und Dhurrin aus der Mohrenhirse (*Sorghum vulgare*).

Als letztes wollen wir auf den biosynthetischen Ursprung der cyanogenen Glykoside aus Proteinaminosäuren eingehen. Es ist schwer zu glauben, daß Pflanzen signifikante Mengen essentieller Aminosäuren auf diese Weise verwenden, ohne daß diesen Produkten irgendein funktioneller Nutzen zukommt. Die früher verbreitete Vermutung, daß Cyanogene Abfallprodukte des Primärstoffwechsels sind, scheint kaum haltbar im Falle von Substanzen, die so unmittelbar aus Proteinaminosäuren synthetisiert werden und ihn denen der Aminosäurestickstoff fest gebunden bleibt.

Die Synthese von Linamarin beginnt mit der Aminosäure Valin und verläuft über fünf Schritte, wie in Abbildung 3.7 skizziert. Lotaustralin leitet sich in ähnlicher Weise von Isoleucin ab, und die aromatischen cyanogenen Glykoside (Abb. 3.8) stammen von Phenylalanin oder Tyrosin.

3.7 Biosynthese von Linamarin aus Valin.

3.8 Struktur repräsentativer cyanogener Glykoside.

B. Polymorphismen der Cyanogenese

Die beiden Pflanzen, die Jones (1972) zur Erforschung der ökologischen Rolle der Cyanogenese heranzog, waren der Weißklee (*Trifolium repens*) und der Gemeine Hornklee (*Lotus corniculatus*), zwei häufige Weidepflanzen der gemäßigten Breiten. Der enorme Vorteil dieser beiden Pflanzen ist in diesem Zusammenhang, daß die Cyanogenese in den Populationen beider Spezies ein genetisch variables Merkmal ist. Die Funktion der Cyanogenese sollte sich daher durch einen Vergleich von Pflanzen mit und ohne dieses Merkmal aufdecken lassen.

Diese Variabilität beziehungsweise dieser chemische Polymorphismus wurde schon früh von Genetikern erkannt. Züchtungsexperimente mit cyanogenen und nicht cyanogenen Formen zeigten bald, daß zwei Gene (*Ac* und *Li*) die Cyanogenese kontrollieren. *Ac* steuert die Synthese der cyanogenen Glykoside (zum

Beispiel Linamarin) und *Li* das Enzym (beispielsweise Linamarase), das erforderlich ist, um das Glykosid zu spalten, so daß HCN freigesetzt wird. Die natürlichen Populationen verteilen sich auf vier Genotypen (*AcLi*, *Acli*, *acLi* und *acli*), die sich phänotypisch durch entsprechende chemische Tests unterscheiden lassen.

Man gibt frische Blätter in ein Teströhrchen, zerquetscht sie kurz mit einem Glasstab zusammen mit einem Tropfen Chloroform und verschließt das Röhrchen mit einem Stopfen, von dem ein Stück in Pikrinsäurelösung getauchtes Filterpapier herunterhängt. Eine Färbung (nach Rotbraun) innerhalb einer Stunde zeigt eine Cyanogenese an, was auf einen homozygot dominanten Genotyp (*AcLi*) zurückschließen läßt. Eine Färbung innerhalb von 24 Stunden deutet auf den Genotyp *Acli* hin, denn während dieser Zeit wird ein Teil des Cyanwasserstoffes nichtenzymatisch aus dem Glykosid freigesetzt. Man kann den Prozeß beschleunigen, indem man nach der ersten Stunde etwas Linamarase hinzugibt.

Zeigt sich auch nach 24 Stunden keine Färbung, müssen die Blätter den Genotyp *acLi* oder *acli* besitzen. Um letztlich zwischen diesen beiden Möglichkeiten unterscheiden zu können, ist es notwendig, dem Röhrchen eine kleine Menge Linamarin zuzusetzen. Ein Farbwechsel zeigt nun *acLi* an; Proben, in denen es immer noch nicht zu einer Verfärbung kommt, kann man als *acli* registrieren, denn ihnen fehlt sowohl das cyanogene Glykosid als auch das zu seiner Hydrolyse notwendige Enzym. Nur homozygot dominante Pflanzen (Genotyp *AcLi*) sind in der Natur cyanogen, alle drei anderen Typen nicht.

Die Tatsache, daß sich Kleepopulationen so einfach auf dieses Merkmal hin überprüfen lassen, war sicherlich einer der Gründe für Daday (1954), die Häufigkeit der Cyanogenese in verschiedenen Populationen zu untersuchen (Daday 1954). Er stieß dabei bald auf bemerkenswerte Unterschiede zwischen verschiedenen europäischen Populationen. Der einzige Faktor, der in jeder Population mit der Häufigkeit korreliert zu sein schien, war die mittlere Temperatur im Januar. Seine Ergebnisse zeigten in der Tat einen auffällig engen Zusammenhang zwischen der Häufigkeit der Cyanogenese in einer bestimmten Kleepopulation und der Winterisotherme an ihrem geographischen Standort. So beträgt die Cyanogenese bei britischen Populationen, wo die Januarisotherme höher als fünf Grad Celsius liegt, 70 bis 95 Prozent; in Zentralrußland hingegen, wo die Wintertemperaturen sehr niedrig liegen, sind Kleepopulationen nicht cyanogen. Mitteleuropäische Populationen nehmen in beiderlei Hinsicht eine Zwischenstellung ein und weisen eine Cyanogenhäufigkeit von 20 bis 50 Prozent auf (Abb. 3.9).

Niemandem war es gelungen, diese seltsame Korrelation zwischen zwei anscheinend nicht miteinander in Beziehung stehenden Phänomenen zu erklären, bis Jones (1966) schlüssig zeigen konnte, daß Nackt- und Gehäuseschnecken, für beide Pflanzen bedeutende Prädatoren, bevorzugt die nicht cyanogenen Formen von *L. corniculatus* fressen. Zieht man diesen neuen Faktor in Betracht, lassen sich nun Dadays Ergebnisse verständlich interpretieren. Daß die Cyanogenese bei britischen Populationen so häufig ist, liegt vermutlich daran, daß aufgrund der hohen Winterisotherme „Feinde" wie Nackt- und Gehäuseschnecken das ganze Jahr über aktiv sind. Wenn Weißklee und Hornklee im Frühjahr zu keimen beginnen, sind die jungen Sämlinge in diesem entscheidenden Stadium

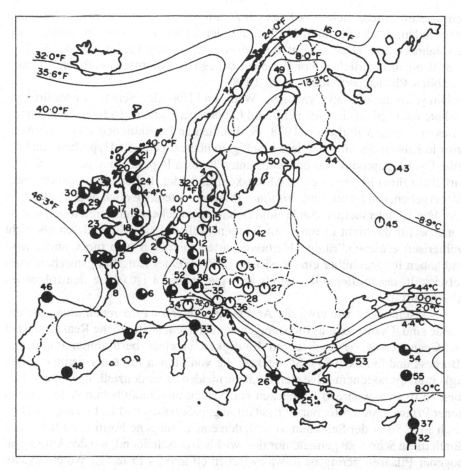

3.9 Zusammenhang zwischen der Häufigkeit von Cyanogenen und den Januarisothermen bei Kleepopulationen in Europa (aus Jones 1972). Gradangaben in Fahrenheit (F).

ihrer Entwicklung besonders anfällig gegenüber Pflanzenfressern, und HCN als Fraßabwehr stellt einen beträchtlichen Selektionsvorteil dar. Im Gegensatz dazu kommt es bei russischen Populationen dieser Pflanzen selten oder gar nicht zur Cyanogenese, weil die eiskalten Winter die meisten in Frage kommenden Pflanzenfresser zum Überwintern zwingen. Wenn die Herbivoren im Spätfrühling aktiv werden, haben die Kleesämlinge bereits genügend Blattmaterial entwickelt, so daß sie keinen Fraßschutz mehr benötigen.

Eine weitere, alternative Erklärung für das seltene Auftreten der Cyanogenese in Osteuropa könnte sein, daß die Cyanogenese bei häufigen Niedrigtemperaturen und Frost für die Pflanze eine verminderte physiologische Fitness bedeutet. Das System der Speicherung der Cyanogene und der dazugehörigen hydrolytischen Enzyme wird instabil, HCN wird durch Frosteinwirkung freigesetzt, und das Cyanogen wird zum Eigengift (Brighton und Horne 1977). Dieser Effekt niedriger

Temperaturen ließe sich allerdings ganz einfach durch phänotypische Variation überwinden, das heißt durch Vermeidung der Cyanogenproduktion in ungünstigen Jahreszeiten. Dies scheint bei *Lotus corniculatus* tatsächlich der Fall zu sein, denn in natürlichen Populationen begegnen wir sowohl stabilen als auch instabilen Phänotypen (Jones et al. 1978).

Hinweise darauf, daß Cyanogene Weiß- und Hornklee Schutz vor Molluskenfraß bieten, ergaben sich aus Feld- und Laborexperimenten. 16 Jahre lang führten Jones und seine Mitarbeiter (1978) Feldstudien an Populationen von *L. corniculatus* in Küstennähe durch. Diese bestätigten überzeugend die Hypothese, daß die hohe Cyanogenproduktion bei bestimmten lokalen Populationen auf den Schutz zurückzuführen ist, den sie vor Molluskenfraß bietet. Laborstudien haben ebenfalls ergeben, daß *Lotus*- und *Trifolium*-Pflanzen unterschiedlich abgeweidet werden. Von 13 untersuchten Nackt- und Gehäuseschneckenarten zeigten sieben eine Vorliebe für die nicht cyanogenen Formen, während sich die anderen als nicht wählerisch erwiesen. Einige Herbivorenarten tolerieren also die Cyanogenese und haben ihr gegenüber eine Resistenz in Form eines Entgiftungsmechanismus entwickelt, der mittlerweile bereits sehr gut erforscht ist (siehe den folgenden Abschnitt C).

Nacktschnecken wie etwa die Ackerschnecke *Deroceras reticulatum*, die imstande sind, Cyanid zu entgiften, zeigen dennoch unterschiedliche Reaktionen auf die Cyanogenese, je nach deren Häufigkeit in einer bestimmten Population (Burgess und Ennos 1987). Schnecken, die von Stellen mit einer geringen Häufigkeit an cyanogenem Klee stammen, vermeiden es tendenziell, cyanogene Formen zu fressen, während Schnecken von Stellen mit einem hohen Anteil cyanogener Pflanzen sich offenbar an das Gift angepaßt haben und viel weniger wählerisch sind. So ist der Selektionsvorteil, den eine cyanogene Form beim Beweiden durch diese Schnecke genießt, nur dort wirklich entscheidend, wo der Anteil cyanogener Pflanzen gering ist (etwa zwischen elf und 24 Prozent). Wo die cyanogene Form häufig ist (das heißt über 65 Prozent ausmacht), ist die Schutzwirkung schwächer.

Selbst stark beweidete Pflanzen werden jedoch nicht unbedingt tödlich geschädigt, denn die cyanogenen Glykoside sind mehr in den lebenswichtigen Organen (im Stengel und in den Keimblättern) konzentriert als in dem entbehrlicheren Blattgewebe. Darüber hinaus nimmt ihre Konzentration in den Sämlingen zwischen dem fünften und 35. Tag um 13 Prozent zu. Gartenschnecken (*Arion hortensis*) beweiden und töten zwar die jüngsten Pflanzen, vermeiden aber ein Abweiden älterer Sämlinge der cyanogenen Formen (Horrill und Richards 1986).

Ein weiterer, bis vor kurzem noch übersehener Faktor bei der Wechselbeziehung zwischen Nacktschnecken und Klee ist die Toxizität des neben dem Cyanwasserstoff freigesetzten Ketons (siehe Abb. 3.6). Linamarin setzt Aceton frei, Lotaustralin Butanon, und diese beiden Verbindungen schrecken die Schnecken mehr vom Fressen ab als HCN (Jones 1988). Der Insektenfraß an cyanogenen Pflanzen (siehe nächsten Abschnitt) wird wahrscheinlich ebenfalls durch die abstoßende Wirkung toxischer Aldehyde und Ketone begrenzt, die gleichzeitig mit der Bildung des Cyanwasserstoffes freigesetzt werden.

C. Andere Schutzrollen der Cyanogene

Da sich Gehäuse- und Nacktschnecken von Horn- oder Weißklee ernähren, ist naheliegend, daß viele Arten an Cyanide in ihrer Ernährung angepaßt sind. Bei Nutztieren hat man die Anpassung an Cyanwasserstoff untersucht, und vieles spricht dafür, daß Schafe und Rinder über entsprechende Entgiftungsprozesse verfügen. Die Entgiftung erfolgt über das Enzym Rhodanase, das Cyanid in Thiocyanat umwandelt:

$$CN^- + S \xrightarrow{\text{Rhodanase}} CNS^-$$

Der Schwefel stammt von β-Mercaptobrenztraubensäure ($HSCH_2COCO_2H$), die wiederum in Pyruvat umgewandelt wird. Ein ähnlicher Vorgang läuft bei der klinischen Behandlung von Cyanidvergiftungen beim Menschen ab, wenn man Natriumthiosulfat intravenös verabreicht:

$$CN^- + Na_2S_2O_3 \rightarrow CNS^- + NA_2SO_3$$

Daß Schafe daran angepaßt sein können, sich von cyanogenem Klee zu ernähren, brachte man in Erfahrung, indem man ihrem Futter ständig kleine Mengen des Giftes beifügte. Während nicht angepaßte Schafe schon durch eine Dosis von 2,4 mg/kg Körpergewicht getötet werden können, tolerieren angepaßte Tiere unter Umständen immerhin 15–50 mg HCN/kg Körpergewicht. Auf eine leichte Cyanwasserstoffvergiftung reagieren Schafe, indem sie das Fressen einstellen, bis ihr Organismus wieder von dem Gift gereinigt ist.

Säugetiere, die von cyanogenen Pflanzen fressen, werden also in der Regel nur dann getötet, wenn sie auf einmal eine hohe Dosis aufnehmen. Eine solche Situation ist gegeben, wenn Baumstümpfe der cyanogenen Leguminose *Holocalyx glaziovii* in der brasilianischen Prärie genau zu jener Zeit junge Schößlinge austreiben, wenn Gras dort knapp ist. Rinder fressen dann die Schößlinge und sterben aufgrund der hohen Cyanwasserstoffaufnahme. Die Schutzfunktion der Cyanide für die Pflanze zeigt sich in solchen Fällen sehr deutlich (da Silva 1940).

Menschen sind ebenfalls durch HCN-Vergiftungen gefährdet, denn Maniokwurzeln (*Manihot esculenta*), in Westafrika eines der wichtigsten Nahrungsmittel, enthalten selbst nach der Verarbeitung zu Mehl noch bedeutende Mengen cyanogener Glykoside. Schätzungen zufolge nehmen Menschen, die sich von Maniok ernähren, täglich eine Dosis von 35 Milligramm HCN zu sich – die Hälfte der letalen Menge. Die Anpassung erfolgt ganz eindeutig über eine Entgiftung durch Rhodanase. Als Folge davon können jedoch hohe Konzentrationen an Thiocyanat auftreten; dieses ist zwar nicht giftig, führt aber bekanntlich zur Kropfbildung, und langfristig könnte sich die Ernährung von Maniok durch eine frühe Sterblichkeit auswirken (Evered und Harnett 1988).

Neben Weiß- und Hornklee hat man die Rolle der cyanogenen Glykoside auch noch bei anderen Pflanzen erforscht, und dabei ergaben sich deutliche Hinweise, daß die Cyanidproduktion partiellen, wenn nicht sogar völligen

Schutz vor Übergriffen zahlreicher Tierarten bietet. Der Adlerfarn (*Pteridium aquilinum*), ein sehr erfolgreiches „Unkraut", ist eine weitere für das Merkmal der Cyanidbildung polymorphe Pflanze. Hier gibt es eindeutige Beweise dafür, daß die Schafe und Damhirsche im Richmond Great Park in London die nicht cyanogene Form als Nahrung bevorzugen (Cooper-Driver und Swain 1976). Ebenso hat man nachgewiesen, daß Wüstennager es vermeiden, von den Samen der Jojobapflanze (*Simmondsia chinensis*) zu fressen, weil diese Cyanoglucoside enthalten (Sherbrooke 1976).

Auf Insekten scheint der bittere Geschmack der Glykoside abschreckend zu wirken, wenngleich die Geschmackseigenschaften durch andere zelluläre Bestandteile womöglich verändert werden. Wie anders sollte man sonst die Tatsache erklären, daß in einem Experiment nur drei von acht Insektenarten die cyanogenen Blätter des Hornklees (*Lotus*) mieden, wenn man sie vor die Wahl zwischen cyanogenem und nicht cyanogenem Gewebe stellte, vier von vier Insektenarten hingegen die cyanogenen Petalen (Compton und Jones 1985)? Da fast alle Insekten in der Lage sind, Cyanwasserstoff über Rhodanase zu entgiften (Beesley et al. 1985), könnte die schützende Funktion der Cyanide bei Insekten auf ihrem weiteren Abbau durch β-Cyanoalanin-Synthase zu β-Cyanoalanin ($NH_2CH(CO_2H)CH_2CN$) beruhen, das ebenfalls giftig wirkt (Nahrstedt 1985).

Schließlich sollte man erwähnen, daß eine Abschreckung durch HCN-Produktion nicht nur auf das Pflanzenreich beschränkt ist. Sie dient auch Tieren als Schutzmechanismus. Tausendfüßer produzieren Cyanwasserstoff, um Angriffe von Ameisen abzuwenden. Einige Nachtfalter mit roter Warntracht erzeugen ebenfalls in allen Stadien ihres Lebenszyklus HCN, um sich selbst für Feinde ungenießbar zu machen. Eine Übersicht über die Schutzrolle der Cyanidbildung gibt Nahrstedt in Evered und Harnett (1988).

IV. Herzglykoside, Seidenpflanzen, Monarchfalter und Blauhäher

Das mittlerweile klassische Beispiel für eine Coevolution von Pflanzen und Tieren, bei der sekundäre Pflanzenstoffe eine Schlüsselrolle einnehmen, ist die interessante Wechselbeziehung zwischen Seidenpflanzen, Monarchfaltern und Blauhähern. Dabei schlagen Insekten aus den Pflanzengiften Kapital und nutzen sie zur Abwehr ihrer Feinde, der Vögel. Hinzu kommt das verblüffende biologische Merkmal der Warnfärbung, denn die betreffenden Insekten sind aposematisch.

Die verschiedenen, in diese Wechselbeziehung eingebundenen Organismen – Pflanzen, Insekten und Vögel – sind in Tabelle 3.3 zusammengestellt. Zahlreiche Wissenschaftler, darunter Brower (1969), Roeske et al. (1976), Rothschild (1972) sowie Reichstein und seine Mitarbeiter (1968), wirkten an der Entschlüsselung der Ereigniskette mit, die diese Organismen miteinander verbindet. Sie funktioniert in Kurzform folgendermaßen:

1. Die Seidenpflanze (Schwalbenwurz) produziert mehrere Herzglykoside in ihren Geweben als passive Abwehr gegen Insektenfraß. Diese Substanzen schmecken bitter und sind für höhere Tiere giftig.
2. Die Raupe des Monarchfalters lernt, sich an diese Gifte anzupassen. Sie nimmt sie beim Fressen auf und speichert sie sicher in ihrem Körper. Die Schwalbenwurz wird schließlich zur bevorzugten Futterpflanze der Raupen, denn es gibt kaum Konkurrenten um diese Nahrung.
3. Der adulte Schmetterling verläßt die Futterpflanze und hat die schützenden Herzglykoside in seinem Körper gespeichert.
4. Ein unerfahrener Blauhäher versucht im Experiment, den Falter zu fressen. Er erwischt einen Mundvoll bitter schmeckender Herzglykoside und erbricht daraufhin.
5. Bietet man dem Blauhäher einen zweiten Monarchfalter, wendet er sich angewidert ab, denn er hat gelernt, die leuchtende Färbung des Schmetterlings mit den bitteren Herzglykosiden zu assoziieren. Der Blauhäher vermeidet in der Folge, diese Falter wie auch alle anderen Schmetterlinge mit der gleichen Warnfärbung zu fressen.

Tabelle 3.3: An der Wechselbeziehung Seidenpflanze – Monarchfalter – Blauhäher beteiligte Organismen

Pflanzen	Insekten	Vogel
Asclepias curassavica (Schwalbenwurz/Seidenpflanze) und andere *Asclepias*-Arten (Asclepiadaceae)	*Danaus plexippus* (Monarch) und vier weitere Schmetterlinge der Familie Danaidae	*Cyanocitta cristata bromia* (Blauhäher)
Nerium oleander (Oleander, Apocynaceae)	andere kleine Insekten	

In Wirklichkeit ist die Situation natürlich komplexer als hier wiedergegeben. Der Blauhäher im Experiment stellt einen mustergültigen Feind dar; in der realen Welt gelingt es Vögeln gelegentlich, diese Abwehr zu umgehen (siehe Seite 114). Außerdem zeigt allein die Tatsache, daß der Blauhäher lernt, die Warntracht mit den giftigen Verbindungen zu assoziieren, daß auch die Farbe allein dem Insekt schon einen gewissen Schutz bietet. Nach Berechnungen von Brower müssen nur 50 Prozent einer Schmetterlingspopulation Gifte enthalten, um der Art 100prozentigen Schutz vor Blauhähern zu verleihen. Dieser biologische Mechanismus ist wahrscheinlich ein Sicherheitsfaktor für den Fall, daß die Menge und Qualität der Gifte, die eine Nahrungspflanze in einem bestimmten Jahr erzeugt und die damit für die Insekten verfügbar ist, variieren. Die Konzentration der Glykoside im Insekt ist abhängig von der Jahreszeit und der jeweiligen Pflanzenart, von der es sich ernährt. Zudem schmecken nicht alle Herzglykoside unangenehm, so daß das Insekt gelegentlich von *Asclepias* fressen kann, ohne Brechreiz erregende Verbindungen anzureichern.

Die von den Pflanzen abhängigen Abweichungen im Cardenolidgehalt adulter Schmetterlinge lassen sich ermitteln, indem man die chromatographische Auftrennung von Extrakten aus Insekten und aus Futterpflanzen vergleicht (Abb. 3.10). Einige Unterschiede im Muster ergeben sich aus der Bindung einiger pflanzlicher Komponenten an andere Substanzen im Stoffwechsel des Insekts. Dennoch läßt sich aus diesen qualitativen Diagrammen feststellen, welche von mehreren *Asclepias*-Arten der Schmetterling im Raupenstadium gefressen hat. In quantitativer Hinsicht ist die Beziehung zwischen der pflanzlichen Quelle und der Speicherung im Insekt komplizierter, denn die Raupen sind in der Lage, ihre Futteraufnahme an die in der Futterpflanze vorhandene Cardenolidmenge anzupassen (Brower et al. 1984).

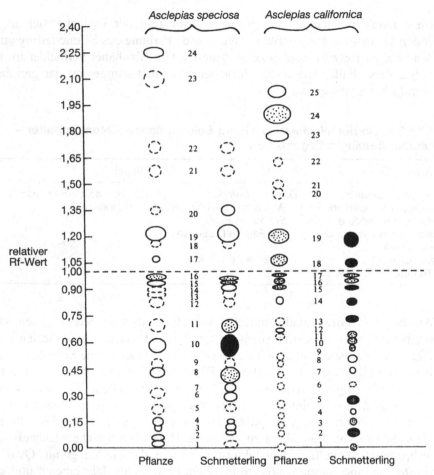

3.10 Dünnschichtchromatographische Auftrennung der Cardenolide zweier *Asclepias*-Arten und aus Monarchfaltern, die ihre Gifte aus diesen Pflanzen aufnahmen. (R_f-Werte relativ zum Digitoxin-Marker; als R_f-Wert bezeichnet man den Quotienten aus der Laufstrecke der Substanz und der Laufstrecke des Fließmittels.)

Die von den Nahrungspflanzen synthetisierten Herzglykoside umfassen viele verschiedene Verbindungen. Zwei Beispiele sind Calotropin, eines der wichtigsten Glykoside von *Asclepias curassavica* (Orangefarbige Seidenpflanze), und Oleandrin von *Nerium oleander* (Oleander) (Abb. 3.11). All die Pflanzengifte werden offenbar aufgenommen und gelangen in den Körper des Insekts. So identifizierte man nicht weniger als zehn Glykoside, darunter Calotropin, im Körpergewebe von Monarchfaltern, deren Raupen man mit Seidenpflanzen aufzog. Ähnlich fand man elf Verbindungen in der Langwanze *Caenocoris nerii* (Lygaeidae) nach der Aufzucht auf Oleander. Nach Berechnungen von Brower genügt die Herzglykosidmenge, die ein einzelner männlicher Schmetterling im Durchschnitt speichert, um bei fünf Blauhähern in 50 Prozent der Fälle Erbrechen hervorzurufen. Diese sonderbare Statistik ist das Ergebnis einer bestimmten Methode, die er zur Analyse des Fraßverhaltens des Blauhähers benutzte.

Der Schutz, den die Herzglykoside dem Monarchfalter bieten, erstreckt sich auch auf andere Insekten, die von Seidenpflanzen leben, nämlich auf vier andere aposematische Schmetterlinge, mehrere Langwanzen (Lygaeidae), Heuschrecken der Familie Pyrgomorphidae, Käfer und eine Blattlaus. Zusätzlich ahmen noch weitere Schmetterlinge das Farbmuster des Monarchs nach und erhalten so aposematischen Schutz, auch wenn sie sich nicht von *Asclepias* ernähren und auch keine Gifte aufnehmen.

Calotropin

Oleandrin

3.11 Struktur zweier Herzglykoside.

Vor diesem Hintergrund stellt sich die Frage, warum die Pflanzen weiterhin Gifte synthetisieren, wenn davon ausgerechnet jene Insekten am meisten profitieren, die sie fressen. Die einfache Antwort lautet: Die Produktion der Gifte läuft weiter, um der Pflanze nicht nur Schutz vor den meisten Insekten, sondern auch vor allen anderen weidenden Tieren zu bieten. Rinder beispielsweise vermeiden es, solche Pflanzen aufzunehmen. Die tödliche Dosis getrockneter Blätter von *Asclepias labriformis* liegt für ein 50 Kilogramm schweres Schaf bei nur knapp 23 Gramm, und so überrascht es nicht, daß *Asclepias*-haltiges Futter häufig zum Tod von Nutztieren führt (Seiber et al. 1984). Außerdem können die Raupen, die von dieser Pflanze fressen, ihren abstoßenden Geruch anreichern und so dazu beitragen, dessen Wirksamkeit gegen Herbivoren zu steigern. Zusätzlich kann die Anwesenheit dieser Insekten auf der Pflanze als Anreiz für Bestäuber fungieren, die Blüte anzufliegen und sie schließlich zu bestäuben.

V. Pyrrolizidinalkaloide, Greiskräuter, Nacht- und Tagfalter

A. Pyrrolizidinalkaloide bei Nachtfaltern

Eine ähnliche Beziehung, wie sie in den semitropischen Regionen Nord- und Zentralamerikas die Seidenpflanzen und die Schmetterlinge verbindet, entdeckte man auch in gemäßigten Klimaten – in den Wiesen rund um die Universität Oxford in England. In diesem Fall sind die Pflanzen das Gemeine Greis- oder Kreuzkraut (*Senecio vulgaris*) und das Jakobsgreiskraut (*S. jacobaea*), zwei sehr erfolgreiche Kräuter aus der Familie der Korbblütler (Asteraceae). Diese Pflanzen sind wirkungsvoll vor Herbivoren geschützt, weil sie in ihren Blättern eine Reihe von Alkaloiden des Pyrrolizidintyps enthalten. Diesen *Senecio*-Alkaloiden hat man zahlreiche Vergiftungsfälle bei Rindern zugeschrieben (Keeler 1975). Dennoch fressen die Raupen des Braunen Bäres (*Arctia caja*) und des Jakobskrautbäres (*Thyria jacobaeae*) ungestraft von diesen beiden Kräutern und verbringen ihren gesamten Lebenszyklus nur auf diesen Futterpflanzen.

Analysen der Raupen und adulten Nachtfalter zeigen, daß diese Insekten tatsächlich alle sechs Pyrrolizidinalkaloide des Greiskrautes aufnehmen und speichern. Die Alkaloidanteile ändern sich jedoch von der Pflanze zum Insekt; einige Ergebnisse deuten darauf hin, daß das Insekt in seinem Organismus ein Alkaloid der Futterpflanze in ein anderes umwandelt. Das bemerkenswerteste Anzeichen, daß die Alkaloide für die Insekten nicht toxisch wirken, ist die Tatsache, daß sie sogar in deren Eiern vorkommen. Zu den Schutzvorkehrungen dieser Nachtfalter vor ihren Fraßfeinden gehört auch wieder eine Warnfärbung: Sowohl die Raupen als auch die adulten Tiere sind leuchtend gefärbt und gemustert.

Die Wechselbeziehung zwischen den *Senecio*-Arten und den Faltern wird durch jahreszeitliche und geographische Unterschiede im Alkaloidgehalt der Futterpflanzen kompliziert. Die Raupe des Braunen Bäres ist mehr oder weniger ein Allesfresser (polyphag), ernährt sich auch von Fingerhut (*Digitalis purpurea*) und vermag selbst dessen Herzglykoside zu speichern. Man fand beide Klassen von Giften beim selben Insekt (Rothschild et al. 1979). Vermutlich ändert die Raupe gelegentlich ihre Freßgewohnheiten, um sicherzustellen, daß sie genügend Gift des einen oder anderen Typs zu ihrem Schutz erhält.

Die Wechselbeziehungen Herzglykoside–Monarchfalter sowie *Senecio*-Alkaloide–Nachtfalter sind zwar die einzigen, die man bisher in vollem Umfang erforscht hat, doch es ist offensichtlich, daß solche Wechselbeziehungen bei aposematischen Insekten häufig sind. Rothschild (1973) listete über 40 Insektenarten auf – 23 Lepidoptera (Schmetterlinge), eine Neuropteria-Art (Netzflügler), sieben Hemiptera (Schnabelkerfe), fünf Coleoptera (Käfer), eine Diptera-Art (Zweiflügler) und sechs Orthopteria (Geradflügler) –, welche die Fähigkeit besitzen, Pflanzengifte aufzunehmen und zu speichern. Für etwa 35 weitere aposematische Insekten, die er im gleichen Zeitraum auf Gifte hin untersuchte, kam er zu negativen Resultaten.

B. Pyrrolizidinalkaloide bei Tagfaltern

Die Fähigkeit von Insekten, sich von Pflanzen zu ernähren, die Pyrrolizidinalkaloide enthalten, und diese zu speichern, ist angesichts der hohen Toxizität dieser Substanzen für andere Lebensformen, insbesondere Säugetiere, bemerkenswert. Mattocks (1972) behauptet, die Toxizität der Pyrrolizidine rühre nicht von ihrer eigenen Struktur her, sondern von den wichtigsten Abbauprodukten, in die sie *in vivo* umgewandelt werden. Anscheinend produzieren Säugetiere bei dem Versuch, die Pyrrolizidinmoleküle durch Dehydrierung zu entgiften, zufällig noch weit giftigere Verbindungen – mit fatalen Folgen.

Im Verlauf des Abbaus bei Säugetieren (Abb. 3.12) kommt es zur Hydrolyse der Estergruppen des Alkaloids, was zu einer wichtigen Ausgangsverbindung, dem Retronecin, führt. Dieses wird dann zu einem Pyrrol dehydriert, welches giftiger ist als Retronecin und die Fähigkeit besitzt, Makromoleküle wie DNA in der Leber zu binden. Beim Abbau dieses Pyrrols *in vivo* entsteht ein noch reaktiverer Metabolit, nämlich (*E*)-4-Hydroxyhex-2-enal, das bei der Pyrrolizidinvergiftung offenbar eine bedeutende Rolle spielt (Segall et al. 1985).

Daß einige Insekten *Senecio*-Alkaloide unverändert speichern können, ohne Schaden zu nehmen, zeigen exemplarisch die beiden Nachtfalterarten, die auf den Wiesen um Oxford von diesen Pflanzen fressen (siehe vorhergehenden Abschnitt). Andere Insekten wiederum können sie ohne tödliche Folgen verarbeiten. Dies zeigten einige neuere Beobachtungen an Schmetterlingen der Familie Danaidae, die sich von *Asclepias* ernähren – sie waren das Thema eines früheren Abschnitts in diesem Kapitel.

3.12 Das Schicksal von Pyrrolizidinalkaloiden bei Säugetieren und Insekten.

Natürlich benötigen diese Schmetterlinge auch noch andere sekundäre Pflanzenstoffe, die ihnen die Seidenpflanze nicht bietet (Edgar und Culvenor 1974; Edgar et al. 1974). Sie brauchen nämlich Pyrrolizidinalkaloide, um jene aphrodisierenden Substanzen herzustellen, die männliche Schmetterlinge in ihren Haarpinseln auf den Flügeln speichern und bei der Balz zum Anlocken der Weibchen benutzen. Wenn ein Männchen über dem Weibchen flattert, verspritzt es die Duftpheromone aus den Haarpinseln als „Liebespulver" auf die Antennen des Weibchens und bereitet dieses so auf die Begattung vor. Drei solche Geschlechtspheromone sind Danaidal, Hydroxydanaidal und Danaidon (Abb. 3.12); sie unterscheiden sich in ihrer Oxidationsstufe eindeutig von den für Säugetiere gefährlichen Pyrrolen. Diese Pyrrole stammen zweifellos aus der Nahrung und leiten sich aus den *Senecio*-Alkaloiden ab. Man fand auch tatsächlich eines der unveränderten Esteralkaloide von *Senecio* an den Haarpinseln der Insekten.

Viele Danaiden, so beobachtete man, besuchen sowohl Borretsch- als auch *Senecio*-Pflanzen, um ihre Ernährungsbedürfnisse zu stillen. Pflanzen der Familie Boraginaceae (Rauhblattgewächse) sind eine der wenigen anderen natürlichen Quellen für Alkaloide vom *Senecio*-Typ. Die adulten Schmetterlinge werden von den welken Blättern angezogen und können mit ihrem Saugrüssel die alkaloidhaltigen Absonderungen aufsaugen. Teilweise erhalten sie ihre Alkaloide auch aus anderen pflanzlichen Sekreten, zum Beispiel aus dem Nektar von *Senecio*, von der Basis der Samenschoten (wie bei *Crotalaria*, Klapperschote) oder selbst durch die Aktivitäten anderer Insekten. Manchmal gehen sie mit bestimmten Heuschrecken eine symbiontische Beziehung ein, die beim Fressen an der Sonnenwende (*Heliotropium*) deren Pflanzensaft aus den Blättern freisetzen. Dieses äußerst bemerkenswerte, ja sogar einzigartige Verhalten der Danaiden hat man durch Beobachtungen sowohl im Labor als auch in der Natur sehr gründlich untersucht (Bernays et al. 1977).

Ein faszinierendes Evolutionsmerkmal dieser ungewöhnlichen Symbiose ist, daß die Danaiden die für ihr Paarungsverhalten erforderlichen Verbindungen nicht schon als Raupen mit ihrem Futter aufnehmen. Es kommt in der Tat ausgesprochen selten vor, daß adulte Schmetterlinge für den Rest ihres Lebens außer Nektar noch andere Substanzen brauchen. Das ist eindeutig im Zusammenhang damit zu sehen, daß sie zwei unterschiedliche Klassen von Pflanzenstoffen benötigen – Herzglykoside (als Feindschutz gegen Vögel) *und* Pyrrolizidinalkaloide (für ihr Werbeverhalten). Eine einfache Erklärung für das ungewöhnliche heutige Verhalten der Danaiden wäre, daß sie sich ursprünglich als Raupen von Pflanzen ernährten, die beide Stoffe enthielten: Herzglykoside und Alkaloide.

Wenn wir in der Entwicklungsgeschichte zurückblicken, können wir uns die Situation ausmalen (Abb. 3.13), daß einige ursprüngliche Formen der heutigen Apocynaceae beide Gifttypen enthielten. Ein späterer Evolutionsdruck könnte die Pflanzen gezwungen haben, sich zwischen der Produktion entweder des einen oder des anderen Gifttyps zu entscheiden, so daß die Gifte heute unter den Immergrüngewächsen (Apocynaceae) und Schwalbenwurzgewächsen (Asclepiadaceae) (Herzglykoside) sowie den Rauhblattgewächsen (Boraginaceae) und den Korbblütlern (Asteraceae) (Alkaloide) unterschiedlich verteilt sind. Eine solche Theorie schließt die Möglichkeit ein, daß irgendeine primitive heutige Apocynacee noch immer über die Fähigkeit verfügt, beide Klassen von Giften zu synthetisieren und anzureichern. Die Suche nach einer solchen Pflanze war tatsächlich erfolgreich: Einc Art der Gattung *Parsonsia* (Höckerkelch) enthält beide Typen sekundärer Pflanzenstoffe (Edgar und Culvenor 1975).

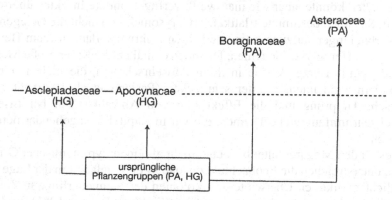

3.13 Hypothetisches Schema für die Evolution von Pflanzenfamilien, die Toxine besitzen (PA = Pyrrolizidinalkaloide, HG = Herzglykoside).

Die fortgesetzte Erforschung der Danaiden brachte weitere Aspekte der Rolle der Herzglykoside und Pyrrolizidinalkaloide im Leben dieser faszinierenden Insekten ans Licht. Man weiß heute beispielsweise, daß die Pyrrolizidinalkaloide zwei Zwecke erfüllen: Sie haben eine Schutzfunktion und dienen als wichtige Pheromonvorstufen. Dies folgt aus der Tatsache, daß adulte Weibchen die alkaloidreichen Absonderungen der welken Borretsch- oder *Senecio*-Blätter in geringerem Umfang sammeln als Männchen. Außerdem fand man heraus, daß zahlreiche Danaidenarten, darunter *Danaus plexippus* (der Monarch) und *Danaus chrysippus*, diese Alkaloide während des größten Teiles ihres Lebens als Imago (Adulte) in ihren Geweben speichern (Edgar et al. 1979).

Wenn die Pyrrolizidinalkaloide den Schmetterlingen auf diese Weise zur Abwehr zur Verfügung stehen, könnte man sich fragen, weshalb sie zusätzlich noch Herzglykoside aufnehmen. Eine einfache Antwort wäre, daß zwei Formen der chemischen Abwehr besser sind als eine. Ein raffinierterer Vorteil des Besitzes von Herzglykosiden offenbarte sich jedoch in einigen Fütterungsexperimenten von Smith (1978). Wie er herausfand, wurden Raupen von *D. chrysippus*, die er mit cardenolidhaltigen Schwalbenwurzgewächsen gefüttert hatte, seltener von endoparasitischen Fliegen angegriffen als jene, die *Asclepias*-Arten ohne Cardenolide erhielten. Da Parasiten wahrscheinlich noch wichtiger als Feinde sind, um Danaidenpopulationen in Grenzen zu halten (Edmunds 1976), könnte die Anreicherung von Cardenoliden im Organismus der Insekten genauso wesentlich sein wie die Aufnahme von Pyrrolizidinalkaloiden.

Die Bedeutung der Cardenolide für den Monarchfalter unterstrichen Versuche, bei denen man Raupen mit einer blattfreien, künstlichen Nahrung gefüttert hatte. Diese Raupen enthielten nachweislich herzwirksame Substanzen, obwohl sie diese nicht über das Futter aufnehmen konnten (Rothschild et al. 1978). Möglicherweise besitzt der adulte Schmetterling selbst in der Natur, wo die Raupen nach Belieben Cardenolide aus ihren Futterpflanzen aufnehmen können, seine eigenen herzwirksamen Substanzen, die sich chemisch von den pflanzlichen Cardenoliden unterscheiden, um deren toxische Wirkung zu verstärken.

Zwar synthetisiert der Monarch nicht selbst Steroide, die man für Pflanzencardenolide halten könnte, aber wie man weiß, verfügen andere Insekten über diese Fähigkeit. So haben bestimmte Blattkäfer (Chrysomelidae) nicht die Gelegenheit, solche Verbindungen aufzunehmen, weil ihren Nahrungspflanzen (zum Beispiel *Mentha* spec.) Herzglykoside fehlen. Dennoch enthalten die Käfer große Mengen (100–200 μg/ml) Herzglykoside in ihren Abwehrsekreten, die nicht nur giftig sind, sondern auch intensiv bitter schmecken (Pasteels et al. 1979). Der biosynthetische Ursprung und die Effektivität von Abwehrstoffen bei Insekten sind zwei sehr umfangreiche Themen, die wir in Kapitel 8 eingehender betrachten werden.

Was es für den Monarchfalter bedeutet, mehr als einen Typ chemischer Gifte zu besitzen, unterstreichen die Beobachtungen, daß zwei Vogelarten in der Lage sind, in den dichtbevölkerten Überwinterungskolonien der Schmetterlinge in Zentralmexiko die Cardenolidabwehr zu überwinden (Fink und Brower 1981). In diesen Überwinterungskolonien sammeln sich Falter, die im Herbst aus ihren gewöhnlichen Lebensräumen in den mittleren und östlichen Vereinigten Staaten nach Süden gewandert sind.

Die beiden Freßfeinde sind der Baltimoretrupial (*Icterus abeilli*) und der Schwarzkopfknacker (*Pheuctius melanocephalus*). Der Erfolg dieser beiden Vogelarten beruht einerseits auf ihrer im Vergleich zu anderen Vögeln geringeren Empfindlichkeit gegenüber der Brechreiz erzeugenden Wirkung dieser Gifte und andererseits auf der Tatsache, daß die überwinternden Schmetterlinge tendenziell weniger giftige Cardenolide enthalten als normal. In solchen Kolonien beobachtete man auch Angriffe von Mäusen (Glendinning und Brower 1990). Daß sich einige Vögel und Mäuse von Monarchfaltern ernähren können, mag an dem Phänomen liegen, daß eine zunehmende Zahl von Raupen sich im Frühling von Seidenpflanzen ernährt, die nur schwach wirksame Cardenolide enthalten. Solche Pflanzen, zum Beispiel *Asclepias syriaca* und *A. speciosa*, haben im natürlichen Verbreitungsgebiet des Monarchs aufgrund von Landnutzungsänderungen, vor allem durch die Landwirtschaft, zugenommen. In diesem Falle hat der Mensch also vielleicht eine Kette von Ereignissen ausgelöst, die unabsichtlich das natürliche Gleichgewicht der Schmetterlingspopulationen zugunsten ihrer Raubfeinde, der Vögel und Mäuse, verschoben haben.

VI. Die Nutzung von Pflanzengiften durch Tiere

Die aufsehenerregendsten Beispiele für eine Nutzung pflanzlicher Gifte durch Tiere sind zwar die Herzglykoside und Pyrrolizidinalkaloide (siehe Abschnitte IV und V), dies sind aber nicht die einzigen auf diese Weise genutzten sekundären Pflanzenstoffe. Ausführliche Untersuchungen haben mindestens zehn weitere Klassen von Pflanzengiften, die Insekten ihrer Nahrung entnehmen und für Abwehrzwecke speichern können, zutage gebracht. Diese sind in Tabelle 3.4 aufgelistet (Harborne 1987).

Aus den Ergebnissen dieser Forschungen sind im folgenden sechs Punkte aufgelistet.

1. Ein betreffendes Insekt kann mehr als eine Klasse von Giften nutzen. Schmetterlinge der Familie Danaidae erhalten von Pflanzen nicht nur Herzglykoside und Pyrrolizidinalkaloide, sondern die Raupen entziehen ihren Futterpflanzen offenbar auch auch ein Reihe pflanzlicher Basen, die sogenannten Pyrazine. Fünf solcher Verbindungen stellte man in den Alarmpheromonen des Monarchfalters und des Widderchens *Zygaena lonicerae* fest (Rothschild et al. 1984). Pyrazine dienen ebenfalls zum Schutz der Schmetterlinge gegen Angriffe durch Vögel. Es sind Verbindungen mit moschusartigem Geruch, die auch noch andere interessante Wirkungen haben, wie etwa, das Erinnerungsvermögen des Empfängers zu schärfen.

2. Verschiedene Insektengruppen unterscheiden sich darin, wie sie ihre Gifte nutzen. Die Ithomiidae, eine Schwesterfamilie der Danaidae, sammeln im Adultstadium Pyrrolizidinalkaloide von welken Pflanzen und verwenden sie als männliche Sexualpheromone. Im Gegensatz zu den Danaiden nehmen sie im Raupenstadium jedoch keinerlei Gift auf. Das ist auch deswegen überraschend, weil ihre Futterpflanzen – Vertreter der Nachtschattengewächse (Solanaceae) – reichlich mit Alkaloiden ausgestattet sind (Brown 1984).

3. Dieselben Gifte können sowohl der Nahrung entzogen, als auch vom Insekt neu synthetisiert werden. Das ist der Fall bei den cyanogenen Glykosiden Linamarin und Lotaustralin, die das Kleewidderchen (*Zygaena trifolii*) aus Valin und Isoleucin synthetisiert (Wray et al. 1983); es erhält sie aber auch aus seiner Futterpflanze, dem Hornklee (*Lotus corniculatus*) (Nahrstedt und Davis 1986).

4. Die Nutzung von Pflanzengiften kann für das Insekt unerwartete Konsequenzen haben. Erwachsene Männchen des Bärenspinners *Creatonotus gangis* (Arctiidae) unterscheiden sich beträchtlich, je nachdem, ob ihre Raupen ein Futter mit oder ohne Pyrrolizidinalkaloide erhalten haben. Im ersten Fall wachsen die als Coremata bezeichneten Duftorgane zu beachtlicher Größe heran und sondern bis zu 400 Mikrogramm Hydroxydanaidal pro Insekt ab; im zweiten Fall hingegen sind die Coremata winzig und duftlos. So reguliert das pflanzliche Alkaloid, beziehungsweise das daraus entstammende Pheromon, spezifisch das Wachstum eines Organs, das ein infolge dieser Regulation synthetisiertes chemisches Signal aussendet (Boppré 1986).

5. Häufig kommt es beim Insekt zu einem Abbau oder einer Bindung der Pflanzengifte. Dies geschieht beispielsweise, wie bereits beschrieben, mit den Cardenoliden und Pyrrolizidinalkaloiden bei Schmetterlingen. Salicin, das der Blattkäfer *Chrysomela aenicollis* (Chrysomelidae) aus seinen Nahrungspflanzen, den Weiden (*Salix*), aufnimmt, wird in ähnlicher Weise verarbeitet. Der Käfer hydrolysiert die Zuckerverbindung und oxidiert die Alkoholgruppe zu einem Aldehyd (Abb. 3.14). Das Produkt, Salicylaldehyd, wird zu einem Hauptbestandteil seines Abwehrsekrets (Rowell-Rahier und Pasteels 1982).

6. Die Nutzung von Pflanzengiften geht nahezu immer mit einer Warntracht einher (Rothschild 1973). Das jüngste Beispiel hierfür ist der seltene Zipfelfalter *Eumaeus atala florida* (aus der Unterfamilie Theclinae der Bläulinge, Lycaenidae), der das giftige Glucosid Cycasin aus seiner Futterpflanze, einem Palmfarn (Cycadeae), aufnimmt. Sowohl die rot-gelben Raupen als auch die auffallend orange gefärbten Adulten sind dann durch einen Cycasingehalt von 0,02 Prozent (bei den Raupen) beziehungsweise 1,0 bis 1,8 Prozent (bei den Adulten) geschützt (Rothschild et al. 1986).

3.14 Umwandlung von aufgenommenem Salicin zu dem Abwehrstoff Salicylaldehyd durch einen Blattkäfer (Chrysomelidae).

Tabelle 3.4: Klassen von Pflanzengiften, die Insekten aus Pflanzen aufnehmen und zu Abwehrzwecken speichern

chemische Stoffklasse	typische Verbindung	pflanzliche Quelle	speicherndes Insekt
Aristolochiasäuren	Aristolochiasäure	*Aristolochia* spp.	Tagfalter, *Battus archidamus*
Herzglykoside	Calotropin	*Asclepias* spp.	Tagfalter, *Danaus plexippus*
Cucurbitacine	Cucurbitacin D	*Cucurbita* spp.	Käfer, *Diabrotica balteata*
cyanogene Glykoside	Linamarin	*Lotus corniculatus*	Nachtfalter, *Zygaena trifolii*
Glucosinolate	Sinigrin	*Brassica oleracea*	Tagfalter, *Pieris brassicae*
Iridoide Verbindungen	Aucubin	*Plantago lanceolata*	Tagfalter, *Euphydryas cynthia*
Methylazomethanole	Cycasin	*Zamia floridina*	Tagfalter, *Eumaeus atala*
Phenole	Salicin	*Salix* spp.	Käfer, *Chrysomela aenicollis*
Pyrazine	3-Isopropyl-2-methoxypyrazin	*Asclepias curassavica*	Tagfalter, *Danaus plexippus*
Pyrrolizidinalkaloide	Retronecin	*Senecio* spp.	Nachtfalter, *Arctia caja*
Chinolizidinalkaloide	Cytisin	*Cytisus scoparius*	Blattlaus, *Aphis cytisorum*
Polyhydroxyalkaloide	2,5-Dihydroxymethyl-3,4-dihy-droxypyrrolidin	*Omphalea* spp.	Nachtfalter, *Urania fulgens*

117

VII. Zusammenfassung

In diesem Kapitel haben wir die potentiell toxischen Eigenschaften von Pflanzen, aber auch die Reaktionen einiger tierischer Pflanzenfresser auf diese Gifte betrachtet. Es gibt viele Klassen solcher Gifte, etwa die wohlbekannten Alkaloide und zyklischen Peptide oder auch die weniger vertrauten Polyacetylene und Glucosinolate. Die Mehrzahl der Pflanzenarten, so wird behauptet, besitzt die Fähigkeit, ihre Fraßfeinde in gewissem Ausmaß zu schädigen. Bestimmte Gifte, wie die cyanogenen Glykoside, sind für alle Lebewesen giftig. Andere, zum Beispiel die Saponine, zielen spezifisch auf Insekten und Weichtiere ab, während wieder andere, etwa die Herzglykoside, spezifisch bei weidenden Säugetieren zum Herzstillstand führen.

Zahlreiche Pflanzengifte wirken auf eine relativ subtile Weise, manchmal über einen langen Zeitraum. Einige Gifte, wie die Furanocumarine, werden toxischer, wenn sie dem Licht ausgesetzt sind. Andere, etwa die Chinolizidinalkaloide, haben teratogene Effekte und rufen bei weidenden Tieren Schädigungen des Skeletts hervor. Wieder andere, beispielsweise die Pyrrolizidinalkaloide, reichern sich an und führen über einen Zeitraum von Wochen oder Monaten zu Leberschäden.

Die Reaktionen der Tiere auf Pflanzengifte variieren beträchtlich. Einige Insekten, etwa die Tagfalter der Familie Danaidae und die Nachtfalter der Familie Arctiidae (Bärenspinner), nutzen sie als Vorstufen für Pheromone oder als Abwehrstoffe (siehe die Abschnitte IV und V). Mindestens zwölf Klassen von Giften können auf diese Weise aus Pflanzen aufgenommen und als Schutz gegen Raubfeinde gespeichert werden (Tabelle 3.4). Der Samenkäfer *Caryedes brasiliensis*, der sich von Leguminosensamen ernährt, welche die freie Aminosäure Canavanin enthalten, paßt das Gift an seinen eigenen Stoffwechsel an und wandelt es bei diesem Prozeß in nützlichen Stickstoff um (Abschnitt II.A).

Die meisten Herbivoren besitzen ein gutentwickeltes Enzymsystem, um die pflanzlichen Toxine zu entgiften und sie in wasserlöslicher Form auszuscheiden (Abschnitt II.C). Eine solche Entgiftung kann aufwendig sein, und deshalb haben sich vielleicht manche Tiere entschieden, bei ihrer Ernährung auf giftige Pflanzen zu verzichten. Dies läßt sich bei Kleepflanzen überprüfen, von denen es sowohl cyanogene als auch nicht cyanogene Formen gibt. In diesem Fall ist die Wechselwirkung kompliziert, insbesondere, wenn es sich bei den Weidetieren um Mollusken handelt (Abschnitt III.B). Cyanogene Glykoside zeichnen sich dadurch aus, daß sie durch Hydrolyse zwei Typen von Giften freisetzen: Cyanwasserstoff, ein Gift der Atmungskette, und ein toxisches Aldehyd oder Keton. Zwar müssen die Anpassungen von Tieren an den zweiten Gifttyp (zum Beispiel Benzaldehyd oder Aceton) erst noch erforscht werden, doch ist bereits klar, daß die Cyanidbildung bei Pflanzen eine erfolgreiche Abwehrmethode gegen Herbivorie durch mehrere Tierarten ist. Die Funktion anderer Klassen pflanzlicher Toxine als Abwehrstoffe hat man in den letzten Jahren ebenfalls erforscht; dies wird einen Schwerpunkt von Kapitel 7 bilden. Die Cyanidproduktion beim Weißklee ist ein Beispiel für ein variables Abwehrsystem, und in diesem späteren Kapitel werde ich auch auf den biosynthetischen Aufwand der pflanzlichen Abwehr eingehen.

Literatur

Bücher und Übersichtsartikel

Bell, E. A. *Toxic Amino Acids in the Leguminosae*. In: Harborne, J. B. (Hrsg.) *Phytochemical Ecology*. London (Academic Press) 1972. S. 163–178.

Brattsten, L. B. *Metabolic Defenses Against Plant Allelochemicals*. In: Rosenthal, G. A.; Berenbaum, M. R. (Hrsg.) *Herbivores: Their Interactions with Secondary Metabolites*. 2. Aufl. San Diego (Academic Press) 1992. Bd. 2, S. 176–242.

Brower, L. *Ecological Chemistry*. In: *Scient. Am.* 220 (1969) S. 22–29.

Dauterman, W. C.; Hodgson, E. *Detoxification Mechanisms in Insects*. In: Rockstein, M. (Hrsg.) *Biochemistry of Insects*. New York (Academic Press) 1978. S. 541–577.

Duffey, S. S. *Sequestration of Plant Natural Products by Insects*. In: *Ann. Rev. Entomol.* 25 (1980) S. 447–477.

Evered, D.; Harnett, S. (Hrsg.) *Cyanide Compounds in Biology*. Chichester (John Wiley) 1988.

Feeny, P. *Biochemical Coevolution Between Plants and Their Insect Herbivores*. In: Gilbert, L. E.; Raven, P. H. (Hrsg.) *Coevolution of Animals and Plants*. Austin (Texas University Press) 1975. S. 3–19.

Fellows, L. E.; Evans, S. V.; Nash, R. J.; Bell, E. A. *Polyhydroxy Plant Alkaloids as Glycosidase Inhibitors and Their Possible Ecological Role*. In: Green, M. B.; Hedin, P. A. (Hrsg.) *Natural Resistance of Plants to Pests*. Washington (American Chem. Soc.) 1986. S. 72–78.

Frohne, D.; Pfänder, H. J. *Giftpflanzen*. 3. Aufl. Stuttgart (Wissenschaftliche Verlagsgesellschaft) 1987.

Frohne, D.; Pfänder, H. J. *Systematik des Pflanzenreichs*. 4. Aufl. Stuttgart (G. Fischer) 1992.

Harborne, J. B. *Secondary Plant Products*. In: Bell, E. A., Charlwood, B. V. (Hrsg.) *Encyclopedia of Plant Physiology*. New Series, Bd. 8. Heidelberg (Springer) 1980.

Harborne, J. B. *Chemical Signals in the Ecosystem*. In: Dodge, J. D. (Hrsg.) *New Perspectives in Plant Science*. London (Academic Press) 1987. S. 39–58.

Janzen, D. H. *Seed-Eaters Versus Seed Size, Number, Toxicity and Dispersal*. In: *Evolution* 23 (1969) S. 1–27.

Jones, D. A. *Cyanogenic Glycosides and Their Function*. In: Harborne, J. B. (Hrsg.) *Phytochemical Ecology*. London (Academic Press) 1972. S. 103–124.

Jones, D. A. *Cyanogenesis in Animal-Plant Interactions*. In: Evered, D.; Harnett, S. (Hrsg.) *Cyanide Compounds in Biology*. Chichester (John Wiley) 1988. S. 151–170.

Keeler, R. F. *Toxins and Teratogens of Higher Plants*. In: *Lloydia* 38 (1975) S. 56–86.

Keeler, R. F.; Tu, A. T. (Hrsg.) *Handbook of Natural Toxins*. Bd. 1: *Plant and Fungal Toxins*. New York (Marcel Dekker) 1983.

Keeler, R. F.; Van Kampen, K. R.; James, L. F. (Hrsg.) *Effects of Poisonous Plants on Livestock*. New York (Academic Press) 1978.

Kindl, H. *Biochemie der Pflanzen*. Berlin (Springer) 1987.

Kuc, J. *Teratogenic Constituents of Potatoes*. In: *Recent Adv. Phytochem.* 9 (1975) S. 139–150.

Mattocks, A. R. *Toxicity and Metabolism of* Senecio *Alkaloids*. In: Harborne, J. B. (Hrsg.) *Phytochemical Ecology*. London (Academic Press) 1972. S. 179–200.

Metzner, H. *Biochemie der Pflanzen*. Stuttgart (Enke) 1973.

Millburn, P. *Biotransformation of Xenobiotics by Animals*. In: Harborne, J. B. (Hrsg.) *Biochemical Aspects of Plant and Animal Coevolution*. London (Academic Press) 1978. S. 35–76.

Mitchell, J.; Rook, A. *Botanical Dermatology*. Vancouver (Greenglass) 1979.

Mohr, H.; Schopfer, P. *Pflanzenphysiologie*. 4. Aufl. Heidelberg (Springer) 1992.

Riechstein, T.; Euw, J. von; Parsons, J. A.; Rothschild, M. *Heart Poisons in the Monarch Butterfly*. In: *Science* 161 (1968) S. 861–866.

Rodriguez, E.; Towers, G. H. N.; Mitchell, J. C. *Biological Activities of Sesquiterpene Lactones*. In: *Phytochemistry* 15 (1976) S. 1573–1580.

Roeske, C. N.; Seiber, J. N.; Brower, L. P.; Moffitt, C. M. *Milkweed Cardenolides and Their Comparative Processing by Monarch Butterflies*. In: *Recent Adv. Phytochem.* 10 (1976) S. 93–167.

Rosenthal, G. A. *Plant Nonprotein Amino and Imino Acids*. New York (Academic Press) 1982.

Roth, L.; Daunderer, M.; Kormann, K. *Giftpflanzen – Pflanzengifte*. 3. Aufl. Landsberg (ecomed) 1984.

Rothschild, M. *Some Observations on the Relationship Between Plants, Toxic Insects and Birds*. In: Harborne, J. B. (Hrsg.) *Phytochemical Ecology*. London (Academic Press) 1972. S. 1–12.

Rothschild, M. *Secondary Plant Substances and Warning Coloration in Insects*. In: Emden, H. van (Hrsg.) *Insect-Plant Interactions*. Oxford (Oxford University Press) 1973. S.59–83.

Scheline, R. R. *Mammalian Metabolism of Plant Xenobiotics*. London (Academic Press) 1978.

Seiber, J. N.; Lee, S. M.; Benson, J. M. *Chemical Characteristics and Ecological Significance of Cardenolides of* Asclepias *Species*. In: Nes, W. D.; Fuller, G.; Tsai, L. S. (Hrsg.) *Isopentenoids in Plants: Biochemistry and Function*. New York (Marcel Dekker) 1984. S. 563–588.

Siegler, D. S. *Isolation and Characterisation of Naturally Occurring Cyanogenic Compounds*. In: *Phytochemistry* 14 (1975) S. 9–30.

Smith, J. E.; Moss, M. O. *Mycotoxins*. Chichester (John Wiley) 1985.

Toms, G. C.; Western, A. *Phytohaemagglutinins*. In: Harborne, J. B.; Boulter, D.; Turner, B. L. (Hrsg.) *Chemotaxonomy of the Leguminosae*. London (Academic Press) 1971. S. 367–462.

Towers, G. H. N. *Photosensitizers from Plants and Their Photodynamic Action*. In: *Prog. Phytochem.* 6 (1980) S. 183–202.

Sonstige Quellen

Beesley, S. G.; Compton, S. G.; Jones, D. A. In: *J. Chem. Ecol.* 11 (1985) S. 45–50.

Bell, E. A. In: *Prog. Phytochem.* 7 (1980) S. 171–196.

Berenbaum, M. In: *Science* 201 (1978) S. 532f.

Bernays, E.; Edgar, J. A.; Rothschild, M. In: *J. Zool., Lond.* 182 (1977) S. 85–87.

Boppré, M. In: *Naturwissensch.* 73 (1986) S. 17–36.

Brighton, F.; Horne, M. T. In: *Nature* 265 (1977) S. 437f.

Brower, L. P.; Seiber, J. N.; Nelson, C. J.; Lynch, S. P.; Haggard, M. P.; Cohen, J. A. In: *J. Chem. Ecol.* 10 (1984) S. 1823–1857.

Brown, K. S. In: *Nature* 309 (1984) S. 707–709.

Burgess, R. S. L.; Ennos, R. A. In: *Oecologia* 73 (1987) S. 432–435.

Burnett, W. C.; Jones, S. B.; Mabry, T. J.; Padolina, W. G. In: *Biochem. Syst. Ecol.* 2 (1974) S. 25–30.

Compton, S. G.; Jones, D. In: *Biol. J. Linn. Soc.* 26 (1985) S. 21–38.

Cooper-Driver, G. A.; Swain, T. In: *Nature* 260 (1976) S. 604.

Culvenor, C. C. J.; Clark, M.; Edgar, J. A.; Frahn, J. L.; Jago, M. V.; Peterson, J. E.; Smith, L. W. In: *Experientia* 36 (1980) S. 377–379.

Daday, H. In: *Heredity* 8 (1954) S. 61–78; S. 377–384.

Edgar, J. A.; Culvenor, C. C. J. In: *Nature* 248 (1974) S. 614–616.

Edgar, J. A.; Culvenor, C. C. J. In: *Experientia* 31 (1975) S. 393f.

Edgar, J. A.; Culvenor, C. C. J.; Pliske, T. E. In: *Nature* 250 (1974) S. 646–648.

Edgar, J. A.; Boppré, M.; Schneider, D. In: *Experientia* 35 (1979) S. 1447f.

Edmunds, M. In: *Zool. J. Linn. Soc.* 58 (1976) S. 129–145.

Erickson, J. M.; Feeny, P. In: *Ecology* 55 (1974) S. 103–111.

Fink, L. S.; Brower, L. P. In: *Nature* 291 (1981) S. 67–70.

Glendinning, J. I.; Brower, L. P. In: *J. Animal AEcol.* 59 (1990) S. 1091–1112.

Horrill, J. C.; Richards, A. J. In: *Heredity* 56 (1986) S. 277–281.

Janzen, D. H.; Juster, H. B.; Liener, I. E. In: *Science* 192 (1976) S. 795f.

Jones, D. A. In: *Can. J. Genet. Cytol.* 8 (1966) S. 556f.

Jones, D. A.; Keymer, R. J.; Ellis, W. M. In: Harborne, J. B. (Hrsg.) *Biochemical Aspects of Plant and Animal Coevolution.* London (Academic Press) 1978. S. 21–34.

McIndoo, N. E. In: *US Dept. Agr. Bur. Entom. Plant Quarantine* ET 661 (1945) S. 1–286.

Nahrstedt, A. In: *Plant Syst. evol.* 150 (1985) S. 35–47.

Nahrstedt, A.; Davis, R. H. In: *Phytochemistry* 25 (1986) S. 2299–2302.

Pasteels, J. M.; Daloze, D.; Dorsser, W. V.; Roba, J. In: *Comp. Biochem. Physiol.* 63c (1979) S. 117–121.

Rehr, S. S.; Bell, E. A.; Janzen, D. H.; Feeny, P. P. In: *Biochem. Syst. Ecol.* 1 (1973) S. 63–67.

Rosenthal, G. A.; Dahlman, D. L.; Janzen, D. H. In: *Science* 192 (1976) S. 256f.

Rosenthal, G. A.; Janzen, D. H.; Dahlman, D. L. In: *Science* 196 (1977) S. 658–660.

Rothschild, M.; Marsh, N.; Gardiner, B. In: *Nature, Lond.* 275 (1978) S. 649f.

Rothschild, M.; Aplin, R. T.; Cockrum, P. A.; Edgar, J. A.; Fairweather, P.; Lees, R. In: *Biol. J. Linn. Soc.* 23 (1979) S. 305–326.

Rothschild, M.; Moore, B. P.; Brown, W. V. In: *Biol. J. Linn. Soc.* 23 (1984) S. 375–380.

Rothschild, M.; Nash, R. J.; Bell, E. A. In: *Phytochemistry* 25 (1986) S. 1853f.

Rowell-Rahier, M.; Pasteels, J. M. In: Visser, J. H.; Minks, A. K. (Hrsg.) *Insect-Plant Relationships.* Wageningen (Pudoc) 1982. S. 73–79.

Segall, H. J.; Wilson, D. W.; Dallas, J. L.; Haddon, W. F. In: *Science* 229 (1985) S. 472.

Shaver, T. N.; Lukefahr, M. J. In: *J. econ. Entomol.* 62 (1969) S. 643–646.

Sherbrooke, W. C. In: *Ecology* 57 (1976) S. 596–602.

Silva, R. da. In: *Arq. Inst. Biologico (Sao Paulo)* 11 (1940) S. 461–488.

Smith, D. A. S. In: *Experimentia* 34 (1978) S. 844f.

Stermitz, F. R.; Lowry, W. T.; Norris, F. A.; Buckeridge, F. A.; Williams, M. C. In: *Phytochemistry* 11 (1972) S. 1117–1124.

Watson, W. C. In: *Biochem. J.* 90 (1964) 3 S.

Wray, V.; Davis, R. H.; Nahrstedt, A. In: *Z. Naturforsch.* 38c (1983) S. 583.

4

Hormonelle Wechselbeziehungen zwischen Pflanzen und Tieren

I. Einführung

Die Vorstellung, zwischen Pflanzen und Tieren könnte es hormonelle Wechselwirkungen geben, scheint weit hergeholt und ins Reich der Science fiction zu gehören, wenn man bedenkt, wie unterschiedlich ihre Hormonsysteme sind. Bei Tieren werden Hormone gewöhnlich in speziellen endokrinen Drüsen gebildet und über das Kreislaufsystem zu ihrem Wirkungsort transportiert. Von ihrer chemischen Struktur her sind tierische Hormone meist Steroide oder Peptide, und sie lassen sich aufgrund ihrer Wirkung leicht verschiedenen Klassen zuordnen.

Im Gegensatz dazu besitzen bei Pflanzen viele Zellen die Fähigkeit, Hormone zu synthetisieren. Der Ort der Synthese ändert sich im Laufe der Entwicklung der Pflanze, und die Hormone überwinden meist nur relativ kurze Distanzen. Chemisch gesehen sind Pflanzenhormone sehr vielgestaltig und gehören strukturell unterschiedlichen Typen an, die beispielsweise auf Purinen basieren können (die Cytokinine), auf Aminosäuren (die Auxine) oder auf Terpenoiden (die Dormine und Gibberelline). Eines der wichtigsten pflanzlichen Wachstumshormone ist sogar ein Gas, nämlich Ethylen, das seine Wirkung über die Zwischenräume zwischen den Pflanzenzellen, die sogenannten Interzellularen, ausübt.

In diesem Kapitel werden wir sehen, daß zwischen Pflanzen und Tieren hormonelle Wechselwirkungen auftreten. Sie sind auf verschiedenen Ebenen möglich und hängen von der Fähigkeit physiologisch aktiver chemischer Substanzen ab, zwischen unterschiedlichen Lebewesen zu interagieren. In einigen Fällen ist das Tier der dominierende Partner der Wechselbeziehung; zum Beispiel, wenn Blattschneiderameisen den Pilzkolonien, von denen sie sich ernähren, Auxine zuführen, um sie wachsen und gedeihen zu lassen. Häufiger dominiert jedoch die Pflanze; sie übt ihre Wirkung aus, indem sie tierische Hormone und Pheromone synthetisiert, und so das Leben und Überleben ihrer Fraßfeinde beeinflußt.

Da den Pflanzen ein endokrines System, wie Tiere es besitzen, völlig fehlt, schenkte die wissenschaftliche Welt während der dreißiger Jahre ersten Berichten, daß in pflanzlichen Geweben weibliche Geschlechtshormone auftreten, keinen Glauben. Neuere Analysen lassen jedoch keinen Zweifel daran, daß in Pflanzen sowohl männliche als auch weibliche Hormone vorkommen. Ihre Funktion läßt jedoch nach wie vor Raum für Spekulationen; möglicherweise spielen sie bei Pflanzen eine natürliche Rolle beim Wachstum oder bei der Ausbildung der Blüte oder der Geschlechter. Diese Hypothese wird zum Teil durch die Entdeckung eines Steroidhormons – Antheridiol – unterstützt, das bei dem Wasserpilz *Achlya bisexualis* als chemotaktische Geschlechtssubstanz wirkt (Hendrix 1970). Ein alternativer Vorschlag ist, daß es produziert wird, um Säugetiere vom Fraß abzuhalten. Da die hormonelle Aktivität genauestens ausgewogen ist und von der richtigen Menge einer Reihe von Verbindungen abhängt, die zur richtigen Zeit an der richtigen Stelle vorhanden sein müssen, könnten zum falschen Zeitpunkt mit der Nahrung aufgenommene Hormone ernsthafte Konsequenzen für die Fortpflanzung der Weibchen nach sich ziehen. Das Vorhandensein verschiedener Verbindungen bei Pflanzen, die weiblichen Hormonen in struktureller Hinsicht ähneln und Östrogenwirkung zeigen, unterstützt die Ansicht, daß es sich um einen Schutz gegen Tierfraß handelt. Das Thema der tierischen und pflanzlichen Östrogene werden wir in Abschnitt II dieses Kapitels diskutieren.

Die Vermutung, daß zwischen Pflanzen und Tieren hormonelle Wechselwirkungen bestehen, erhielt ihre Unterstützung jedoch vor allem aus entomologischen Studien und durch die Entdeckung, daß nicht nur eine, sondern zwei Klassen von Insektenhormonen auch bei Pflanzen auftreten. Sie kommen in relativ großen Mengen und in einer Vielzahl chemischer Strukturen vor. Über ihre Funktion wird immer noch spekuliert, aber es ist durchaus möglich, daß Pflanzen sie produzieren, um auf diese Weise die Metamorphose und damit die Fortpflanzung der Insekten zu beinflussen. Das Auftreten von Häutungs- und Juvenilhormonen von Insekten bei Pflanzen wollen wir in den Abschnitten III und V betrachten. In Abschnitt IV werden wir eine besonders interessante Wechselbeziehung kennenlernen, an der die Häutungshormone von Insekten, Fruchtfliegen und Kakteen beteiligt sind.

Eine weitere Form der hormonellen Interaktion zwischen Pflanzen und Insekten ist über Pheromone möglich. Ich habe sie bereits kurz im Zusammenhang mit den Blütendüften in dem Kapitel über Bestäubungsökologie beleuchtet (Seite 64). Hier geht es nun um den Ursprung der Insektenpheromone in der Nahrung. Das Insekt kann die Pheromone *de novo* synthetisieren, sie aus pflanzlichen Substanzen herstellen, oder die pflanzlichen Verbindungen aufnehmen und ohne Veränderung direkt nutzen. Ein Fall, bei dem all diese drei Möglichkeiten verwirklicht sind, ist die Wechselbeziehung zwischen Borkenkäfer und Kiefer; diese werde ich im letzten Abschnitt dieses Kapitels vorstellen.

II. Pflanzliche Östrogene

Berichte über das Auftreten weiblicher Geschlechtshormone in den Samen der Dattelpalme und des Granatapfels tauchten in der Literatur zum ersten Mal in den dreißiger Jahren auf (zum Beispiel Butenandt und Jacobi 1933) und stießen auf große Skepsis. Die Methoden der chemischen Analyse waren zu jener Zeit noch ziemlich primitiv, was die kritischen Angriffe auf diese Untersuchungen zum Teil rechtfertigte. In jüngerer Zeit analysierte man jedoch die gleichen und andere pflanzliche Quellen mit weitaus genaueren Techniken (Tabelle 4.1), und so steht das Vorkommen sowohl weiblicher als auch männlicher Geschlechtshormone bei Pflanzen heute fast gänzlich außer Frage (eine gegensätzliche Ansicht vertreten jedoch Van Rompuy und Zeevaart (1979)). Sie treten nur in Spuren auf, und es sind derzeit noch erhebliche mengenmäßige Abweichungen zwischen verschiedenen Pflanzenproben möglich. Das Auftreten von nicht weniger als 17 Milligramm Östron pro Kilogramm Granatapfelsamen, wie von Heftmann et al. (1966) berichtet, ziehen Dean und Mitautoren (1971) in Zweifel; sie fanden nur sehr viel geringere Mengen. Dafür stellten sie das Hormon jedoch in Samen, Blüten, Blättern und Wurzeln fest.

Tabelle 4.1: Vorkommen menschlicher Geschlechtshormone bei Pflanzen

Verbindung	pflanzliche Quelle	Konzentration (in mg/kg)
Östron	Dattelpalme, *Phoenix dactylifera* Samen Pollen	0,40 3,3
Östron	Granatapfel, *Punica granatum* Samen	17,0
Östriol	Weide, *Salix* Blüten	0,11
Östron	Apfel, *Malus pumila* (=*domestica*) Samen	0,1
Östradiol-17-β	Gartenbohne, *Phaseolus vulgaris* Samen	
Testosteron Androstendion	Waldkiefer, *Pinus sylvestris* Pollen	0,08 und 0,59
Androstantriol	*Haplopappus heterophyllus* (Asteraceae)	–

Für Quellen siehe Heftmann (1975) und Young et al. (1978).

Ob diese Ergebnisse (Tabelle 4.1) bedeuten, daß tierische Geschlechtshormone in Spuren bei Pflanzen weit verbreitet sind, muß erst noch genauer bestimmt werden. Bei der Überprüfung von Pflanzen auf diese Hormone hin ergeben sich beträchtliche praktische Schwierigkeiten, da sie nur in sehr geringen Mengen vorliegen und die Nachweismethoden sehr zeitaufwendig sind. Möglicherweise werden sie in Pflanzen vollkommen zufällig hergestellt, als Nebenprodukte von Stoffwechselwegen, die zu funktionell weitaus bedeutenderen Pflanzensterolen führen. Andererseits könnten sie natürlich auch an Wachstum und Entwicklung der Pflanzen oder sogar an der Steuerung der geschlechtlichen Ausprägung von Pflanzen beteiligt sein. Bei einer Reihe von Pflanzen untersuchte man sogar die Folgen einer exogenen Anwendung dieser Hormone. Unter anderem wurden folgende Auswirkungen beschrieben: 1) Östrogene regen die Keimung der Samen und das Wachstum an. 2) Östrogene fördern die Blütenbildung. 3) Sowohl Östrogene als auch Androgene fördern die Ausprägung des weiblichen Geschlechts bei der Gurke. 4) Testosteron erhöht beim Schachtelhalm (*Equisetum*) die Zahl weiblicher Prothallien (siehe Heftmann 1975). Diese Daten zeigen keinesfalls an, daß die betreffenden Geschlechtshormone bei den genannten Pflanzen eine endogene Rolle spielen, denn in keiner dieser Pflanzen fand man ein männliches oder ein weibliches Hormon.

Östron   Östriol

Östrogene

Testosteron   Androstendion

Androgene

4.1 Struktur menschlicher Geschlechtshormone, die man in Pflanzen findet.

Berichte von noch nicht identifizierten Östrogenstoffen in zahlreichen Pflanzengeweben – basierend darauf, wie effektiv sie den Menstruationszyklus bei Frauen, Kühen oder Mutterschafen durcheinanderbringen – deuten darauf hin, daß die Östrogene noch viel weiter verbreitet sein könnten, als in Tabelle 4.1

angegeben. Während des Zweiten Weltkrieges zum Beispiel führte das durch Lebensmittelknappheit erzwungene Essen von Tulpenzwiebeln in Holland bei Frauen dazu, daß die Menstruation aus dem Gleichgewicht gebracht wurde und der Eisprung ausblieb. Weitere Nahrungsmittel, die sich auf den Zyklus von Frauen und Kühen auswirkten, sind Knoblauch, Hafer, Gerste, Roggen, Kaffee, Sonnenblumenkerne, Petersilie und Kartoffeln. Möglicherweise enthalten diese pflanzlichen Nahrungsmittel alle nicht die Hormone selbst, sondern statt dessen Verbindungen, die deren Wirkungen nachahmen. Diese Vermutung wird dadurch bestärkt, daß man bei einer speziell mit diesem Ziel durchgeführten Untersuchung einer Pflanze mit bekannter Östrogenwirkung ein solches Nachahmersteroid, nämlich Miröstrol, fand. Darüber hinaus entdeckte man in Vertretern der Familie der Schmetterlingsblütler (Fabaceae, auch Papilionaceae oder Leguminosae) eine Reihe aromatischer Östrogene aufgrund ihrer Auswirkung auf den Östrus von Schafen. Man prägte sogar den allgemeinen Begriff „Phytoöstrogen", um pflanzliche Verbindungen mit dieser Eigenschaft zu bezeichnen.

Die Verbindung Miröstrol wurde isoliert, als Wissenschaftler einem Bericht nachgingen, daß schwangere Frauen in Birma und Thailand den Extrakt einer Wurzel eines Leguminosenbaumes benutzten, um einen Schwangerschaftsabbruch herbeizuführen. Man bestimmte die Pflanze als *Pueraria mirifica*, und Bounds und Pope (1960) identifizierten die wirksame Substanz in der Wurzel. Ihre Struktur ähnelt auffallend jener des natürlichen weiblichen Hormons Östron (Abb. 4.2). In mehreren Dosen subcutan verabreicht ist Miröstrol so wirkungsvoll wie 17-β-Östradiol. Seine spezielle Effektivität als Mittel für einen Schwangerschaftsabbruch beruht auf seiner Wirkung bei oraler Aufnahme. Es ist dreimal wirksamer als Diethylstilböstrol, eine synthetische Verbindung, die man in der Medizin aufgrund ihrer höheren Aktivität anstelle von Östron einsetzt.

Östron
(natürliches Hormon)

Miröstrol
(nachgeahmtes pflanzliches Hormon)

4.2 Struktureller Vergleich zwischen Östron und Miröstrol.

Daß Isoflavonoide bei Säugetieren Östrogenwirkung erzielen, entdeckte man in den vierziger Jahren, als man Schafe in Australien länger als gewöhnlich auf Weiden grasen ließ, die mit Erdfrüchtigem Klee (*Trifolium subterraneum*) bestanden waren. Damals ging dort der Anteil der gebärenden Schafe auf weniger als 30 Prozent zurück, und als Ursache für diese Unfruchtbarkeit ermittelte man die Kleepflanzen. Schließlich isolierte man die entscheidende Komponente und identifizierte sie als Mischung zweier Isoflavone – Genistein und Formononetin (Bradbury und White 1954). Ein struktureller Vergleich (Abb. 4.3) mit dem Hormon Östron und dem wirkungsvollsten synthetischen Analogon, Diethylstilböstrol, zeigt, warum diese Isoflavone zu den Östrogenen zu zählen sind: Sie ahmen den Steroidkern des natürlichen weiblichen Hormons nach. Auf molarer Grundlage sind sie eher schwache Östrogene (Biggers 1959), und sie entfalten ihre Wirkung vermutlich aufgrund der relativ hohen Menge (etwa ein Prozent des Trockengewichts) im Kleefutter.

4.3 Isoflavonoide als Nachahmer von Östrogenen.

Später isolierte Bickoff (1968) eine noch wirkungsvollere Substanz aus Luzerne (*Medicago sativa*) und Weißklee (*Trifolium repens*), das Cumestrol. Cumestrol ist zwar 30mal wirksamer als Genistein oder Formononetin, doch kommt es in Futterleguminosen im allgemeinen in weitaus geringerer Konzentration vor, so daß es *in vivo* vermutlich weniger effektiv ist als die Isoflavone. Formononetin ist das wichtigste Östrogen des Klees für Schafe (Shutt 1976), und zwar, weil es die Vorstufe eines Östrogens ist und im Körper der Tiere (durch Demethylierung und Reduktion) in eine wirksamere Substanz umgebaut wird, das verwandte Isoflavon Equol. Dieses Isoflavon isolierten Marrian und Haslewood tatsächlich bereits 1932 aus dem Urin trächtiger Stuten. Vergleichende Untersuchungen zum Abbau von Genistein ergaben, daß dieses im Magen zu unwirksamen Produkten abgebaut wird, von denen eines *p*-Ethylphenol ist. Ein drittes Isoflavon im Klee, Biochanin A, wird in ähnlicher Weise über Genistein abgebaut (Abb. 4.4).

4.4 Abbau von Isoflavonen des Klees durch Mikroorganismen im Magen von Schafen.

Alle Isoflavone wirken als Östrogene, wenn man sie Tieren durch parenterale Injektion verabreicht. Über die Zusammenhänge zwischen Struktur und Wirksamkeit der Isoflavonoide hat man an Mäusen zahlreiche Forschungen durchgeführt (Biggers 1959). Beispielsweise läßt sich zeigen, daß für eine maximale Wirksamkeit die beiden *para*-substituierten Hydroxylgruppen erforderlich sind: Die Übertragung der 4′-Hydroxylgruppe bei Genistein an die 2′-Position (was Isogenistein ergibt) vermindert die Östrogenwirkung um 75 Prozent (Baker et al. 1953).

Aus landwirtschaftlicher Sicht ist das Vorhandensein von Isoflavonoiden in Klee und anderen Leguminosenfutterpflanzen eine Gefahr für Nutztiere, weil sie sich auf deren Fortpflanzung auswirken. Zu den auftretenden Symptomen gehören Probleme bei den Wehen, Unfruchtbarkeit oder Laktation bei nicht trächtigen Schafen. Wie eine Untersuchung der Gattung *Trifolium* zeigte, weisen 18 Arten einen ebenso hohen Isoflavongehalt auf wie *T. subterraneum*, die meisten anderen Arten enthalten jedoch nur verhältnismäßig geringe Mengen. Mit den Weidekleearten führte man mittlerweile Pflanzenzuchtexperimente durch, und so stehen jetzt Linien mit einem ungefährlichen, niedrigen Isoflavongehalt zur Verfügung. Leider ist es schwierig, existierende Linien von *Trifolium subterraneum* auf australischen Weiden zu ersetzen, weil diese sehr gut an ihre Umgebung angepaßt sind und große Samenreserven im Boden aufgebaut haben. Trotz all der Versuche, trächtige Schafe nicht mehr auf solchen Weiden grasen zu lassen, bekommen schätzungsweise eine Million Schafe jedes Jahr aufgrund der „Kleekrankheit" keine Lämmer. Nun entwickelt man Maßnahmen zur Immunisierung, um dieses Problem zu überwinden (Shutt 1976).

Isoflavone sind in ihrer Verbreitung mehr oder weniger auf Leguminosen beschränkt; so kann eine eventuell vorhandene abschreckende Wirkung in der Natur nur innerhalb dieser Familie auftreten. Es gibt jedoch keinen Grund, warum bei anderen Pflanzenfamilien nicht auch andere chemische Substanzen denselben Zweck erfüllen sollten. Beispielsweise entdeckte man eine schwache Östrogenwirkung bei einigen Flavonen und Flavonolen – zwei Klassen von Verbindungen, die bei den Angiospermen weit verbreitet sind.

Doch die Frage bleibt: Steht die Isoflavonsynthese rein zufällig mit der Östrogenwirkung bei Säugetieren in Zusammenhang oder produziert die Pflanze diese Substanzen absichtlich, um die Fortpflanzungsfähigkeit grasender Tiere zu beeinträchtigen? In diesem Zusammenhang könnte von Bedeutung sein, daß das Isoflavonskelett auch die Grundlage der Krankheitsresistenz bei Leguminosen bildet, denn die in dieser Familie gebildeten Phytoalexine sind nahezu alle reduzierte Formen von Genistein oder Formononetin (siehe Kapitel 10).

Daß den Isoflavonen eine ökologische Rolle zukommt, legt unter anderem ein Bericht nahe (Leopold et al. 1976), demzufolge Wachteln ebenfalls durch die Östrogenwirkung von Isoflavonen in ihren Weidepflanzen betroffen sind. Anscheinend fressen die Vögel in Gebieten, die reich an Leguminosenarten sind, und nutzen das Vorhandensein der Isoflavone als eine Form der Populationskontrolle. So gedeihen in Jahren mit guten Regenfällen die Leguminosen üppig und weisen einen relativ geringen Isoflavongehalt im Bezug zum Frischgewicht auf. Es kommt nicht zu Östrogenwirkungen bei den Wachteln, und die Eiablage erfolgt normal. In Jahren mit geringen Niederschlägen sind die Pflanzen jedoch weniger beblättert und dementsprechend reicher an Isoflavonen. Bei den weiblichen Wachteln tritt nun eine Östrogenwirkung auf, und sie legen weniger Eier. Somit ist dies ein selbstregulierendes System, wobei die Zunahme der Population niedrig gehalten wird, wenn das für die Vögel verfügbare Futter begrenzt ist. Die natürliche Beschränkung der Population ist eine Eigenschaft vieler Tiergesellschaften, und möglicherweise spielen Phytoöstrogene auch bei anderen Arten als Wachteln in dieser Hinsicht eine Rolle.

Selbst einfachere Moleküle als Isoflavone können bei bestimmten Tieren die Fortpflanzung steuern. So fanden Berger und Coautoren (1977) heraus, daß Ferulasäure und *p*-Cumarinsäure und ihre Vinylanaloga (Abb. 4.5) die Fortpflanzung der Rocky-Mountains-Wühlmaus (*Microtus montanus*), eines in nordamerikanischen Grasländern heimischen Nagetieres, behindern. Fütterte man die Weibchen mit diesen Substanzen, so wiesen sie ein verringertes Gebärmuttergewicht auf, die Follikelreifung war gehemmt, und die Tiere stellten ihre Fortpflanzungsaktivitäten ein. Diese beiden Phenolsäuren sind in bedeutenden Mengen in dem Salzgras *Distichlis stricta* vorhanden, das oft über 90 Prozent der Nahrung dieser Nager ausmacht. Zur Zeit der Blüte und des Fruchtens, also kurz vor dem Absterben, steigt der Gehalt an diesen Säuren in der Pflanze auf ein hohes Maß an. Man nimmt an, daß diese Nahrungsbestandteile für die Tiere zu einer Kontrolle werden, um der Fortpflanzung in natürlichen Populationen genau zu jenem Zeitpunkt Einhalt zu gebieten, wenn am Ende der Wachstumsperiode die Nahrung knapp wird.

p-Cumarinsäure, R = H
Ferulasäure, R = OMe

Vinylphenol, R = H
Vinylguaiakol, R = OMe

4.5 Pflanzliche Phenole, die bei *Microtus montanus* die Fortpflanzung hemmen.

Wenn die Phenole in der Nahrung die Fortpflanzung dieser Nager im Herbst zum Stillstand bringen, dann könnte man erwarten, daß es in der Nahrung auch etwas gibt, was die Fortpflanzung im nächsten Frühjahr wieder anregt. Die Suche nach einem solchen Stimulans brachte einen weiteren chemischen Bestandteil eines Grases zutage – 6-Methoxybenzoxazolinon (Saunders et al 1981). Diese Verbindung entsteht durch enzymatische Umwandlung aus der Hydroxamsäure DIMBOA, die in vielen Gräsern vorkommt (Abb. 4.6). DIMBOA ist selbst biologisch aktiv und wirkt bei Weizen und Mais als Abschreckungsmittel gegen die Grüne Getreideblattlaus (*Schizaphis graminum*) (Argandona et al. 1981).

DIMBOA

6-Methoxybenzoxazolinon

4.6 Enzymatische Umwandlung von DIMBOA zu 6-Methoxybenzoxazolinon, einem Fortpflanzungsstimulans, bei *Microtus montanus*.

III. Häutungshormone von Insekten bei Pflanzen.

Bevor wir das Auftreten von Insektenhormonen bei Pflanzen diskutieren, müssen wir kurz ihre Rolle im Lebenszyklus der Insekten besprechen. Bei der Metamorphose der Insekten sind Hormone erforderlich, um den Lebenszyklus von der Larve bis zur Adultform (Imago) zu steuern. Sie werden benötigt, um die Gestaltveränderungen während des Wachstums in Gang zu bringen, die grob umrissen wie folgt aussehen:

erstes Larvenstadium $\xrightarrow{HH/JH}$ zweites Larvenstadium $\xrightarrow{HH}$ Puppe $\xrightarrow{HH}$ Imago

Die an dieser Entwicklung beteiligten Wirkstoffe sind das Juvenilhormon (JH) und das Häutungshormon (HH). Während das Juvenilhormon nur für die Umwandlung der Larvenstadien benötigt wird, ist das Häutungshormon, welches die Abstoßung der äußeren Hülle oder Hautschicht steuert, in jedem Stadium bis hin zur Adultform erforderlich. Bei höher entwickelten Insekten unterscheidet sich die Juvenilform so sehr von der adulten, daß vor der Verpuppung mehrere Larvenstadien eingeschoben werden müssen.

Für die normale Metamorphose spielen diese beiden Hormone also eine entscheidende Rolle. Sie müssen genau zur richtigen Zeit und in exakt der richtigen Menge vorhanden sein, damit die Entwicklung von der Larve zum Adultstadium normal ablaufen kann. Während das Juvenilhormon in einem Paar winziger Kopfdrüsen, den Corpora allata, produziert wird, wird das Häutungshormon in den Prothoraxdrüsen im vorderen Körperbereich des Insekts gebildet.

Daß für die Metamorphose von Insekten ein Häutungshormon erforderlich ist, wies man erstmals bereits vor einigen Jahrzehnten nach (siehe Wigglesworth 1954). Doch erst 1954 isolierte man das Hormon mit dem Namen Ecdyson in ausreichender Menge, um seine Struktur analysieren zu können. Butenandt und Karlson (1954) extrahierten damals aus einer halben Tonne (500 Kilogramm) Seidenspinnerpuppen 25 Milligramm reiner Substanz. Erst elf Jahre später ermittelte man ihren Aufbau durch Röntgenstrukturanalyse (Karlson et al. 1965) als Hydroxysterin mit einer dem Cholesterin ähnlichen Struktur (Abb. 4.7). Eine zweite Verbindung war in geringeren Mengen in den Seidenspinnern enthalten; man identifizierte sie als 20-Hydroxyecdyson. In der Folge isolierte man aus Arthropoden (Gliederfüßern) oder Crustaceen (Krebstieren) vier weitere, ganz ähnliche Häutungshormone, wodurch sich die Gesamtzahl der Zooecdysone auf sechs erhöhte.

Bis hierhin betraf diese Zusammenstellung ausschließlich Tiere. Eine außerordentlich erstaunliche Entdeckung etwa ein Jahr nach der Aufklärung der Struktur der beiden Ecdysone brachte dieses Gebiet der Biochemie und Endokrinologie der Insekten plötzlich mit der Pflanzenkunde in Verbindung: Takemoto und Coautoren (1967) sowie Nakanishi (1968) berichten über das Vorkommen immenser Mengen von 20-Hydroxyecdyson in den Blättern der Beereneibe (*Taxus baccata*). Die gleiche Menge dieses Ecdysons, wie man sie durch Extraktion aus einer hal-

Ecdyson, R = H
20-Hydroxyecdyson, R = OH

Cholesterin

Cyasteron

4.7 Die Struktur von Häutungshormonen von Insekten.

ben Tonne Seidenspinnerpuppen erhielt (also aus 500 kg Insektengewebe), nämlich 25 Milligramm, ließ sich aus nicht mehr als 25 Gramm getrockneten Blättern oder Wurzeln der Eibe gewinnen. Als eine sogar noch reichere Quelle erwiesen sich die Rhizome des Gemeinen Tüpfelfarnes (*Polypodium vulgare*): Nur 2,5 Gramm Rhizom lieferten 25 Milligramm des Hormons.

Ein Insektenhormon in derart erstaunlichen Mengen in Pflanzen zu finden, war damals eine Sensation. Diese Entdeckung erwies sich als unmittelbar wertvoll für die Wissenschaft, denn die Pflanzen stellten eine leicht zugängliche Quelle reiner Hormone für endokrine Experimente mit Insekten dar. Außerdem war sie auch von beachtlichem praktischen Interesse, weil solche Substanzen oder ihre Analoga eine Möglichkeit boten, in die normale Entwicklung der Insekten einzugreifen, und somit als Mittel zur Schädlingsbekämpfung dienen konnten. Was ein neues Konzept der Chemie der Insektizide zu sein schien, war jedoch, wie Williams (1972) es formulierte, »ein offensichtlich alter Trick – erfunden durch bestimmte Pflanzen und von ihnen seit Millionen Jahren praktiziert«.

Rasch begann man, Pflanzen auf Ecdysone hin zu untersuchen. Wie man herausfand, treten sie regelmäßig bei Farnen (in 22 von 43 überprüften Arten, insbesondere in der Familie der Polypodiaceae) und bei Gymnospermen auf (bei 73 Arten aus acht Familien, darunter die Taxaceae und die Podocarpaceae).

Auch bei Angiospermen kommen Ecdysone vor, allerdings weniger häufig. Während 20-Hydroxyecdyson bei Pflanzen relativ weit verbreitet ist, sind die anderen Zooecdysone selten. Stattdessen enthalten Pflanzen aber zahlreiche andere Strukturen: In den folgenden vier Jahren nach der ursprünglichen Entdeckung in der Eibe wurden über 30 Phytoecdysone charakterisiert (Rees 1971), und über 70 weitere konnte man danach noch auf der Liste ergänzen (Camps 1991).

Die faszinierendste Eigenschaft vieler Phytoecdysone ist ihre im Vergleich zu den Zooecdysonen extrem hohe hormonelle Aktivität. Manche sind bis zu 20mal wirksamer und können sich auf die Entwicklung von Insekten sehr schädigend auswirken, unter anderem, weil sie von den Insekten nicht wie die Zooecdysone inaktiviert werden. So ist beispielsweise Ecdyson bereits sieben Stunden nach der Fütterung an Insekten zu 50 Prozent inaktiviert, Cyasteron, ein pflanzliches Hormon aus Palmfarnen (*Cycas*), jedoch erst nach 32 Stunden im selben Ausmaß.

Wie sich Pflanzenhormone biologisch auswirken, hängt davon ab, ob sie per Injektion, über die Haut oder oral verabreicht werden. Die Folgen solcher Behandlungen sind häufig Mißbildungen, Sterilität und sogar der Tod. Bei Insekten ist die orale Gabe am wenigsten effektiv, weil sie Methoden zur Entgiftung entwickelt haben. So können mit der Nahrung aufgenommene Hormone weiter hydroxyliert, an der 3'-Position reduziert werden, sich zusammenlagern oder Seitenketten abspalten (Hikino et al. 1975).

Zu den Insekten, die besonders empfindlich auf Phytoecdysone reagieren, gehören die Seidenraupe – die Larve des Seidenspinners (*Bombyx mori*) – und die Raupe des Roten Baumwollkapselwurmes (*Pectinophora gossypiella*). Die Seidenraupe zum Beispiel ist nach einer solchen Behandlung nicht mehr in der Lage, während des Häutungsprozesses die alte Cuticula abzustoßen, und es kann zur Ausbildung von zwei Köpfen kommen – mit tödlichen Folgen (Kubo et al. 1983). Der Zusatz von Rohextrakten anderer ecdysonhaltiger Pflanzen zur Nahrung einer Reihe weiterer Insekten, darunter der Tsetsefliege *Glossina morsitans morsitans*, führte ebenfalls zu Entwicklung von Anomalien und schließlich zum Tod (Camps 1991). Bestimmte Insekten stellen bei Ecdyson in der Nahrung die Nahrungsaufnahme vollkommen ein. Dies ist sowohl mit Ecdyson als auch mit 20-Hydroxyecdyson in Konzentrationen von rund 5 mg/kg Frischgewicht bei Raupen von Kohlweißlingen (*Pieris brassicae*) der Fall (Camps 1991).

Schließlich könnte man noch die Frage stellen: Kommt den Phytoecdysonen irgendeine ökologische Funktion zu, oder treten sie bei Pflanzen rein zufällig auf? Bilden diese Hormone einen wichtigen Schutzmechanismus für Pflanzen, um Insekten von einem Angriff abzuhalten? Ein schlüssiger Beweis für eine solche Rolle ist ausgesprochen schwierig zu finden, aber immer mehr Experimente deuten auf eine Schutzfunktion hin (siehe Williams 1972).

Einige der Punkte, die für eine ökologische Funktion pflanzlicher Ecdysone sprechen, sind im folgenden aufgeführt:

1. Phytoecdysone treten hauptsächlich in zwei Gruppen relativ primitiver Pflanzen auf – bei Farnen und Gymnospermen –, die immer noch relativ (aber nicht

vollkommen) frei von Insektenfeinden zu sein scheinen (Hendrix 1980). So könnten sie in einer bestimmten Phase der Evolution als Abwehrmechanismus aufgetaucht sein – vor dem Erscheinen der Angiospermen. Ihre Rolle als Fraßschutz übernahmen bei letzteren offenbar die Alkaloide oder Ellagsäuren.

2. Wenn man sie Insekten verabreicht, führen Phytoecdysone zu starken Wachstumsanomalien und letztendlich zur Sterilität und vorzeitigem Tod.

3. Zwar läßt sich zeigen, daß einige Insekten oral verabreichtes Ecdyson entgiften können, doch gibt es auch andere, die nicht imstande sind, es rechtzeitig unwirksam zu machen. Ihre strukturelle Variabilität bietet den Phytoecdysonen einen gewissen Schutz gegen raschen Verlust ihrer Wirksamkeit. Insekten sind wahrscheinlich weniger gut in der Lage, mit Ecdyson fertig zu werden, das sie über die Cuticula aufnehmen, und man kann sich durchaus vorstellen, daß ein Teil der Phytoecdysone bei der Nahrungsaufnahme auf diesem Wege in die Insekten gelangt.

4. Die Synthese der Phytoecdysone muß als nur ein Stadium in dem andauernden coevolutionären Prozeß zwischen Pflanzen und Insekten betrachtet werden. Zum heutigen Zeitpunkt der Evolutionsgeschichte sollte man erwarten, daß viele Insekten diesen speziellen Abwehrmechanismus teilweise oder bereits vollkommen überwunden haben.

5. Phytoecdysone müssen für Insekten nicht unbedingt tödlich sein. Wahrscheinlich genügen geringfügige Auswirkungen auf die Metamorphose oder auf die Fortpflanzung, um die Fitness des Schädlings herabzusetzen und somit seine Übergriffe entsprechend unter Kontrolle zu halten.

IV. Die Wechselbeziehung Fruchtfliege – Kaktus

Ein ziemlich ungewöhnliches Beispiel für Insekten mit spezifischen Wirtspflanzen entdeckten Kirchner und Heed (1970) in der Sonorawüste im Westen der Vereinigten Staaten. Wie sie herausfanden, zeigen vier *Drosophila*-Arten eine bemerkenswerte „Wirtsspezifität" bei der Auswahl ihrer Futterpflanzen: Sie ernähren sich jeweils von den verwelkenden Gliedern von vier in dieser Region wachsenden Kakteenarten. Die Beziehung zwischen Kaktus und Fruchtfliege ist sehr beständig, wie die Bestimmung und Auswertung adulter Fliegen zeigten, deren Larven von verschiedenen Kakteen gesammelt wurden (Tabelle 4.2). Jede *Drosophila*-Art ernährt sich von einem speziellen Kaktus, mit nur sehr wenigen Ausnahmen.

Es treten zwei Formen der Interaktion auf, an denen der Sekundärstoffwechsel beteiligt ist, und es spielen sowohl Lockstoffe eine Rolle, die Pflanzenfresser anziehen, als auch Abwehrstoffe, die sie abstoßen (diese Stoffe sind in Kapitel 5 genauer definiert) (Abb. 4.8). Der Lockstoff für Herbivoren kommt in allen Kakteen vor; es ist ein Sterin, das es den Insekten ermöglicht, ihr Häutungshormon zu synthetisieren. Da die Insekten den Sterinkern nicht *de novo* herstellen

Tabelle 4.2: Schlupfuntersuchungen von *Drosophila*-Arten auf welkenden Kakteen in der Sonorawüste

Kaktus	dazugehörige *Drosophila*-Art	Wirtspflanzen-spezifität[a]
Senitakaktus *Lophocereus schottii*	*D. pachea*	862:1
Saguarokaktus *Carnegia gigantea*	*D. nigrospiracula*[b]	6803:1
Orgelpfeifenkaktus *Lemairocereus thurberi*	*D. mojavensis*	28:1
Sinakaktus *Rathbunia alamosensis*	*D. arizonensis*	23:1

[a] Bezeichnet das Verhältnis der Nachkommen der dazugehörigen *Drosophila*-Art zur Zahl der Nachkommen nicht dazugehöriger Arten; auf dem Senitakaktus zum Beispiel fand man auf alle 862 schlüpfenden *D. pachea* eine andere Art (z.B. *D. mojavensis*). Daten verändert nach Kircher und Heed (1970).

[b] *D. nigrospiracula* ist insofern ungewöhnlich, als sie auch noch auf zwei anderen Wirtspflanzen lebt; *D. pachea* und *D. mojavensis* haben jeweils noch eine weitere mögliche Wirtspflanze.

können, hängen sie für das Ausgangsmaterial von Pflanzen ab. Der gewöhnliche Ausgangsstoff ist Sitosterin (Abb. 4.9) – das wichtigste Sterin in Pflanzengeweben. Die Insekten müssen an ihm eine Reihe struktureller Veränderungen vornehmen, um es zu Ecdyson umzuwandeln. Diese Veränderungen lassen sich in drei Gruppen von Reaktionen einteilen: 1) Neuanordnung der Doppelbindung von der Δ5- zur Δ7-Position, 2) Entfernung der 24-Ethylgruppe (in dieser Ethylgruppe unterscheiden sich fast alle pflanzlichen Sterine von den tierischen), und 3) verschiedene Oxidationen um das Kohlenstoffskelett, um drei Alkoholgruppen und eine Ketogruppe einzubringen.

Während die meisten Insekten alle diese Reaktionen ausführen müssen, scheinen *Drosphila*-Arten, die sich von diesen Kakteen ernähren, den ersten Schritt umgehen zu können, die Neuanordnung der Δ5-Doppelbindung. Der Grund hierfür ist, daß beim Senitakaktus das Hauptsterin nicht Sitosterin, sondern Schottenol ist (Abb. 4.9). Dieses weist eine dem Sitosterin ähnliche Struktur auf, außer daß die Doppelbindung am zweiten Kohlenstoffring bereits an der richtigen Position

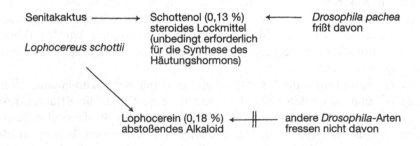

4.8 Die Wechselbeziehung zwischen *Drosophila* und Senitakaktus.

4.9 Synthese des Häutungshormons aus Sitosterin oder Schottenol. ① Verschiebung der Doppelbindung von Δ5 nach Δ7; ② Dealkylierung am C24; ③ Oxidation.

für die Ecdysonsynthese sitzt. Da die Fliegen Schottenol zu sich nehmen, brauchen sie weniger Schritte und einer geringere Zahl von Enzymen zur Synthese ihres Häutungshormons. Dies ist für die Tiere ein solcher Vorteil, daß sie im Hinblick auf die Ecdysonsynthese tatsächlich von dieser Wirtspflanze abhängig wurden. Im Labor mit Sitosterin aufgezogene Larven sind nicht in der Lage, Ecdyson herzustellen, und können sich somit nicht zu adulten Fliegen entwickeln.

Die zweite Klasse von Substanzen in dieser Wechselwirkung sind die Alkaloide. Sie wirken offensichtlich als Abschreckmittel für andere *Drosophila*-Arten als diejenige, die speziell mit einem bestimmten Kaktus assoziiert ist. So ist Lophocerein in einer Konzentration von bis zu 0,18 Prozent beim Senitakaktus vorhanden; hinzu kommt hier noch ein zweites Alkaloid, nämlich Pilocerein (0,6 Prozent), ein Trimer von ähnlicher Struktur wie Lophocerein (Abb. 4.10). Diese beiden Alkaloide wirken abschreckend auf andere *Drosophila*-Arten. Die toxische Wirkung läßt sich in Fütterungsexperimenten im Labor zeigen – nur *D. pachea* ist gegenüber diesen Alkaloiden unempfindlich. Ein zweiter Kaktus, der Saguarokaktus, enthält ein anderes Alkaloid, nämlich Carnegein; dieses stößt nun *D. pachea* ab, aber nicht *D. nigrospiracula* – jene Art, die Saguarokakteen jeder anderen Wirtspflanze vorzieht.

Lophocerein

Carnegein

4.10 Alkaloide von Kakteen.

Bei diesem interessanten Beispiel für eine Coevolution zwischen Pflanze und Insekt hat die Fruchtfliege ein Höchstmaß an Abhängigkeit von einer oder zwei Nahrungspflanzenarten erreicht. Selbst ein geringfügiger Wechsel auf eine verwandte Art ist für sie gefährlich, weil er aufgrund des Vorhandenseins eines fremden Alkaloids zum Tod führen kann. Wenn ihre Wirtspflanze verschwindet, sind die Fliegen ebenfalls in einer ungünstigen Position, denn sie müssen dann die Fähigkeit wiedererlangen, die Doppelbindung von der Δ5- in die Δ7-Position zu verschieben. Die Pflanzen haben eine komplexe sekundäre Chemie entwickelt, sowohl hinsichtlich der Sterine als auch bezüglich der Alkaloide, die zumindest teilweise die Übergriffe von Insekten einschränkt. Da sich die Fliegen aber von verwesenden Teilen der Kakteen ernähren, ist der Insektenfraß für die Pflanzen relativ ungefährlich und könnte sich sogar als Vorteil erweisen, da die absterbenden Glieder so schneller beseitigt werden, als es sonst der Fall wäre.

V. Juvenilhormone von Insekten bei Pflanzen

Die Notwendigkeit für ein Juvenilhormon in allen frühen Stadien des Insektenwachstums erwähnte ich bereits in Abschnitt III (Seite 132). Es ist unerläßlich, um das Wachstum und den Aufbau der für die Metamorphose notwendigen Stoffe zu steuern. Das Hormon kann unter Umständen bis zu sechs Wochen wirksam sein, wie bei den Raupen des Cecropiaspinners (*Platysamia cecropia*). Es wird in den Corpora allata synthetisiert, die auch seine Freisetzung ins Blut regulieren.

Vom ersten Nachweis, daß Insekten ein Juvenilhormon besitzen, bis zu seiner chemischen Charakterisierung vergingen 20 Jahre. 1967 klärten Roller und seine Mitarbeiter die Struktur von JH I auf (Abb. 4.11). Sie verwendeten dazu weniger als 300 Mikrogramm Material, das sie aus Cecropiaspinnerraupen isoliert hatten. JH I hat die Struktur eines Sesquiterpens ähnlich Farnesol, welches selbst auch eine gewisse JH-ähnliche Wirkung ausübt. Eine zweite Verbindung von ganz ähnlicher Struktur, JH II, fand man ebenfalls bei Cecropiaspinnern. In der Folge wurden zwei weitere Hormone, JH O und JH III, aus den Raupen des Amerikanischen Tabakschwärmers (*Manduca sexta*) isoliert. Den gegenwärtigen Informationen

138

4.11 Die Struktur von Juvenilhormonen und ihren Analoga.

nach zu urteilen, scheinen diese vier Verbindungen die Juvenilhormone der meisten Insekten zu sein. Man hat inzwischen zahlreiche strukturell verwandte Substanzen synthetisierte und den Zusammenhang zwischen Struktur und Wirkungsweise nachgewiesen (Pfiffner 1971).

Die Entdeckungsgeschichte von Stoffen mit der Wirkung von Juvenilhormonen bei Pflanzen ist einer jener interessanten Zufälle, welche der Chronik der Wissenschaftsgeschichte ihren Glanz verleihen. Zur Entdeckung des sogenannten „Papierfaktors" kam es, als der tschechoslowakische Biologe K. Sláma von C. M. Williams eine Einladung an die Harvard University erhielt, um dort sein Lieblingsinsekt für Experimente zu züchten, die Feuerwanze (*Pyrrhocoris apteris*). Unerklärlicherweise schlugen alle Versuche, die Feuerwanzen zu einer normalen Metamorphose zu veranlassen, in der neuen Umgebung fehl. Sie verblieben hartnäckig im fünften Larvalstadium. Bei der Suche nach den verantwortlichen Faktoren stieß man darauf, daß Sláma bei seinem Umzug nach Harvard die Petrischalen, in denen die Wanzen wachsen sollten, nicht mehr mit Whatman-Filterpapier, sondern mit amerikanischen Zellstofftüchern (Scott Brand 150) ausgelegt hatte. Ersetzte man diese wieder durch das ursprüngliche Filterpapier, entwickelten sich die Larven normal. Offensichtlich lieferte irgendeine Verbindung in dem Scott-Brand-Papier den Feuerwanzen ständig Juvenilhormonstoffe und verhinderte so ihre normale Metamorphose.

139

Man testete eine Reihe von Papierprodukten und fand dabei heraus, daß alle amerikanischen Zeitungen und Zeitschriften ausgesprochen wirkungsvoll waren. Im Gegensatz dazu zeigten europäische und japanische Zeitungen überhaupt keinen Effekt. Diesen Unterschied im „Papierfaktor" führte man dann auf die Tatsache zurück, daß amerikanisches Papier größtenteils aus Holz der Balsamtanne (*Abies balsamea*) hergestellt wird, einem Baum, der in der europäischen Zellstoffindustrie keine Verwendung findet. So durchlaufen einige Stoffe des Baumes alle Prozesse der Papierherstellung und sind auch noch in der gedruckten Seite des amerikanischen Wissenschaftsjournals *Science* enthalten. Die entsprechende englische Zeitschrift *Nature* hingegen ist vollkommen frei von dem Wachstumshemmer für Insekten, da andere Bäume zur Papierherstellung dienen.

Aus einem Extrakt amerikanischen Papiers isolierte man die wirksame Verbindung, nämlich Juvabion – wie man herausfand, ein Analogon des natürlichen Insektenhormons (Abb. 4.11). Juvabion wirkt jedoch nur bei einer Insektenfamilie: bei den Pyrrhocoridae, zu denen die Feuerwanze gehört. Die Behandlung der verwandten Lygaeidae (Langwanzen), die ebenfalls den Hemiptera (Schnabelkerfe) angehören, mit Juvabion hatte keinen Effekt. Pflanzliche Juvenilhormone scheinen also recht selektiv in ihrer Wirkung zu sein.

Die Entdeckung eines zweiten Insektenhormons in Pflanzenmaterial nach den Phytoecdysonen (siehe Abschnitt III) zog weiteres Interesse nach sich und führte zu Spekulationen über mögliche ökologische Auswirkungen solcher Substanzen. Ganz anders als im Fall der Häutungshormone wurde jedoch nur von wenigen Verbindungen außer Juvabion und seinen dehydrierten Derivaten berichtet. Dennoch gibt es Hinweise darauf, daß Stoffe mit Juvenilhormonwirkung in einer Reihe von Pflanzen verbreitet sind. Bowers (1968) untersuchte eine zufällige Auswahl von 52 Arten und fand bei sechs Spezies eine Hormonwirkung im Test mit Mehlkäferlarven (*Tenebrio*); das entspricht einer Häufigkeit von zwölf Prozent. Weitere Untersuchungen (zum Beispiel Jacobson et al. 1975) belegten eine derartige Wirkung auch für weitere Pflanzen.

Zwei andere Nachahmer des Juvenilhormons, die man aus Angiospermenarten isolierte, sind Juvocimen 2 und Juvadecen (Abb. 4.11). Juvocimen 2 ist in den Blättern des Basilienkrautes (*Ocimum basilicum*, Lamiaceae) enthalten und um einiges wirksamer als JH I. So führen beispielsweise bereits 10 pg bei der Wanze *Oncopeltus fasciatus* zur Bildung von Zwischenformen zwischen Nymphen und Adulten (Bowers und Nishida 1980). Juvadecen, das in den Wurzeln von *Macropiper excelsum* (Piperaceae) vorkommt, ist ähnlich hormonell wirksam. Es induziert bereits zusätzliche Metamorphosen, wenn man das letzte Larvenstadium dieser Wanze mit 30 μg behandelt, und es wirkt in höheren Dosen ziemlich giftig (Nishida et al. 1983).

Da bei Pflanzen Verbindungen mit Juvenilhormonaktivität auftreten und die Embryonalentwicklung von Insekten zum Stillstand bringen, manchmal sogar tödlich wirken, ist es wahrscheinlich, daß sie eine ähnliche ökologische Bedeutung haben wie die Häutungshormone pflanzlichen Ursprungs. Unter Umständen produzieren Pflanzen diese Substanzen gezielt als ausgeklügelte Abwehr gegen Insektenfraß. Vorläufige Ergebnisse deuten darauf hin, daß die Großtanne (*Abies grandis*) die freie Säure von Juvabion (Abb. 4.11) tatsächlich als Reaktion auf Befall ihres Holzes durch Blutläuse produziert, und daß ihr diese Säure einen Schutz verleiht (Puritch und Nijholt 1974). Wie effektiv eine Bekämpfung von Insekten mit Hilfe dieser Hormonderivate ist, zeigt sich an der Tatsache, daß man unlängst Juvenilhormonanaloga als Insektizide gegen mehrere landwirtschaftlich bedeutende Schädlinge auf den Markt brachte.

Die recht junge Entdeckung einer Anti-JH-Substanz bei Pflanzen spricht noch stärker für die Hypothese, daß Sekundärmetabolite den Pflanzen einen hormonellen Schutz gegen Insekten liefern. Aus der insektenresistenten Leberbalsamart *Ageratum houstianum* (Asteraceae) isolierte man zwei Chromene, bezeichnet als Precocen 1 und 2 (Abb. 4.12). Fügt man sie der Nahrung von Insekten zu, beeinflussen diese beiden Substanzen die Wirkung des Juvenilhormons dahingehend, daß es zu einer frühzeitigen Metamorphose kommt. So lassen die Nymphen der *Oncopeltus*-Wanzen ein oder mehrere Larvenstadien aus und werden zu unvollkommenen Adulten. Das Endergebnis ist bei Weibchen in der Regel Unfruchtbarkeit (Bowers 1991). Die Precocene scheinen die JH-Synthese erst zu hemmen, nachdem sie in den Drüsen der Insekten in die entsprechenden Epoxide umgewandelt wurden (Brooks et al. 1979).

MeO O

R

Precocen 1 (R = H)
Precocen 2 (R = OMe)
Encecalin (R = COMe)

4.12 Anti-Juvenilhormon-Substanzen und ein verwandtes Chromen aus Pflanzen.

Ein Durchmusterung von Mitgliedern der Compositen (Asteraceae) – jener Familie, der *Ageratum houstoniatum* angehört – auf precocenähnliche Wirkungen hin erbrachte keine weiteren aktiven Substanzen. Zwar isolierte man aus diesen Pflanzen mehr als 170 Chromene und verwandte Benzofurane, aber kaum eines besitzt Anti-Juvenilhormon-Wirkung (Proksch und Rodriguez 1983). Das verwandte Encecalin (Abb. 4.12) aus *Encelia farinosa* zeigt jedoch Insektizidwirkung gegenüber der *Oncopeltus*-Wanze und hält die Raupen des Amerikanischen Baumwollkapselwurmes (*Heliothis zea*) vom Fraß ab. Im Gegensatz zu diesen natürlichen Stoffen wirken zahlreiche synthetische Verbindungen wie Fluormevalonat ähnlich wie die Precocene und hemmen die Biosynthese des Juvenilhormons bei Insekten. Mehrere solche Wirkstoffe könnten potentiell zur Schädlingsbekämpfung bei Nutzpflanzen eingesetzt werden, wenngleich bisher noch keines auf dem Markt ist (Staal 1986).

VI. Pheromonwechselwirkungen mit dem Riesenbastkäfer

Der Befall von Kiefern durch verschiedene Borkenkäfer verursacht ernstzunehmende Schäden und Verluste bei diesem kommerziell bedeutenden Holz. Schätzungen zufolge gehen 54 Prozent der natürlichen Tode aller ausgewachsenen Koniferen in Nordamerika auf Angriffe von Käfern zurück. Im Zuge der Suche nach Bekämpfungsmethoden führte man über einen Zeitraum von mehreren Jahren Studien über die Ursachen für diesen Befall durch. Ein wichtiger betroffener Baum in Nordamerika ist die Ponderosakiefer (*Pinus ponderosa*); sie wird von einer Reihe von Schädlingen befallen, darunter der Westamerikanische Riesenbastkäfer (*Dendroctonus brevicomis*) und der Kalifornische Borkenkäfer (*Ips paraconfusus*). An der Wechselbeziehung sind eindeutig die Monoterpene der Kiefer beteiligt. Die Zusammenhänge sind jedoch sehr kompliziert, und bis heute ist man sich noch nicht über alle Stufen dieser Wechselbeziehung im klaren. Die vorliegende Zusammenstellung beschränkt sich vor allem auf die von amerikanischen Entomologen an *D. brevicomis* durchgeführten Forschungen (Wood 1982; Byers et al. 1984).

Eine Skizze der verschiedenen Stadien des Befalls durch *D. brevicomis* zeigt Abbildung 4.13. Einige der beteiligten chemischen Stoffe sind in den Abbildungen 4.14 und 4.15 dargestellt.

Das Fettharz (Oleoresin) der Kiefernborke ist reich an flüchtigen Terpenen, die in Spuren aus dem Baum austreten. Diese Dämpfe, oder bestimmte Bestandteile davon, ziehen die weiblichen Käfer an, die sich dann auf der Rinde niederlassen, um zu fressen (Stufe 1).

Haben sich die Weibchen einmal angesiedelt, beginnen sie, Männchen zur Fortpflanzung an diesen Ort zu locken (Stufe 2). Die ersten ankommenden männlichen Käfer setzen Frontalin frei. Dieses erzeugt zusammen mit dem *exo*-Brevicomin der Weibchen und mit Myrcen, das direkt aus dem Fettharz der Bäume abgesondert wird, ein reichhaltiges Pheromonbukett, das Massenansammlungen hervorruft. Die beiden bizyklischen Ketale *exo*-Brevicomin und Frontalin werden von den Käfern *de novo* synthetisiert.

Die weiblichen Käfer, die Initiatoren des Befalls, scheinen das Geschlechterverhältnis innerhalb der Population zu steuern, indem sie das Verhältnis der Pheromone in der abgegebenen Mixtur variieren (Stufe 3). Dies geht aus den Experimenten hervor, bei denen man dem Kot der Insektenlarven nach einem Borkenbefall alle drei Komponenten hinzufügte. Eine solche Mischung zieht Männchen und Weibchen in einem Verhältnis von 1:1 an; läßt man jedoch das Frontalin weg, verschiebt sich das Verhältnis auf 2:1 zugunsten der Männchen.

Schließlich erreicht die befallene Fläche ihre maximale Größe, und die Nahrung reicht für die bereits vorhandenen Käfer aus. In diesem Stadium erzeugen die weiblichen Käfer (*E*)-Verbenol, das weitere futtersuchende Weibchen fernhält, während die männlichen Käfer Verbenon und (+)-Ipsdienol produzieren, welche sich nähernde Männchen abschrecken. Das Keton Verbenon wird in einer zweistufigen Oxidation über den Alkohol (*E*)-Verbenol aus einem der wichtigsten Rindenterpene, dem α-Pinen, hergestellt (Abb. 4.15).

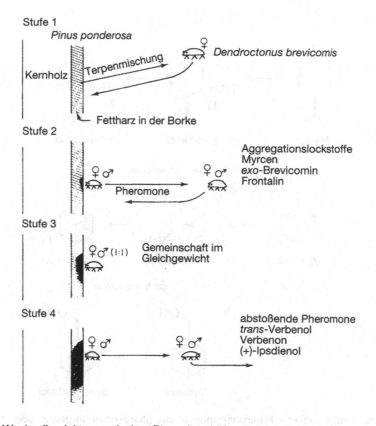

4.13 Die Wechselbeziehung zwischen Riesenbastkäfer und Ponderosakiefer.

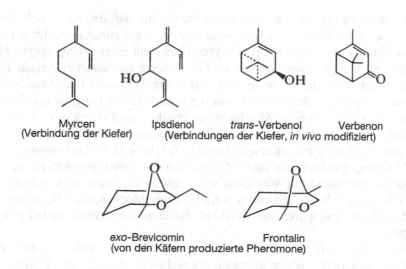

4.14 Pheromone des Westamerikanischen Riesenbastkäfers und ihre Ausgangsstoffe.

143

Ips paraconfusus

| Myrcen | (+)-Ipsdienol | (–)-Ipsdienol |

Dendroctonus brevicomis

| α-Pinen | *trans*-Verbenol | Verbenon |

Ips typographus

| Myrtenol | *trans*-Myrtanol |

4.15 Die Produktion von Käferpheromonen aus pflanzlichen Terpenen über mikrobielle Oxidationen.

Aus ökologischer Sicht ist besonders interessant, daß der Käfer sich Verbindungen aus seiner Nahrung auf mindestens zwei Arten zunutze macht: entweder ohne strukturelle Veränderung (bei Myrcen) oder mit einer geringfügigen Modifikation (bei Verbenol und Verbenon). Ein weiterer interessanter Aspekt ist die synergistische Wirkung (Tabelle 4.3), wobei der Lockstoff für Männchen alle drei Komponenten enthalten muß, um die maximale Wirkung zu erzielen. Der Zusatz von Myrcen zu einer Mischung aus Frontalin und Brevicomin verdoppelt die Wirksamkeit des Lockstoffes. Das Myrcen kann dabei nicht durch die nahe verwandte Struktur Limonen ersetzt werden (Tabelle 4.3). Bemerkenswert ist, daß eine Mischung aus Frontalin und 3-Caren, statt Männchen anzulocken, nun ausgesprochen anziehend auf Weibchen wirkt. Diese Mischung wäre natürlich ein idealer Köder, um Weibchen von den Kiefern wegzulocken, noch bevor sie einen Befall initiieren, und wurde auch schon als Bekämpfungsmaßnahme in Erwägung gezogen.

Eine weitere Verflechtung in dieser komplexen Wechselbeziehung ist vermutlich durch Mikroorganismen gegeben, die wahrscheinlich für die Umwandlung von α-Pinen zu Verbenon im Käfer verantwortlich sind. So hat man aus dem

Tabelle 4.3: Synergistische Effekte von Terpenmischungen auf Käfer

Pheromonmischung	Anzahl der in 24 Stunden gefangenen Männchen
Brevicomin + Frontalin	193
Brevicomin + Frontalin + Myrcen	389
Brevicomin + Frontalin + Limonen	196
Frontalin + 3-Caren*	34

* Diese Mischung wirkt außerordentlich anziehend auf Weibchen.

Darm von *Ips paraconfusus* ein Bakterium isoliert, das α-Pinen zu Verbenol zu oxidieren vermag, während ein symbiontischer Pilz von *Dendroctonus* das Verbenol weiter zu Verbenon oxidieren kann (Brand et al. 1976). Die Entwicklung von Mikroorganismen in der Wirtspflanze ist also möglicherweise von Bedeutung, da diese das Verhalten des Käfers auf einem erfolgreich besiedelten Baum beeinflussen können.

Der andere eingehend untersuchte Borkenkäfer, *Ips paraconfusus*, trägt seinen Namen zu Recht, weil seine Pheromone denen von *Dendroctonus* in einigen Punkten verwirrend ähnlich, in anderen aber vollkommen verschieden sind. Dem studentischen Leser zuliebe will ich dies hier nicht weiter ausführen (siehe aber Wood 1982). Übereinstimmung besteht zwischen *Ips* und *Dendroctonus* in der Nutzung pflanzlicher Terpene zur Produktion von bestimmten Pheromonen. Setzt man zum Beispiel männliche Käfer (nicht die weiblichen) Myrcendämpfen aus, so absorbieren sie das Myrcen in ihrem Enddarm und oxidieren es dort zu den Alkoholen Ipsdienol und Ipsenol – den beiden männlichen Pheromonen (Byers et al. 1979). Einen überzeugenden Beweis für diese *invivo*-Umwandlung im Organismus von *Ips paraconfusus* erhielt man, indem man den Käfer mit Myrcen fütterte, das man zuvor an den beiden Methylgruppen durch Deuterium markiert hatte (Abb. 4.15), und anschließend zeigte, daß die beiden produzierten Pheromone an denselben beiden Positionen Deuterium tragen (Hendry et al. 1980).

Die Männchen eines dritten Borkenkäfers, des Buchdruckers (*Ips typographus*), erhalten ihre Pheromone Myrtenol und (*E*)-Myrtanol durch ähnliche mikrobielle Oxidationen, ausgehend von α-Pinen (Abb. 4.15) (Birgersson et al. 1984).

Wie man unlängst entdeckt hat, sind die verschiedenen, von den Borkenkäfern hergestellten Pheromone auch von Bedeutung, um einen Befall der verschiedenen Käferarten auf bestimmte Stellen der Bäume zu beschränken. So halten einige der von *Dendroctonus brevicomis* abgegebenen Pheromone andere Arten (zum Beispiel *Ips paraconfusus*) davon ab, sich zu nähern und an derselben Stelle zu fressen; in ähnlicher Weise verhindern einige andere Arten eine Annäherung von *D. brevicomis*. Somit sind diese Käferpheromone von ökologischer Bedeutung, weil sie die interspezifische Konkurrenz um den Wirtsbaum vermindern (Byers et al. 1984).

Einen letzten Punkt dieser komplexen ökologischen Wechselbeziehung sollten wir noch betonen: Möglicherweise können die Bäume selbst die Chemie ihrer Fettharze ändern, um eine Resistenz gegen einen Käferbefall zu entwickeln.

Wie eine Analyse der Terpene im Xylemharz verschiedener Populationen gezeigt hat, erfolgt bei *Pinus ponderosa* eine gerichtete Selektion für Bäume mit hohen Konzentrationen an Limonen, während die anderen vier hauptsächlichen Monoterpene (α- und β-Pinen, 3-Caren und Myrcen) sehr variabel bleiben (Sturgeon 1979). Solche Bäume werden gemieden, weil Limonen in größeren Mengen für die Käfer giftig ist und sie so vom Fressen abhält. Borkenkäfer bevorzugen Bäume mit niedrigem Limonengehalt, aber mit einem hohen Gehalt an α-Pinen, einer Pheromonvorstufe, und an Myrcen, das direkt als Pheromon verwendet wird (Abb. 4.15). Hohe Konzentrationen an β-Pinen werden akzeptiert, weil es das am wenigsten giftige Monoterpen für *Dendroctonus brevicomis* ist.

Einen ähnlichen Selektionsdruck beobachtete man bei Douglastannen (*Pseudotsuga menziesii*), die vom Douglasienriesenbastkäfer (*D. pseudotsugae*) befallen wurden. Diese Bäume variieren hinsichtlich ihres Verhältnisses von α- und β-Pinen im Harz. In diesem Fall stößt β-Pinen die Käfer ab, so daß Bäume mit einem hohen β/α-Pinen-Verhältnis weniger anfällig für Übergriffe durch Insekten sind (Heikkenen und Hrutfiord 1965).

All diese Daten zusammen deuten darauf hin, daß Borkenkäfer einen Selektionsdruck auf die chemisch polymorphen Populationen ihrer Wirtsbäume ausüben, aufgrund dessen die Zahl der für Angriffe zur Verfügung stehenden Bäume langfristig abnehmen wird. In Wirklichkeit ist die Situation natürlich noch komplexer; die Käfer könnten sich an variierende Terpengehalte anpassen, oder es könnten andere Käfer mit abweichendem Terpenbedarf und Geschmack einwandern. Die Bekämpfung der Borkenkäfer, beispielsweise mit Pheromonfallen (siehe Kapitel 8), wird also nach wie vor notwendig sein. Die coevolutionären Anpassungen, die in Lebensgemeinschaften von Nadelbäumen und Borkenkäfern auftreten können, sind bei Raffa und Berryman (1987) zusammengefaßt.

VII. Zusammenfassung

Daß es zwischen Tieren und Pflanzen zu hormonellen und auf Pheromonen beruhenden Wechselbeziehungen kommt, zeigt sich in den in diesem Kapitel diskutierten Beispielen sehr deutlich (Tabelle 4.4). Bei Menschen, Schafen, Nagetieren und Vögeln (Wachteln) sind Östrogenwechselwirkungen nachgewiesen. Wahrscheinlich treten diese auch bei vielen anderen Tieren auf, denn pflanzliche Substanzen mit Östrogenwirkung sind vermutlich nicht selten. Daß sowohl männliche als auch weibliche Geschlechtshormone des Menschen in Spuren bei einer Reihe von Pflanzen vorkommen, ist heute eindeutig gesichert (Abschnitt II), aber wir haben bisher noch keine Erklärung dafür, warum dies so ist.

Was die Insekten betrifft, werden zwei ihrer wichtigsten Hormone – das Häutungs- und das Juvenilhormon – in Pflanzen gebildet. Außerdem enthalten Pflanzen, wie man weiß, Substanzen, welche diese Hormone nachahmen oder ihre Synthese beeinflussen. Auch Insekten werden von pflanzlichen Substanzen mit Phe-

Tabelle 4.4: Pflanzliche Substanzen mit hormoneller oder Pheromon-wirkung auf Tiere

Hormon/Pheromon	Substanz und Quelle	betroffene Tiere
Östrogen	Isoflavone bei *Trifolium*	Schaf, Wachtel
	Miröstrol bei *Pueraria*	Mensch
	Phenolsäuren bei *Distichlis*	Rocky-Mountains-Wühlmaus
Insekten-Häutungshormon	Phytoecdysone bei *Taxus*	Schmetterlinge
Insekten-Juvenilhormon	Juvabion bei *Abies*	Schmetterlinge
Geschlechtspheromone	Myrcen bei *Pinus*	Borkenkäfer
	(–)-γ-Cadinen bei *Ophrys*	solitäre Bienen*
	Carvonepoxid bei *Catasetum*	Prachtbienen*
	Methyleugenol bei *Cassia*	Fruchtfliegen*

* Für Einzelheiten siehe Kapitel 2.

romonwirkung beeinflußt, die sie aufnehmen oder speichern können, um sie als Pheromone zu nutzen oder in solche zu umzuwandeln.

Man könnte annehmen, all diese Wechselbeziehungen seien zufällig oder opportunistisch und hätten nur wenig mit der Theorie der Coevolution zu tun. Allerdings ist es verblüffend, daß nicht nur eine, sondern beide Klassen von Insektenhormonen – die Juvenil- und die Häutungshormone – von Pflanzen produziert werden. Die Fähigkeit, Ecdysone (die Häutungshormone) als chemische Signale herzustellen, hat sich vermutlich bereits sehr früh in der Evolution herausgebildet. So fand man unlängst Ecdysone in primitiven helminthischen Parasiten (zum Beispiel bei Trematoden (Saugwürmern). Die Steroide, welche die Keimzellenbildung bei Pilzen steuern (zum Beispiel Antheridiol oder Oogoniol), könnten mit ihnen verwandt sein und von einem gemeinsamen, auf Cholesterin basierenden Vorläufer abstammen (Karlson 1983). Daß zahlreiche Farne und Gymnospermen diese Steroide als Abwehrstoffe synthetisieren und anreichern, ist daher alles andere als überraschend. Wie wir später (in Kapitel 7) noch sehen werden, stellen die Phytoecdysone wahrscheinlich nur eine von vielen coevolutionären Anpassungen von Pflanzen gegen Herbivorenbefall dar.

Literatur

Bücher und Übersichtsartikel

Bradbury, R. B.; White, D. *Oestrogens and Related Substances in Plants.* In: *Vitamins and Hormones* 12 (1954) S. 207–233.

Bowers, W. S. *Insect Hormones and Antihormones in Plants.* In: Rosenthal, G. A.; Berenbaum, M. R. (Hrsg.) *Herbivores: Their Interactions with Secondary Plant Metabolites.* 2. Aufl. San Diego (Academic Press) 1991. Bd. 1 S. 431–456.

Camps, F. *Plant Ecdysteroids and Their Interaction with Insects.* In: Harborne, J. B.; Barberan, F. A. T. (Hrsg.) *Ecological Chemistry and Biochemistry of Plant Terpenoids.* Oxford (Oxford Scientific Publications) 1991. S. 264–286.

Heftmann, E. *Functions of Steroids in Plants.* In: *Phytochemistry* 14 (1975) S. 891–902.

Hendrix, J. W. *Sterols in Growth and Reproduction of Fungi.* In: *Ann. Rev. Phytopath.* 8 (1970) S. 111–130.

Kircher, H. W.; Heed, W. B. *Phytochemistry and Host Plant Specificity in* Drosophila. In: *Recent Adv. Phytochem.* 3 (1970) S. 191–208.

Pfiffner, A. *Juvenile Hormones.* In: Goodwin, T. W. (Hrsg.) *Aspects of Terpenoid Chemistry and Biochemistry.* London (Academic Press) 1971. S. 95-136.

Rees, H. H. *Ecdysones.* In: Goodwin, T. W. (Hrsg.) *Aspects of Terpenoid Chemistry and Biochemistry.* London (Academic Press) 1971. S. 181–222.

Shutt, D. A. *The Effects of Plant Oestrogens on Animal Reproduction.* In: *Endeavour* 35 (1976) S. 110–113.

Silverstein, R. M.; Brownlee, R. G.; Bellas, T. E.; Wood, D. L.; Browne, L. E. *Brevicomin: Principlal Sex Attractant in the Frass of the Female Western Pine Beetle.* In: *Science* 159 (1968) S. 889f.

Staal, G. B. *Antijuvenile Hormone Agents.* In: *Ann. Rev. Entomol.* 31 (1986) S. 391–429.

Williams, C. M. *Hormonal Interactions Between Plants and Insects.* In: Sondheimer, E.; Simeone, J. B. (Hrsg.) *Chemical Ecology.* New York (Academic Press) 1972. S. 103–132.

Wood, D. L. *The Role of Pheromones, Kairomones and Allomones in the Host Selection and Colonization Behaviour of Bark Beetles.* In: *Ann. Rev. Entomol.* 27 (1982) S. 411–446.

Sonstige Quellen

Argandona, V. H.; Niemeyer, H. M.; Corcuera, L. J. In: *Phytochemistry* 20 (1981) S. 665.

Baker, W.; Harborne, J. B.; Ollis, W. D. In: *J. Chem. Soc.* (1953) S. 1859–1863.

Berger, P. J.; Sanders, E. H.; Gardner, P. D.; Negus, N. C. In: *Science* 195 (1977) S. 575–577.

Bickoff, E. M. In: *Rev. Ser. I.* Hurley, Berks. (Commonwealth Bur. Pastures and Field Crops) 1968. S. 1–39.

Biggers, J. D. In: Fairbairn, J. W. (Hrsg.) *Pharmacology of Plant Phenolics.* London (Academic Press) 1959. S. 51–69.

Birgersson, G.; Schlyter, F.; Lofquist, J.; Bergström, G. In: *J. Chem. Ecol.* 10 (1984) S. 1029.

Bounds, D. G.; Pope, G. S. In: *J. Chem. Soc.* (1960) S. 3696–3705.

Bowers, W. S. In: *Bio-Science* 18 (1968) S. 791–799.

Bowers, W. S.; Nishida, R. In: *Science* 209 (1980) S. 1030f.

Brand, J. M.; Bracke, J. W.; Britton, L. N.; Markovetz, A. J. In: *J. Chem. Ecol.* 2 (1976) S. 195–199.

Brooks, G. T.; Pratt, G. E.; Jennings, R. C. In: *Nature* 281 (1979) S. 570–572.

Butenandt, A.; Jacobi, H. In: *Z. Physiol. Chem.* 218 (1933) S. 104–112.

Butenandt, A.; Karlson, P. In: *Z. Naturforsch.* 96 (1954) S. 389–391.

Byers, J. A.; Wood, D. L.; Browne, L. E.; Fish, R. H.; Piatek, B.; Hendry, L. B. In: *J. Insect Physiol.* 25 (1979) S. 477–482.

Byers, J. A.; Wood, D. L.; Craig, J.; Hendry, L. B. In: *J. Chem. Ecol.* 10 (1984) S. 861.

Dean, P. D. G.; Exley, D.; Goodwin, T. W. In: *Phytochemistry* 10 (1971) S. 2215f.

Heftmann, E.; Ko, S. T.; Bennett, R. D. In: *Phytochemistry* 5 (1966) S. 1337–1339.

Heikkenen, H. J.; Hrutfiord, B. F. In: *Science* 150 (1965) S. 1457–1459.

Hendrix, S. D. In: *Amer. Nat.* 115 (1980) S. 171–196.

Hendry, L. B.; Piatek, B.; Brownell, L. E.; Wood, D. L.; Byers, J. A.; Fish, R. H.; Hicks, R. A. In: *Nature* 284 (1980) S. 485.

Hikino, J.; Ohizuma, Y.; Takemoto, T. In: *J. Insect Physiol.* 21 (1975) S. 1953–1963.

Jacobson, M.; Redfern, R. E.; Mills, G. D. In: *Lloydia* 38 (1975) S. 473–476.

Karlson, P. In: *Hoppe-Seyler's Z. Physiol. Chem.* 364 (1983) S. 1067.

Karlson, P.; Hoffmeister, H.; Hummel, H.; Hocks, P.; Spitelber, G. In: *Chem. Ber.* 98 (1965) S. 2394–2402.

Kubo, I.; Klacke, J.; Asano, S. In: *J. Insect Physiol.* 29 (1983) S. 307–316.

Leopold, A. S.; Erwin, M.; Oh, J.; Browning, B. In: *Science* 191 (1976) S. 98f.

Marrian, G. F.; Haslewood, G. A. D. In: *Biochem. J.* 26 (1932) S. 1227.

Nakanishi, K. In: *Bio-Science* 18 (1968) S. 791–799.

Nishida, R.; Bowers, W. S.; Evans, P. H. In: *Arch. Insect Biochem. Physiol.* 1 (1983) S. 17–24.

Proksch, P.; Rodriguez, E. In: *Phytochemistry* 22 (1983) S. 2335.

Puritch, G. S.; Nijholt, W. W. In: *Can. J. Bot.* 52 (1974) S. 585–587.

Raffa, K. F.; Berryman, A. A. In: *Amer. Nat.* 129 (1987) S. 234–262.

Roller, H.; Dahm, K. H.; Sweeley, C. C.; Trost, B. M. In: *Angew. Chem. Intern. Ed. English* 6 (1967) S. 179f.

Saunders, E. G.; Gardner, P. D.; Berger, P. J.; Negus, N. C. In: *Science* 214 (1981) S. 67f.

Sturgeon, K. B. In: *Evolution* 33 (1979) S. 803–814.

Takemoto, T.; Ogawa, S.; Nishimoto, N.; Arihari, S.; Bue, K. In: *Yakugaku Zasshi* 87 (1967) S. 1414–1418.

Van Rompuy, L. L. L.; Zeevaart, J. A. D. In: *Phytochemistry* 18 (1979) S. 863–865.

Wigglesworth, V. B. *The Physiology of Insect Metamorphosis*. London (Cambridge University Press) 1954.

Young, I. S.; Hillman, J. R.; Knights, B. A. In: *Z. Pflanzenphys.* 90 (1978) S. 45–50.

5

Nahrungspräferenzen von Insekten

I. Einführung

Bis vor nicht allzu langer Zeit lag die Rolle der sekundären Pflanzenstoffe noch im dunkeln. Viele Pflanzenphysiologen betrachteten sie als Abfallprodukte des Primärstoffwechsels und als wertlos für das Überleben der Pflanzen. Diese Situation hat sich völlig gewandelt, als Biologen, deren Interesse den komplexen und subtilen Wechselbeziehungen zwischen Pflanzen und Insekten galt, begannen, die ökologische Rolle dieser Substanzen genauer zu untersuchen. Fraenkel (1959) war einer der ersten, der in einem inzwischen klassischen Artikel die Behauptung aufstellte, daß sekundäre Pflanzenstoffe das Ernährungsverhalten von Insekten direkt beeinflussen können. Doch erst durch den hervorragenden Übersichtsartikel von Ehrlich und Raven (1964) über die Faktoren, die wahrscheinlich die Coevolution von Schmetterlingen und Pflanzen steuern, wurden die sekundären Pflanzenstoffe zum Eckpfeiler einer neuen Theorie der biochemischen Coevolution von Tieren und Pflanzen.

Die Schlußfolgerungen von Ehrlichs und Ravens Artikel lassen sich hier am besten mit ihren eigenen Worten wiedergeben: »Eine systematische Beurteilung der Pflanzenarten, von denen sich die Raupen bestimmter Untergruppen von Schmetterlingen ernähren, führt ganz eindeutig zu dem Schluß, daß *sekundäre Pflanzenstoffe die führende Rolle* bei der Festlegung des Nutzungsmusters spielen. Das scheint nicht nur für Schmetterlingsraupen zu gelten, sondern für alle phytophagen [pflanzenfressenden] Gruppen ... In diesem Zusammenhang läßt sich die unregelmäßige Verbreitung sekundärer Pflanzenstoffe bei Pflanzen ... unmittelbar erklären. Angiospermen haben durch gelegentliche Mutationen und Rekombinationen eine Reihe chemischer Verbindungen produziert, die nicht direkt mit dem grundlegenden Stoffwechsel in Beziehung stehen. Einige dieser Verbindungen verringern zufällig die Schmackhaftigkeit der Pflanzen, die sie produzieren, oder machen sie ganz ungenießbar. Eine solche, vor herbivoren Tieren geschützte Pflanze betritt ein neues Gebiet der Anpassung. Phytophage Insekten können sich jedoch als Reaktion auf physiologische Hindernisse ebenfalls weiterentwickeln ... die Selektion könnte eine Neukombination oder Mutante (aus einer Insektenpopulation) in einen neuen Bereich der Anpassung führen. Hier könnte sie sich ohne Konkurrenz durch andere Pflanzenfresser frei entfalten. So könnte die Vielfalt an Pflanzen nicht nur bewirken, daß sich die Vielfalt an pflanzenfressenden Tieren vergrößert, sondern auch das Umgekehrte könnte der Fall sein.«

Nach dem Erscheinen des Übersichtsartikels von Ehrlich und Raven hat man die Rolle solcher Stoffe wie Alkaloide, Terpenoide und Flavonoide in dieser coevolutionären Situation von Pflanzen und herbivoren Insekten eingehend untersucht. Bedeutende Beiträge zu diesem Thema sind jene von Dethier (1972), Feeny (1975), Fraenkel (1969), Meeuse (1973) und Schoonhoven (1968, 1972). Es gibt auch mehrere Symposiumsbände, zum Beispiel Hedin (1983) oder Visser und Minks (1982), die als Nachschlagewerke zu empfehlen sind.

Die Theorie der biochemischen Coevolution beruht auf einer Vielzahl von Beobachtungen, und es sollen hier sieben Hauptpunkte genannt werden.

1. Die Theorie erklärt, warum es in der Biologie drei Hauptgebiete *enormer Diversität* gibt – bei den Angiospermen, im Insektenreich und in der Chemie der sekundären Pflanzenstoffe. Die Anzahl der Angiospermenarten schätzt man weltweit auf über eine Viertel Million. Schätzungen der Artenvielfalt bei den Insekten variieren zwischen zwei und fünf Millionen Spezies; allein die Lepidoptera, die Schmetterlinge, umfassen 15 000 Arten. Hinsichtlich der sekundären Pflanzenstoffe schließlich liegt die Gesamtzahl der bekannten Strukturen irgendwo im Bereich um 50 000; mindestens 10 000 Alkaloide und 20 000 Terpenoide hat man bisher beschrieben. Eine weitaus größere Zahl von Sekundärmetaboliten wartet noch darauf, in der ungeheuren Anzahl von Pflanzen entdeckt zu werden, die bis jetzt noch gar nicht bekannt sind oder die noch nicht chemisch analysiert wurden.

2. Die Theorie erklärt die bemerkenswerte Tatsache, daß das zerstörerische Potential der herbivoren Insekten die grünen Pflanzen nicht davon abgehalten hat, die Erde zu beherrschen (Feeny 1975); das heißt, höhere Pflanzen müssen effektive Abwehrmechanismen gegen übermäßige Beweidung besitzen.

3. Die meisten herbivoren Insekten unterscheiden bei der Nahrungsaufnahme zwischen verschiedenen Pflanzen, und viele ernähren sich nur von wenigen verwandten Arten, die derselben Gattung, Gattungsgruppe (Tribus) oder Familie angehören.

4. Die Futterpflanzen eines bestimmten Insekts können ähnliche sekundäre Pflanzenstoffe besitzen, sich aber in der allgemeinen Morphologie und Anatomie unterscheiden.

5. Zahlreiche sekundäre Pflanzenstoffe sind außerordentlich giftig für Insekten. Das gilt nicht nur für die Alkaloide, sondern auch für viele Terpenoide und heterozyklische Sauerstoffverbindungen (siehe Kapitel 3).

6. Pflanzen können dieselbe Lösung für ein ökologisches Problem (zum Beispiel Tierfraß) auf verschiedenen Wegen erreichen, das heißt, sie praktizieren chemische Mimikry. Ein abstoßender, bitterer Geschmack mag beispielsweise durch die Synthese eines Alkaloids (etwa Chinin), eines Saponins, eines Herzglykosids, eines Triterpenoids (wie Cucurbitacin), eines Sesquiterpenlactons (zum Beispiel Lactucopikrin) oder eines Flavanonglykosids (wie Naringin) zustande kommen.

7. Alle Angiospermen enthalten tendenziell zumindest einen Typ von sekundären Pflanzenstoffen in größerer Konzentration, das heißt, sie reichern diese Substanz in ausreichender Menge an, um einen Insektenangriff wirkungsvoll zu bekämpfen. Dies kann ein Alkaloid *oder* ein Flavonoid *oder* ein Terpenoid sein; selten findet man eine Pflanze, die reich an Substanzen aus *verschiedenen* Klassen sekundärer Pflanzenstoffe ist.

Jede Theorie, welche die beträchtliche Zeitspanne der Evolution der Angiospermen bis zum heutigen Tag (etwa 135 Millionen Jahre) berücksichtigt, beruht zu einem großen Teil auf Indizien. Wie bei der Darwinschen Theorie der Evolution ist es jedoch möglich, sich mit den heutigen Pflanzen und Insekten Experimente auszudenken, um diese Ideen der Coevolution zu überprüfen. Das ist jedoch mit bestimmten Problemen verbunden, an die wir denken sollten, wenn wir die zur Verfügung stehenden Daten interpretieren. So könnte die Giftwirkung eines sekundären Pflanzenstoffes sehr subtil, unvollständig oder nur schwierig genau zu ermitteln sein. Eine Aufnahme des Stoffes braucht die Fitness der angreifenden Insektenpopulation nur geringfügig zu verringern, um ökologisch von Bedeutung zu sein; außerdem könnte die Wirkung auch auf einer Beeinflussung des Hormonsystems beruhen (siehe Kapitel 4).

Bei der Suche nach einem sekundären Pflanzenstoff, der beim Insektenfraß eine Rolle spielt, muß man zwischen dieser Funktion und anderen ökologischen Aufgaben unterscheiden; so könnte die Substanz zum Beispiel auch an den Wechselbeziehungen zwischen Pflanzen untereinander beteiligt sein (siehe Kapitel 9 und 10). Es ist ebenfalls nicht einfach, zu bestimmen, welche der in einer bestimmten Pflanze vorhandenen, verwandten Strukturen aktiv an der Coevolution beteiligt sind. Zahlreiche in Spuren in Pflanzen vorkommenden Verbindungen sind vielleicht Zwischenstufen bei Biosynthesen und in funktioneller Hinsicht nicht relevant. Schließlich ergeben sich erhebliche Probleme bei der Erprobung am lebenden Organismus. Viele oligo- oder monophage Insekten (die sich also nur von wenigen oder gar nur einer Pflanzenart ernähren) fressen ungern ungewohntes Futter, und so kann es schwierig sein, die Wirksamkeit isolierter Pflanzenbestandteile zu überprüfen. Manche Insekten sterben lieber den Hungertod, als eine Nahrung ohne den gewohnten Freßanreiz zu akzeptieren; das gilt beispielsweise für die Raupen des Kohlweißlings, die von Kreuzblütlern leben (siehe Seite 162).

In diesem Kapitel will ich kurz die biochemischen Grundlagen der Nahrungspräferenzen von Insekten betrachten und dann einige ausgewählte Beispiele anführen, bei denen sekundäre Pflanzenstoffe als Lockmittel oder Abschreckung für bestimmte Insekten dienen. Auch Stimulantien für die Eiablage werde ich erwähnen, denn zwischen dem Aufsuchen der Futterpflanze beziehungsweise der Nahrungsaufnahme und der Eiablage besteht ein eindeutiger chemischer Zusammenhang. Die Frage nach Nahrungspräferenzen höherer Tiere, die eine ähnliche chemische Grundlage besitzen, wird erst in Kapitel 6 erörtert. Eine kritische Überprüfung der Beweise für eine pflanzliche Abwehr, sowohl statischer als auch dynamischer Natur, und der tierischen Reaktionen auf diese Abwehrmechanismen werde ich bis Kapitel 7 zurückstellen.

II. Die biochemische Grundlage der Pflanzenauswahl durch Insekten

A. Coevolutionäre Aspekte

Welche Pflanzen heutige Insektenpopulationen zu Nahrungszwecken auswählen, muß man im gesamten evolutionären Kontext betrachten, denn die heutige Situation ist durch evolutionäre Kräfte entstanden, die in der Vergangenheit wirkten. Die Wechselbeziehung zwischen Pflanzen und ihren Feinden unter den Insekten ist dynamischer Natur und vermutlich ständiger Veränderung und stetigem Wandel unterworfen. In jedem einzelnen Fall scheint entweder die Pflanze oder das Insekt den Vorteil zu besitzen. Die beiden Partner passen sich jedoch auf unterschiedliche Weise an die sich verändernden Bedingungen an. Andere Einflüsse aus der Umwelt (zum Beispiel das Klima, Krankheiten und so weiter) wirken sich ebenfalls auf die Wechselbeziehung aus:

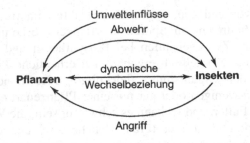

Pflanzen, die eine Nahrungsquelle für Insekten bilden – und das gilt praktisch für alle Vertreter der Angiospermen –, haben sich in der Evolution dahingehend entwickelt, daß sie möglichst wenig durch Fraß dezimiert werden. Dies läßt sich auf vielen verschiedenen Wegen erreichen. Zu den morphologischen Veränderungen, die eindeutig als Reaktion auf Angriffe von Herbivoren zustande kamen, gehört die Bewaffnung der attraktiveren und leicht zugänglichen Pflanzenteile mit Stacheln, Dornen oder Brennhaaren. Die Abwanderung in neue Habitate über die Samen ist eine weitere Methode, übermäßigen Fraß zu vermeiden. Indem eine Pflanze beispielsweise von einem Standort auf dem Festland auf eine benachbarte Insel „wandert", vermag sie unter Umständen einen tierischen Verfolger „abzuschütteln".

Die zweifellos bedeutendste Form der Abwehr, die eine Pflanze errichten kann, liegt jedoch auf dem Gebiet der chemischen Waffen. Durch Veränderung der chemischen Zusammensetzung der Blätter läßt sich Insektenfraß wirkungsvoll und oft drastisch verringern. Erreicht werden kann dies entweder durch Verminderung der Genießbarkeit oder des Nährwertes der Blätter oder durch Einführung eines Giftes, eines unangenehmen Geschmacks oder eines abstoßenden Geruchs im Blattgewebe.

Insekten können sich in dieser dynamischen Wechselbeziehung weiter entwikkeln, indem sie die Abwehrmechanismen der Pflanze überwinden. Als hochspezialisierten Organismen steht ihnen eine Vielfalt an Reaktionen zur Verfügung. Sie können sich biochemisch oder anatomisch an die Verdauung und Aufnahme neuer pflanzlicher Futterstoffe anpassen. Sie können neue Ernährungsgewohnheiten entwickeln und neue Geschmackspräferenzen. Sie sind beweglicher als Pflanzen und können in neue Weidegebiete abwandern, wenn sie mit nicht schmackhaften oder ungenießbaren Arten konfrontiert werden. Schließlich verstehen sie es meisterhaft, Entgiftungsmechanismen zu entwickeln, und können auf diese Weise die Wirkung eines Giftes aufheben, so daß es nicht mehr länger als Freßhindernis fungiert. Eine derartige Entgiftung beruht in der Regel auf einer chemischen Veränderung des Giftes *in vivo*, seiner Umwandlung in eine ungiftige Verbindung oder aber auf seiner Einlagerung in ein spezielles Speichergewebe im Insekt.

B. Chemische Pflanzenstoffe als Abwehrmittel

Wie bereits in Kapitel 3 erwähnt, besteht die Chemie der pflanzlichen Abwehr im wesentlichen in der Produktion einer Vielzahl von Sekundärmetaboliten. Diese Verbindungen können zahlreiche verschiedene Strukturen haben. Eine Giftwirkung auf Insekten läßt sich beispielsweise durch die Synthese irgendeines von vielen sekundären Pflanzenstoffen erreichen, sei es nun ein Alkaloid, ein Terpenoid oder ein Flavonoid. Häufig produzieren Pflanzen Mischungen aus mehreren verwandten Substanzen derselben Klasse, die wahrscheinlich synergistisch zusammenwirken, wobei eine Substanz die Effektivität einer zweiten als Abwehrstoff gegen Tierfraß erhöht.

Um Insekten vom Fressen abzuhalten, muß eine Pflanze nicht unbedingt eine für das Insekt hochgiftige Substanz produzieren. Unter Umständen genügt es, eine Verbindung herzustellen, die unangenehm riecht oder schlecht schmeckt. Durch Verringerung ihres Nährwertes können Pflanzen ebenfalls eine wirkungsvolle Barriere gegen die meisten herbivoren Insekten aufbauen. So scheinen sich beispielsweise einige sekundäre Pflanzenstoffe, insbesondere die Tannine, auf diese Weise auf das Verhalten der Insekten auszuwirken.

Um chemische Stoffe zu bezeichnen, die mit Futterpräferenzen von Insekten zu tun haben, spricht man häufig von chemischen Lockstoffen (auch Futterreize oder Nahrungsstimulantien) und chemischen Abwehrstoffen (auch Schreckstoffe oder Nahrungsgifte). Für den Laien mag verwirrend sein, daß demselben Verbindungstyp oft eine Rolle als Lockstoff für ein Insekt *und* als Abwehrstoff für ein anderes zugeschrieben wird. Diese scheinbar widersprüchliche Situation läßt sich nur richtig einschätzen, wenn man die evolutionären Aspekte mit in Betracht zieht. Natürlich spielt *jede* chemische Substanz, die in eine Wechselbeziehung zwischen Insekten und Pflanzen eingebunden ist, eine für die Pflanze schützende Rolle, ungeachtet dessen, ob sie in einem bestimmten Fall als Abwehr- oder als Lockstoff fungiert.

Der Hypothese zufolge sollen alle sekundären Pflanzenstoffe, die Insekten (oder andere Tiere) beeinflussen, von den Pflanzen zunächst einmal als generelle Abwehr gegen Tierfraß synthetisiert worden sein (und werden so auch weiterhin produziert). Daraufhin entwickelt eine Insektenart Mechanismen, um den Abwehrstoff (oder das Toxin) zu entgiften, und ernährt sich fortan ausschließlich von dieser Pflanze. Das ist möglich, weil der Abwehrstoff für dieses Insekt nicht mehr schädlich wirkt. Andere Insekten hält die ursprüngliche Verbindung jedoch weiterhin ausgesprochen wirkungsvoll vom Fressen ab. Dies bringt für das Insekt zusätzlich den enormen Vorteil mit sich, daß es nun nicht mehr mit anderen Spezies um seine Nahrung konkurrieren muß.

Für dieses Insekt wird das Gift durch seinen Geruch oder Geschmack zu einem wertvollen Signal, das es zu seiner bevorzugten Futterpflanze leitet. Die Substanz wird somit aufgrund ihrer engen Assoziation mit dieser Pflanze tatsächlich zu einem Lockstoff. In vielen Fällen wird das Insekt abhängig vom Vorhandensein des Lockstoffes – sogar so sehr, daß er für das Insekt zu einem wesentlichen Fraßstimulans wird. Eine Substanz, die als Lockstoff fungiert, birgt aufgrund dieser Abhängigkeit aber auch ihre Gefahren, denn das Insekt kann der Substanz mit der Zeit so „ausgeliefert" sein, daß es nicht mehr in der Lage ist, sich von einem Futter zu ernähren, dem dieser Bestandteil fehlt. Im Endeffekt sind in einem solchen Fall die Größe und der Erfolg einer Insektenpopulation also eng mit der Verfügbarkeit der Wirtspflanze gekoppelt.

Um es noch einmal zusammenzufassen: Jeder chemische Stoff, der die Nahrungsaufnahme von Insekten beeinflußt, ist im Grunde ein Abwehrmittel der Pflanze; und selbst in Fällen, in denen er für eine bestimmte Insektenart zu einem Lockstoff geworden ist, birgt er immer noch Gefahren für den erfolgreichen Pflanzenfresser.

C. Anforderungen von Insekten an ihre Nahrung

Insekten zeigen enorm unterschiedliche Reaktionen auf die Pflanzenwelt. Räuberische Arten, die ausschließlich andere Insekten erbeuten, werden von der Chemie der Pflanzen natürlich nicht beeinflußt, aber die überwiegende Mehrheit der Insekten ist phytophag (beziehungsweise herbivor) und in der Lage, mit ihren chemischen Sinnesorganen zwischen verschiedenen Pflanzen zu unterscheiden. Innerhalb dieser weitgefaßten Kategorie lassen sich die Insekten nochmals in polyphage, oligophage oder monophage Spezies unterteilen.

Die polyphagen Insekten fressen jegliche Pflanzen, mit denen sie konfrontiert werden. Zu dieser Kategorie gehören die Wanderheuschrecken. Doch selbst bei diesen „schädlichen" Insekten lassen sich einige charakteristische Ernährungsgewohnheiten aufzeigen (Chapman 1976). Blattschneiderameisen sind eine weitere Gruppe, die ein große Vielfalt von Pflanzenarten zu Nahrungszwecken nutzt (siehe Seite 174). Die Minierfliege *Liriomyza trifolii* ist, anders als ihr englischer Trivialname *chrysanthemum leaf-miner* vermuten läßt, ebenfalls ein Allesfresser und ernährt sich neben Margeriten (*Chrysanthemum*) von über 100 verschiedenen Futterpflanzen.

Oligophage Insekten machen wahrscheinlich die Mehrheit der pflanzenfressenden Kerbtiere aus; sie ernähren sich von relativ wenigen, miteinander verwandten Arten, die immer nur zu einer oder wenigen Pflanzengattungen oder Familien gehören. Sie gehen bei ihrer Nahrungsauswahl selektiv vor und lassen sich bei ihrer Suche nach Futter auch durch andere Faktoren leiten als nur durch reine Nährstoffbedürfnisse. Von den vielen Beispielen seien hier die Schmetterlinge der Familie Danaidae genannt (siehe Seite 106), deren Raupen sich fast ausschließlich von Pflanzen der Familien Apocynaceae (Immergrüngewächse) und Asclepiadaceae (Schwalbenwurzgewächse) ernähren. Die meisten Blattläuse sind oligophag und ernähren sich in der Regel von Pflanzen einer einzigen Gattung oder Familie (van Emden 1972). Zahlreiche weitere Schadinsekten, wie der Eichenblattroller und die verschiedenen Borkenkäfer, sind ebenfalls oligophag.

Schließlich gibt es noch monophage Insekten, die nur von einer einzigen Pflanzenart fressen. Das am besten bekannte Beispiel ist der Seidenspinner (*Bombyx mori*), dessen Raupe sich auf Blätter des Maulbeerbaumes (*Morus nigra*) beschränkt. Sich monophag zu ernähren kann einem oligophagen Insekt in bestimmten Habitaten durch eine verarmte Flora auferlegt sein. Das Überleben mancher Schmetterlinge der britischen Fauna hängt davon ab, ob eine bestimmte Wirtspflanzenart verfügbar ist. Die Raupe des Schwalbenschwanzes (*Papilio machaon*) frißt in England nur von dem Doldenblütler *Peucedanum palustre* (Sumpfhaarstrang), in anderen europäischen Ländern dagegen lebt sie von mehreren verwandten Umbelliferen. Die enge Abhängigkeit der Schmetterlingsraupen von ihren bevorzugten Wirtspflanzen ist hervorragend illustriert in dem Buch von Mansell und Newman (1968) über britische Schmetterlinge, denn es zeigt jedes Insekt vor einem Hintergrund mit einer seiner charakteristischen Futterpflanzen.

Es gab in der Vergangenheit zahlreiche Diskussionen darüber, ob die Nahrungspräferenzen von Insekten allein durch Nährstoffbedürfnisse bestimmt werden oder ausschließlich durch chemische Bestandteile in den Blättern oder in anderen Geweben der Wirtspflanze. Heute herrscht allgemeine Übereinstimmung, daß sowohl Nährstoffe als auch andere chemische Verbindungen Insekten zu Pflanzen hinziehen. Welche Bedeutung dabei dem Nährwert in Relation zur sekundären Chemie zukommt, variiert vermutlich von Insekt zu Insekt. Der steuernde Faktor ist jedoch in der Regel die Sekundärchemie, denn alle Pflanzen sind in ihrem Nährwert recht ähnlich. Da sich die primären biochemischen Prozesse in den Blättern bei allen grünen Pflanzen ähneln, sind somit zwangsläufig auch die relativen Mengen an Zuckern, Lipiden, Polysachariden, Aminosäuren und Proteinen sehr ähnlich. Physiologische Prozesse (zum Beispiel das Altern) beeinflussen den Nährwert einer Pflanze vermutlich stärker als alles andere. Zudem deuten nur wenige konkrete Hinweise aus Ernährungsstudien an Insekten darauf hin, daß bestimmte Pflanzen gemieden werden, weil sie einen zu geringen Nährwert haben (van Emden 1973).

Das soll nicht heißen, daß Nährstoffe die Angriffe von Insekten auf Pflanzen nicht manchmal ernsthaft beeinflussen. Der Stickstoffgehalt ist aufgrund des relativ niedrigen Wertes (der durchschnittliche Proteinanteil eines Blattes beträgt nur 13 Prozent) und der starken Variationen mit dem Alter der Pflanze oft ein begrenzender Faktor. Die Verfügbarkeit von Stickstoff kann somit die Wachstumsrate und Fortpflanzungsfähigkeit in Insektenpopulationen stark beeinflussen (McNeil und Southwood 1978).

Hinsichtlich des Geschmacks reagieren Insekten vor allem auf Süße. Daher sind freie Zucker, wie sie allgemein im Blattgewebe zu finden sind, ein wichtiger Nahrungsbestandteil. Ebenfalls wichtig sind Stickstoff (Proteine oder freie Aminosäuren), Vitamine und Phospholipide. Auch Spurenelemente sind von Bedeutung. Schließlich gibt es noch einen Bedarf für Sterin, den wir bereits im Zusammenhang mit der Metamorphose von Insekten in Kapitel 4 diskutiert haben.

III. Sekundärmetaboliten als Nahrungslockstoffe

A. Allgemeines

Die Rolle der sekundären Pflanzenstoffe als Nahrungsstimulantien für Insekten wurde eingehend untersucht, und man brachte ein breites Spektrum an pflanzlichen Verbindungen mit solchen Wechselbeziehungen in Zusammenhang. Eine Auswahl der zahlreichen, in der Primärliteratur beschriebenen Beispiele ist in Tabelle 5.1 zusammengestellt. Weitere Beispiele stellen Dethier (1972) und Schoonhoven (1968, 1972) in ihren Übersichtsartikeln vor.

Drei allgemeine Punkte sollte man anmerken. Erstens brachte man fast jede Klasse der sekundären Pflanzenstoffe mit solchen Wechselbeziehungen in Zusammenhang. Die in der Tabelle erwähnten Verbindungen repräsentieren mindestens acht verschiedene strukturelle Typen. Zweitens sind giftig oder abstoßend wirkende Substanzen im allgemeinen besonders aufallend, zum Beispiel die bitteren Cucurbitacine, das giftige Alkaloid Spartein, das scharfe Senföl Allylisothiocyanat und so weiter. Drittens geht man davon aus, daß in den meisten Fällen mehr als eine Verbindung als Nahrungslockstoff in Frage kommt. So wirken zum Beispiel bei der Ernährung des Schwärmers *Ceratomia catalpae* nicht weniger als 14 Substanzen mit.

Einige dieser Punkte werde ich in diesem Teil des Kapitels mit Bezug auf die spezifische Wechselbeziehung zwischen Pflanze und Insekt detaillierter diskutieren. Die Nahrungslockstoffe für den Seidenspinner, den Kohlweißling und die Mehlige Kohlblattlaus werde ich besonders erwähnen, denn diese wurden am eingehendsten untersucht; viele ihrer Verhaltensreaktionen sind bei zahlreichen anderen phytophagen Insekten zweifellos genauso zu beobachten.

B. Die Wechselbeziehung Seidenspinner – Maulbeerbaum

Aufgrund der wertvollen Seidenfasern, die seine Raupe spinnt, wurde der Seidenspinner (*Bombyx mori*) zu einem der nützlichsten Insekten für die Menschheit. Aus diesem Grund hat man mehr Zeit und Mühen darauf verwendet, das Fraßverhalten dieser Raupen zu studieren als bei irgend einem anderen vergleichbaren Insekt. In wissenschaftlicher Hinsicht ist die Raupe insofern interessant, als sie sich ausschließlich von den Blättern des Schwarzen und Weißen Maulbeerbaumes (*Morus nigra* und *M. alba*) ernährt. Wie aus den Experimenten von Hamamura und seinen Mitarbeitern (1962) hervorgeht, trägt eine Reihe chemischer Substanzen in den Blättern zu diesem sehr spezifischen Ernährungsverhalten bei. Diese Substanzen lassen sich in drei Gruppen unterteilen: olfaktorische (geruchliche) Lockstoffe, Beißfaktoren und Schluckfaktoren (Tabelle 5.2). Jede dieser Gruppen hat bei der Freßreaktion des Insekts eine spezifische Funktion. Während einige der aufgelisteten Verbindungen in allen Pflanzen vorkommen, sind

Tabelle 5.1: Sekundäre Pflanzenstoffe als Nahrungslockstoffe

Insektenklasse und -art	Nahrungspflanze	chemische Lockstoffe	Quellen
Blattläuse			
Brevicoryne brassicae	Brassica campestris (Kohl)	Glucosinolat: Sinigrin	van Emden 1972
Acyrthrosiphon spartii	Sarothamnus scoparius (Besenginster)	Alkaloid: Spartein	Smith 1966
Käfer			
Agasicles spec.	Alternanthera phylloxeroides	Flavon: 6-Methoxyluteolin-7-rhamnosid	Zielske et al. 1972
Diabrotica undecimpunctata	Citrullus lanatus (Wassermelone)	Triterpenoide: Cucurbitacine	Chambliss und Jones 1966
Scolytus mediterraneus	Prunus spp.	Flavanoide; Taxifolin, Pinocembrin, Dihydrokaempferol	Levy et al. 1974
S. multistriatus	Ulmus europea (Ulme)	Flavonoid: Catechin-7-xylosid Triterpenoid: Lupeylcerotat	Doskotch et al. 1973
Tagfalter			
Papilio ajax	Foeniculum vulgare (Fenchel)	ätherische Öle: verschiedene	Dethier 1941
Pieris brassicae	Brassica campestris (Kohl)	Glucosinolat	Schoonhoven 1968
Nachtfalter			
Bombyx mori	Morus nigra (Maulbeerbaum)	Flavonoide und ätherische Öle (siehe Tabelle 5.2)	Hamamura et al. 1962
Ceratomia catalpae	Catalpa spp.	iridoide Glykoside: verschiedene	Nayer und Fraenkel 1963
Serrodes partita	Pappea capensis (Wilde Pflanze)	Quebrachitol	Hewitt et al. 1969
Rüsselkäfer			
Sitonia cylindricollis	Melilotus alba	Cumarin	Akeson et al. 1969

Tabelle 5.2: Chemische Faktoren der Maulbeerblätter, die mit dem Fraß durch Seidenraupen in Zusammenhang stehen

Lockstoffe	Beißfaktoren	Schluckfaktoren
ätherische Öle:	**Flavonoide:**	**anorganische Elemente:**
Citral	Isoquercitrin	Silicat
Terpinylacetat	Morin	Phosphat
Linaloylacetat	**Terpenoid:**	**Zellwandbestandteil:**
Linalool	Sitosterin	Zellulose
β, γ-Hexenol	**Zucker:**	
	Saccharose	
	Inositol	

Aus Hamamura et al. (1962).

andere sekundäre Bestandteile, von denen zumindest einige spezifisch mit der Wirtspflanze assoziiert sind.

Die olfaktorischen Lockstoffe der Maulbeerblätter sind eine Mischung aus Monoterpenen, deren Hauptfunktion es ist, die Raupen zum Fressen zu locken. Wie man zeigen konnte, reagieren die Raupen von *Bombyx* auf diese Monoterpenmischungen, sobald sie sich den Blättern auf drei Zentimeter nähern; in dieser Entfernung ist ihr Geruchssinn relativ scharf. Die Bedeutung des Geruchs als Lockstoff läßt sich durch chirurgische Entfernung der oralen Sinnesrezeptoren der Raupen demonstrieren. Auf diese Weise behandelte Tiere verlieren augenblicklich die Fähigkeit zu unterscheiden, und beginnen fast alle Pflanzen anzubeißen, die man ihnen anbietet.

Die zweite Gruppe von Substanzen, die bei der Ernährung der Seidenraupen eine Rolle spielen, sind die Beißfaktoren (Tabelle 5.2). Drei dieser Verbindungen – Saccharose, Inositol und Sitosterin – müssen unbedingt in der Nahrung enthalten sein; sie dienen allgemein als Freßstimulans für die meisten Insekten. Die anderen beiden Substanzen – Morin und Isoquercitrin – sind in ihrer natürlichen Verbreitung weitaus beschränkter und haben eindeutig eine andere Funktion, denn sie sind in der Nahrung nicht unbedingt notwendig. Diese beiden Verbindungen bilden anscheinend zusammen mit den ätherischen Ölen in den Blättern die Grundlage für die spezifische Anziehung der Seidenraupen zu ihrer bevorzugten Nahrungsquelle. Während eines dieser beiden Flavonoide, Isoquercitrin (oder Quercetin-3-glucosid), relativ häufig in Angiospermenblättern vorkommt, ist Morin in seinem Auftreten fast völlig auf den Maulbeerbaum beschränkt.

Es scheint, daß genau diese beiden Flavonoide absolut erforderlich sind, denn ersetzt man sie in der Nahrung der Insekten durch nah verwandte Verbindungen, werden die Tiere nicht zum Fressen angeregt. Ersetzt man Quercetin-3-glucosid entweder durch das -3-rhamnosid oder das -3-rutinosid (Strukturformeln siehe Abbildung 5.1), wird ein Rezeptor angeschaltet, der empfindlich für die abstoßenden chemischen Substanzen ist, und das Insekt vom Fressen abgehalten. Es ist bemerkenswert, daß der Ersatz eines Zuckers (Rhamnose) im Flavonoidmolekül durch einen anderen (Glucose) sich derart dramatisch auf den Insektenfraß aus-

Isoquercitrin
(*Bombyx mori*)

Morin
(*Bombyx mori*)

6-Methoxyluteolin-7-rhamnosid
(*Agasicles*)

Catechin-7-xylosid
(*Scolytus multistriatus*)

Dihydrokaempferol (R = H)
Taxifolin (R = OH)
(*Scotylus mediterraneus*)

Pinocembrin
(*Scotylus mediterraneus*)

5.1 Flavonoide als Nahrungslockstoffe für Insekten.

wirkt. Man kennt jedoch auch andere Beispiele aus der Reihe der Flavonoide, bei denen eine Veränderung des Zuckerrestes die Geschmackseigenschaften drastisch ändern kann (siehe Horowitz 1964). Zu einer Umkehr der Geschmackseigenschaften kann es auch bei anderen Typen einfacher Moleküle kommen. So ist beispielsweise die Aminosäure L-Alanin ($CH_3CH(NH_2)CO_2H$) ein Nahrungsstimulans für die Raupe des Maiszünslers (*Ostrinia nubilalis*), während das strukturell ähnliche, isomere β-Alanin ($NH_2CH_2CH_2CO_2H$) abstoßend wirkt (Beck 1960).

Schließlich muß die Nahrung noch von den Seidenraupen geschluckt werden, und hier bilden relativ häufige chemische Substanzen den notwendigen Stimulus. Es sind dies Zellulose, reichlich vorhanden in den Zellwänden dieser Pflanze, sowie die mineralischen Elemente Silicat und Phosphat. Diese Stoffe liefern die erforderliche „Substanz" für den Verdauungskanal der Insekten, genauso wie „Ballaststoffe" in der Nahrung von Säugetieren notwendig sind.

Die monophage Ernährung, wie sie die Seidenraupen bei ihrer Auswahl der Maulbeerblätter als Futter zeigen, deutet indirekt darauf hin, daß die meisten anderen Pflanzen und somit deren sekundäre Bestandteile für sie wahrscheinlich absolut ungeeignet sind. Experimente von Jones und Mitarbeitern (1981) illustrieren diese Empfindlichkeit der Seidenraupe gegenüber anderen sekundären Pflanzenstoffen sehr nachdrücklich. Sie zeigten, daß 2-Furaldehyd, einer der beiden flüchtigen Bestandteile der Sumpfzypresse (*Taxodium distichum*), in einer Konzentration von nicht mehr als 1 ppm das Wachstum der Raupen hemmt und giftig wirkt. Diese Entdeckung erklärt in der Retrospektive den Niedergang der Seidenindustrie, die amerikanische Siedler während des 18. Jahrhunderts in Georgia aufgebaut hatten. Die Seidenproduktion verlief zufriedenstellend, bis man die Raupen in eine neue Aufzuchtbehausung brachte, die aus dem Holz von Sumpfzypressen erbaut war; von da ab begann ein Verfall, von dem sich die lokale Seidenindustrie nie wieder erholte.

Daß 2-Furaldehyd schon in derart niedrigen Konzentrationen das Wachstum der Seidenraupen hemmt, scheint unter anderem auf einer indirekten Wirkung auf die Mikroflora in deren Darm zu beruhen. Wie man weiß, wirkt 2-Furaldehyd tatsächlich ausgesprochen bakterizid. Die wachstumshemmende Wirkung auf die Tiere rührt in diesem Fall also offenbar daher, daß der mikrobielle Beitrag zur Ernährung und Verdauung eingeschränkt wird. Dieses Phänomen könnte auch bei anderen Insekten auftreten, und so muß man wohl die endosymbiontische Mikroflora mit in Betracht ziehen, wann immer man die abstoßende Wirkung chemischer Pflanzenstoffe auf herbivore Insekten beurteilen möchte (siehe auch Abschnitt IV).

C. Glucosinolate als Nahrungslockstoffe bei Kreuzblütlern

Der am besten dokumentierte Fall dafür, wie ursprünglich abstoßende Substanzen zu Lockstoffen wurden, findet sich im Ernährungsverhalten der Schadinsekten von Kreuzblütlern (Brassicaceae oder Cruciferae). Einige Insekten hat man im einzelnen untersucht – den Kohlweißling (*Pieris brassicae*), die Mehlige Kohlblattlaus (*Brevicoryne brassicae*) und die Kohlerdflöhe (*Phyllotreta* spec.) –, aber was für diese Insekten gilt, gilt zweifellos auch für andere Fraßfeinde der Kreuzblütler. Die abstoßenden Substanzen, deren Rolle sich für diese Insekten so dramatisch umgekehrt hat, sind die scharf riechenden Senföle, welche die Pflanzen dieser Familie absondern. Die ätherischen Öle treten in den Pflanzen in gebundener Form als Thioglucoside (sogenannte Glucosinolate) auf und werden durch die Wirkung des Enzyms Myrosinase freigesetzt, das zusammen mit den Glucosiden in den Blättern der Cruciferen vorkommt. Die Kreuzblütler enthalten zwar eine Reihe unterschiedlicher Glucosinolate, doch die wichtigste Verbindung aus Kohl und die zugleich am besten erforschte ist Sinigrin. Dieses setzt sein Senföl – Allylisothiocyanat – nach enzymatischer Hydrolyse und chemischer Neuordnung frei, wie in Abbildung 5.2 dargestellt. Als Nebenprodukte dieser Reaktion können das entsprechende Thiocyanat und Nitril entstehen.

Allylisothiocyanat ist die beißende, scharf schmeckende Substanz im Senf und hält die meisten Tiere vom Fressen ab, wenngleich der Mensch Senf in keinen Mengen zum Würzen bei Tisch verwendet. Daß dieses Senföl auf Insekten nicht

$$CH_2=CH-CH_2-C\diagdown{}^{SGlc}_{NOSO_3^-} \xrightarrow{\text{Myrosinase}} CH_2=CH-CH_2-N=C=S \quad + \text{ Glucose}$$

$$+ \text{ Sulfat}$$

Sinigrin   Allylisothiocyanat

5.2 Enzymatische Freisetzung von Allylisothiocyanat aus Sinigrin.

nur abstoßend, sondern auch giftig wirkt, zeigten Erickson und Feeny (1974). Da Insekten sinigrinhaltige Nahrung in der Regel verweigern, verfütterten diese beiden Wissenschaftler die Substanz an die Raupen des Schwarzen Schwalbenschwanzes (*Papilio polyxenes*), indem sie eine ihrer normalen Futterpflanzen, nämlich Sellerie, mit einer 0,1prozentigen Sinigrinlösung (basierend auf dem Frischgewicht der Blätter) tränkten. Damit kam die Konzentration von Sinigrin im Sellerie jener in Kreuzblütlern nahe und reichte aus, um sämtliche Raupen zu töten. Erickson und Feeny leiteten daraus ab, daß Sinigrin in Cruciferen eindeutig zur Abwehr von Insekten dient, die sich normalerweise nicht von dieser Pflanzenfamilie ernähren.

Durch eine Reihe weiterer Experimente konnte man jedoch zeigen, daß dasselbe Sinigrin sowohl für die Raupen von Kohlweißlingen als auch für Kohlblattläuse einen positiven Futteranreiz darstellt (siehe Dethier 1972). So kann man die Raupen des Kohlweißlings dazu bringen, künstliches Futter aufzunehmen, wobei man jedoch unbedingt Senföl (oder Glucosinolat) hinzufügen muß. Zwar kann man frischgeschlüpfte Raupen auch dazu veranlassen, ein Futter ohne Senföl zu fressen, aber selbst hier führt ein Zusatz von Glucosinolat zum Futter augenblicklich zu einer Mehraufnahme von 20 Prozent. Die Abhängigkeit der Raupen von diesem Nahrungsstimulans zeigt sich am deutlichsten an Tieren, die man von Beginn an mit Kohlblättern gefüttert hat. Setzt man diese Raupen an ein künstliches Futter ohne Sinigrin, dann verweigern sie es, davon zu fressen; sie sterben sogar lieber, als ein Futter zu akzeptieren, dem der für sie entscheidende Lockstoff fehlt. Die Bedeutung von Sinigrin für den Kohlweißling zeigt sich auch in anderen Aspekten seines Lebenszyklus. Das adulte Weibchen zum Beispiel nutzt die Substanz als Stimulus für die Eiablage. Ihre Wirksamkeit ist offenkundig, denn man kann das Schmetterlingsweibchen dazu verleiten, seine Eier auf einem Stück Filterpapier abzulegen, sofern man das Papier zuvor mit einer Sinigrinlösung getränkt hat (siehe Abschnitt V).

Die Kohlblattlaus wird von den gleichen Wirtspflanzen in ähnlicher Weise durch Sinigrin angezogen. Die Blattlaus ist zwar hochspezialisiert auf Kreuzblütler, doch man kann sie auch dazu bringen, von Pflanzen zu fressen, die eigentlich nicht zu ihren Futterpflanzen zählen, wie die Pferde- oder Saubohne (*Vicia faba*), indem man ganz einfach die Bohnenblätter mit einer Sinigrinlösung tränkt. Welche Faktoren die Nahrungsaufnahme von Blattläusen auf Kohl beeinflussen, untersuchte van Emden (1972). Er fand heraus, daß es zwei hauptsächliche chemische Steuerungsfaktoren für das Verhalten der Blattläuse gibt: die Konzentration von Sinigrin und das Verhältnis der freien Aminosäuren in den Blättern.

Die Blattläuse nutzen das Sinigrin als Wegweiser zu der Wirtspflanze, wenn sie einen neuen Standort „überschwemmen". Sie landen zwar vielleicht auf anderen als ihren Futterpflanzen, aber wenn sie erst einmal ihren Saugrüssel ausgefahren und festgestellt haben, daß kein Sinigrin vorhanden ist, fliegen sie sofort wieder auf und suchen nach einer Pflanze, die das entscheidende Stimulans enthält. Haben sie sich dann auf einer Wirtspflanze niedergelassen, werden sie ebenfalls durch den Sinigringehalt zu den geeignetsten Freßstellen geleitet. So weisen junge Kohlblätter eine besonders hohe Sinigrinkonzentration auf – sogar so hoch, daß die Blattläuse es vermeiden, von diesen Geweben zu fressen. Sie bervorzugen die reiferen Blätter mit mittlerem Sinigringehalt als Futter. Die Tiere meiden auch alte Pflanzen; hier ist es aber nicht ein verringerter Sinigringehalt, der sie vom Fressen abhält, sondern ein verändertes Verhältnis der Aminosäuren. Ältere Blätter enthalten insbesondere überdurchschnittliche Mengen von γ-Aminobuttersäure, und eine Änderung des Gehalts dieser und anderer Aminosäuren wird von den Blattläusen offensichtlich bemerkt.

Blattläuse sind somit äußerst empfindlich für die Chemie der Pflanze: für Nahrungsstimulantien, ihre absolute Konzentration und für Nährstoffe, besonders für das Verhältnis der Aminosäuren. Van Emdens (1972) Hinweis, Blattläuse seien »wahre Pflanzenchemiker«, beschreibt sehr treffend diese höchst sensiblen Pflanzenfresser unter den Insekten.

Zahlreiche weitere Insekten, die sich von Cruciferen ernähren, werden ebenfalls durch Glucosinolate in ihren Futterpflanzen zum Fressen angeregt. Nahezu alle zeigen jedoch Vorlieben für bestimmte Arten innerhalb der Familie – manche sind sogar monophag –, so daß es noch andere Faktoren geben muß, welche die Nahrungsauswahl steuern. Unter anderem könnten Variationen in der Chemie der Glucosinolate – die in dieser Familie recht ausgeprägt sind – dafür verantwortlich sein; wir wissen heute aber, daß sich auch weitere sekundäre Pflanzenstoffe der Cruciferen auf die Nahrungspräferenzen auswirken. Glucosinolate können mit anderen Nahrungsstimulantien oder auch mit Substanzen, die vom Fressen abhalten, also Abwehrstoffen, in Wechselwirkung treten. Beide Fälle wurden sehr schön durch neuere Experimente verdeutlicht, die man an Kohlerdflöhen der Gattung *Phyllotreta* durchführte; diese ernähren sich von Kreuzblütlern und sind oft Schädlinge für die Landwirtschaft.

Erstere Situation tritt bei dem monophagen Meerretticherdfloh (*Phyllotreta armoracea*) auf, der sich nur von Meerrettichpflanzen (*Armoracia rusticana*) ernährt. Die Nahrungsaufnahme dieses Erdflohes scheint durch eine Kombination aus dem allgemeinen Lockstoff Sinigrin und zwei artspezifischen Stimulantien, den Flavonolglykosiden Kaempferol- und Quercetin-3-xylosylgalactosid, gesteuert zu werden (Nielsen et al. 1979). Es ist die Disaccharideinheit dieser Verbin-

164

dungen, die von Bedeutung für das Fressen ist, denn andere Glykoside dieser Flavonole sind weniger wirksame Stimulantien. Vergleichbare Effekte verschiedener Flavonolglykoside auf das Freßverhalten hat man auch bei Raupen des Seidenspinners (*Bombyx mori*) nachgewiesen (siehe vorhergehenden Abschnitt). Diese 3-Xylosylgalactoside scheinen charakteristisch für die Meerrettichpflanze zu sein und treten bei keiner verwandten potentiellen Futterpflanze aus der Familie der Kreuzblütler auf. Ihre Wirksamkeit als Stimulantien ließ sich bestätigen, indem man sie in Laborexperimenten mit Sinigrin mischte und sich dies synergistisch auf das Freßverhalten von *P. armoracea* auswirkte.

Die zweite Situation finden wir bei dem oligophagen Großen Gelbstreifigen Kohlerdfloh (*Phyllotreta nemorum*), der gerne die Blätter von Rettich und Weißen Rüben frißt, die Blätter der Bitteren Schleifenblume (*Iberis amara*) jedoch meidet. Erwartungsgemäß läßt sich die Ablehnung mit dem Vorhandensein von Fraßhemmern in Verbindung bringen, die man bei dieser Pflanze als Cucurbitacine identifizierte (Nielsen et al. 1977). Cucurbitacine sind bei der Familie der Kürbisgewächse (Cucurbitaceae) als bitter schmeckende Gifte wohlbekannt, kommen jedoch bei Kreuzblütlern selten vor. Für Insekten, die sich von Kürbisgewächsen ernähren, fungieren sie als Nahrungslockstoffe (siehe Abschnitt IV.D). Die Cucurbitacine der Kürbisgewächse und die Glucosinolate der Kreuzblütler dienen also weitgehend demselben Zweck: Sie sind Hemmstoffe für nichtangepaßte Arten und Stimulantien für angepaßte. Eine Pflanzenart aus einer der Familien, die beide Gifte enthält, wie etwa *Iberis amara*, besitzt somit einen Selektionsvorteil, weil sie auch Angriffe durch angepaßte Spezies vermeidet.

Man könnte vermuten, daß manche Cruciferenarten Freßhemmer vielleicht von anderen Angiospermenfamilien „geborgt" haben. Das ist in der Tat der Fall, denn in zwei Cruciferengattungen, bei *Cheiranthus* (Lack) und *Erysimum* (Schöterich), treten Herzglykoside auf – die charakteristischen, bitter schmeckenden Gifte der Asclepiadaceae und Apocynaceae (siehe Kapitel 3). Wie sich zeigen läßt, verweigern zwei weitere Erdfloharten, *Phyllotreta undulata* und *P. tetrastigma*, aufgrund der vorhandenen Herzglykoside, von diesen Pflanzen zu fressen (Nielsen et al. 1978). Diese Hemmstoffe bieten aber nur begrenzten Schutz, denn *P. nemorum* lehnt zwar, wie erwähnt, *Iberis amara* ab, frißt aber sowohl im Labor als auch in der Natur gerne von *Cheiranthus*-Pflanzen. Diese komplexen Wechselbeziehungen zwischen Erdflöhen und ihren Wirtspflanzen rufen den abgedroschenen Aphorismus ins Gedächtnis: Des einen Fleisch ist des anderen Gift. Vielleicht wäre es noch richtiger zu folgern: Zwar mögen alle diese Erdflöhe gerne Senf zu ihrem Fleisch, aber sie unterscheiden sehr präzise zwischen dem einen bitteren Geschmack und dem anderen.

D. Sonstige Nahrungslockstoffe

Wie bereits diskutiert, sind die wichtigsten Lockstoffe für die Seidenraupe ätherische Öle und Flavonoide, und der für den Kohlweißling und die Kohlblattläuse ist das Glucosinolat Sinigrin. Es scheint, daß praktisch jedem Typ sekundärer Pflanzenstoffe eine Rolle als Nahrungsstimulans bei einer bestimmten Wechselbeziehung zwischen einer Pflanze und einem Insekt zukommt (Tabelle 5.1). Das giftige Alkaloid Spartein zum Beispiel fungiert als Stimulans für die Grüne Besenginsterblattlaus (*Acyrthosiphon spartii*) auf Besenginster (*Sarothamnus scoparius*). Hier wechselt die Blattlaus ihren Freßplatz, je nachdem, wo die höchste Konzentration an Spartein in den Pflanzen auftritt. So beginnt sie im Frühjahr, an den jungen Trieben zu fressen, und wandert schließlich während der Sommermonate weiter zu den Blütenknospen und Fruchtschoten, weil sich der Sparteingehalt im Laufe des Lebenszyklus der Pflanze ändert (Smith 1966). Auch in diesem Fall gelang es (siehe auch Seite 163), die Blattläuse dazu zu bringen, auf eine Nicht-Wirtspflanze überzuwechseln, nämlich auf *Vicia faba*, indem man deren Blätter mit einer Sparteinlösung tränkte.

Was für *Acyrthosiphon spartii* gilt, mag für andere Arten nicht zutreffen. So nimmt die Goldregenblattlaus (*Aphis cytisorum*), die sich ebenfalls von mehreren Ginsterarten ernährt, tatsächlich das Alkaloid Cytisin zu Abwehrzwecken aus der Nahrung auf und speichert es. Stellt man sie jedoch vor die Wahl zwischen Pflanzen mit unterschiedlichem Alkaloidgehalt, bevorzugt sie solche mit niedriger Alkaloidkonzentration (Wink und Witte 1985); der Alkaloidgehalt stellt also nur in begrenztem Maße einen Lockstoff dar. Von nichtspezialisierten Blattläusen würde man erwarten, daß sie es vermeiden, alkaloidhaltige Pflanzen zu fressen. Das ist offensichtlich bei der Grünen Erbsenlaus (*Acyrthosiphon pisum*) der Fall, denn sie läßt sich durch Hinzufügen verschiedener Alkaloide vom Fressen künstlicher Nahrung abhalten (Dreyer et al. 1985).

Den Seidenraupen, die sich von Maulbeerblättern ernähren, dienen ätherische Öle als olfaktorische Reize; auch für zahlreiche andere oligophage Insekten sind sie wahrscheinlich ein Signal, daß sie sich ihrer bevorzugten Futterpflanze nähern. Wie Experimente mit den Raupen des Schwalbenschwanzes, die sich ausschließlich von Vertretern der Doldenblütler (Apiaceae oder Umbelliferae) ernähren, zeigten, können diese mindestens acht verschiedene Bestandteile der ätherischen Öle dieser Pflanzen wahrnehmen.

Darüber hinaus zeigten Feldstudien an der Gierschblattlaus (*Cavariella aegipodii*), die sich im Sommer von Umbelliferen ernährt, daß sie durch den Monoterpenlockstoff Carvon aus den Düften von Wildem Pastinak angezogen wird (Chapman et al. 1981).

Neben den Mono- und Sesquiterpenen enthalten die Ölbestandteile von Umbelliferen oft aromatische Phenylpropanoide, die flüchtig und physiologisch wirksam sind. Zwei von ihnen, Methylisoeugenol und Asaron (Abb. 5.3), kommen gemeinsam in Karottenblättern vor und fungieren als Nahrungslockstoffe für die Möhrenfliege *Psila rosae* (Guerin et al. 1983).

ALKALOID

IRIDOID

Spartein
(*Acyrthosiphon spartii*)

Catalpol
(*Ceratomia catalpae*)

PHENYLPROPANOIDE

Methylisoeugenol
(*Psila rosae*)

(*E*)-Asaron
(*Psila rosae*)

5.3 Struktur einiger charakteristischer Lockstoffe für Insekten.

Auch zahlreiche andere Terpenoide können sich auf das Freßverhalten auswirken. Eine komplexe Wechselbeziehung besteht zwischen den Raupen des Schwärmers *Ceratomia catalpae* und dem Tulpenbaum (*Catalpa*, Bignoniaceae), von dessen Blättern sie sich ernähren. Hier ist eine Mischung von 15 iridoiden Glykosiden an der Anlockung beteiligt, darunter Catalpol (Abb. 5.3). Interessant ist, daß Nepetalacton, ein ähnliches Monoterpenlacton, das in der verwandten Familie der Lamiaceae bei der Katzenminze (*Nepeta cataria*) vorkommt, auf Hauskatzen anziehend wirkt. So kann derselbe Molekültyp also sowohl in Wechselbeziehungen zwischen Pflanzen und Insekten als auch zwischen Pflanzen und Säugetieren als olfaktorisches Stimulans dienen.

An dieser Stelle sollte man vielleicht noch ein Wort über Flavonoide als Nahrungslockstoffe bei anderen Pflanzen als dem Maulbeerbaum verlieren. Wie man feststellte, ist noch eine Reihe anderer Verbindungen wirksam (Abb. 5.1). So wird der *Agasicles*-Käfer durch das Flavon 6-Methoxyluteolin-7-rhamnosid von der Papageienblattart *Alternanthera phylloxeroides* angezogen, und der Kleine Ulmensplintkäfer (*Scotylus multistriatus*) durch das Flavanol (+)-Catechin-7-xylosid der Ulmenrinde. Diese letzte, in den Vakuolen gelöste Verbindung wirkt in Kombination mit dem Triterpenoid Lupeylcerotat, das vermutlich auf der Rindenoberfläche auftritt. Interessanterweise hat man Flavone als Nahrungslockstoffe auch mit einem anderen Käfer in Zusammenhang gebracht, der sich von der Borke von Obstbäumen der Gattung *Prunus* ernährt (siehe Tabelle 5.1). In diesem Fall sind drei Verbindungen beteiligt: Taxifolin, Pinocembrin und Dihydrokaempferol.

167

Ein viertes Flavon in der Borke, nämlich Naringenin (5,7,4'-Trihydroxyflavanon), ist seltsamerweise unwirksam.

Schließlich ist es bemerkenswert, daß sich von Weiden ernährende Käfer, zum Beispiel der Gefleckte Weidenblattkäfer (*Melasoma vigintipunctata*), durch eine Kombination des häufigen Blattflavonoids Luteolin-7-glucosid mit den spezifischeren Weidenbestandteilen Salicin und Populin zum Fressen angeregt werden (Matsuda und Matsuo 1985).

IV. Sekundärmetaboliten als Abwehrstoffe gegen Tierfraß

A. Der Kleine Frostspanner und die Tannine der Eichenblätter

Einige typische Beispiele für sekundäre Pflanzenstoffe, die als Abwehrstoffe gegen Insektenfraß wirken, zeigt Tabelle 5.3. Weitere derartige Substanzen habe ich bereits früher in diesem Kapitel erwähnt. Wie bei den Lockstoffen umfassen die verschiedenen Verbindungen das gesamte Spektrum struktureller Typen von den Terpenoiden und Alkaloiden bis hin zu den Chinonen und Flavonoiden. In dieser letzten Klasse findet sich die bedeutendste Barriere der Angiospermen gegen Herbivorie. Bei diesen speziellen Substanzen handelt es sich um die pflanzlichen Tannine, die sehr weit verbreitet in relativ hohen Konzentrationen in den Blättern verholzter Pflanzen auftreten. Es gibt zwei Gruppen von Tanninen, die hydrolysierbaren und die kondensierten. Die hydrolysierbaren Tannine sind Abkömmlinge einfacher phenolischer Säuren wie der Gallussäure und ihrer dimeren Form, der Hexahydroxydiphensäure, in Verbindung mit dem Zucker Glucose. Die kondensierten Tannine weisen ein höheres Molekulargewicht auf und sind durch Kondensation aus zwei oder mehr Hydroxyflavanol-Einheiten gebildete Oligomere. Einige typische Strukturen sind in Abbildung 5.4 dargestellt.

Tannine (auch als Gerbstoffe bezeichnet) besitzen per Definition die Fähigkeit, tierische Häute zu Leder zu gerben; das heißt, sie verbinden sich oft irreversibel mit Proteinen und verhindern dadurch, daß diese durch Trypsin und andere Verdauungsenzyme angegriffen werden. Was dies bedeutet, wird später noch klar werden. Die andere Eigenschaft der Tannine, einhergehend mit ihrer Fähigkeit zu Gerben, ist ihr Geschmack – sie wirken adstringierend, was zur Bildung kleiner Bläschen auf der Zunge führt. Diese adstringierende Wirkung stößt höhere Tiere, Vögel und Reptilien und wahrscheinlich auch Insekten ab (siehe Seite 170).

Die Bedeutung der Tannine für Eichen, die mit ihrer Hilfe die Raupen des Kleinen Frostspanners (*Operophtera brumata*) unter Kontrolle halten, wurde durch die Arbeiten von Feeny (1970) nachgewiesen. Er interessierte sich für das seltsame Verhalten dieser Raupen, die im Frühjahr gerne Eichenblätter fressen, Mitte Juni aber abrupt damit aufhören und sich zur Ernährung anderen Bäumen zuwenden. Bei seiner Suche nach einer Erklärung für dieses eigenartige Freßverhalten verglich Feeny im Frühling wachsende Eichenblätter mit solchen, die

Tabelle 5.3: Sekundäre Pflanzenstoffe als Abwehrmittel gegen Tierfraß

Insektenklasse und -art	Nahrungspflanze	chemischer Abwehrstoff	Quelle
Ameise			
Atta cephalotes	Astronium graveolens	Monoterpen: β-Ocimen	Hubbell et al. 1983
Käfer			
Leptinotarsa decemlineata	Solanum demissum	Alkaloid: Demissin	Sturchkow 1959
Monochamus alternatus	Pinus densiflora	Kohlenwasserstoff: Ethan	Sumimoto et al. 1975
Scolytus multistriatus	Carya ovata	Chinon: Juglon	Gilbert et al. 1967
Eulenfalter			
Heliothis zea	Gossypium barbadense (Baumwolle)	Terpenoid: Gossypol	Shaver und Lukefahr, 1969
		Flavonoide: Quercetinglykoside	
Nachtfalter			
Operophtera brumata	Quercus robur (Eiche)	Flavonoide: Tannine	Feeny 1970
Spodoptera ornithogallii	Vernonia glauca	Sesquiterpenlacton: Glaucolid-A	Burnett et al. 1974

hydrolysierbare Tannine

kondensierte Tannine

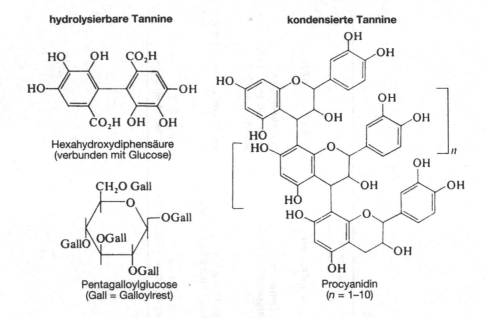

Hexahydroxydiphensäure
(verbunden mit Glucose)

Pentagalloylglucose
(Gall = Galloylrest)

Procyanidin
(n = 1–10)

5.4 Charakteristische Tannine der Eiche.

im Juni wuchsen, hinsichtlich ihres Nährwertes, konnte aber keine Unterschiede feststellen. Das merkwürdige Verhalten ließ sich auch nicht durch andere Umweltparameter erklären, beispielsweise durch eine Zunahme der Angriffe von Vögeln auf diese Insekten. Erst als er den Tanningehalt ermittelte, ergaben sich signifikante Unterschiede (Abb. 5.5); denn genau zu jenem Zeitpunkt, an dem die Insekten zu fressen aufhörten, nahm der Tanningehalt stark zu.

Chromatographien der Tanninextrakte aus Blättern, die man im Frühjahr beziehungsweise im Sommer gepflückt hatte, zeigten nicht nur qualitative, sondern auch quantitative Unterschiede; die Reifung der Blätter ging mit einer zunehmenden Zahl von Tanninbestandteilen einher. Während die hydrolysierbaren Tannine

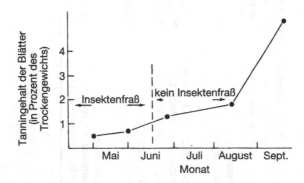

5.5 Korrelation zwischen dem Tanningehalt und dem Freßverhalten von Insekten auf Eichen.

in den Blättern von April und Juni in gleichem Maße enthalten waren, traten die kondensierten Tannine nur in den älteren Blättern in nennenswerten Mengen auf. Konkret nimmt die Konzentration kondensierter Tannine während der Saison von 0,5 auf fünf Prozent des Trockengewichts zu.

Was für den Kleinen Frostspanner gilt, gilt wahrscheinlich auch für andere herbivore Insekten, die sich von Eichenblättern ernähren. Während man auf Eichenbäumen Anfang Juni nicht weniger als 110 Schmetterlingsarten registrierte, kann man Mitte August auf denselben Bäumen nur noch 65 dieser Arten antreffen. Außerdem nimmt die Dichte der Insekten auf den Eichen im gleichen Zeitraum dramatisch ab. Zwar ist der Anstieg an Tannin der wichtigste bestimmende Faktor in dieser Wechselbeziehung, aber auch die zunehmende Derbheit der Blätter ist von Bedeutung. Offensichtlich produziert der Baum als Reaktion auf Insektenfraß immer mehr Tannin, um eine völlige Entlaubung zu vermeiden. Die Bäume reagieren auf die Angriffe von Insekten aber auch, indem sie sogenannte Johannistriebe hervorbringen, und so ist die photosynthetisch aktive Fläche bis Ende Juni großenteils wiederhergestellt. Während der Sommermonate kann die Eiche dann genügend Photosynthese durchführen, um die für die bevorstehenden Wintermonate benötigten Energiespeicher anzulegen.

Der unmittelbare Grund, warum die Raupen des Kleinen Frostspanners Mitte Juni aufhören zu fressen, könnte der abstoßende Geschmack der Blätter bei ansteigendem Tanningehalt sein. Die Insekten vermeiden ganz einfach die Aufnahme größerer Mengen Tannin. Ursprünglich dachte man, ein hoher Tanningehalt der Nahrung würde sich insofern nachteilig auswirken, als er den Nährwert reduziert. So könnte eine Komplexbildung des pflanzlichen Proteins mit dem durch die fressenden Insekten freigesetzten Tannin den Proteinstickstoff für das Insekt schwerer zugänglich machen. Heute weiß man, daß dies unwahrscheinlich ist. Vielmehr wirken pflanzliche Tannine vermutlich direkt toxisch auf unangepaßte Insekten, weil das Tannin an das Insektengewebe im Verdauungskanal bindet.

Untermauert wurde diese zweite Ansicht durch Untersuchungen an zwei Schwalbenschwanzarten, von denen die eine daran angepaßt ist, tanninhaltige Pflanzen zu fressen, und die andere nicht. Wenn man die nichtadaptierte Art, *Papilio polyxenes*, mit tanninhaltiger Nahrung fütterte, starb sie; eine Untersuchung der toten Tiere offenbarte Verletzungen im Mitteldarm. Bei der angepaßten Art, *P. glaucus*, entstanden keine derartigen Läsionen. Daß sie die tanninhaltige Ernährung unbeschadet überlebte, könnte auf ihrer Fähigkeit beruhen, oberflächenaktive Lipide zu produzieren, die dann den Darm auskleiden und so verhindern, daß Tannin mit den Strukturproteinen der Darmwand Komplexe bildet (Steinly und Berenbaum 1985; Martin und Martin 1984).

Daß die Tanninkonzentration das Freßverhalten von Insekten entscheidend mitbestimmt, verdeutlichen sehr anschaulich unsere Experimente in Reading an der Blattlaus *Aphis craccivora*, die von Erdnußpflanzen (*Arachis hypogaea*) lebt. Bei dieser Pflanze findet sich das kondensierte Tannin Procyanidin in den Blattstielen in ungewöhnlich hoher Konzentration – also genau dort, wo die Blattlaus landet, um zu fressen. Kulturformen der Erdnuß mit niedrigem Tanningehalt im Phloem (0,1 bis 0,2 Prozent Feuchtgewicht) waren für Blattlausangriffe anfällig, Sorten mit höherer Tanninkonzentration (0,3 bis 0,7 Prozent) wurden jedoch gemieden, solange auch Pflanzen mit niedrigem Tanningehalt zur Wahl standen. Bei Blattläusen, die man zwang, von den Pflanzen mit hohem Tanninanteil zu fressen, nahm die Fruchtbarkeit ab; die durchschnittliche Zahl der in den ersten fünf Tagen der Fortpflanzungsperiode produzierten Nymphen fiel von 38 auf 19. Die Aufnahme größerer Mengen Tannin mit der Nahrung durch Insekten, die sich von Phloem ernähren, setzt also letztendlich deren Fortpflanzungskapazität herab (Grayer et al. 1992).

Alles bisher über die Abwehr von Fraßinsekten durch Tannine Gesagte bezog sich fast ausschließlich auf kondensierte pflanzliche Tannine. Über die hydrolysierbaren Tannine ist nur wenig bekannt; lediglich von denen der Eichenblätter weiß man, daß sie giftig für Nutztiere sind. Ein Experiment mit Geraniin, dem hydrolysierbaren Tannin von *Geranium*-Blättern, hat jedoch gezeigt, daß dieses auf die Raupen des Falters *Heliothis virescens* (Amerikanische Tabakeule) wachstumshemmend wirkt. Geraniin setzt in der Raupe Ellagsäure frei, und diese beeinträchtigt das Wachstum, indem sie mit einigen der für die normale Entwicklung essentiellen Metalle Chelate bildet (Klocke et al. 1986).

Wie man zeigen konnte, wirken sich Tannine in der Nahrung auch auf andere Insekten neben Schmetterlingen und Blattläusen negativ aus, und insgesamt gesehen scheinen Tannine für Pflanzen ein wichtiges Abwehrmittel gegen Insektenfraß zu sein. Die Wirksamkeit dieser Barriere steht in direktem Zusammenhang mit den vorhandenen Konzentrationen, und so sind Gewebe mit niedrigem Tanningehalt anfällig gegen Herbivorie. Daß Insekten Pflanzen mit hohem Tanningehalt meiden, beruht wahrscheinlich auf den toxischen Wirkungen des Tannins im Darm dieser Tiere und nicht auf einem möglicherweise reduzierten Nährwert des pflanzlichen Proteins. Zweifellos können sich Insekten an eine Ernährung aus Blättern mit hohem Tanningehalt anpassen (das gleiche gilt für Wirbeltiere, siehe Kapitel 7, Abschnitt IV.C), aber der Mechanismus dieser Anpassung ist bislang noch nicht vollkommen verstanden.

B. Der Kartoffelkäfer und die *Solanum*-Alkaloide

Der leuchtend gelb-schwarz gestreifte Kartoffelkäfer (*Leptinotarsa decemlineata*) ist ein bekannter und ernstzunehmender Schädling der Kartoffelpflanze. Zwar konnte man ihn bisher von Großbritannien fernhalten, doch sowohl in Nordamerika als auch auf dem europäischen Kontinent ist er weit verbreitet. Weil er die Blätter schädigt, kann er zu ernsthaften Ernteverlusten führen. Daher war die Suche nach Kartoffeln, die gegen Angriffe des Kartoffelkäfers resistent sind, ein wichtiges Ziel bei der Kartoffelzucht. Erste Resistenzen entdeckte man aber nicht bei Kultursorten, sondern unter verwandten, knollentragenden Wildkartoffelarten, die in Südamerika heimisch sind. Ein Beispiel ist *Solanum demissum*, und als Ursache für die Resistenz dieser Art identifizierte man ein wichtiges steroides Alkaloid der Blätter, eine Substanz namens Demissin. Wenngleich Demissin dem wichtigsten Alkaloid der Kulturkartoffel (*Solanum tuberosum*), dem

Solanin, strukturell sehr ähnlich ist, so scheint es doch genügend davon abzuweichen, um Käferangriffe abzuwehren (Abb. 5.6).

harmlos

GlcO
GalO
RhaO

Solanin
(Alkaloid von *Solanum tuberosum*)

abstoßend

GlcO
GlcO—GalO
XylO

Demissin
(Alkaloid von *Solanum demissum*)

5.6 Struktur von *Solanum*-Alkaloiden, welche die Ernährung von Kartoffelkäfern beeinflussen.

Man überprüfte eine Anzahl weiterer *Solanum*-Alkaloide und konnte zumindest teilweise einen Zusammenhang zwischen abstoßender Wirkung und molekularer Struktur nachweisen. Folgende drei Merkmale von Demissin sind für die Abstoßung besonders wichtig: 1) das Vorhandensein eines tetrasachariden Zuckers an der 3-Position, 2) die Anwesenheit von Xylose als einer der vier Zuckerbestandteile und 3) das Fehlen einer Δ5-Doppelbindung. Sobald der 3-Zucker zu einem Trisaccharid reduziert ist, Xylose verlorengeht und eine Δ5-Doppelbindung vorhanden ist, wie bei Solanin, ist die abstoßende Wirkung aufgehoben. Tomatin, ein wichtiges Alkaloid der Tomate und auch verschiedener anderer Verwandter der Kartoffel, besitzt ebenfalls ein Tetrasaccharid, welches Xylose enthält und dem eine Δ5-Doppelbindung fehlt. Tatsächlich wirkt es genauso abstoßend wie Demissin. Tränkt man Kartoffelblätter mit einer Tomatinlösung der Konzentration von 2 mmol/kg, führt dies zu einem Rückgang des Käferfraßes um 50 Prozent; eine Konzentration von 3 mmol/kg Blattgewicht verursacht sogar eine Larvensterblichkeit von 100 Prozent. So kann Tomatin also – wie die meisten anderen Abwehrstoffe gegen Tierfraß – für angreifende Insekten toxische Folgen haben.

Interessanterweise hängt die Abwehr von Käferangriffen eng von der chemischen Struktur ab, und schon geringfügige Veränderungen in Teilen des abstoßend wirkenden Moleküls können es als Abwehrstoff völlig wertlos machen. Das liegt vielleicht daran, daß der Abwehrstoff auf Membranebene wirkt und möglicherweise die Absorption der Phytosterine des Kartoffelblattes beeinträchtigt, welche der Käfer für seine Ecdysonsynthese braucht (siehe Seite 136). Da es sich bei den Alkaloiden von *Solanum*-Arten um steroide Moleküle handelt, könnten sie sich auch direkt auswirken, indem sie die Biosynthese von Ecdyson blockieren.

Die Ergebnisse über die abstoßenden Eigenschaften von Demissin sind von großem praktischen Wert, denn die Zuchtexperimente mit *S. demissum* und *S. tuberosum* könnten eine gegen Käferangriffe resistente Kartoffelsorte hervorbringen. Man hat in der Tat ein derartiges Zuchtprogramm entwickelt und dabei Kartoffelpflanzen erhalten, die gegenüber dem Kartoffelkäfer resistent sind. Eine weitere mögliche Ursache für eine Resistenz gegen Angriffe des Kartoffelkäfers entdeckte man in einigen Linien der Wildkartoffel *Solanum chacoense* (Sinden et al. 1980). Hier beruht die Resistenz auf dem Ersatz von Solanin als einem der Hauptalkaloide durch das 23-*O*-Acetyl-Derivat, das sogenannte Leptin II (Abb. 5.6). Auch hier besteht wiederum die Möglichkeit, diese Resistenz zur Züchtung neuer Kartoffelsorten auszunutzen, die frei von Käferbefall sind. Solche Zuchtprogramme sind wichtig, weil sich die Kartoffelkäfer innerhalb einiger Generationen an die sogenannten „resistenten" Pflanzen gewöhnen.

C. Blattschneiderameisen

Die Beziehung zwischen blattschneidenden, Pilze züchtenden Ameisen und Pflanzen ist ungewöhnlich, denn die Ameisen ernähren sich nicht direkt von den Pflanzen, die sie zerschneiden. Sie verfüttern die abgeschnittenen Pflanzenteile vielmehr an die Pilzkolonien im Nest und ernähren sich selbst von dem Mycelgeflecht. Wie bei den meisten Ameisengruppen spielen chemische Signale eine wichtige Rolle im Sozialverhalten dieser Insekten. Bekanntlich legen sie Duftspuren für Nahrungssuchende, um diese zu den Schneidegebieten zu leiten (Kapitel 8, Abschnitt II.B). Außerdem wirken Schnitte in den Blättern ausgesprochen stimulierend für andere Ameisen und führen zu weiterem Schneiden in der Umgebung (Cherret 1972).

Die Blattschneiderameisen sind extrem vielseitig bei der Auswahl ihrer Futterpflanzen, und nur wenige Pflanzen scheinen gegen solche Angriffe gefeit. Den meisten sekundären Pflanzenstoffen gegenüber, die normalerweise phytophage Insekten abstoßen, sind diese Ameisen mehr oder weniger unempfindlich. Eine Barriere für Blattschneiderameisen ist offensichtlich die Produktion von Milchsaft (Latex), wie etwa bei den Wolfsmilchgewächsen (Euphorbiaceae). Feldbeobachtungen zeigten, daß latexhaltige Pflanzen bedeutend seltener angegriffen werden als solche ohne Milchsaft (Stradling 1978). Man sollte also vermuten, daß alle höheren Pflanzen ohne Latex vor Blattschneiderameisen nicht geschützt sind. Neuere Forschungen deuten jedoch darauf hin, daß diese Insekten empfindlich für chemische Signale sind, und einige Pflanzenarten haben anscheinend eine chemische Abwehr gegen die Blattschneiderameisen entwickelt.

Durch Überprüfen der Wirkung von Pflanzenextrakten auf *Atta cephalotes* konnte man zeigen, daß eine Anzahl tropischer Pflanzen durch spezifische Terpenoide in ihren Geweben immun gegen Angriffe ist (Hubbell et al. 1983). Einige dieser Verbindungen sind flüchtig (wie etwa β-Ocimen und Caryophyllenepoxid), andere hingegen nicht (beispielsweise das Triterpenoid Jacquinonsäure), so daß die Ameisen ihre Nahrung vermutlich sowohl mit dem Tast- als auch mit dem Geruchssinn finden müssen. Die schützenden Sekrete einiger Pflanzenarten sind recht einfach und basieren nur auf einer einzigen chemischen Substanz (zum Beispiel Jacquinonsäure bei *Jacquinia pungens*), während bei anderen Pflanzen Mischungen auftreten (zum Beispiel sechs Triterpenoide in den Blättern von *Cordia alliodora*).

Tabelle 5.4: Terpenoide, die auf die Blattschneiderameise *Atta cephalotes* abstoßend wirken

Pflanzenart	Terpenoide
Hymenaea courbaril (Fabaceae)	Caryophyllenepoxid
Lasianthaea fruticosa (Asteraceae)	Lasidiolangelat
Cordia alliodora (Boraginaceae)	sechs Triterpenoide
Astronium graveolens (Anacardiaceae)	*trans*-β-Ocimen
Melampodium divaricatum (Asteraceae)	Caryophyllenepoxid; Spathulenol, Sesquiterpen und Kolavenol
Eupatorium quadrangulare (Asteraceae)	zwei Sesquiterpenlactone
Jacquinia pungens (Theophrastaceae)	Jacquinonsäure

Die Zusammenhänge zwischen Struktur und Wirkung sind nicht offensichtlich, da auch eine Reihe nichtverwandter Terpenderivate wirksam ist (Abb. 5.7). Es besteht jedoch insofern eine gewisse Übereinstimmung, als die große Mehrzahl der bekannten Terpenoide keinerlei Wirkung zeigt. Das gilt für die Terpene in jeder immunen Pflanze. In den Blättern der Wasserdostart *Eupatorium quadrangulare* beispielsweise kommen fünf Sesquiterpenlactone vor, aber nur zwei von ihnen sind wirksam.

Die flüchtigen Abwehrstoffe können das Nahrungssuchverhalten der Ameisen dramatisch beeinflussen. So wirkt β-Ocimen sowohl in der Natur als auch im Laborexperiment abstoßend. Bietet man den Ameisen in einem Laborexperiment mit Zucker überzogene Haferflocken, dann entfernen sie in einem Zeitraum von 60 Minuten 59 Stück. Bietet man ihnen anschließend zuckerüberzogene Haferflocken, die man mit β-Ocimen behandelt hat, tragen sie in derselben Zeit nur zwei Stück weg. Offenbar lehnen die Ameisen Pflanzen ab, die diese speziellen Substanzen enthalten, weil sie ihr Pilzfutter schädigen. Und tatsächlich: Als man

β-Ocimen   Caryophyllenepoxid

Lasidiolangelat   Jacquinonsäure

5.7 Terpenoide, die Pflanzen vor Blattschneiderameisen schützen.

Caryophyllenepoxid (Abb. 5.7), den Abwehrstoff aus den Blättern des Korbblütlers *Melampodium divaricatum*, an dem Pilzsymbiont im Nest von *Atta cephalotes* testete, verkümmerte der Pilz und starb innerhalb von zwei Tagen ab (Hubbell et al. 1983). So erhält die Pflanze also ihren Schutz vor den Blattschneiderameisen durch die Synthese eines Mittels gegen Pilze statt eines Abwehrstoffes gegen Ameisen. Es wäre interessant zu wissen, ob die Antipilzverbindungen – von denen man weiß, daß die Pflanzen sie spezifisch als Schutz gegen Pilzinfektionen produzieren – sich auch schützend gegen die Raubzüge der Blattschneiderameisen auswirken.

D. Weitere Abwehrstoffe gegen Tierfraß

Wie gerade beschrieben, ist das einfache Monoterpen β-Ocimen ein wichtiger Abwehrstoff gegen Blattschneiderameisen. Inwieweit Monoterpene generell als Fraßabwehrstoffe fungieren können, wissen wir noch nicht, wenngleich ich an früherer Stelle (Kapitel 4, Abschnitt VI) erwähnt habe, daß Veränderungen im Verhältnis von α- und β-Pinen in den Fettharzen der Kiefer offenbar die Angriffe einiger Borkenkäfer in Grenzen halten. Nicht alle Käfer werden jedoch durch diese olfaktorischen Verbindungen beeinflußt. Im Falle des Langhornbockkäfers *Monochamus alternatus*, der sich von Kiefernnadeln ernährt, ist Ethangas der wirksame Abwehrstoff und *nicht* die fünf Monoterpene, die in den Dämpfen der Nadeln enthalten sind. Es ist bemerkenswert, daß eine so einfache Verbindung wie Ethan (C_2H_6) auf diese Weise wirken kann. Ein Gramm Kiefernnadeln produziert nicht mehr als 0,6 Mikroliter des Gases, aber das genügt, um das Fressen zu unterbinden (Sumimoto et al. 1975).

Borkenkäfer sind auch empfindlich für Ethanol, das durch anaerobe Gärung in den Stümpfen und Spalten geschädigter Bäume aus Zucker entstehen kann. Beispielsweise wird der Große Waldgärtner (*Tomicus piniperda*) von verwesenden Waldkiefern (*Pinus sylvestris*) durch ein spezielles Bouquet der Terpenoide Terpinolen und α-Pinen, gemischt mit Alkohol, angezogen. Die Menge des freigesetzten Alkohols ist jedoch entscheidend: Während geringe Mengen als Lockstoff wirken, halten hohe Konzentrationen den Käfer vom Fressen ab (Klimetzek et al. 1986).

Höhere Terpenoide (Abb. 5.8) sind zweifellos in vielen Fällen bedeutende Abwehrstoffe. Glaucolid-A, das Sesquiterpenlacton von Vernonien (*Vernonia*) wehrt nachweislich nicht nur den Eulenfalter *Spodoptera ornithogallii* ab (siehe Tabelle 5.3), sondern auch andere Insekten, die versuchen, von dieser Compositenart zu fressen. Glaucolid-A wirkt in der Nahrung in Konzentrationen zwischen 0,1 und einem Prozent. Von anderen Sesquiterpenlactonen, wie etwa 8-Desoxylactucin und Lactucopikrin aus der Wurzelzichorie (*Cichorium intybus*), konnte man ebenfalls zeigen, daß sie Abwehrstoffe gegen Insektenfraß sind (Rees und Harborne 1985). Die Hinweise mehren sich, daß nichtflüchtige pflanzliche Terpenoide, die Insektenfraß unterbinden, auch Wachstum und Entwicklung der Larven hemmen. Wie beispielsweise Elliger und seine Mitarbeiter (1976) herausfanden, wirken die beiden Diterpene Kaurensäure und Trachylobansäure aus den Blüten von Sonnenblumen (*Helianthus annuus*) wachstumshemmend oder sogar tödlich auf die Raupen einiger Schmetterlinge; außerdem besteht ein Zusammenhang zwischen der Resistenz gegen Angriffe des Zünslers *Homeosoma electellum* (Amerikanische Sonnenblumenmotte) und dem Diterpensäuregehalt der einzelnen Sorten. In Laborexperimenten ließen sich die nachteiligen Auswirkungen der beiden Säuren auf das Wachstum der Raupen teilweise durch den Zusatz von Cholesterin zum Futter mildern. Das legt den Schluß nahe, daß die Diterpensäuren normale hormonelle Prozesse durcheinanderbringen, insbesondere wohl die Synthese von Ecdyson (siehe Kapitel 4).

Die am bittersten und unangenehmsten schmeckenden Triterpenoide bei Pflanzen sind wahrscheinlich die Cucurbitacine, eine Reihe von 20 tetrazyklischen Triterpenen, die bei der Gurke und anderen Vertretern der Familie der Kürbisgewächse (Cucurbitaceae) vorkommen. Während sie auf Gurkenkäfer (*Diabrotica undecimpunctata*) anziehend wirken, sind sie für die meisten anderen Insekten abstoßend. Läßt man Gurkenkäfern beispielsweise die Wahl zwischen nicht bitter schmeckenden und bitter schmeckenden Früchten, dann fressen sie fast ausschließlich (in einem Verhältnis von 11:1) von den bitteren. Stellt man hingegen die Honigbiene (*Apis mellifera*) vor dieselbe Wahl, dann entscheidet sie sich erwartungsgemäß für die Früchte ohne Cucurbitacin (in einem Verhältnis von 1:7).

Ein weiterer bemerkenswerter Fraßabwehrstoff unter den Triterpenoiden ist die Verbindung Azadirachtin. Man entdeckte sie, nachdem man wiederholt beobachtet hatte, daß die Blätter des in Afrika beheimateten Nimbaumes (*Azaridachta*

Terpenoide

Glaucolid-A
(*Spodoptera ornithogallii*)

Cucurbitacin A
(*Diabrotica undecimpunctata*)

Kaurensäure
(*Homeosoma electellum*)

Polygodial, R = H
Warburganal, R = OH
(*Spodoptera littoralis*)

Flavonoide

Rutin
(*Heliothis zea*)

Cyanidin-3-glucosid
(*Heliothis viriscens*)

5.8 Einige Abwehrstoffe gegen Insektenfraß.

indica, Meliaceae) nie von der Wüstenschrecke (*Schistocerca gregaria*) gefressen werden. Azadirachtin ist zwar der wirkungsvollste Fraßabwehrstoff, doch hat man noch weitere derartige Substanzen bei dem Nimbaum und dem verwandten Indischen Zedrachbaum (*Melia azedarach*) entdeckt (Nakatani et al. 1985). Einfachere sesquiterpenoide Fraßabwehrstoffe, zum Beispiel Warburganal, isolierte man aus der Borke der ostafrikanischen Bäume *Warburgia stuhlmanni* und *W. ugandensis* (Kubo et al. 1976). Warburganal ist ein weniger universeller Abwehrstoff als Azadirachtin, denn obwohl es gegen die Raupen von Eulenfaltern wirkt, hält es

Heuschrecken nicht vom Fressen ab. Interessanterweise schmecken die gegen Tierfraß wirksamen Verbindungen in *Warburgia* für den Menschen scharf. Ob Insekten diesen Geschmack feststellen können und deshalb vom Fressen abgehalten werden, bleibt noch zu untersuchen.

Eine weitere Gruppe sekundärer Pflanzenstoffe, die bedeutende Fraßabwehrmittel sein könnten, sind die verschiedenen Flavone und Flavonolglykoside, die sich in den Blättern der meisten Angiospermen anreichern. Sie kommen vor allem in krautigen Arten vor und scheinen zumindest teilweise die kondensierten Tannine zu ersetzen, die in so charakteristischer Weise in den Blättern verholzter Angiospermen auftreten (Harborne 1979). Die Toxizität der häufigen Flavonolglykoside, wie Rutin und Isoquercitrin, für verschiedene Insekten, die sich von Baumwoll- oder Tabakpflanzen ernähren, habe ich bereits erwähnt (siehe Tabelle 5.3). Eine wichtige Auswirkung der in der Nahrung enthaltenen Flavonoide auf Schadschmetterlinge ist die dramatische Einschränkung der Larvalentwicklung. Die Raupen der Amerikanischen Tabakeule (*Heliothis virescens*) wachsen bei einem Zusatz von Isoquercitrin oder des verwandten Anthocyanpigments Cyanidin-3-glucosid in ihrem Futter nur auf weniger als zehn Prozent der Größe einer Kontrollgruppe heran. Dieser Tabakschädling greift auch Baumwollpflanzen an, und so schlug man vor, mit Hilfe von Sorten mit erhöhtem Anthocyananteil in den Blättern resistente Linien heranzuzüchten (Hedin et al. 1983). Weitere *Heliothis*-Arten wie *H. zea* scheinen ebenfalls empfindlich auf Flavonoide wie Rutin in ihrer Nahrung zu reagieren.

Auch einfache Phenolglykoside, wie sie in Weiden- und Pappelblättern enthalten sind, können bestimmte Schmetterlinge und Käfer davon abhalten, von diesen Pflanzen zu fressen. Die Verbindung Salicortin aus Weidenarten (*Salix* spp.) bewirkt zum Beispiel, daß die Larven des Weidenblattkäfers *Phratora vulgatissima* sich nicht verpuppen (Kelly und Curry 1991).

Eine spezialisiertere Form der pflanzlichen Abwehr gegen Insekten liefern in Drüsenhaaren oder Trichomen an der Blattoberseite konzentrierte sekundäre Pflanzenstoffe. Diese Gifte können entweder freigesetzt werden, wenn das Insekt auf der Pflanze ankommt, oder wenn es zu fressen beginnt. In jedem Fall wird das Fressen effektiv verhindert. Eine Pflanze mit gutentwickelten Trichomen auf den Blättern ist die Kulturtomate, und eines der enthaltenen Abwehrmoleküle ist der Ketokohlenwasserstoff 2-Tridecanon ($CH_3(CH_2)_{10}COCH_3$). Er wirkt nachweislich toxisch auf mehrere potentielle Schädlinge, darunter die Raupen des Amerikanischen Tabakschwärmers (*Manduca sexta*) und eine Blattlaus. Zufällig entdeckte man das gleiche Keton in Abwehrsekreten von Termiten und Raupen; es handelt sich also eindeutig um einen sowohl von Pflanzen als auch von Insekten genutzten Abwehrstoff. Interessanterweise ist die Konzentration von 2-Tridecanon in den Trichomen der Kulturtomate niedrig, während in den Trichomen der verwandten Wildtomate *Lycopersicon hirsutum* f. *glabratum* weitaus größere Mengen enthalten sind (Williams et al. 1980). Dies scheint also eines der Beispiele dafür zu sein, daß ein nützliches Abwehrmittel gegen Insekten in einer Pflanze im Zuge der Domestikation zufällig herausgezüchtet wurde. Das Sesquiterpen Zingiberen ersetzt in den Trichomen einer anderen Wildtomatenart, bei *L. hirsutum* f. *hirsutum*, 2-Tridecanon als Abwehrstoff. Es wirkt ausgesprochen giftig für Kartoffelkäferlarven und bereits 12–25 μg dieses Sesquiterpens können Katoffelkäferlarven abtöten (Carter et al. 1989).

Ein weiterer wichtiger Trichombestandteil bei Tomaten ist das Flavanolglykosid Rutin. Bemerkenswerterweise ist ein Drittel der gesamten Phenole des Blattes in den Trichomen gespeichert. Darüber hinaus wird das Wachstum des Amerikanischen Tabakschwärmers (*Manduca sexta*), eines weiteren Tomatenschädlings, durch den Zusatz von Rutin zum Futter signifikant gehemmt (Isman und Duffey 1982). Die Tomate ist also durch die Speicherung einer Vielzahl von Giften in den Trichomen imstande, viele verschiedene Insektengruppen vom Fressen abzuhalten.

Weitere Beispiele für Abwehrstoffe gegen Insektenfraß finden sich in den Zusammenstellungen von Beck und Reese (1976) und von Rhoades und Cates (1976). Das Buch von Rosenthal und Janzen (1979) über Herbivoren und sekundäre pflanzliche Metabolite sollte man ebenfalls zu Rate ziehen.

V. Die Ernährung von Nackt- und Gehäuseschnecken

Die Mollusken (Weichtiere) sind eine weitere Tiergruppe, die – wie die Insekten – durch Fraß beträchtlichen Schaden an Pflanzen anrichten. Neben der Gartenwegschnecke (*Arion hortensis*), einem notorischen Gartenschädling in gemäßigten Klimaten, gibt es noch viele weniger bekannte Arten von Nackt- und Gehäuseschnecken, die sich von Pflanzengewebe ernähren. Genau wie bei Insekten spielen auch hier chemische Abwehrstoffe ohne Zweifel eine Rolle, um die Herbivorie dieser Tiere zu begrenzen. Die Rolle der cyanogenen Glykoside des Hornklees (*Lotus corniculatus*) bei der Abwehr einiger Molluskenarten habe ich bereits in Kapitel 3 (Abschnitt III.B) erwähnt. Ätherische Öle sind ebenfalls bedeutende Abwehrstoffe, wie im Falle der Nacktschnecke *Ariolimax dolichophallus* nachgewiesen, die sich von der Bohnenkrautart *Satureja douglasii* (Lamiaceae) ernährt. Diese Pflanze von der Pazifikküste Nordamerikas variiert in den Terpenoiden ihrer Blätter, so daß man mehrere chemische Rassen unterscheiden kann. Formen mit einem hohen Anteil an Camphen oder Campher erwiesen sich in Laborexperimenten als schmackhafter als jene mit einem hohen Pulegon- oder Carvongehalt. Diese Unterschiede in der Zusammensetzung der ätherischen Öle spiegeln sich in dem Freßverhalten der Nacktschnecke in natürlichen Populationen wider (Rice et al. 1978).

Universellere Abwehrstoffe in pflanzlichen Geweben gegen gewöhnliche Nackt- und Gehäuseschnecken sind nicht die gerade erwähnten Terpenoide, sondern die Phenole. Dies schließt Mølgaard (1986) aus einer Reihe kontrollierter Experimente darüber, welche Pflanzen die Weinbergschnecke (*Helix pomatia*) und die Schwarze Wegschnecke (*Arion ater*) als Nahrung bevorzugen. Pflanzen, die reich an Kaffeesäureestern sind (zum Beispiel Wegericharten, *Plantago* spec.), meiden sie in der Regel. Diese Wirkung der Phenolsäuren gilt auch für Mollusken, die sich von verwesendem Pflanzenmaterial ernähren, zum Beispiel den Detritusfresser *Melampus bidentatus*, oder für den Flohkrebs *Orchestia grillus*. Hier stellten sich die sehr ähnlichen Verbindungen Ferulasäure und *p*-Cumarsäure als diejenigen heraus, die am unangenehmsten schmecken, und diese Säuren reichern sich im Detritus vieler häufiger Gräser an (Valiela et al. 1979).

Die Auswirkungen pflanzlicher Alkaloide auf das Freßverhalten von Mollusken sind komplex, wobei nicht ausgewachsene Tiere am empfindlichsten reagieren. Jüngere Gefleckte Schnirkelschnecken (*Arianta arbustorum*) vermeiden es, die Blätter des Grauen Alpendostes (*Adenostyles alliariae*) zu fressen, einer Pflanze, die reich an Pyrrolizidinalkaloiden ist; ältere Schnecken nehmen sie dagegen regelmäßig zu sich. Wie eine Futterversuchsreihe im Labor mit den Alkaloiden und Sesquiterpenen dieser Pflanze zeigte, sind erstere toxisch für die Schnecke, während letztere eine Abneigung gegen das Fressen hervorrufen (Speiser et al. 1992).

In den letzten Jahren versuchte man auch herauszufinden, wie sich Schneckenfraß auf Moose und Flechten auswirkt. Wie Lawrey (1983) feststellte, werden Nacktschnecken von vielen Flechten abgestoßen; die zu einem Meideverhalten führenden Gifte sind in Aceton löslich und vermutlich sekundäre Pflanzenstoffe. Interessant ist, daß jene Flechtenarten, die für die Schnecken aufgrund ihres höheren Nährwertes eigentlich am verlockendsten hätten sein sollen, in Wirklichkeit wegen ihres hohen Gehalts an sekundären Substanzen am unangenehmsten schmeckten. Ähnliche Experimente an der Universität Reading (Davidson et al. 1990) zeigten, daß Nacktschnecken es vermeiden, die Schößlinge der meisten ihnen verfügbaren Moosarten zu fressen. Sie fressen jedoch die nährstoffreichen Kapseln, denen jeglicher offenkundiger Schutz fehlt. Daß Nacktschnecken Moose meiden, beruht wahrscheinlich sowohl auf deren Phenolchemie als auch auf der Unverdaulichkeit des speziellen Zellwandtyps, wie man ihn in diesen niederen Pflanzen findet.

Viele Molluskenarten leben im Meer, und auch hier gibt es Hinweise darauf, daß ihr Freßverhalten durch sekundäre Chemie bestimmt wird. So begrenzen beispielsweise Oligomere und Polymere von Phloroglucinol (Abb. 5.9) bei den Braunalgen *Fucus vesiculosus* (Blasentang) und *Ascophyllum nodosum* (Knotentang) wirkungsvoll die Beweidung durch die marine Gemeine Strandschnecke (*Littorina littorea*) (Geiselman und McConnell 1981). Bei der Braunalge *Alaria marginata* (Flügeltang) sind diese Polyphenole in den Reproduktionsthalli konzentriert, so daß sich die Schnecke *Tegula funebralis* selektiv von den vegetativen Teilen ernährt (Steinberg 1984). Dasselbe Phänomen selektiver Nahrungsaufnahme beobachtete man im Falle der Gebänderten Spaltenschnecke (*Lacuna vincta*), welche den kronenbildenden Tang *Laminaria longicruris* abweidet (Johnson und Mann 1986). Hier sind die Polyphenole im interkalaren Meristem konzentriert, das auf diese Weise geschützt ist, und die Schnecke ernährt sich von den Stielen und Haftscheiben. Diese Polyphenole bieten aber keine absolute Sicherheit, denn Seeigel sind imstande, die gesamte Pflanze zu fressen. Bei diesem Tang scheint ein Gleichgewicht zwischen Wachstumsrate und Reproduktionserfolg und der chemischen Abwehr zu bestehen, wobei der begrenzte Aufwand für letztere

Phloroglucinol-Trimer
(*Fucus vesiculosus*)

Aplysin
(*Laurencia pacifica*)

5.9 Chemische Abwehrstoffe von Algen gegen Molluskenfraß.

der Alge ermöglicht, sich rasch zu erholen, wenn sie von einem der Herbivoren angegriffen wurde.

Die Rotalge *Laurencia pacifica*, die in wärmeren Meeren wächst als *Laminaria*, produziert mehrere halogenierte Sesquiterpene wie Aplysin (Abb. 5.9), die sie vor den meisten Mollusken schützen. Der Kalifornische Seehase (*Aplysia californica*) ist jedoch in der Lage, sie zu beweiden; das Tier reichert dabei die Gifte in seinen Verdauungsdrüsen an und genießt so Schutz vor seinen Feinden (Naylor et al. 1983). Einige Mollusken besitzen also die Fähigkeit, auf die gleiche Weise Algentoxine aufzunehmen, wie aposematische Insekten pflanzliche Gifte aufnehmen und speichern (siehe Kapitel 3). Interessanterweise scheint die Rotalge *Erythrocystis saccata*, ein Halbparasit auf *L. pacifica*, genau dasselbe zu tun. Sie nimmt die Sesquiterpene von ihrer Wirtspflanze auf und ist dadurch vor Beweidung geschützt (Crews und Selover 1986).

Süßwasserlebensräume beherbergen ebenfalls Nackt- und Gehäuseschnecken, und hier wurde dem Ernährungsverhalten von Tellerschnecken der Gattung *Bulinus* die meiste Aufmerksamkeit zuteil. Dies ist eine von mehreren Schnecken, die direkt an der Übertragung der Bilharziose, einer folgenschweren parasitären Erkrankung des Menschen, beteiligt ist. Die Schnecke selbst ist harmlos, sie ist aber Zwischenwirt für die Schistosomen (Saugwürmer, Trematoda), welche die Krankheit verursachen. Sie lebt in Bewässerungskanälen und stehenden Gewässern und kann die Krankheit in jenen Teilen Afrikas und Südamerikas ausbreiten, wo sie endemisch ist. Diese Schnecke ist relativ empfindlich für sekundäre Pflanzenstoffe, und man hat schon viel Aufwand betrieben, um sie mit Hilfe von Pflanzenextrakten, die für die Mollusken tödlich sind, zu bekämpfen. Saponine sind hierbei besonders wirkungsvoll, unter anderem, weil sie leicht in Wasser löslich sind. Die Kermesbeerenart *Phytolacca dodecandra* ist in dieser Hinsicht vielversprechend, weil ihre Saponine bei einer Konzentration von nicht mehr als 2 ppm diese Schnecken innerhalb von 24 Stunden töten können. Die Saponine dieser Pflanze basieren auf Oleanolsäure, und die letale Dosis liegt je nach Beschaffenheit der Zuckerseitenkette zwischen 1,5 und 32 ppm (Marston und Hostettmann 1985).

Inzwischen wurde eine noch effektivere Methode zur Bekämpfung von Schnecken vorgeschlagen, welche die Schistosomen übertragen: Um die Zieltierart selektiv zu beseitigen, könnte man ein gebundenes Molluskizid zusammen mit spezifischen Lockstoffen oder Freßstimulantien freisetzen. Zu diesem Zweck untersuchte man die Chemorezeption von *Bulinus* und fand dabei heraus, daß bestimmte Proteinaminosäuren (zum Beispiel Phenylalanin und Tyrosin) sowie Propionsäure wirkungsvolle Nahrungslockstoffe sind (Thomas et al. 1980). Warum die Aminosäuren wirken, ist noch nicht völlig klar, aber Propionsäure ist wahrscheinlich ein Schneckenpheromon; man entdeckte es in dem Schleim, den diese Tiere aus ihrer Fußdrüse sezernieren.

VI. Stimulantien für die Eiablage

Chemische Pflanzenstoffe spielen zusammen mit visuellen Signalen (Prokopy und Owens 1983) eine wichtige Rolle, um phytophage Insekten sowohl zur Nahrungsaufnahme (in der Regel im Larvenstadium) als auch zur Eiablage (adulte Weibchen) zu ihren speziellen Wirtspflanzen zu locken. Man könnte also erwarten, daß bei manchen Tieren in beiden Situationen die gleichen chemischen Substanzen eine Rolle spielen, und das ist sicherlich beim Kohlweißling der Fall. Es ist jedoch schwierig, dies zum gegenwärtigen Zeitpunkt zu verallgemeinern, denn wir wissen weit weniger über die chemischen Grundlagen des Anreizes zur Eiablage, als über Nahrungslockstoffe bekannt ist (Ahmad 1983). Die meisten der wenigen, zur Zeit verfügbaren Daten sind in Tabelle 5.5 zusammengestellt. Man würde vielleicht erwarten, daß die Signale für die Eiablage größtenteils von flüchtigen chemischen Stoffen ausgehen (Visser 1986), aber dem ist nicht so; nichtflüchtige Substanzen sind genauso häufig daran beteiligt.

Die am detailliertesten erforschte Wechselbeziehung ist die Eiablage der Möhrenfliege auf Karottenpflanzen. Bei dieser Wechselbeziehung erzeugt eine Mischung aus sechs Oberflächensubstanzen, die im Wachs der Blätter enthalten sind, eine maximale Reaktion. Eine dieser Substanzen, das Polyacetylen Falcarindiol, tritt nicht nur in der größten Menge auf, sondern ist auch die bei weitem wirksamste Komponente. Dennoch wird seine Wirkung durch die anderen fünf Bestandteile deutlich verstärkt. Dabei passiert folgendes: Ein auf Karotten spezialisiertes Insekt lokalisiert seine Wirtspflanze anhand der „chemischen Unterschrift" des Wachses der Blätter. All diese Verbindungen kommen auch bei anderen Umbelliferenarten vor, aber die speziellen Mengenverhältnisse sind nur für die Blätter der Karotte charakteristisch. Man sollte schließlich vielleicht noch erwähnen, daß in diesem Fall die beiden Stimulantien für die Eiablage, (E)-Asaron und Methyleugenol, auch Nahrungslockstoffe für die Möhrenfliege sind (siehe Abschnitt III.D).

Chemische Substanzen, die ein spezialisiertes Insekt dazu anregen, seine Eier auf seiner Wirtspflanze abzulegen, müssen sich nicht unbedingt auch auf eine zweite Art auswirken. So legt das Weibchen des Schwarzen Schwalbenschwanzes seine Eier ebenfalls auf Karottenblättern ab, aber als Stimulans dient ihm eine Mischung wasserlöslicher Bestandteile: einer Hydroxyzimtsäure, eines Flavonglykosids und zweier organischer Basen (Feeny et al. 1983; Feeny 1987). Der Schwalbenschwanz *Papilio xuthus* reagiert ebenfalls auf Signale aus wasserlös-

Tabelle 5.5: Eiablagestimulantien aus Pflanzen

Insekt und Wirtspflanze	chemische Substanzen	Quelle
Möhrenfliege (*Psila rosae*) auf Karotte (*Daucus carota*)	Methyleugenol (+)*, *t*-Asaron (+)*, Osthol (++), Bergapten (++), Xanthotoxin (+), Falcarindiol (++++)	Städler und Buser 1984
Schwarzer Schwalben schwanz (*Papilio-polyxenes*) auf Karotte	Luteolin-7-malonylglucosid, t-Chlorogensäure	Feeny et al. 1983
Papilio xuthus auf Satsuma (*Citrus unshui*)	Vicenin-2, Narirutin, Hesperi-din, Rutin, *N*-Methylserotonin, Bufotenin, Adenosin	Nishida et al. 1987
Maiskäfer (*Sitophilus zeamais*) auf Reiskörnern	Sterine, Sterylferulate, Diglyceride	Maeshima et al. 1985
Kohlweißling (*Pieris brassicae*) auf Kohl	Sinigrin* und Glucobrassicin	David und Gardiner 1962; Traynier und Truscott 1991
Kohlmotte (*Plutella maculipennis*)	Allylisothiocyanat*	Gupta und Thorsteinson 1960
Apfelwickler (*Laspeyresia pomonella*)	α-Farnesen	Wearing und Hutching 1973

* Auch als Nahrungslockstoff für diese Insekten nachgewiesen.

lichen Substanzen: Man identifizierte in den Bestandteilen der *Citrus*-Pflanze, welche die Eiablage anregen, eine Mischung aus vier Flavonoiden zusammen mit Adenosin und einem Tryptaminderivat (Tabelle 5.5).

Im Falle dieser weiblichen Schmetterlinge ist nicht völlig klar, wie sie die was-serlöslichen Stimulantien wahrnehmen können, die in den Vakuolen der Blatt-epidermiszellen lokalisiert sein müssen. Sie „trommeln" vor der Eiablage in cha-rakteristischer Weise mit den Vorderbeinen auf das Blatt und setzten dabei vermut-lich eine ausreichende Menge des Stimulans frei, um sie mit den Chemorezeptoren an ihren Beinen wahrnehmen zu können. In anderen Fällen sind flüchtige Signale beteiligt; zum Beispiel wird die Kohlmotte, deren Raupen sich von Kohlblättern ernähren, von dem scharf riechenden Allylisothiocyanat angeregt. Bemerkenswert ist aber, daß der Kohlweißling hinsichtlich der Eiablage hauptsächlich auf die nichtflüchtigen Glucosinolatvorstufen Sinigrin und Glucobrassicin reagiert.

Chemische Pflanzenstoffe in anderen als ihren Wirtspflanzen können adulte Weibchen von der Eiablage abhalten. Weibchen des Kohlweißlings zum Beispiel legen ihre Eier nicht auf den Blättern des Staudengoldlacks (*Cheiranthus* × al-lionii) ab, auch wenn dieser reich an dem chemischen Signalstoff Glucosinolat ist. Dies ist sinnvoll, da die Blätter auch Cardenolide enthalten, die auf Strophantidin basieren, und das wäre für die jungen Raupen giftig. Diese Cardenolide kommen sowohl auf der Blattoberfläche als auch in den Blättern vor und stoßen den adulten Schmetterling stark ab (Rothschild et al. 1988). Manche Insekten (zum Beispiel weibliche Fruchtfliegen) markieren die Frucht nach der Eiablage absichtlich, um nicht zufällig zwei Eier in dieselbe Frucht abzulegen. Die Natur dieses in den

Exkrementen enthaltenen Abwehrstoffes gegen die Eiablage konnte man für die europäische Kirschfliege identifizieren. Er stellte sich als Hydroxyfettsäure heraus, die mit Glucose und Taurin verbunden ist. Es scheint also, daß hier ein normales Stoffwechselprodukt von Insekten eine Anpassung für die praktische Anwendung als chemischer Signalstoff erfuhr, der die Eiablage verhindert (Hurter et al. 1987).

VII. Zusammenfassung

In diesem Kapitel haben wir die chemischen Grundlagen der Wechselbeziehungen zwischen Insekten und Pflanzen kennengelernt und viele Beispiele betrachtet, bei denen Nahrungsaufnahme und Eiablage phytophager Insekten auf der sekundären Chemie der Pflanzen basieren. Die meisten Hauptklassen dieser natürlichen Produkte sind daran beteiligt, nämlich Alkaloide, Flavonoide und Terpenoide (Tabelle 5.6). Zwar habe ich oft eine spezielle Verbindung in einer bestimmten Wechselbeziehung zwischen Pflanze und Insekt hervorgehoben, doch in der Praxis könnte durchaus ein synergistischer Effekt mit anderen verwandten Strukturen auftreten. Die Menge der chemischen Substanz in der Pflanze ist sehr wichtig; so kann ein Stoff (beispielsweise Sinigrin), der in der einen Konzentration anziehend wirkt, in einer anderen abstoßend wirken.

Auch andere chemische Bestandteile der Blätter wirken mit sekundären Pflanzenstoffen zusammen, um Insekten anzulocken oder abzustoßen. Süße, eines der Nährstoffcharakteristika aller Pflanzen, wirkt in der Regel anziehend. Der natürliche frische Duft von Pflanzenblättern, eine Mischung aus Blattalkohol und Blattaldehyd, kann das Verhalten einiger Insekten, wie etwa des Kartoffelkäfers, beeinflussen. Produkte der pflanzlichen Gärung, zum Beispiel Ethanol, können auf

Tabelle 5.6: Einige der wichtigsten chemischen Substanzen, welche die Nahrungsaufnahme und/oder die Eiablage phytophager Insekten steuern

Stoffgruppe und Beispiele		betroffenes Insekt
Alkaloid	Demissin	Kartoffelkäfer
	Spartein	Grüne Besenginsterblattlaus
Flavonoid	Catechin-7-xylosid	Kleiner Ulmensplintkäfer
	Kaempferolglykoside	Meerrettticherdfloh
	Tannin	Kleiner Frostspanner
Glucosinolat	Sinigrin	Kohlblattlaus
		Kohlweißling
Phenylpropen	Methyleugenol	Möhrenfliege
Phenol	Salicortin	Weidenblattkäfer
Monoterpenoid	Citral	Seidenspinner
	β-Ocimen	Blattschneiderameisen
Diterpenoid	Kaurensäure	Amerikanische Sonnenblumenmotte

andere einwirken. Insgesamt gesehen besitzt jede Pflanzenart ein geruchliches oder taktiles chemisches Profil, das ein spezialisiertes phytophages Insekt erkennen und ausnutzen kann.

Zwar sind Pflanzen unter Umständen durch einige spezielle Gifte in ihren Geweben generell vor Insektenfraß geschützt, doch das Umschalten von abstoßend auf anziehend kann relativ leicht erfolgen. Wechselbeziehungen zwischen Pflanzen und Insekten sind nicht unveränderlich, und so passen sich Insekten an neue Wirtspflanzen an. Eine solche Anpassung kann man jedesmal verfolgen, wenn Nutzpflanzen in ein neues geographisches Gebiet eingeführt werden; dann tauchen aus dem umgebenden Lebensraum neue Schadinsekten auf, um diese Pflanzen anzugreifen. Selbst bei gut etablierten Anbaumethoden können manchmal harmlose Insekten einfallen und zu einem Problem werden. Dies geschah beispielsweise in Kalifornien, als der Schwalbenschwanz *Papilio zelicaon*, der sich normalerweise von Fenchel ernährt, auf die Orangenhaine überzugreifen begann. Das chemische Bindeglied war in diesem Falle das Vorhandensein derselben drei Futterlockstoffe – Anethol, Methylchavicol und Anisaldehyd – in den ätherischen Ölen der beiden Pflanzen, die zwei verwandten Familien angehören, den Doldenblütlern (Apiaceae, Fenchel) und den Rötegewächsen (Rutaceae, Orange). Dies zeigt erneut, daß es reichlich praktischen Anreiz wie auch theoretische Gründe gibt, die pflanzlichen Substanzen, die das Freßverhalten der Insekten bestimmen, detailliert zu untersuchen.

Literatur

Bücher und Übersichtsartikel

Ahmad, S. (Hrsg.) *Herbivorous Insects: Host-Seeking Behaviour and Mechanisms.* New York (Academic Press) 1983.

Beck, S. D.; Reese, J. C. *Insect-Plant Interactions: Nutrition and Metabolism.* In: *Recent Adv. Phytochem.* 10 (1976) S. 41–92.

Cherrett, J. M. *Chemical Aspects of Plant Attack by Leaf-Cutting Ants.* In: Harborne, J. B. (Hrsg.) *Phytochemical Ecology.* London (Academic Press) 1972. S. 13–24.

Dethier, V. G. *Chemical Interactions Between Plants and Insects.* In: Sondheimer, E.; Simeone, J. B. (Hrsg.) *Chemical Ecology.* New York (Academic Press) 1972. S. 83–102.

Ehrlich, P. R.; Raven, P. H. *Butterflies and Plants: A Study in Co-Evolution.* In: *Evolution* 18 (1964) S. 586–608.

Emden, H. F. van *Aphids as Phytochemists.* In: Harborne, J. B. (Hrsg.) *Phytochemical Ecology.* London (Academic Press) 1972. S. 25–44.

Emden, H. F. van (Hrsg.) *Insect-Plant Relationships.* Oxford (Blackwell Scientific Pub.) 1973.

Feeny, P. *Biochemical Co-Evolution Between Plants and Their Insect Herbivores.* In: Gilbert, L. E.; Raven, P. H. (Hrsg.) *Co-Evolution of Animals and Plants.* Austin, Texas (Univ. Texas Press) 1975. S. 3–19.

Feeny, P. *Plant Apparency and Chemical Defense.* In: *Recent Adv. Phytochem.* 10 (1976) S. 1–40.

Fraenkel, G. *The* Raison d'etre *of Secondary Plant Substances.* In: *Science* 129 (1959) S. 1466–1470.

Fraenkel. G. *Evaluation of Our Thoughts on Secondary Plant Substances.* In: *Entomol. expl. appl.* 12 (1969) S. 474–486.

Franke, W. *Nutzpflanzenkunde.* Stuttgart (Thieme) 1992.

Harborne, J. B. *Flavonoid Pigments.* In: Rosenthal, G. A.; Janzen, D. H. (Hrsg.) *Herbivores: Their Interaction with Secondary Plant Metabolites.* New York (Academic Press) 1979. S. 619–656.

Hedin, P. A. (Hrsg.) *Plant Resistance to Insects.* Washington, D. C. (Amer. Chem. Soc.) 1983. S. 375.

Meeuse, A. D. J. *Co-Evolution of Plant Hosts and Their Parasites as a Taxonomic Tool.* In: Heywood, V. H. (Hrsg.) *Taxonomy and Ecology.* London (Academic Press) 1973. S. 289–316.

Prokopy, R. J.; Owens, E. D. *Visual Detection of Plants by Herbivorous Insects.* In: *Ann. Rev. Entomol.* 28 (1983) S. 337–364.

Rhoades, D. F.; Cates, R. G. *A General Theory of Plant Herbivore Chemistry.* In: *Recent Adv. Phytochem.* 10 (1976) S. 168–213.

Rosenthal, G. A.; Janzen, D. H. (Hrsg.) *Herbivores: Their Interaction with Secondary Plant Metabolites.* New York (Academic Press) 1979.

Schoonhoven, L. M. *Chemosensory Bases of Host Plant Selection.* In: *Ann. Rev. Entomol.* 13 (1968) S. 115–136.

Schoonhoven, L. M. *Secondary Plant Substances and Insects.* In: *Recent Adv. Phytochem.* 5 (1972) S. 197–224.

Visser, J. H. *Host Odour Perception in Phytophagous Insects.* In: *Ann Rev. Entomol.* 31 (1986) S. 121–144.

Visser, J. H.; Minks, A. K. (Hrsg.) *Proceedings of the Fifth International Symposium on Insect Plant Relationships.* Wageningen (Pudoc) 1982.

Sonstige Quellen

Akeson, W. R.; Haskins, F. A.; Gorz, H. J. In: *Science* 163 (1969) S. 293f.

Beck, S. D. In: *Ann. Entomol. Soc. Amer.* 53 (1960) S. 206–212.

Burnett, W. C.; Jays, S. B.; Mabry, T. J.; Padolina, W. G. In: *Biochem. Syst. Ecol.* 2 (1974) S. 25–29.

Carter, C. D.; Gianfugna, T. J.; Sacalis, J. N. In: *J. Agr. Fd. Chem.* 37 (1989) S. 1425–1428.

Chambliss, O.; Jones, C. M. In: *Science* 153 (1966) S. 1392f.

Chapman, R. F.; Bernays, E. A.; Simpson, S. J. In: *J. Chem. Ecol.* 7 (1981) S. 881–888.

Chapman, R. F. In: *A Biology of Locusts*. In: *Studies in Biology* 71. London (Edward Arnold) 1976.

Crews, P.; Selover, S. J. In: *Phytochemistry* 25 (1986) S. 1847–1852.

David, W. A. L.; Gardiner, B. O. C. In: *Bull. Entomol. Res.* 53 (1962) S. 91–109.

Davidson, A. J.; Longton, R. E.; Harborne, J. B. In: *Bot. J. Linn. Soc.* 104 (1990) S. 99–113.

Dethier, V. G. In: *Amer. Nat.* 75 (1941) S. 61–73.

Doskotch, R. W.; Mikhail, A. A.; Chatterji, S. K. In: *Phytochemistry* 12 (1973) S. 1153–1156.

Dreyer, D. L.; Jones, K. C.; Molyneux, R. J. In: *J. Chem. Ecol.* 11 (1985) S. 1045–1052.

Elliger, C. A.; Zinkel, D. F.; Chan, B. G.; Waiss, A. C. In: *Experientia* 32 (1976) S. 1364f.

Erickson, J. M.; Feeny, P. In: *Ecology* 55 (1974) S. 103–111.

Feeny, P. In: *Ecology* 51 (1970) S. 565–581.

Feeny, P. In: Labeyrie, V.; Fabres, G.; Lachaise, D. (Hrsg.) *Insects – Plants*. Dordrecht (Junks) 1987. S. 353f.

Feeny, P.; Rosenberry, L.; Carter, M. In: Ahmad, S. (Hrsg.) *Herbivorous Insects: Host-Seeking Behaviour and Mechanisms*. New York (Academic Press) 1983. S. 27–76.

Geiselman, J. A.; McConnell, O. J. In: *J. Chem. Ecol.* 7 (1981) S. 1115–1133.

Gilbert, B. L.; Baker, J. E.; Norris, D. M. In: *J. Insect Physiol.* 13 (1967) S. 1453–1459.

Grayer, R. J.; Kimmons, F. M.; Padgham, D. E.; Harborne, J. B.; Ranga Rao, D. V. In: *Phytochemistry* 31 (1992) S. 3795–3800.

Guerin, P. M.; Stadler, E.; Buser, H. R. In: *J. Chem. Ecol.* 9 (1983) S. 843–861.

Gupta, P. D.; Thorsteinson, A. J. In: *Entomol. expl. appl.* 3 (1960) S. 305–314.

Hamamura, Y.; Hayashiya, K.; Naito, K.; Matsuura, K.; Nishida, J. In: *Nature* 194 (1962) S. 754f.

Hedin, P. A.; Jenkins, J. N.; Collum, D. H.; White, W. H.; Parrott, W. L. In: Hedin, P. A. (Hrsg.) *Plant Resistance to Insects*. Washington, D. C. (Amer. Chem. Soc.) 1983. S. 347–366.

Hewitt, P. H.; Whitehead, V. B.; Read, J. S. In: *J. Insect Physiol.* 15 (1969) S. 1929–1934.

Horowitz, R. M. In: Harborne, J. B. (Hrsg.) *Biochemistry of Phenolic Compounds*. London (Academic Press) 1964. S. 545–572.

Hubbell, S. P.; Wiemer, D. F.; Adejore, A. In: *Oecologia* 60 (1983) S. 321–327.

Hurter, J. et al. In: *Experientia* 43 (1987) S. 157–164.

Isman, M. B.; Duffey, S. S. In: *Entomol. expl. appl.* 31 (1982) S. 370–376.

Johnson, C. R.; Mann, K. H. In: *J. expl. Mar. Biol. Ecol.* 97 (1986) S. 231–267.

Jones, C. G.; Aldrich, J. R.; Blum, M. S. In: *J. Chem. Ecol.* 7 (1981) S. 89–114.

Kawazu, K.; Nakajima, S.; Ariwa, M. In: *Experientia* 35 (1979) S. 1294f.

Kelly, M. T.; Curry, J. P. In: *Entomol. Exp. Appl.* 61 (1991) S. 25–32.

Klimetzek, D.; Kohler, J.; Vite, J. P.; Kohnle, U. In: *Naturwissensch.* 73 (1986) S. 270f.

Klocke, J. A.; Wagenen, B. van; Balandrin, M. F. In: *Phytochemistry* 25 (1986) S. 85–91.

Kubo, I.; Lee, Y. W.; Pettei, M.; Pilkiewicz, F.; Nakanishi, K. In: *J. Chem. Soc. Chem. Commun.* (1976) S. 1013f.

Lawrey, D. J. In: *Am. J. Bot.* 70 (1983) S. 1188–1194.

Levy, E. C.; Ishaaya, I.; Gurevitz, E.; Cooper, R.; Lavie, D. In: *J. Agric. Fd Chem.* 22 (1974) S. 376–382.

Maeshima, K.; Hayashi, N.; Murakama, T.; Takahashi, F.; Komae, H. In: *J. Chem. Ecol.* 11 (1985) S. 1–10.

Mansell, E.; Newman, L. H. *The Complete British Butterflies in Colour.* London (Edbury Press & Michael Joseph) 1968.

Marston, A.; Hostettmann, K. In: *Phytochemistry* 24 (1985) S. 639–652.

Martin, M. M.; Martin, J. S. In: *Oecologia* 61 (1984) S. 342–345.

Matsuda, K.; Matsuo, H. In: *Appl. Entomol. Zool.* 20 (1985) S. 305–313.

McNeil, S.; Southwood, T. R. E. In: Harborne, J. B. (Hrsg.) *Biochemical Aspects of Plant and Animal Coevolution.* London (Academic Press) 1978. S. 77–99.

Mølgaard, P. In: *Biochem. Syst. Ecol.* 14 (1986) S. 113–121.

Nakatani, M.; Takao, H.; Miura, I.; Hase, T. In: *Phytochemistry* 24 (1985) S. 1945–1948.

Nayer, J. K.; Fraenkel, G. In: *Ann. Entomol. Soc. Amer.* 56 (1963) S. 119–122.

Naylor, S.; Hanke, F. J.; Manes, L. V.; Crews, P. In: *Prog. Chem. Org. Nat. Prod.* 44 (1983) S. 189.

Nielsen, J. K. In: *Entomol. expl. appl.* 24 (1978) S. 562–569.

Nielsen, J. K.; Larsen, L. M.; Sorensen, H. In: *Phytochemistry* 16 (1977) S. 1519–1522.

Nielsen, J. K.; Larsen, L. M.; Sorensen, H. In: *Entomol. expl. appl.* 26 (1979) S. 40–48.

Nishida, R.; Ohsugi, T.; Kokubo, S.; Fukami, H. In: *Experientia* 43 (1987) S. 342–344.

Rees, S. B.; Harborne, J. B. In: *Phytochemistry* 24 (1985) S. 2225–2231.

Rice, R. L.; Lincoln, D. E.; Langenheim, J. In: *Biochem. Syst. Ecol.* 6 (1978) S. 45–53.

Rothschild, M.; Alborn, H.; Stenhagen, G.; Schoonhoven, L. M. In: *Phytochemistry* 27 (1988) S. 101–108.

Shaver, T. N.; Lukefahr, M. J. *J. Econ. Entomol.* 62 (1969) S. 643–646.

Sinden, S. L.; Sanford, L. L.; Osman, S. F. In: *Am. Potato J.* 57 (1980) S. 331–343.

Smith, P. In: *Nature* 212 (1966) S. 213f.

Speisser, B.; Harmatha, J.; Rowell-Rahier, M. In: *Oecologia* 92 (1992) S. 257–265.

Städler, E.; Buser, H. R. In: *Experientia* 40 (1984) S. 1157–1159.

Steinberg, P. D. In: *Science* 223 (1984) S. 405–407.

Steinly, B. A.; Berenbaum, M. In: *Entomol. Exp. Appl.* 39 (1985) S. 3–9.

Stradling, D. J. In: *J. Animal. Ecol.* 47 (1978) S. 173–188.

Sturchkow, B. In: *Z. Vergl. Physiol.* 42 (1959) S. 255–302.

Sumimoto, M.; Shiraga, M.; Kondo, T. In: *J. Insect Physiol.* 21 (1975) S. 713–722.

Thomas, J. D.; Assefa, B.; Cowley, C.; Ofuso-Barko, J. In: *Comp. Biochem. Physiol.* 66c (1980) S. 17–27.

Traynier, R. M. M.; Truscott, R. J. W. In: *J. Chem. Ecol.* 17 (1991) S. 1371–1380.

Valiela, I.; Koumjian, L.; Swain, T.; Teal, J. M.; Hobbie, J. E. In: *Nature* 280 (1979) S. 55f.

Wearing, C. H.; Hutching, R. F. N. In: *J. Insect Physiol.* 19 (1973) S. 1251–1256.

Williams, W. G.; Kennedy, G. G.; Yamamoto, R. T.; Thacker, J. D.; Bordner, J. In: *Science* 207 (1980) S. 888f.

Wink, M.; Witte, L. In: *Phytochemistry* 24 (1985) S. 2567f.

Zielske, A. G.; Simons, J. N.; Silverstein, R. M. In: *Phytochemistry* 11 (1972) S. 393–396.

6

Nahrungspräferenzen von Wirbeltieren einschließlich des Menschen

I. Einführung

Abgesehen von Gesichtspunkten des Nährwertes wählen Wirbeltiere ihre Nahrungspflanzen nach Geschmack und Aroma aus – eine komplexe Reaktion von Zunge und Nase. Die Ablehnung ansonsten nährstoffreicher Pflanzen könnte daher entweder daran liegen, daß ein angenehmes Aroma fehlt (das heißt, es findet keine positive Reaktion auf die Art statt), oder daß sie unangenehme Substanzen oder Toxine enthalten. Durch Experimente zu ermitteln, nach welchen Kriterien höhere Tiere ihre Nahrung auswählen, bereitet jedoch im Vergleich zu Insekten ganz beträchtliche Schwierigkeiten. Es ist zum Beispiel ausgesprochen kostenaufwendig, die Auswirkungen pflanzlicher Alkaloide auf das Freßverhalten bei großen Nutztieren zu testen, ganz einfach aufgrund der Zahl der Todesfälle, die zwangsläufig bei einer statistisch signifikanten Stichprobe auftreten würden. Die Untersuchung der Nahrungspräferenzen von Wildtieren wie Hirschen wiederum wird dadurch kompliziert, daß sie große Gebiete beweiden und es in der Praxis schwierig ist, das Verhalten derart scheuer Geschöpfe aus der Nähe zu beobachten. Daher beruht ein Großteil der verfügbaren Informationen auf Zufall oder auf bruchstückhaften Beobachtungen, wie sie in der Naturforschung typisch sind.

Allein schon die Tatsache, daß chemische Substanzen beim Ernährungs-, Sozial- und Fortpflanzungsverhalten eine Rolle spielen können, brauchte eine gewisse Zeit, um allgemein akzeptiert zu werden. Tiere leben zweifellos in einer durch chemische Kommunikationssysteme vernetzten Welt. Wie wir in diesem Kapitel sehen werden, sind chemische Signale von großer Bedeutung bei der Nahrungsauswahl, aber sie sind auch in das Sozial- und Fortpflanzungsverhalten eingebunden. Wenngleich man es viele Jahre lang nicht für möglich hielt, so kommt es doch, wie man heute weiß, auch bei Menschenaffen und beim Menschen zu Wechselwirkungen über Pheromone; so schreibt man Geruchssubstanzen im Schweiß eine Funktion bei der gegenseitigen Erkennung von Männchen und Weibchen zu (siehe Kapitel 8).

Die chemischen Geschmacks- und Geruchsstoffe erkennt der Mensch durch Rezeptoren im Mund und in der Nase, und über die Physiologie dieser Reaktionen wissen wir gut Bescheid (Moncrieff 1967; Harper et al. 1968a, b). Im Falle der Geschmacksknospen sind die Sinneszellen in Papillen auf der Zungenoberfläche gruppiert; die meisten Papillen scheinen für mehr als eine Geschmacksrichtung empfindlich zu sein. Die vier Haupttypen von Rezeptoren sind jedoch auf bestimmte Regionen verteilt; süß schmeckt man am leichtesten an der Zungenspitze, bitter im hinteren Bereich, sauer am Rand und salzig an der Spitze und am Rand. Diese Geschmacksknospen sind ausgesprochen empfindlich für Lösungen entsprechender chemischer Substanzen. Der Schwellenwert für salzigen Geschmack liegt beispielsweise bei einer Natriumchloridkonzentration (Kochsalz) von etwa 0,05 Prozent und der für bitteren Geschmack bei einer Brucinkonzentration von 0,0001 Prozent.

Der Mensch besitzt über eine Million Geruchsrezeptoren; sie liegen in einem kleinen, nur fünf Quadratzentimeter umfassenden Bereich im oberen und hinteren Teil der Nase. Die Rezeptoren sind in dieser Region dicht gepackt und vor direktem Kontakt mit der Außenwelt durch zahlreiche Einfaltungen geschützt. Jede Riechsinneszelle ist mit einer Anzahl kurzer und langer Cilien oder haarartiger Filamente versehen, die in dem Schleim liegen, welcher die Rezeptorregion auskleidet. Die Sinneszellen sind direkt mit dem *Bulbus olfactorius* im Gehirn verbunden und können ungefähr 10^8 Informationseinheiten pro Sekunde übermitteln. Eine der bemerkenswertesten Eigenschaften von olfaktorischen Reizen ist, daß nur eine geringe Zahl von Molekülen erforderlich ist, um zu einer Wahrnehmung zu führen. Bei Methylmercaptan zum Beispiel reicht schätzungsweise ein Minimum von 40 Molekülen, auf mehrere Rezeptoren verteilt, für eine Wahrnehmung aus.

Sowohl beim Geschmack als auch beim Geruch gibt es individuelle Unterschiede in der Reaktion, und die Fähigkeit, verschiedene chemische Stoffe wahrzunehmen, wird in gewissem Ausmaß durch genetische Faktoren gesteuert. Die

Unempfindlichkeit für den bitteren Geschmack verschiedener Phenylthiocarb-
amide und Thioharnstoffe haben Genetiker eingehend untersucht; wie sich gezeigt
hat, wird sie als rezessives Merkmal in einem einfachen Mendelschen Erbgang
vererbt. Die Ausgangsverbindung Phenylthiocarbamid schmeckt für etwa fünf
Prozent der Menschen nicht bitter. Menschen, die einen bestimmten Geruch nicht
wahrnehmen können, bezeichnet man in ähnlicher Weise als unempfindlich oder
„anosmisch" für diesen Geruch. Die Häufigkeit von Anosmie in der menschlichen
Bevölkerung variiert je nach Geruch. So kann etwa einer von tausend Menschen
den stinktierähnlichen Geruch von *n*-Butylmercaptan nicht wahrnehmen, der normalerweise in einer Konzentration von 0,0075 Prozent in einer 90prozentigen
Methanollösung unangenehm ist (Harper et al. 1968a). Demgegenüber vermögen
immerhin sieben Prozent der Bevölkerung Trimethylamin, das hauptsächlich für
den typischen Fischgeruch verantwortlich ist, nicht wahrzunehmen (Amoore und
Forrester 1976).

Die Auswahl der Nahrung durch den Menschen und andere Säugetiere ist
zwangsläufig eine komplexe Angelegenheit, bei der Aroma, Geschmack, Genießbarkeit, Farbe und Duft eine Rolle spielen. Bei einem so hochentwickelten Wahr-
nehmungssystem ist es oft schwierig, die kontrollierenden Faktoren festzustellen.
Zwar läßt sich das menschliche Geschmacksempfinden in vier Gruppen einteilen
– salzig, süß, bitter und sauer –, doch der Gaumen kann eine Vielzahl von Ab-
stufungen zwischen diesen Gruppen erkennen und darauf reagieren, und ähnlich
kann die menschliche Nase zwischen vielen Düften und Gerüchen unterscheiden
(siehe zum Beispiel Tabelle 6.1). Wie bei den Insekten ist aber Süße zweifellos ein
wichtiges Lockmittel. Im Gegensatz zur Anziehungskraft der Süße sind scharfer
und bitterer Geschmack sowie eine adstringierende Wirkung abstoßend. Beim
Menschen mit seinen hochentwickelten Geschmacksreaktionen ist oft ein Gleich-

**Tabelle 6.1: Einige charakteristische Gerüche und die chemischen Sub-
stanzen, die sie verursachen können**

Geruch	chemische Substanz*	Geruch	chemische Substanz*
mandelähnlich	Nitrobenzol	metallisch	*n*-Nonylacetat
aromatisch	Benzaldehyd	nach Minze	Menthol
verbrannt	Methylbenzoat	moschusartig	Exaltolid
frisch	Campher	zwiebelartig	Dimethylsulfid
nach Desinfektionsmittel	Phenol	nach Benzin	Benzol
nach Fäkalien	Skatol	ranzig	Valeriansäure
nach Fisch	Trimethylamin	nach Seife	Stearinsäure
blumig	Hydroxycitronellal	sauer	Essigsäure
veilchenartig	β-Ionon	nach Sperma	1-Pyrrolin
fruchtig	Benzylacetat	würzig	Eugenol
schwer	Cumarin	nach Schweiß	*Iso*-Valeriansäure
malzig	Isobutyraldehyd	süß	Vanillin

* Basierend auf der Meinung von sieben Duftexperten (Harper 1975). Die Einschätzung des Geruchs einer bestimmten chemischen Substanz ist subjektiv; dieselbe Verbindung kann für verschiedene Leute unterschiedlich
riechen. Außerdem könnte man bei den meisten Gerüchen mehr als eine chemische Substanz stellvertretend
nennen.

gewicht zwischen Süße und Azidität oder Adstringenz erforderlich, und beide Geschmacksrichtungen sind in Nahrungsmitteln und Getränken häufig vorhanden; ansonsten empfinden wir den Geschmack als fade (Bate-Smith 1972).

Wir wissen zwar eine Menge über die Geschmacksreaktionen des Menschen und können vieles über die Geschmacksreaktionen pflanzenfressender Insekten ableiten, doch über das gewaltige Spektrum an Tieren dazwischen Informationen zu erlangen ist sehr schwierig. Können wir davon ausgehen, daß Geschmacksreaktionen bei Tieren eine gemeinsame Grundlage haben? Hinweise darauf, daß die Geschmäcker von Igeln, Ratten und Menschen tatsächlich grundlegend ähnlich sind, erhielt man durch einen recht merkwürdigen Test über die Schmackhaftigkeit der Eier wilder Vogelarten für diese drei Gruppen, erdacht aufgrund der Lebensmittelknappheit zu Kriegszeiten (Bate-Smith 1972). Wie die Ergebnisse zeigten, reagierten alle drei Gruppen gleich stark auf den bitteren Geschmack der Eier. Zudem wurden alle drei Testklassen von diesem bitteren Geschmack gleichermaßen abgestoßen. Natürlich sollte man aus diesem Experiment nicht schließen, daß alle Tiere im selben Maße auf bitteren Geschmack reagieren. Wie Swain (1976) zeigte, sind Reptilien und insbesondere Schildkröten relativ unempfindlich für den bitteren Geschmack von gelöstem Chinin; sie sind nur etwa ein Zehntel so empfindlich wie der Mensch.

Im vorliegenden Kapitel wollen wir nacheinander die vorhandenen Informationen über Nahrungspräferenzen von Haustieren, von Wildtieren und des Menschen betrachten. Viele der vorgestellten Daten entstammen den Übersichten von Arnold und Hill (1972), Bate-Smith (1972) und Rohan (1972), die man für die meisten Referenzen auf diesem Gebiet heranziehen sollte. Neuere Forschungsergebnisse über Herbivorie bei Säugetieren werden in dem Buch von Palo und Robbins (1991) besprochen.

II. Haustiere

A. Reaktionen auf einzelne chemische Substanzen

Bei der Auswahl der Tierarten, an denen man Nahrungspräferenzen erforschen möchte, haben Nutztiere den eindeutigen Vorteil, verfügbar und fügsam zu sein. Zusätzlich könnten die Ergebnisse für den Bauern von direktem praktischen Wert sein. Eines der Probleme dabei, etwas über die Geschmacksreaktionen solcher Tiere in Erfahrung zu bringen, ist natürlich, daß sie ihre Vorlieben nicht in menschlichem Sinne auszudrücken vermögen. Daß Kühe nicht sprechen können, ist wahrhaftig ein experimenteller Nachteil! Man kann dieses Problem jedoch in gewisser Weise überwinden, indem man die Reaktionen von Kühen und Schafen auf reine Lösungen chemischer Substanzen in Teilen ihres normalen täglichen Trinkwassers untersucht. Solche Untersuchungen spiegeln natürlich nicht die natürliche Situation wider, wo den Tieren eine große Auswahl von Pflanzenarten auf den Weiden zur Verfügung steht, deren Geschmäcker und Aromen aus vielen verschiedenen Stoffen zusammengesetzt sind. Dennoch zeigen derartige Forschungen deutlich die Bedeutung von Geschmack und Geruch bei der Nahrungsauswahl dieser Tiere.

Stellvertretend für die hauptsächlichen Geschmacksrichtungen verwendete man Lösungen von fünf Grundsubstanzen: Natriumchlorid (Kochsalz, salzig), Saccharose oder Glucose (süß), Essig- oder Citronensäure (sauer), Chinin (bitter) und Gerbsäure (adstringierend). Im allgemeinen werden die Substanzen bereits bei einer recht niedrigen Schwellenkonzentration wahrgenommen und akzeptiert; eine Erhöhung der Konzentration führt schließlich zur Ablehnung. Auf molarer Basis ist bitter der erste Geschmack, der abgelehnt wird (Abb. 6.1). Die Ergebnisse zeigen ganz generell, daß Nutztiere zwischen den verschiedenen chemischen Stoffen differenzieren und in unterschiedlichem Ausmaß auf diese Hauptgeschmacksrichtungen reagieren (Arnold und Hill 1972).

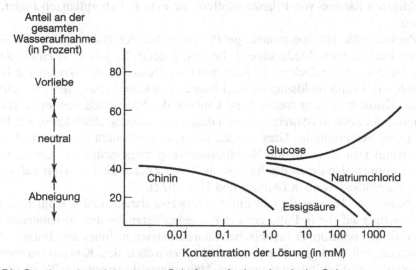

6.1 Die Geschmacksreaktionen von Schafen auf reine chemische Substanzen.

Wie vielleicht erwartet, bestehen zwischen Individuen derselben Art geringere Unterschiede in der Reaktion als zwischen Vertretern verschiedener Arten. Das gleiche gilt für verschiedene Zuchtrassen derselben Art. Größere Unterschiede in der Reaktion treten auf, wenn man Vergleiche zwischen Rindern und Ziegen zieht oder zwischen Schafen und Ziegen oder Rindern und Schafen. In den meisten Fällen reagieren Rinder am empfindlichsten auf Lösungen chemischer Substanzen, Schafe am unempfindlichsten, und Ziegen liegen in ihrer Reaktion dazwischen. Nur beim bitteren Geschmack ist die Reihenfolge anders, und Ziegen sind empfindlicher als Schafe und Rinder. Diese Ergebnisse deuten zumindest darauf hin, daß Wiederkäuer in ihrer Fähigkeit, die grundlegenden Geschmacksrichtungen und Aromen in ihren Futterpflanzen zu erkennen, nicht allzu sehr vom Menschen abweichen.

B. Reaktionen auf chemische Substanzen in Pflanzen

Was man über die Sinnesreaktionen von Wiederkäuern auf reine chemische Substanzen weiß, liefert einen guten Leitfaden dafür, wie diese Tiere auf Reize durch chemische Stoffe in Pflanzengeweben reagieren. Will man diese Fütterungsexperimente mit der Situation in der Natur vergleichen, muß man alle Arten von Komplexitäten ins Kalkül ziehen. Der Nährwert ist sicherlich von Bedeutung, doch selbst hierbei ist klar, daß die Tiere wohl kaum auf die von uns als Maß für den Nährwert ermittelten Eigenschaften von Futterpflanzen, wie etwa den Gesamtstickstoff-, Rohfaser- oder Aschegehalt, reagieren können. Ihre Reaktion auf den Nährwert muß auf molekularer Ebene auf spezifische chemische Substanzen erfolgen.

Zwar bleibt nach wie vor vieles Mutmaßung, doch läßt sich einiges über die vermutlichen Reaktionen der meisten Rinder, Schafe und Ziegen auf einige der wichtigsten Klassen von Pflanzenstoffen, die man in Futterpflanzen findet, aussagen.

Zucker. Süße ist eine eindeutige Präferenz bei der Nahrungsauswahl – alle bisher untersuchten Wiederkäuer haben sie gezeigt. Es gibt auch Hinweise darauf, daß die Art des Zuckers die Reaktion beeinflussen kann. So reagieren Kälber stärker auf Saccharoselösung als auf Lösungen anderer Zucker, während Schafe in hohen Konzentrationen anscheinend Glucose der Saccharose vorziehen. Die Bedeutung der Süße in Blättern läßt sich durch die Tatsache abschätzen, daß Rinder mit Dung verunreinigtes Gras, das sie normalerweise nicht annehmen, akzeptieren, wenn man es zuvor mit Saccharoselösung eingesprüht hat. Unangenehme Reize können also durch die Anwesenheit von Zucker als Lockstoff aufgehoben oder unterdrückt werden (Arnold und Hill 1972).

Organische Säuren. Es gibt einige Hinweise darauf, daß sowohl Rinder als auch Schafe auf die in Futtergräsern der gemäßigten Breiten vorhandenen Konzentrationen bestimmter organischer Säuren reagieren. Jones und Barnes (1967) berichten von einer positiven Korrelation zwischen den Konzentrationen von Citronen- und Shikimisäure und den Nahrungspräferenzen von Wiederkäuern. Azidität ist also ein erkennbarer, wichtiger Bestandteil von Pflanzengeweben, von denen sich Nutztiere ernähren.

Tannine (Gerbstoffe). Es gibt heute sichere Anhaltspunkte dafür, daß hohe Tanninkonzentrationen für Rinder deutlich abstoßend wirken. Als der Tanningehalt der Leguminosenpflanze *Lespedeza cuneata* (Chinesische Rainweide) von 4,8 auf zwölf Prozent anstieg, nahmen damit gefütterte Rinder freiwillig nur noch 30 Prozent der normalen Menge davon auf (Arnold und Hill 1972). Wie Cooper-Driver und Mitautoren (1977) bemerkten, vermeiden es Rinder und Hirsche auch, während der Monate August und September Farnwedel zu fressen, wenn der Tanningehalt auf über fünf Prozent ansteigt. Cooper und Owen-Smith (1985) zufolge stand die Schmackhaftigkeit von 14 Holzpflanzenarten im nördlichen Transvaal für Ziegen und zwei weitere Huftierarten am deutlichsten mit den Konzentrationen kondensierter Tannine in den Blättern in Zusammenhang. Das wirkte sich in einem Schwellenwert aus, wobei die Tiere alle Pflanzen, die mehr als fünf Prozent Tannin enthielten, während der Regenzeit als Nahrung ablehnten.

Daß Haustiere Futter mit hohem Tanningehalt meiden, beruht zweifellos unter anderem auf der adstringierenden Wirkung, aber es kommen auch noch andere Faktoren hinzu, die wir gerade erst im Ansatz verstehen. Während der Verdauung erleben die Tiere sicherlich unangenehme Giftwirkungen. Wie Kumar und Singh (1984) andeuten, bindet das Tannin an Proteine im Darm der Tiere, was zu mit Koliken verbundener Diarrhoe oder zu Verstopfung führt. Solche Wirkungen können teilweise durch andere Bestandteile der Nahrung gemildert werden. So kann die gleichzeitige Aufnahme von Tannin und Saponinen (im richtigen Verhältnis) mit der Nahrung chemische Reaktionen begünstigen, welche die Absorption der Gifte im Darmtrakt verhindern (Freeland et al. 1985).

Cumarine. Der angenehme Duft frisch gemähten Heues beruht auf Cumarin. Es ist von bitterem Geschmack und offensichtlich unangenehm für Schafe, denn diese lehnen Klee mit einem Gehalt von 0,5 bis einem Prozent dieser Verbindung ab. Die Substanz ist jedoch flüchtig und entweicht rasch durch Verdunstung, so daß sich ihre Wirkungen innerhalb von einer oder zwei Stunden verlieren. Daher vermindert sie die Schmackhaftigkeit nur für kurze Zeit. Cumarin wird jedesmal freigesetzt, wenn Gras geschnitten wird, das die notwendigen Vorstufen enthält; ob es jedoch langfristig ein bedeutender Abwehrstoff gegen Tierfraß sein kann, ist zweifelhaft. Der Vorläufer von Cumarin, ein Glucosid der *o*-Hydroxyzimtsäure, das in Steinklee (*Melilotus*) vorkommt, birgt für Schafe und Rinder eine gewisse Gefahr. Es kann nämlich in Dicumarol umgewandelt werden, das blutgerinnungshemmend wirkt, wenn es ins Blut gelangt (Ramwell et al. 1964).

Cyanogene Glykoside. Untersuchungen zur Aufnahme von Farnen, bei denen die cyanogenen Glykoside ein polymorphes Merkmal darstellen, weisen darauf hin, daß Pflanzenfresser unter natürlichen Bedingungen die acyanogenen Formen vorziehen (Cooper-Driver et al. 1977). Die Cyanogenese und insbesondere die Produktion der giftigen Blausäure durch diese Pflanzen wirken also als Abwehr gegen Tierfraß. Farnwedel aus Gebieten, in denen die acyanogene Form vorherrscht (mit bis zu 98 Prozent der Individuen einer Population), wurden sowohl von Hirschen als auch von Schafen stark beweidet. Im Gegensatz dazu ließen dieselben Herbivoren Farn unangetastet, der durch Prunasin und die für die Freisetzung von Cyanwasserstoff erforderlichen Enzyme geschützt war. Diese Ergebnisse stimmen mit früheren Berichten überein, daß die Cyanogenese auf Kaninchen und Wühlmäuse abstoßend wirkt, die sich von Weiß- oder Hornklee (*Trifolium* beziehungsweise *Lotus*) ernähren (Jones 1972; siehe auch Seite 106).

Ätherische Öle. Zwar enthalten zahlreiche Pflanzenarten, von denen sich Wiederkäuer ernähren, ätherische Öle, doch gibt es recht wenige Hinweise darauf, daß die Anwesenheit dieser flüchtigen Terpene sich signifikant auf die Auswahl der Pflanzen auswirkt. Es ist wohlbekannt, daß einige der ätherischen Öle von Pflanzen in der Milch von Kühen auftauchen und diese verderben können. So enthält beispielsweise der australische Doldenblütler *Apium leptophyllum* ein Öl, das an Wilde Möhren erinnert, und die Milch der Kühe, die auf den Weiden Queenslands davon fressen, riecht stark nach Karotten (Park und Sutherlans 1969). Das deutet aber eher darauf hin, daß die Kühe selbst relativ unempfindlich für diese Pflanzendüfte sind.

Oh und Mitarbeiter (1967) untersuchten die Auswirkungen verschiedener Monoterpene auf die Magentätigkeit bei Schafen und bemerkten, daß sich Kohlenwasserstoffe und Ester zwar nur geringfügig, Monoterpenalkohole wie Linalool und α-Terpineol aber eindeutig hemmend auf die Verdauungsprozesse auswirken. Ob diese Substanzen mit Unterschieden in der Schmackhaftigkeit einhergehen, ist jedoch nicht klar. Es ist eine interessante Frage, ob diese Wiederkäuer lernen können, Pflanzen zu meiden, die reich an Monoterpenalkoholen sind, während sie andere, an ätherischen Ölen reiche Pflanzen als Nahrung akzeptieren.

Isoflavone. Wie bereits erwähnt (Seite 127) sind *Trifolium*-Arten reich an Isoflavonen – Verbindungen mit Östrogenwirkung, die sich auf die Fortpflanzungsfähigkeit von Säugetieren, die große Mengen dieser Kleearten aufnehmen, nachteilig auswirken. Wenngleich die Isoflavone also die Fortpflanzung von Tieren erheblich stören können, gibt es keine Anhaltspunkte dafür, daß Kleesorten, die wenig Isoflavone enthalten, bei der Nahrungsauswahl bevorzugt werden. Wie entsprechende Tests zeigen, können Schafe nicht zwischen einer Sorte von *Trifolium subterraneum* (Erdfrüchtiger Klee) mit hohem Isoflavongehalt und einer, der diese Verbindungen mehr oder weniger fehlen, unterscheiden. Vermutlich schmecken die Isoflavone nicht abstoßend genug, um den Fraß zu verhindern, so daß Pflanzen mit einem hohen Anteil dieser potentiell gefährlichen Verbindungen nicht in offensichtlicher Weise gemieden werden.

Alkaloide. Vieles deutet darauf hin, daß Alkaloide wichtige Abwehrstoffe gegen Weidetiere sind, besonders wenn ihre Anwesenheit, wie in den meisten Fällen, mit einem bitteren Geschmack einhergeht. Das Jakobsgreiskraut (*Senecio jacobaea*), reich an Pyrrolizidinalkaloiden (siehe Seite 110), wird von Rindern und Schafen eindeutig gemieden und ist damit eines der wenigen Kräuter neben Disteln und Nesseln, die auf englischen Wiesen nicht gefressen werden. In der Gattung *Lupinus* gibt es die Art *L. angustifolius* (Schmalblättrige Lupine), von der alkaloidreiche (bei denen Alkaloide bis zu 2,5 Prozent des Trockengewichts ausmachen) und alkaloidfreie Linien vorkommen. Diese unterscheiden sich nur durch ein einziges Gen. Stellt man Schafe vor die Wahl zwischen einer „bitteren" und einer „süßen" Sorte, vermeiden sie es wenn irgend möglich, die alkaloidhaltige Sorte zu fressen, beweiden jedoch ohne Zögern die alkaloidfreie Varietät.

Weitere alkaloidhaltige Pflanzen, mit denen man Fütterungsexperimente unternahm (Arnold und Hill 1972), sind die beiden Glanzgrasarten *Phalaris tuberosa* und *P. arundinacea*; sie enthalten auf Tryptamin basierende Alkaloide, nämlich Gramin und Hordenin. Wie die Versuche an Schafen zeigen, regt Gramin in niedriger Konzentration (0,01 Prozent) tatsächlich das Fressen an, während höhere Konzentrationen (bis zu einem Prozent) zu einer Ablehnung führen.

C. Nahrungspräferenzen

Aus dem begrenzten verfügbaren Datenmaterial kann man also schließen, daß Wiederkäuer auf eine Reihe chemischer Reize reagieren und sich so bei ihrer Nahrungsauswahl leiten lassen. Diese Tiere zeigen eine deutliche Vorliebe für Süße, benötigen dabei aber einen gewissen ausgewogenen Geschmack, an dem auch der saure Anteil organischer Säuren beteiligt ist. Alkaloid-, cyanogen- und tanninhaltige Pflanzen meiden sie ausdrücklich, wo immer sie können. Hausrinder haben jedoch nicht gelernt, all die giftigen und gefährlichen Pflanzen von Wildweiden zu meiden, und sind daher nicht in der Lage, unversehrt zu überleben, wenn ihnen nur nicht vertraute Weideflächen zur Verfügung stehen. Der Tod von Rindern infolge von Pflanzengiften ist verständlicherweise eine bekannte Gefahr in der Landwirtschaft, insbesondere in Gebieten, in denen die einheimische Flora ein großes Spektrum potentiell gefährlicher Wildarten aufweist (wie im südafrikanischen Veldt oder in den nordamerikanischen Prärien). Einige der Symptome der Toxizität haben wir bereits in Kapitel 3 kennengelernt.

Detaillierte Kenntnisse der Reaktionen von Wiederkäuern auf die chemische Zusammensetzung ihrer Nahrung und insbesondere ihrer Reaktion auf Faktoren, die mit dem Nährwert zusammenhängen, sind noch immer kaum vorhanden. Es sind noch viele Forschungen mit verfeinerten Techniken erforderlich, um die Verhaltensreaktionen von Nutztieren auf ihre Futterpflanzen zu analysieren.

III. Wildtiere

Was für Schafe und Rinder gilt, trifft nicht unbedingt auch auf Wildtiere zu; ihre Nahrungspräferenzen könnten durchaus auch auf anderen Faktoren als den bisher erwähnten beruhen. Wildtiere in Wüstenlebensräumen zum Beispiel werden bei ihrer Nahrungsauswahl vielleicht größtenteils durch die nie endende Suche nach Wasser geleitet und lernen so, von fast jedem sukkulenten Pflanzengewebe zu fressen, das sich ihnen bietet. Das trifft beispielsweise für die Oryxantilope zu, die im südlichen Arabien von Tamarisken (*Tamarix*), den Wurzelparasiten *Cynomorium* (Hundskolben) und *Orobanche* (Sommerwurz), Burzeldorn (*Tribulus*) und einem Süßgras (*Aristida* spec., Borstengras) lebt (Shepherd 1965).

Wildlebende Herbivoren sind vermutlich besser an Pflanzengifte angepaßt als Haustiere und vielleicht imstande, sich von vielen potentiell toxischen Pflanzen zu ernähren, die sehr nährstoffhaltig sind. Hinweise auf eine solche Anpassung an eine Vergiftung durch Herzglykoside zeigen sich im Verhalten von Klippschliefern (*Procavia*) und Gazellen, die sich ohne schwerwiegende Folgen von Oleanderblättern (*Nerium oleander*) ernähren. Zu weiteren Pflanzen, die der Klippschliefer beweidet, gehören die Kermesbeerenart *Phytolacca dodecandra* (reich an Saponin), Feigenbäume und verschiedene Wolfsmilchgewächse (Euphorbiaceae, mit giftigen Bestandteilen in ihrem Milchsaft) sowie Vertreter der

Nachtschattengewächse (Solanaceae, eine alkaloidreiche Familie) (Rothschild 1972).

Selbst der Klippschliefer kann, wenn er hungrig genug ist, unter den Wirkungen pflanzlicher Gifte leiden. In einem Versuch ließ man fünf Tiere hungern und bot ihnen dann Schößlinge von *Pituranthos triradiatus* (Apiaceae) an, einer ihrer Nahrungspflanzen, die Furanocumarine in einer Konzentration zwischen 0,6 und 1,7 Prozent des Trockengewichts enthält. Vier der fünf Schliefer entwickelten die Symptome der Lichtempfindlichkeit und starben innerhalb von 20 Stunden (Ashkenazy et al. 1985). In natürlichen Habitaten frißt der Klippschliefer nur die Knospen dieser Pflanze, in denen der Furanocumaringehalt weitaus geringer ist. Dieses eher drastische Experiment läßt darauf schließen, daß die meisten Teile der Pflanze durch die Furanocumarine gut vor dem Gefressenwerden, selbst durch generalisierte Weidetiere, geschützt sind.

Solche Wildtiere wie der Klippschliefer und die Schneeziege, die in der Auswahl ihrer Nahrungspflanzen ebenfalls nicht selektiv vorgeht, überleben offensichtlich deswegen, weil sie nur kleine Mengen vieler verschiedener Pflanzen zu sich nehmen. Vermutlich verfügen sie über ein effizientes Entgiftungssystem und können mit den meisten Giften fertig werden, auf die sie stoßen. Andere Blattfresser in extremeren Klimaten haben vielleicht nicht das Glück, ihre Nahrung aus einer so großen Auswahl von Pflanzenarten zusammenstellen zu können. So sind für die Hasen (*Lepus* spp.) in nördlichen Klimazonen Bäume (zum Beispiel Erle, Kiefer, Fichte und Birke) während des Winters, wenn der Boden von Schnee bedeckt ist, die hauptsächlichen Nahrungsquellen. Wie man zeigen konnte, ernähren sich die Hasen in solchen Fällen ausschließlich von ganz bestimmten Geweben der Bäume; die lebenswichtigen Teile (Knospen, männliche Blüten, Kätzchen und so weiter) sind nämlich durch Harze chemisch geschützt und werden daher gemieden (siehe Kapitel 7).

Wüstentiere sind unter Umständen gezwungen, sich von Pflanzen mit hohem Giftgehalt zu ernähren, weil keine anderen vorhanden sind, die sowohl nährstoffreich sind als auch nur wenig Gift enthalten. Das gilt beispielsweise für die Buschratte *Neotoma lepida*, die in der Mohavewüste in Kalifornien lebt; im Winter bietet ihr nur der Kreosotbusch (*Larrea tridentata*) Nahrung. Sie vermeidet die Anti-Nährstoff-Wirkung des phenolischen Harzes dieser Pflanze, indem sie sich nur von Pflanzen mit geringem Harzgehalt ernährt. Bietet man der Ratte eine künstliche Nahrung mit zwölf Prozent Harzanteil, frißt sie zwar weiterhin davon, nimmt aber an Körpergewicht ab und kann sogar sterben. In diesem Fall macht der Pflanzenfresser das Beste aus einer relativ unangenehm schmeckenden Pflanze, indem er die weniger gut geschützten Vertreter der Population auswählt. Andererseits wirkt die natürliche Selektion in der Pflanzenpopulation darauf hin, die Konzentrationen der schützenden Phenole zu erhöhen (Meyer und Karasov 1989).

Nützlichere Informationen über die Nahrungspräferenzen von Säugetieren erhält man wahrscheinlich durch die Untersuchung von Arten, denen in einem Lebensraum mit hohen Niederschlägen eine große Auswahl von Pflanzen zur Verfügung steht. Ein solches Tier ist der Berggorilla im afrikanischen Zaire;

aus den Studien von Schaller (1963) ist viel über seine Ernährungsgewohnheiten bekannt.

Diese Gorillas sind Vegetarier und können pro Tag eine enorme Menge Blätter, Stengel und Wurzeln, ergänzt durch Früchte und Samen, zu sich nehmen. Obwohl den Gorillas ein Spektrum von buchstäblich Hunderten verschiedener Angiospermenarten als Nahrung zur Verfügung steht, ignorieren sie die meisten davon und konzentrieren sich auf nur 29 Spezies. Bemerkenswert an diesen 29 Arten ist die Tatsache, daß viele von ihnen zwar Stoffe enthalten, die scheinbar wirkungsvolle Abwehrstoffe gegen Tierfraß sind, aber dennoch gefressen werden. Bis zu 30 Prozent dieser Pflanzen schmecken deutlich bitter – zumindest für den Menschen –, und die Gorillas fressen sie trotzdem. Eine davon, nämlich das Brennesselgewächs *Laportea alatipes* (Urticaceae), ist mit extrem wehrhaften Brennhaaren bedeckt. Wie Schaller schreibt: »Die Nesseln waren so fürchterlich, daß sie ohne weiteres durch zwei Lagen Kleidung hindurch brannten ... doch die Gorillas fraßen ohne Zögern von den Stengeln und Blättern, die mit weißen Haaren übersät waren – die Tiere waren anscheinend unempfindlich gegen sie.«

Es stellt sich die Frage: Warum wählt der Gorilla gerade diese 29 von mehreren hundert Pflanzen aus, die ihm zur Verfügung stehen? Wenn schon herkömmliche Barrieren wie bitterer Geschmack und Brennhaare dem Gorilla nicht den Appetit verderben, was kann dann anderes in den Pflanzen Zaires enthalten sein, das den Gorilla auf eine derart kleine Auswahl von Taxa beschränkt? Die Antwort auf diese Frage läßt sich nur vermuten; der experimentelle Nachweis steht noch aus. Wie jedoch Bate-Smith (1972) herausgestellt hat, haben die Futterpflanzen dieser Tiere, auch wenn sie aus über einem Dutzend verschiedener Familien stammen, eines gemeinsam: Es fehlen ihnen im wesentlichen kondensierte Tannine. Die einzigen Ausnahmen sind zwei Arten von Rosengewächsen (Rosaceae), von denen die Affen aber nur die Rinde, und nicht die Blätter oder Stengel fressen. Die große Mehrzahl der von den Gorillas gemiedenen Pflanzen zählt vermutlich zu den verholzten Angiospermen, und zu deren wichtigsten Merkmalen gehören große Mengen Tannine in den Blattgeweben (Bate-Smith und Metcalfe 1957).

Man könnte also die Hypothese aufstellen, daß der Gorilla die Pflanzen zunächst einfach anhand ihrer Tanninkonzentration auswählt, wobei ihn große Tanninmengen abstoßen. Diese Auswahl wird vermutlich durch den Geschmack und die adstringierende Wirkung der tanninhaltigen Pflanze bestimmt. Möglicherweise wirken sich die Tannine nach der Aufnahme toxisch aus, weil sie an die Magen- oder Darmwand binden und der Gorilla im Laufe seiner Evolution nicht „gelernt" hat, damit fertig zu werden (siehe Kapitel 7). Hat der Gorilla seine Hauptauswahl erst einmal getroffen, frißt er fast alle Pflanzen, die ihm dann noch zur Verfügung stehen, und entwickelt dabei eine „Vorliebe" für solche mit bitteren Bestandteilen. In diesem Fall führte, wie bei ähnlichen Reaktionen des Menschen, Vertrautheit zu einer Akzeptanz und sogar zu einer Vorliebe, so daß ein im Grunde abstoßendes Merkmal zu einem anziehenden wird. Schließlich ist die Fähigkeit des Gorillas, mit den Brennhaaren fertig zu werden, der Beweis, daß offensichtliche physikalische Schutzmechanismen gegen Tierfraß erfolgreich überwunden werden können.

Die gerade erwähnte Hypothese über die Nahrungspflanzen des Berggorillas, entwickelt von Bate-Smith (1972) anhand der Beobachtungen von Schaller (1963), wurde in der Folge durch phytochemische Analysen der Nahrungspflanzen einer weiteren herbivoren Primatengruppe, der Stummelaffen oder Guerezas, erhärtet. Einer ökologischen Studie zu den von Schwarzweißen Guerezas (*Colobus guereza*) im Kibale-Forest-Reservat im westlichen Uganda ausgewählten Futterpflanzen folgte eine chemische Bestimmung ihres Tannin- und Alkaloidgehalts (Tabelle 6.2). Die Ergebnisse bekräftigen, daß der Tanningehalt die Auswahl der Nahrungspflanzen entscheidend mitbestimmt; allgemein ausgedrückt lehnen diese Affen Pflanzen mit einer Tanninkonzentration von über 0,2 Prozent (Trockengewicht) mit hoher Wahrscheinlichkeit ab (Oates et al. 1977). Auch andere Faktoren sind für die Auswahl der Futterpflanzen von Bedeutung. Beispielsweise werden reife Blätter zumeist gemieden, weil der Tanningehalt mit dem Alter der Blätter gewöhnlich signifikant zunimmt. Die Affen lehnen die älteren Blätter aber auch ab, weil sie (durch den höheren Ligninanteil) zunehmend derber werden und der Nährwert sinkt.

Tabelle 6.2: Tannin- und Alkaloidgehalt von Pflanzen, die von Schwarzweißen Stummelaffen gefressen beziehungsweise gemieden werden

Alter der Blätter	Pflanzenart	Häufigkeit der Aufnahme (in Prozent)	Tannin (in mg/g)	Alkaloid (in μg/g)
jung	*Celtis durandii*	35,0	0,30	1,58
jung	*Markhamia platycalyx*	8,9	0,02	8,1
ausgereift	*Celtis durandii*	5,2	1,12	3,48
jung	*Celtis africana*	2,5	0,20	6,5
ausgereift } jung	*Olea welwitschii*	2,0 0,5	0,71 0,77	7,5 0,95
ausgereift	*Diospyros abyssinica*	0,5	2,85	11,3
ausgereift	*Celtis africana*	0,04	0,45	4,2
ausgereift	*Trema orientalis*	nicht gefressen	81,5	5,02
ausgereift	*Markhamia platycalyx*	nicht gefressen	1,0	9,7

Daten aus Oates et al. (1977). Die chemischen Analysen beziehen sich auf das Trockengewicht der Blätter.

Beim Betrachten der Daten von Tabelle 6.2 fällt auf, daß der Alkaloidgehalt *per se* sich nur wenig auf die Nahrungsauswahl auszuwirken scheint. Vermutlich sind diese Affen in der Lage, die Alkaloide sehr gut zu entgiften. Wie beim Berggorilla könnte auch hier ein spezieller bitterer Geschmack der Blätter anziehend wirken. Dennoch könnte auch eine gewisse Wechselwirkung zwischen dem Tannin- und dem Alkaloidgehalt bestehen. So nehmen die Affen beispielsweise die ausgereiften Blätter des Zürgelbaumes *Celtis durandii* recht häufig auf, obwohl diese in ihrem Tanningehalt über dem Durchschnitt liegen; der hohe Tanninanteil wird bei dieser Art vielleicht durch die recht niedrige Alkaloidkonzentration ausgeglichen. Auch anderen, von Oates und Coautoren (1977) nicht festgestellten Klassen sekundärer Pflanzenstoffe könnte eine gewisse Bedeutung bei den Futterpflanzenarten der Stummelaffen zukommen. Ausgereifte Blätter von *Celtis africana* werden fast überhaupt nicht gefressen, auch wenn sie nur mäßige Tannin- und Alkaloidkonzentrationen aufweisen (Tabelle 6.2); möglicherweise enthalten sie irgendeinen anderen chemischen Abwehrstoff.

Wie extrem wichtig der Gehalt an phenolischen Tanninen für die Nahrungsauswahl von Affen ist, zeigten auch ähnliche Studien am Schwarzen Stummelaffen (*Colobus polykomos satanas*) im Douala-Edea-Reservat in Kamerun (McKey et al. 1978). Wie man herausfand, enthalten die ausgereiften Blätter der hier häufigen Bäume doppelt soviel Phenole (und Tannine) wie die ähnliche, zuvor untersuchte Vegetation im Kibale-Reservat. Dieser Unterschied beruht offensichtlich auf dem weitaus geringeren Nährstoffgehalt des Bodens in Kamerun im Vergleich zum westlichen Uganda. Als Folge der höheren Konzentration von Tanninen und anderen Phenolen in den Blättern meiden die Stummelaffen des Douala-Edea-Reservats die Blätter nahezu aller häufigen Baumarten. Statt dessen ernähren sie sich selektiv von Blättern relativ seltener laubwerfender Bäume und Kletterpflanzen des Unterwuchses in diesem Gebiet. Dies reicht jedoch nicht aus, um ihren Hunger zu stillen, und daher müssen sich diese Affen im Gegensatz zu anderen *Colobus*-Arten auch von Pflanzensamen ernähren, die glücklicherweise nur wenig Phenole enthalten. Samen machen sogar die Hälfte ihrer Nahrung aus. So mußte diese Affenart als direkte Folge der Phenolbarrieren in der am häufigsten vorhandenen Vegetation ihre Ernährungsstrategie also teilweise von Blättern auf Samen umstellen.

Selbst Elefanten scheinen es zu vermeiden, Pflanzen mit hohem Phenol- und/oder Tanningehalt zu fressen. Andere sekundäre Stoffwechselprodukte, zum Beispiel steroide Saponine, und ein hoher Ligninanteil können ebenfalls sie vom Fressen abhalten. Wie Jachmann (1989) in einer Studie über die Futterpflanzen von Elefanten bemerkte, lehnen diese Tiere unreife Blätter vieler Arten regelmäßig ab. Er behauptet, das zerstörerische Freßverhalten von Elefanten stelle einen Versuch dar, an die schmackhafteren Blättern weiter oben am Stamm zu gelangen, die einen geringeren Phenolgehalt aufweisen.

IV. Vögel

Vögel sind mit einem guten Sehvermögen ausgestattet, und so könnte man denken, daß herbivore Vögel sich bei ihrer Nahrungsauswahl eher durch die Farbe als durch den Geschmack leiten lassen. Aber trotzdem besitzen Vögel einen Geschmacks- und Geruchssinn, und es gibt chemische Substanzen, die auf sie abstoßend wirken. Wie wir aus Laborexperimenten wissen (Kapitel 3, Abschnitt IV) lernt der Blauhäher rasch, Monarchfalter aufgrund der Brechreiz erregenden, bitter schmeckenden Cardenolide in seinen Geweben zu meiden. Aus neueren Forschungen geht hervor, daß sekundäre Pflanzenstoffe offenbar auch die Nahrungsauswahl herbivorer Vögel beeinflussen. Insbesondere Phenolverbindungen verschiedenen Typs scheinen als Fraßabwehrstoffe eine Rolle zu spielen.

Wie man seit geraumer Zeit weiß, sind Mohrenhirsesorten, die reich an Tanninen sind, vor Vögeln sicher (zum Beispiel McMillan et al. 1972); Sorten, die man auf niedrigen Tanningehalt der Samen hin gezüchtet hat, sind hingegen eher den Angriffen von Vögeln ausgesetzt. Später machte sich Greig-Smith (1985) auf die Suche nach ähnlichen chemischen Abwehrstoffen, denn er hatte herausgefunden, daß Gimpel sich in Großbritannien von unreifen Blütenknospen von Birnbäumen ernähren, bestimmte Sorten dabei aber meiden. Er fand jedoch keinen Zusammenhang zwischen den Nahrungspräferenzen und dem Tanningehalt, wie man ihn aufgrund der Erfahrungen mit der Mohrenhirse vielleicht erwartet hätte. Weitere, erfolgreichere Nachforschungen erbrachten die Konzentration einfacher Phenolsäuren in den Knospen als Erklärung für das unterschiedliche Freßverhalten. Als man diese Phenole einzeln an Gimpeln in Menschenobhut testete, erwiesen sie sich in der Tat als Abwehrstoffe.

Phenole vermutet man auch als Fraßabwehrstoffe für Alpenschneehühner und andere Rauhfußhühner in den subarktischen Zonen Nordamerikas und Europas bei ihrer Futtersuche während des Winters. In diesem Fall schützen phenolische Harze an der Pflanzenoberfläche die wenigen Gymnospermen- und Angiospermenarten, die diesen Vögeln zur Verfügung stehen. Die phenolischen Harze wirken antimikrobiell und stellen eine wirkungsvolle Abwehr gegen die Vögel dar, weil sie die Verdauung des Pflanzenmaterials durch die Mikrobenflora des Blinddarmes beeinträchtigen. Die Vögel fressen daher Gewebe mit niedrigem Harzgehalt, und es gibt auch Hinweise darauf, daß sie sich an Harze in der Nahrung angepaßt haben (Bryant und Kuropat 1980).

Ähnlich dazu hat man Coniferylbenzoat (Abb. 6.2), ein Phenol der Amerikanischen Zitterpappel (*Populus tremuloides*), als Nahrungsabwehrstoff gegen das Kragenhuhn (*Bonasa umbellus*) identifiziert. Diese Verbindung ist in den Knospen der männlichen Blüten und in den Kätzchen enthalten – einer wichtigen Nahrungsquelle für das Kragenhuhn. Das Huhn frißt von der Amerikanischen Zitterpappel nur, wenn die Konzentrationen relativ gering sind. Am menschlichen Gaumen erzeugt diese Substanz ein brennendes Gefühl, das vermutlich auch das Kragenhuhn wahrnimmt, wenn die Konzentration in seiner Nahrung über einem bestimmten Wert liegt (Jakubas und Gullion 1990).

6.2 Struktur von Coniferylbenzoat, einem Abwehrstoff gegen das Kragenhuhn.

Am eingehendsten hat man eine Wechselbeziehung zwischen Pflanzen und Vögeln an der Kanadagans (*Branta canadensis*) erforscht, die ihre Nahrung in den Küstenmarschen von New England findet. Auch hier zeigte sich wieder, daß Phenole die Auswahl der aufgenommenen Pflanzenarten bestimmen (Buchsbaum et al. 1984). Wie aus Tabelle 6.3 zu entnehmen ist, besteht eine umgekehrte Korrelation zwischen der Häufigkeit, mit der eine Pflanzenart verzehrt wird, und dem Gehalt an löslichen Phenolen in dieser Pflanze. Eine oder zwei Arten entsprechen nicht dieser Korrelation (zum Beispiel *Phragmites australis*, Schilf), aber in diesen Fällen gibt es Hinweise darauf, daß irgendeine adstringierend wirkende Substanz zur Ablehnung führt. Der Nährwert ist ebenso wichtig, und bei Pflanzen mit geringem Phenolgehalt wird die Nahrungsauswahl durch die Konzentrationen an Kohlenhydraten und Stickstoff bestimmt; das Gemeine Seegras (*Zostera marina*, Tabelle 6.3) ist vermutlich deshalb die beliebteste Futterpflanze der Kanadagans, weil es den höchsten Anteil an löslichen Kohlenhydraten aufweist.

Tabelle 6.3: Korrelation zwischen der Auswahl der Nahrungspflanzen durch Kanadagänse und dem Gehalt an löslichen Phenolen in den Blättern

Pflanzenart	Häufigkeit der Aufnahme[a]	Gehalt an löslichen Phenolen[b]
Zostera marina	413	0,37
Poa pratensis	235	1,50
Enteromorpha spec.	142	0,07
Juncus gerardi	138	2,36
Spartina patens	131	1,64
Triglochin maritima	56	3,19
Iva frutescens[c]	16	6,44
Phragmites australis[c]	1	1,57
Limonium carolinianum[c]	0	9,44

[a] Wie oft man beobachtete, daß die Gänse von einer Pflanze fraßen (man erhielt mit wildlebenden Gänsen und solchen in Menschenobhut ähnliche Ergebnisse) (Buchsbaum et al. 1984).
[b] Werte in Prozent des Trockengewichts
[c] Diese Arten wirken adstringierend und enthalten weitere chemische Abwehrstoffe.

Zusammenfassend kann man also feststellen, daß herbivore Vögel wie andere Wirbeltiere auf die sekundäre Chemie der Pflanzen reagieren, von denen sie sich ernähren. Bei zahlreichen Pflanzen ist der Phenolgehalt eine bedeutender Schutz, wenngleich wir die Chemie der Substanzen, die zu einem Meideverhalten führen, noch kaum im Detail kennen. Dies schließt jedoch die Möglichkeit nicht aus, daß andere Klassen von Verbindungen (zum Beispiel Terpenoide) ebenfalls eine Rolle spielen. Eine coevolutionäre Anpassung der Vögel an die pflanzliche Chemie ist wahrscheinlich, auch wenn wir diese erst noch durch geeignete Experimente vollständig nachweisen müssen.

V. Mensch

A. Die Auswahl der Nahrungspflanzen

Die ersten Menschen wählten ihre Nahrung aus einem großen Spektrum an Pflanzen aus. Das geht aus den pflanzlichen Überresten hervor, die man an Wohnplätzen neolithischer Menschen fand, wie auch aus den Pflanzensorten, die primitive Völker heutzutage essen, beispielsweise die Buschmänner Afrikas oder die Wedda von Sri Lanka. Erst in relativ neuer Zeit wurde die Auswahl der Nahrungspflanzen als Folge von Zivilisation und Urbanisierung eingeschränkt. Die begrenzte Ausgangsbasis der heutigen Ernährung spiegelt sich in der kleinen Zahl von Haupterzeugnissen der Landwirtschaft wider; in Großbritannien zum Beispiel werden weniger als ein Dutzend wichtige Nutzpflanzen für den menschlichen Verzehr angebaut.

Zwei bedeutende Entwicklungen wirkten sich nachdrücklich auf die Auswahl der Nahrungspflanzen des Menschen aus – die Kultivierung von Pflanzen und das Kochen der Nahrungsmittel. Daß der Mensch unter den Wildarten günstige Linien für die Kultivierung auslas, führte dazu, daß viele nachteilige chemische Substanzen aus den Pflanzengeweben verschwunden sind oder mengenmäßig verringert wurden. Die Knollen von Wildkartoffeln zum Beispiel sind oft bitter und giftig, vor allem aufgrund des hohen Gehalts an Steroidalkaloiden. Dieses Merkmal haben die südamerikanischen Indianer, die diese Pflanze als erste kultivierten, größtenteils herausgezüchtet, und so fehlen diese Alkaloide modernen Kultursorten fast völlig. Man sollte jedoch anmerken, daß die Aymará-Indianer aus dem bolivianischen Hochland weiterhin diese Sorten mit potentiell toxischen Konzentrationen nutzen. Sie haben in der Tat ein hochentwickeltes Geschmacksempfinden für Bitterstoffe in ihrer Nahrung und vermeiden eine Giftwirkung, indem sie die Kartoffeln mit Lehm gemischt essen, welcher die Alkaloide bindet (Johns 1990). Im Gegensatz zu diesen schädlichen Substanzen hat man die vorteilhaften Eigenschaften von Pflanzen durch Züchtung und Auslese vermehrt; so weisen kultivierte Früchte wie Äpfel, Birnen und Erdbeeren einen weitaus höheren Zuckergehalt auf und sind attraktiver gefärbt als ihre wilden Verwandten.

Das Kochen der Nahrung war ebenfalls von Bedeutung für die Auswahl, weil es unter anderem die Geschmackseigenschaften von Pflanzengeweben verändert. Die bereits erwähnte Kartoffel wäre kaum ein solcher Grundbestandteil der Ernährung geworden, hätte man sie roh gegessen, denn ihre Stärke ist ungekocht nur schlecht verdaulich. Das Kochen und andere Verarbeitungsmethoden von Pflanzen bewirkte außerdem die Zerstörung oder Entfernung zahlreicher toxischer Komponenten, so daß ein größeres Spektrum an Pflanzen als Nahrung verfügbar wurde. Die Trypsininhibitoren, ein unerwünschter Bestandteil roher Sojabohnen, werden durch Kochen zerstört. Die Früchte der Reismelde oder Quinoa (*Chenopodium quinoa*) enthalten ein giftiges Saponin, aber dies läßt sich auslaugen, indem man sie über Nacht in Wasser eintaucht; die so behandelten Samen kann man dann zu Mehl mahlen und zum Brotbacken verwenden.

Hätte der Mensch die freie Wahl, dann würde er seine Nahrungspflanzen anhand einer Vielzahl von Eigenschaften auswählen, wie Farbe, Form, Geruch, Aroma, Geschmack und Beschaffenheit. Wie bei anderen Tieren sind süßer Geschmack und süßes Aroma für den menschlichen Gaumen ausgesprochen anziehend, während Schärfe, bitterer Geschmack und adstringierende Wirkung im allgemeinen abstoßen. Ein gewisses Ausmaß an saurem oder bitterem Geschmack oder Adstringenz macht jedoch in Anwesenheit von Zucker ansonsten fade Nahrungsmittel wohlschmeckender. Eine Vorliebe für bitteren Geschmack kann sich entwickeln – man denke nur an die unter passionierten Biertrinkern zunehmende Vorliebe für bittere statt für milde Biere. Der bittere Geschmack beruht in diesem Fall auf den Bestandteilen des Hopfens, den Hupulonen und Lupulonen, die man dem Bier ursprünglich nur zusetzte, um die Haltbarkeit des Gebräus zu verbessern.

Man könnte zwar noch viel über die biochemischen Grundlagen der menschlichen Reaktion auf Aromen schreiben, doch stoßen wir auf eine Wissenslücke, sobald wir zu der Auswahl der Pflanzen als Nahrung kommen, denn über die genaue chemische Zusammensetzung von Pflanzen in bezug auf ihre Schmackhaftigkeit wissen wir nur sehr wenig. Drei Aspekte dieses Themas wollen wir hier etwas detaillierter betrachten: Die Chemie von Aromen, die chemische Grundlage der Süße und die Geschmacksverstärker.

B. Die Chemie von Aromen

Bei der chemischen Analyse von Nahrungsmittelaromen erzielte man in den letzten Jahren viele Fortschritte. Einige charakteristische Ergebnisse zeigt Tabelle 6.4. Enorm vorangebracht wurde die Identifizierung flüchtiger Pflanzenstoffe durch moderne Meßtechniken, insbesondere die Gaschromatographie, die ideal für die rasche und hochempfindliche Auftrennung von Duftkomponenten ist. Dennoch ist es immer noch schwierig, einen Wirkstoff zu charakterisieren, der in den Pflanzen oft nur in Spuren enthalten ist. So mußte man zum Beispiel fünf Tonnen Sellerie extrahieren, um seine flüchtigen Aromastoffe zu identifizieren.

Man sollte sich auch in Erinnerung rufen, daß die endgültige Identifizierung der einem bestimmten Aroma zugrundeliegenden Substanz letztlich von der subjektiven Beurteilung des Menschen abhängt. Nur die menschliche Nase kann wahrnehmen und das menschliche Gehirn feststellen, ob eine bestimmte chemische Substanz oder Mischung von Substanzen den Geruch von Himbeeren, Schwarzen Johannisbeeren oder Pfirsichen verströmt. Bei der Auswahl von Geschmackstestreihen und den entsprechenden sensorischen Geruchs- und Geschmacksanalysen muß man sehr sorgfältig vorgehen. Spezielle beschreibende Begriffe müssen verwendet werden, um die Vorgehensweise zu standardisieren. Man hat mehrere Male versucht, chemische Düfte zu klassifizieren, und es gibt einen umfassenden Überblick über die Beschreibung von Düften (Harper et al. 1968b; siehe auch Harper 1975).

Tabelle 6.4 Chemische Bestandteile der Aromen von Früchten und Gemüsen

Pflanze	als Aromastoff identifizierte Bestandteile
Früchte	
Apfel	Ethyl-2-methylbutyrat
Banane	Amylacetat, Amylpropionat und Eugenol
Birne	Ethyl-*trans*-2, *cis*-4-decadienoat
Grapefruit	(+)-Nootkaton, 1-*p*-Menthen-8-thiol
Himbeere	1-(*p*-Hydroxyphenyl)-3-butanon
Kokosnuß	α-Nonalacton
Mandarine	Methyl-*N*-methylanthranilat und Thymol
Mango	Car-3-en, Dimethylstyrol
Pfirsich	Undecalacton
Quitte	Ethyl-2-methyl-2-butanoat
Vanille	Vanillin
Zitrone	Citral
Gemüse	
Gemüsepaprika	2-Isobutyl-3-methoxypyrazin
Gurke	$CH_3CH_2CH{=}CHCH_2CH_2CH{=}CHCHO$
Knoblauch	Di-2-propenyldisulfid
Sellerie	3-Butylphthalid, 3-Buthyltetrahydrophthalid, Apiol, Myristicin
Shiitake-Pilz	Lenthionin
Zwiebel*	Dipropyldisulfid, Propanthiol

* Rohe Zwiebeln enthalten auch den Tränen hervorrufenden Stoff Propanthial-*S*-oxid, EtCH $=$ S $\rightarrow$ O.

Wie man Tabelle 6.4 und Abbildung 6.4 entnehmen kann, sind inzwischen zahlreiche Fruchtaromen identifiziert (siehe auch Nursten 1970 und Kameoka 1986). Einige wenige beruhen vermutlich auf nur einer einzigen Verbindung, zum Beispiel beim Apfel, beim Pfirsich, bei der Kokosnuß und bei der Birne. Andere kommen durch mehrere Verbindungen zustande; so setzt sich beispielsweise das Aroma der Banane aus zwei aliphatischen Estern und dem aromatischen Phenol Eugenol zusammen. Wieder andere sind noch komplexer; am Duftprinzip von Aprikosen sind anscheinend etwa zehn Monoterpene beteiligt.

Bei zwei Früchten war eine Analyse bisher nicht möglich: Schwarze Johannisbeeren und Erdbeeren. Aus beiden isolierte man über hundert flüchtige Stoffe, doch die für das Aroma verantwortlichen sind immer noch nicht identifiziert. Im Falle der Erdbeere hat man eine rein synthetische Verbindung, Ethyl-1-methyl-2-phenylglycidat, zur Verwendung als künstliches Erdbeeraroma entwickelt. Kaffee, Schokolade und Kakao erbrachten bei verschiedenen Analysen über 700 Verbindungen, und auch hier ist noch nicht völlig klar, welche Bestandteile am meisten zum Aroma beitragen. Bei Kaffee scheint Alkylpyrazin wichtig zu sein wie auch Schwefelverbindungen (zum Beispiel Furyl-2-methanthiol) und aliphatische Substanzen (Dart und Nursten 1985).

Aus diesen und anderen Untersuchungen ist klar, daß in Spuren vorhandenen Bestandteilen oft große Bedeutung zukommt und sie sogar mehr zu einem charakteristischen Aroma beitragen können als die in großer Menge vorhandenen flüch-

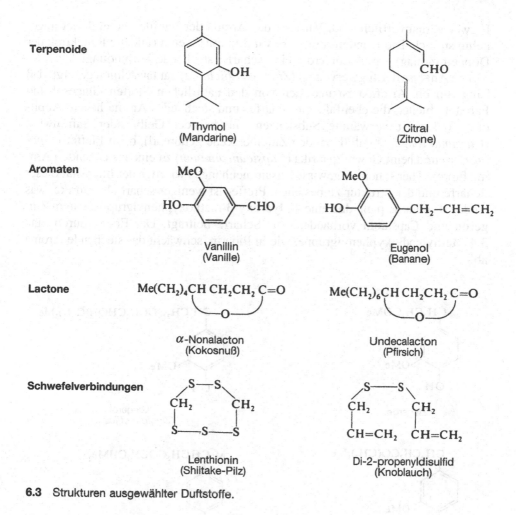

6.3 Strukturen ausgewählter Duftstoffe.

tigen Stoffe. Das gilt zum Beispiel für die Zitrone. Hier macht Limonen 70 Prozent der ätherischen Öle aus, doch es ist der Gehalt an Citral (weniger als fünf Prozent), welcher der Zitrone ihr Aroma verleiht. Wie wirksam einige flüchtige Duftstoffe sind, verdeutlicht beispielhaft der Geruch der Gurke, der auf dem Aldehyd Nona-2,6-dienal (Tabelle 6.4) beruht. Diese Substanz hat einen Duftschwellenwert von 0,0001 ppm!

Zwischen Duft und chemischer Struktur besteht kaum ein direkter Zusammenhang. Wer würde schon annehmen, daß zwei derart ähnliche Strukturen wie Undecalacton und α-Nonalacton (Abb. 6.3) in Wirklichkeit die Düfte von Pfirsich beziehungsweise Kokosnuß liefern? Wie kommt es, daß der einfache Unterschied in der Anzahl außerzyklischer Methylengruppen den Duft so nachdrücklich zu verändern vermag? Einen weiteren bemerkenswerten Zusammenhang im Duftcharakter erkennt man bei den Molekülen, die für die Düfte von Vanille und

Ingwer verantwortlich sind. Vanillin, das Aroma der Vanilleschote, duftet angenehm süßlich. Die Kondensation von Vanillin mit Aceton (und die Reduktion der Doppelbindung) ergibt Zingeron, eine scharfe, stechende Verbindung!

Die Analyse der Ingwerwurzel (*Zingiber officinale*) hat tatsächlich gezeigt, daß Zingeron ein Artefakt ist und sich von den natürlichen Stoffen Gingerol und Paradol ableitet, die ebenfalls ein scharfes und stechendes Aroma haben. Abbildung 6.4 zeigt verwandte Substanzen, die bei der Gelb- oder Safranwurz (*Curcuma longa*, ebenfalls zu den Zingiberaceae gehörend), beim Pfeffer (*Piper nigrum*) und beim Gewürzpaprika (*Capsicum annuum*) zu einem stechenden Aroma führen. Hier scheinen gewisse Zusammenhänge zwischen der Intensität dieser Schärfe und der Struktur zu bestehen. Pfeffer ist weniger scharf als Paprika, was zu der Hypothese paßt, daß eine 4-Hydroxy-3-methoxyphenylgruppe, wie in Zingeron und Capsaicin vorhanden, zur Schärfe beiträgt. Der Ersatz durch eine 3,4-Methylendioxyphenylgruppe, wie in Piperin, schwächt das stechende Aroma ab.

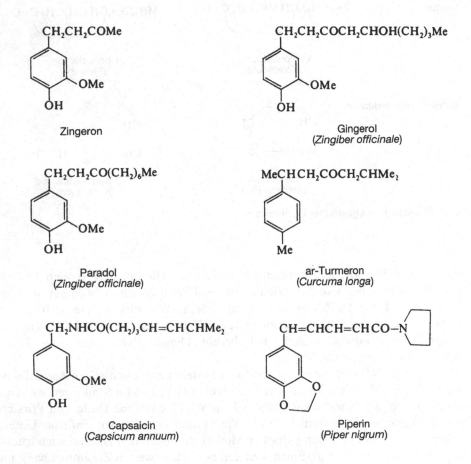

6.4 Strukturen stechend-scharfer Aromastoffe bei Pflanzen.

In jeder Diskussion der Aromen von Nahrungsmitteln muß man auch die Schwefelverbindungen unter den flüchtigen Pflanzenstoffen erwähnen. Die Senföle mit ihrem scharfem Aroma beim Senf und anderen Kreuzblütlern (Brassicaceae) haben wir bereits als Abwehrstoffe gegen herbivore Insekten kennengelernt (Seite 162). Zwar ist Senf für den Menschen in geringen Mengen als Ergänzung zu Fleisch angenehm, in großen Mengen ist er aber eindeutig abstoßend. Kultivierter Senf verdankt seine Eigenschaften einer Mischung aus dem stechenden Allylisothiocyanat und dem scharf schmeckenden p-Hydroxybenzylisothiocyanat. Während der Verarbeitung können in Spuren unerwünschte Komponenten entstehen und einen guten Senf verderben; dazu gehören Butenylisothiocyanat, das unangenehm riecht, und Allylnitrat, das ihm ein Zwiebelaroma verleiht.

Weitere Schwefelverbindungen enthaltende Gemüse sind die Zwiebel und Knoblauch, deren Duft vor allem auf aliphatischen Disulfiden beruht (Tabelle 6.4, siehe auch Johnson et al. 1971). Das Aroma ist auch hier zweischneidig – für einige verlockend, für andere abstoßend. Eine bemerkenswerte schwefelhaltige Substanz ohne unerwünschte Aromaeigenschaften ist schließlich die Verbindung Lenthionin; sie besteht aus fünf Schwefelatomen, die mit zwei Methylengruppen zu einem Ring verbunden sind (Abb. 6.3). Diese Substanz schmeckt köstlich und bildet den hochgeschätzten Aromastoff des japanischen Shiitake-Pilzes (*Lentinus edodes*).

C. Die Chemie der Süße

Süße in pflanzlichen Geweben kommt gewöhnlich durch eine Mischung der drei häufigen Zucker Glucose, Fructose und Saccharose in unterschiedlichen Anteilen zustande. In den meisten Pflanzen dominiert wohl das Disaccharid Saccharose; es ist eine wichtige Speicherform von Zuckern und reichert sich manchmal in enormen Mengen an, wie in den Stengeln von Zuckerrohr und den Wurzeln der Zuckerrübe. Wir verwenden Saccharose als Richtmaß für Süße und vergleichen alle anderen süßen Verbindungen in Lösung auf molarer Basis mit ihr. Wie aus Tabelle 6.5 ersichtlich, weichen ihre beiden Zuckerbestandteile hinsichtlich der Süße von ihr ab: Glucose ist weniger süß und Fructose süßer. Andere natürlich vorkommende Monosaccharide und Oligosaccharide schmecken gewöhnlich ebenfalls süß, wenngleich das nicht uneingeschränkt gilt. Während die Disaccharide Maltose, Gentiobiose und Lactose alle süß schmecken, ist das Trisaccharid Raffinose geschmacklos.

Süße ist jedoch keine auf pflanzliche Zucker beschränkte Eigenschaft; einige rein synthetische Verbindungen sind sogar beträchtlich süßer als Saccharose. Zwei der bekanntesten – Cyclamat und Saccharin – sind 30- beziehungsweise 500mal süßer. Synthetische Süßstoffe haben jedoch einige Nachteile für die Ernährung. Sie unterscheiden sich von Saccharose nicht nur dadurch, daß sie manchmal einen Nachgeschmack haben (wie Saccharin), sondern sie stehen auch in dem Verdacht, daß ihre Aufnahme in größeren Mengen über Jahre hinweg beim Menschen womöglich Krebs auslösen könnte. Die Anhaltspunkte für eine vermutete krebser-

Tabelle 6.5: Relative Süße organischer Moleküle

Verbindung	Süße auf molarer Basis im Verhältnis zu Saccharose
Glucose	0,7
Saccharose	1,0
Fructose	1,3
Cyclamat	30
Glycyrrhizin	50
Aspartam	200
Acesulfam K	200
Steviosid	300
Saccharin	500
Naringenin-Dihydrochalkon	500
Sucralose	650
Hernandulcin	800
Neohesperidin-Dihydrochalkon	1000
Serendipprotein	3000
Thaumatinprotein	5000

regende Wirkung sind zwar noch ausgesprochen spärlich, aber Cyclamat wurde in einigen Ländern bereits als Zusatz von Nahrungsmitteln verboten, und auch Saccharin geriet unter Beschuß. Der Einsatz synthetischer Süßstoffe in Nahrungsmitteln und Getränken ist mit Sicherheit insofern unnatürlich, als sie das Verlangen des Menschen nach Süßem stillen, ohne ihm jedoch den Kaloriengehalt von Zucker aufzubürden. In den zurückliegenden Jahren hat insbesondere Yudkin (1988) vor den Gefahren eines übermäßigen Zuckerkonsums in der menschlichen Ernährung gewarnt. Besonders in der Ernährung von Diabetikern ist die Verwendung künstlicher Süßstoffe durchaus gerechtfertigt.

Aus diesen Gründen hat man in den letzten Jahren die Suche nach natürlichen pflanzlichen Süßstoffen intensiviert, und heute werden mehrere solcher Verbindungen zur kommerziellen Nutzung erschlossen. Man weiß seit langem, daß auch bestimmte andere pflanzliche Moleküle, die keine Kohlenhydrate sind, eine intensive Süße aufweisen. Eines der bekanntesten ist Steviosid, ein Diterpenglykosid, das in den Blättern von *Stevia rebaudiana* (Asteraceae) vorkommt. Es wird in Japan als Süßstoff verwendet (Kinghorn und Soejarto 1985). Ein weiteres ist Glycyrrhizin, ein triterpenoides Glucuronid aus der Lakritzwurzel (auch Süßholz, *Glycyrrhiza glabra*); es hat jedoch den Nachteil eines lakritzartigen Nachgeschmacks. Ein drittes ist Hernandulcin, das in den Blättern und Blüten von *Lippia dulcis* (Verbenaceae) vorkommt, einer bei den Azteken als „Süßkraut" bekannten Pflanze. Die Struktur einiger dieser und anderer süßer Moleküle zeigt Abbildung 6.5, und der Grad ihrer Süße ist in Tabelle 6.5 aufgelistet.

Die bemerkenswerteste Entdeckung von natürlichen Süßstoffen sind Proteine der Früchte zweier westafrikanischer Pflanzen: von *Dioscoreophyllum cumminsii* (Serendipity-Beeren, Menispermaceae) und *Thaumatococcus daniellii* (Katamfe, Marantaceae). Die außerordentlich intensive Süße dieser Früchte spiegelt sich in ihrer verbreiteten Verwendung in einheimischen Kulturen und ihren englischen

6.5 Strukturen einiger natürlicher und künstlicher süßer Verbindungen.

Trivialnamen wider: *serendipity berry* (was so viel heißt wie „Glücklicher-Zufall-Beere") beziehungsweise *miraculous fruit of the Sudan* ("wunderbare Frucht aus dem Sudan"). Man dachte zwar zuerst, es handele sich um Glykoproteine (siehe Inglett 1975), doch die gereinigten Süßstoffe sind tatsächlich einfache Proteine. Man bezeichnete sie verschiedentlich als Monellin, Serendip und Thaumatin I und II. Unterzieht man sie einer Hydrolyse, enstehen alle normalen Aminosäuren, mit der bemerkenswerten Ausnahme von Histidin. Wie man weiß, ist das einfache Dipeptid Aspartylphenylalanin-Methylester süß, so daß die Süße dieser Proteine möglicherweise nur auf einem kleinen Teil der gesamten Aminosäuresequenz beruht.

Allerdings muß auch die Sekundär- und Tertiärstruktur des Proteins an der Süße beteiligt sein, denn der Geschmack geht verloren, wenn man Monellin in Lösung durch Erhitzen auf 70 bis 75 Grad Celsius denaturiert. Wie Sequenzanalysen ergaben, besteht Monellin aus zwei Untereinheiten von 50 und 42 Aminosäuren, und wenn diese getrennt werden, verschwindet die Süße (Bohak und Li 1976). Hinweisen zufolge liegen Cystein- und Methioninreste in jenem Teil des Moleküls, der für die Süße verantwortlich ist, an benachbarten Stellen.

Schließlich entdeckte man auf unerwartete Weise noch einen weiteren Typ eines natürlichen Süßstoffes, nämlich bei einer Untersuchung, die ursprünglich dem bitteren Geschmack von *Citrus*-Früchten galt (Horowitz 1964). Man bestimmte die wasserlösliche, bitter schmeckende Verbindung als Naringin, das 7-Neohesperidosid von Naringenin (Abb. 6.6). Wie man herausfand, waren die strukturellen Anforderungen für den bitteren Geschmack höchst spezifisch. Er beruht auf der Verbindung des Flavanonkernes mit einem Disaccharid aus Glucose und Rhamnose, in dem die Verknüpfung der beiden Zucker α1→2 sein muß. Eine Veränderung in der Art dieser Verknüpfung, wie etwa in der Struktur von Naringenin-7-rutinosid (Rhamnose–Glucose verknüpft über α1→6), eines weiteren natürlichen Bestandteils von *Citrus*-Früchten, zerstört jeglichen bitteren Geschmack, und die Substanz ist auch sonst recht geschmacklos. Zu der entscheidenden Entdeckung kam es, als man das bittere Naringin chemisch veränderte, indem man den zentralen Pyranring öffnete und die isolierte Doppelbindung reduzierte. Das auf diese Weise erzeugte Molekül – ein Dihydrochalkon – erwies sich als ausgesprochen süß. Eine einfache chemische Manipulation kann also ein Molekül von sehr bitter zu extrem süß verwandeln. Wie beim bitteren Geschmack sind die strukturellen Anforderungen für die Süße in dieser Reihe sehr spezifisch; für maximale Süße ist speziell der Zuckerbestandteil Neohesperidose (Rhamnose-α1→2-Glucose) entscheidend. Man kennt mehrere natürlich vorkommende Dihydrochalkone, aber diese besitzen entweder nur Glucose *oder* Rhamnose als Zucker und sind nur schwach süß oder bittersüß. Ganz anders das Dihydrochalkon von Naringin: Es ist auf molarer Basis 500mal süßer als Saccharose; das von Neohesperidin (Abb. 6.6) abgeleitete sogar 1000mal süßer. Letztere Verbindung ist das süßeste bekannte Dihydrochalkon; in den Vereinigten Staaten erschließt man es mittlerweile als kommerziellen Süßstoff.

6.6 Umkehr von bitterem zu süßem Geschmack bei der Flavonoidreihe.

Daß man eine bittere Verbindung wie Naringin durch einfache Neuanordnung des Moleküls in eine süße Verbindung umwandeln kann, legt nahe, daß die Orte der Wahrnehmung von süß und bitter miteinander in Beziehung stehen. Das ergibt sich auch aus den Tatsachen, daß einige Zucker (zum Beispiel Mannose) bittersüß und bestimmte modifizierte Zucker (etwa Penta-Acetylglucose) sogar bitter schmecken (siehe Birch und Lee 1971). Wie Geschmacksversuche mit Methyl-α-D-mannosid und anderen Modellzuckern zeigten, liegen die Rezeptoren für bitter und süß auf der Zunge sehr nahe beieinander, genauer gesagt in einem Abstand von nur 3–4 Å (Birch und Mylvaganan 1976). Diese Autoren vermuten, daß die Zuckermoleküle an den Geschmacksrezeptoren polarisiert und, wie in Abbildung 6.7 dargestellt, angepaßt werden. Sie beobachteten eine Wechselwirkung an beiden Rezeptoren, wenn durch vorherige Sättigung mit entweder süßen oder bitteren Molekülen die nachfolgende Reaktion auf bitteren beziehungsweise süßen Geschmack verringert war.

6.7 Strukturelle Anforderungen der Rezeptoren für bitter und süß beim Menschen.

Man vermutet, daß es noch eine dritte strukturelle Anforderung für Süße gibt: das Vorhandensein einer hydrophoben Stelle X im Molekül. Aber nicht alle Süßstoffe besitzen eine solche Stelle. Als letzten künstlichen Süßstoff entdeckte man Sucralose, ein Derivat von Galactosylsaccharose, bei dem die Hydroxylgruppen an der 4,1'- und an der 6'-Position durch Chlor ersetzt sind; Sucralose ist 650mal süßer als Saccharose (Hough und Emsley 1986).

D. Geschmacksverstärker und -veränderer

Zum Schluß dieses Kapitels sollte ich noch die Geschmacksverstärker erwähnen, denn solche Verbindungen kommen in der Natur vor und könnten die Schmackhaftigkeit von Pflanzengeweben sowohl für Insekten als auch für höhere Tiere bedeutend beeinflussen. Geschmacksverstärker sind einfach Moleküle, die für sich alleine nur wenig Wirkung zeigen, die aber zusammen mit anderen Geschmacksmolekülen das Aroma verstärken. Man setzt sie Lebensmitteln zu, um den natürlichen Geschmack beziehungsweise das natürliche Aroma zu betonen. Der bekannteste Geschmacksverstärker ist Natriumchlorid (Kochsalz), eine Substanz, die man wegen ihres salzigen Eigengeschmacks vorsichtig und in geringen Mengen verwenden sollte. In den letzten Jahren fanden eine Aminosäure, Mononatriumglutamat, und eine Purinbase, 6-Hydroxypurin-5′-mononucleotid, in der Nahrungsmittelindustrie als sehr wirkungsvolle Geschmacksverstärker Verwendung. Beide Verbindungen kommen in der Natur vor, letztere isolierte man in erster Linie aus dem Echten Bonito, einer Thunfischart.

Ein etwas ungewöhnlicherer Geschmacksverstärker oder -veränderer ist das Glykoprotein Miraculin mit einem Molekulargewicht von 44 000, das in der Wunderbeere (*Synsepalum dulcificum*, Sapotaceae) vorkommt. Es hat die Eigenschaft, sauren Geschmack oder Azidität zu neutralisieren, ohne jedoch die Reaktion auf Süße zu stören. Die verblüffendste Wirkung zeigt sich, wenn man nach dem Kauen der Beeren dieser Pflanze Zitronen ißt, voll von saurem Citrat. Die Zitronen schmecken dann so süß wie Orangen! Die Wirkung der Beeren ist jedoch begrenzt und verliert sich innerhalb etwa einer Stunde. Das Glykoprotein Miraculin wirkt vermutlich so, daß es sich physikalisch an die Geschmacksmembranen bindet, so daß sie überhaupt nicht mehr auf den sauren Geschmack reagieren können.

Eine weitere, ebenso bemerkenswerte Geschmacksveränderung bewirkt eine Mischung aus pentazyklischen Triterpenen, den Gymnemasäuren, die in den Blättern von *Gymnema sylvestre* (Asclepiadaceae) enthalten sind. Sie wirken sich auf die Rezeptoren für Süße aus; nach dem Kauen dieser Blätter fehlt jeglicher Nahrung, die man zu sich nimmt, sämtliche Süße, und selbst bitterer Geschmack wird teilweise unterdrückt. Somit schwächen sie allgemein einige der wichtigsten Geschmacksempfindungen ab. Die Fähigkeit, Süße zu beseitigen – ein wichtiges Lockmittel für Herbivoren – könnte für Pflanzen bei ihrem Kampf gegen das Gefressenwerden natürlich sehr nützlich sein. Granich und seine Mitarbeiter (1974) untersuchten, inwieweit die Gymnemasäuren bei der Pflanze, in der sie auftreten, an der Abwehr von Herbivoren beteiligt sind. Wie sie herausfanden, wirken Gymnemasäuren als Fraßabwehrstoffe auf die Raupe des Baumwollwurmes (*Spodop-tera eridania*). Die Abwehr funktioniert sogar bei einer zuckerfreien Ernährung, so daß sie also anscheinend nicht die Geschmacksreaktionen des Insekts verändert. Vermutlich unterscheiden sich also die Rezeptorstellen für Süße bei Insekten und Säugetieren in grundlegender Weise.

Man kann schließen, daß die Gymnemasäuren in zweifacher Hinsicht als chemische Abwehrstoffe wirken, indem sie einmal als einfache Beißabwehr gegen Insekten fungieren, sich aber noch nachdrücklicher auf die Geschmacksreaktionen von Säugetieren auswirken. Diese Substanzen sind vielleicht nur die ersten einer ganzen Reihe komplexer chemischer Wirkstoffe, die man als Abwehrstoffe mit den Wechselbeziehungen zwischen Pflanzen und Tieren in Zusammenhang bringt.

Die genannten Geschmacksveränderer wirken sich nicht nur auf das Geschmacksempfinden des Menschen aus, sondern auch auf das der Grünen Meerkatze (*Cercopithecus aethiops*). Gymnemasäure und Miraculin zeigen jedoch bei

Hunden und Kaninchen nur eine geringe Wirkung und verändern im Test an Schweinen, Ratten und Meerschweinchen deren Empfinden für süßen beziehungsweise bitteren Geschmack anscheinend nicht (Hellekant 1976). Derselbe Autor bemerkte auch, daß die süßen Proteine Monellin und Thaumatin für Hunde, Hamster, Schweine und Kaninchen nicht süß schmecken. Es mehren sich also die Hinweise darauf, daß sich die Natur der Rezeptoren für Süße bei den Säugetieren signifikant unterscheidet.

VI. Schlußfolgerung

Die meisten unserer Informationen über Nahrungspräferenzen von Wirbeltieren beziehen sich auf uns selbst. Wir reagieren auf ein großes Spektrum an chemischen Reizen, und unsere heutige Auswahl der Nahrungspflanzen ist vielleicht enger mit dem Aroma, Geschmack und Geruch verknüpft als mit dem Nährstoffgehalt. Die den Aromen einiger der häufigsten Früchte und Gemüse zugrundeliegenden Substanzen sind ermittelt, aber zahlreiche weitere warten immer noch auf ihre vollständige Identifizierung.

Wir wissen einiges über die Faktoren, die Gorillas und niedere Affen auf dem afrikanischen Kontinent bei ihrer Suche nach Nahrungspflanzen leiten, und es ist offensichtlich, daß Tannine ein bedeutender Schutz gegen Tierfraß sind. Die am besten geschützten Pflanzen besitzen jedoch oft mehr als eine Klasse sekundärer Pflanzenstoffe als Schutz. Vögel lassen sich wohl auch vom Tanningehalt ihrer Futterpflanzen beeinflussen, aber einfachere Phenole scheinen für sie besonders unangenehm zu schmecken.

Das Freßverhalten von Nutztieren – Schafen, Ziegen und Rindern – ist einigermaßen gut dokumentiert; über die Reaktionen der meisten Wildtiere (abgesehen von den Primaten) auf ihre potentiellen Nahrungspflanzen wissen wir aber weniger. Die meisten chemischen Barrieren, die Angriffe von Insekten einschränken, wirken sich allerdings auch auf das Freßverhalten von Säugetieren begrenzend aus. Die allgemeine Theorie der Coevolution, die einen Grund für das Vorhandensein sekundärer Pflanzenstoffe lieferte, wurde ursprünglich anhand von Untersuchungen an Insekten (Kapitel 5) aufgestellt, aber sie scheint für Tiere allgemein zu gelten. Diese Theorie wollen wir im folgenden Kapitel detaillierter betrachten.

Literatur

Bücher und Übersichtsartikel

Arnold, G. W.; Hill, J. L. *Chemical Factors Affecting Selection of Food Plants by Ruminants.* In: Harborne, J. B. (Hrsg.) *Phytochemical Ecology.* London (Academic Press) 1972. S. 72–102.

Bate-Smith, E. C. *Attractants and Repellents in Higher Animals.* In: Harborne, J. B. (Hrsg.) *Phytochemical Ecology.* London (Academic Press) 1972. S. 45–56.

Birch, G. G.; Lee, C. K. *The Chemical Basis of Sweetness in Model Sugars.* In: Birch, G. G.; Green, L. F.; Coulson, C. B. (Hrsg.) *Sweetness and Sweeteners.* London (Applied Science) 1971. S. 95–111.

Bryant, J.; Kuropat, P. *Feeding Selection by Subarctic Browsing Vertebrates.* In: A. Rev. Ecol. Syst. 11 (1980) S. 261–285.

Franke, W. *Nutzpflanzenkunde.* Stuttgart (Thieme) 1992.

Harper, R.; Bate-Smith, E. C.; Land, D. G. *Odour Description and Odour Classification.* London (J. & A. Churchill) 1968a.

Horowitz, R. M. *Relations Between the Taste and Structure of Some Phenolic Glycosides.* In: Harborne, J. B. (Hrsg.) *Biochemistry of Phenolic Compounds.* London (Academic Press) 1964. S. 545–572.

Inglett, G. E. *Protein Sweeteners.* In: Harborne, J. B.; Van Sumere, C. F. (Hrsg.) *The Chemistry and Biochemistry of Plant Proteins.* London (Academic Press) 1975. S. 265–280.

Johns, T. *With Bitter Herbs They Shall Eat It.* Tucson (University of Arizona Press) 1990.

Johnson, A. E.; Nursten, H. E.; Williams, A. A. *Vegetable Volatiles: A Survey of Components Identified.* In: *Chem. Ind.* (1971) S. 556–565, S. 1212–1224.

Kameoka, H. In: Linskens, H. F.; Jackson, J. F. (Hrsg.) *Modern Methods of Plant Analysis.* Neue Folge. Berlin (Springer) 1986. S. 254–276.

Moncrieff, R. W. *The Chemical Senses.* 3. Aufl. London (Leonard Hill) 1967.

Nursten, H. E. *Volatile Compounds: The Aroma of Fruits.* In: Hulme, A. C. (Hrsg.) *The Biochemistry of Fruits and Their Products.* London (Academic Press) 1970. Bd. 1, S. 239–268.

Palo, R. T.; Robbins, C. T. *Plant Defenses Against Mammalian Herbivory.* Boca Raton, USA (CRC Press) 1991.

Ramwell, P. W.; Sherratt, H. S. A.; Leonard, B. E. *The Physiology and Pharmacology of Phenolic Compounds in Animals.* In: Harborne, J. B. (Hrsg.) *Phytochemical Ecology.* London (Academic Press) 1964. S. 457–510.

Rohan, T. A. *The Chemistry of Flavour.* In: Harborne, J. B. (Hrsg.) *Phytochemical Ecology.* London (Academic Press) 1972. S. 57–71.

Rothschild, M. *Some Observations on the Relationship Between Plants, Toxic Insects and Birds.* In: Harborne, J. B. *Phytochemical Ecology.* London (Academic Press) 1972. S. 1–12.

Schaller, G. B. *The Mountain Gorilla*. Chicago/London (University of Chicago Press) 1963.

Shepherd, A. *The Flight of the Unicorns*. London (Elek Books) 1965.

Yudkin, J. *Pure, White and Deadly*. London (Penguin Books) 1988.

Sonstige Quellen

Amoore, J. E.; Forrester, L. J. In: *J. Chem. Ecol.* 2 (1976) S. 49–56.

Ashkenazy, D.; Kashman, Y.; Nyska, A.; Friedman, J. In: *J. Chem. Ecol.* 11 (1985) S. 231–239.

Bate-Smith, E. C.; Metcalfe, C. R. In: *J. Linn. Soc. (Bot.)* 55 (1957) S. 669–705.

Birch, G. G.; Mylvaganan, A. R. In: *Nature* 260 (1976) S. 632–634.

Bohak, Z.; Li, S. L. *Biochem. Biophys. Acta* 727 (1976) S. 153–170.

Buchsbaum, R.; Valiela, I.; Swain, T. In: *Oecologia* 63 (1984) S. 343–349.

Cooper, S. M.; Owen-Smith, N. In: *Oecologia* 67 (1985) S. 142–146.

Cooper-Driver, G.; Finch, S.; Swain, T.; Bernays, E. In: *Biochem. Syst. Ecol.* 5 (1977) S. 177–183.

Dart, S. K.; Nursten, H. E. In: Clarke, R. S.; Macrea, R. (Hrsg.) *Coffee*, Bd. 1, *Chemistry*. London (Elsevier) 1985. S. 223–265.

Freeland, W. J.; Calcott, P. H.; Anderson, L. R. In: *Biochem. Syst. Ecol.* 13 (1985) S. 189–193.

Granich, M. S.; Halpern, B. P.; Eisner, T. In: *J. Insect Physiol.* 20 (1974) S. 435–439.

Greig-Smith, P. In: *New Scientist*. 21. November (1985) S. 38–40.

Harper, R. In: *Chemical Senses and Flavour* 1 (1975) S. 353–357.

Harper, R.; Bate-Smith, E. C.; Land, D. G.; Griffiths, N. M. In: *Perfumery and Essential Oil Record* (1968b) S. 1–16.

Hellekant, G. In: *Chem. Senses Flavor* 2 (1976) S. 89–95, S. 97–106.

Hough, L.; Emsley, J. In: *New Scientist* 19. Juni (1986) S. 48–54.

Jachmann, H. In: *Biochem. Syst. Ecol.* 17 (1989) S. 15–24.

Jakubas, W. W.; Gullion, G. W. In: *J. Chem. Ecol.* 16 (1990) S. 1077–1087.

Jones, D. A. In: *Genetica* 43 (1972) S. 394–406.

Jones, E. C.; Barnes, R. J. In: *J. Sci. Fd Agric.* 18 (1967) S. 321–324.

Kinghorn, A. D.; Soejarto, D. D. In: Wagner, H.; Hikino, H.; Farnsworth, N. R. (Hrsg.) *Economic and Medicinal Plant Research*. London (Academic Press) 1985. Bd. 1, S. 2–52.

Kumar, R.; Singh, S. M. In: *J. Agric. Fd Chem.* 32 (1984) S. 447.

McKey, D.; Waterman, P. G.; Mbi, C. N.; Gartlan, J. S.; Struhsaker, T. T. In: *Science* 202 (1978) S. 61–63.

McMillan, W. W.; Wiseman, B. R.; Burns, R. E.; Harris, H. B.; Green, G. L. In: *Agron. J.* 64 (1972) S. 821f.

Meyer, M. W.; Karasov, W. H. In: *Ecology* 70 (1989) S. 953–961.

Oates, J. F.; Swain, T.; Zantovska, J. In: *Biochem. Syst. Ecol.* 5 (1977) S. 317–321.

Oh, H. K.; Sakai, T.; Jones, M. B.; Langhurst, W. M. In: *Appl. Microbiol.* 15 (1967) S. 777–784.
Park, R. J.; Sutherland, M. D. In: *Aust. J. Chem.* 22 (1969) S. 495f.
Swain, T. In: Bellairs, A. d'A.; Cox, C. B. (Hrsg.) *Morphology and Biology of Reptiles.* In: *Linn. Soc. Symp.* 3 (1976) S. 107–122.

7

Das coevolutionäre Wettrüsten: Pflanzliche Abwehr und tierische Reaktionen

I. Einführung

Ehrlich und Raven (1964) schlugen mit als erste eine neue Theorie der biochemischen Coevolution vor, nach der die Synthese sekundärer Pflanzenstoffe als Pflanzentoxine spezifisch mit dem Nutzungsmuster von Wirtspflanzen durch phytophage Insekten (siehe Kapitel 5, Abschnitt I) in Zusammenhang steht. Dieser Theorie zufolge kann man sich ein evolutionäres Szenario vorstellen (Tabelle 7.1), bei dem auf die Produktion und Anreicherung eines bestimmten Giftstoffes (zum Beispiel eines Alkaloids) eine dem entgegen gerichtete Reaktion des Insekts auf das Toxin folgt, etwa eine Anpassung durch Entgiftung und Exkretion, so daß

221

es sich von der Pflanze ernähren kann. Da nur eine oder einige wenige Insektenarten auf diese Weise an eine Ernährung von dieser Pflanze angepaßt sind, kommt es nur in begrenztem Umfang zu Angriffen, und es kann sich für einen langen Zeitraum ein Gleichgewicht zwischen Pflanze und Insekt ausbilden. Man muß jedoch die Möglichkeit einer zunehmenden Beweidung dieser Pflanzenart aufgrund der Anpassung einer weiteren Insektenspezies in Betracht ziehen, worauf die Pflanze durch die Synthese und Anreicherung eines zweiten Toxins reagiert. Dieses kann vielleicht synergistisch mit dem ersten Gift wirken und die Pflanze vor Beweidung schützen. Es wird allerdings bald eine neue Generation herbivorer Insekten entstehen, die sich an die doppelt geschützte Pflanze anpaßt, und so weiter.

Tabelle 7.1: Szenario einer biochemischen Coevolution von Tieren und Pflanzen

Abfolge der Ereignisse	Reaktion der Pflanzen	Reaktion der Tiere
1.	Synthese und Anreicherung von Toxin I	alle Arten meiden die Pflanze
2.	fortgesetzte Synthese	wenige Arten sind angepaßt, die meisten meiden die Pflanze
3.	überleben bei nur begrenzten Angriffen	Toxin I wird zu einem Nahrungslockstoff für angepaßte Arten
4.	–	mehr Arten passen sich an und verursachen einen Selektionsdruck
5.	Synthese und Anreicherung von Toxin II	alle Arten meiden die Pflanze
6.*	fortgesetzte Synthese von Toxin I und II	wenige Arten sind angepaßt, die meisten meiden die Pflanze

* Weitere Ereignisse könnten umfassen: das Verschwinden von Toxin I aus der Pflanze und die Synthese weiterer, noch wirkungsvollerer Toxine III und IV und so weiter.

Diese coevolutionäre Theorie beruhte ursprünglich auf Indizien, hauptsächlich auf den bekannten Ernährungsgewohnheiten phytophager Insekten und der Tatsache, daß die Mehrzahl von ihnen eher monophag oder oligophag als polyphag ist. Die Giftwirkungen sekundärer Pflanzenstoffe auf Insekten sind ebenfalls gut dokumentiert, und man weiß, daß sie sich häufig von offensichtlich giftigen Pflanzen ernähren. Die Entdeckung, daß eine kleine Zahl von Insektenarten es geschafft hat, aus pflanzlichen Giften Kapital zu schlagen und sie für ihre eigenen Zwecke zu nutzen (Kapitel 3, Abschnitt IV), unterstützte die Theorie noch zusätzlich. Untersuchungen des Freßverhaltens anderer Tiere als Insekten deuteten darauf hin, daß diese Theorie für Tiere allgemein gilt, einschließlich der Primaten (Kapitel 6).

Der Formulierung dieser Theorie folgten Versuche, sie experimentell zu überprüfen. Gleichzeitig haben sich viele neue biochemische Informationen über die Wechselbeziehungen zwischen Pflanzen und Tieren angesammelt, die für die

Theorie von Belang sind. Insbesondere die Tatsache, daß einige Pflanzen dynamisch auf die Angriffe von Insekten reagieren können, indem sie einfach ungenießbar werden, wurde erst in den letzten Jahren klar. Auch über die Anpassungsprozesse von Tieren, die sich mit giftigen Pflanzenbestandteilen auseinandersetzen, ergaben sich neue Informationen.

Der Zweck dieses Kapitels besteht daher darin, diese Ergebnisse im Überblick darzustellen und zu überprüfen, inwieweit sie die Theorie eines fortwährenden coevolutionären Wettrüstens zwischen Pflanze und Tier um das beiderseitige Überleben unterstützen oder nicht. Vermag diese Theorie das komplizierte Muster der Nutzung von Pflanzen durch Tiere zu erklären, das wir heute beobachten können? Diese und andere Fragen liefern den Hintergrund für die folgenden Abschnitte.

II. Statische pflanzliche Abwehr

A. Der Aufwand für eine chemische Abwehr

Die Synthese sekundärer Stoffwechselprodukte ist für die Pflanze kostenaufwendig und erfordert einen stetigen Nachschub von Vorstufen aus dem primären Stoffwechsel, zusammen mit Enzymen und energiereichen Cofaktoren (ATP, NADH und so weiter), um die Biosynthesen am Laufen zu halten. Die Photosynthese sichert normalerweise einen größeren Vorrat an Vorstufen für Kohlenstoffverbindungen (zum Beispiel Terpenoide), als notwendig wäre. Die Aufnahme von Stickstoff durch die Pflanze ist hingegen begrenzt, und so kann die Synthese von Stickstoffverbindungen (zum Beispiel Alkaloiden) mit der Proteinsynthese in Konkurrenz um die Vorstufen treten. Schätzungen zufolge werden für die Synthese von einem Gramm Alkaloid fünf Gramm Kohlendioxid aus der Photosynthese benötigt; im Vergleich dazu sind für ein Gramm Phenol nur 2,6 Gramm zu veranschlagen (Gulmon und Mooney 1986). Diese Kosten sind abzuwägen gegen den Aufwand neuen Pflanzenwachstums. So sind also alle Pflanzen einem Dilemma ausgesetzt, das sich mit den Worten von Herms und Mattson (1992) ausdrücken läßt: »Wachse oder verteidige dich!«

Der Konkurrenz um Ressourcen können Pflanzen auf zwei verschiedenen Wegen begegnen, und in jüngster Zeit wurden zwei ähnliche Theorien aufgestellt, um die phänotypische Variation zu erklären, die im sekundären Stoffwechsel und somit auch bei der chemischen Abwehr auftritt. Die eine ist die Hypothese vom Gleichgewicht von Kohlenstoff und Nährstoffen (auch CNB-Hypothese, vom englischen *carbon-nutrient balance hypothesis*) (Bryant et al. 1983); ihr zufolge korrelieren die auf Kohlenstoff basierenden Stoffwechselprodukte positiv mit dem Kohlenstoff-Nährstoff-Gleichgewicht, auf Stickstoff basierende Metabolite dagegen negativ. Zahlreiche Hinweise stützen diese Hypothese (siehe Waterman und Mole 1989), wenn auch nicht alle Ergebnisse mit ihr im Einklang stehen.

Die Hypothese vom Gleichgewicht von Wachstum und Differenzierung (auch GDB-Hypothese, vom Englischen *growth-differentiation balance hypothesis*) (siehe beispielsweise Tuomi et al. 1990) geht von der Existenz eines physiologischen „Handels" zwischen Wachstum und Differenzierung aus, wobei der letztere Begriff auch die Synthesen des sekundären Stoffwechsels einschließt. Nach dieser Hypothese kann man mehrjährige (perennierende) Pflanzen in zwei Gruppen einteilen. Es gibt einerseits Pflanzen, bei denen das Wachstum dominiert, also mit schnellem Wachstum und dürftigem chemischen Schutz, aber mit einem in hohem Maße induzierbaren Abwehrsystem. Und es gibt die Pflanzen, bei denen die Differenzierung vorherrscht, mit einer geringen Wachstumsrate, gutem Schutz durch hohe Giftkonzentrationen, aber mit einer schwach entwickelten induzierbaren Gegenwehr. Auch hier gibt es Anhaltspunkte, die eine solche Dichotomie in den Wachstumscharakteristika bestätigen (Herms und Mattson 1992).

Diese Hypothesen helfen, die vielen Unterschiede im chemischen Arsenal von Blütenpflanzen zu erklären (Abb. 7.1 und Abschnitt II.B). Sie deuten auch an, warum die Konzentrationen sekundärer Metabolite in Pflanzen infolge von Belastungen aus der Umwelt ansteigen können. Auf Böden mit niedrigem Stickstoffgehalt oder unter großer Trockenheit wachsen zu müssen kann Pflanzen dazu veranlassen, die Produktion neuer Blätter einzustellen, wobei die so freigewordenen Vorstufen und die Energie in die Synthese sekundärer Pflanzenstoffe fließen. Experimente mit dem Korbblütler *Heterotheca subaxillaris*, der durch Monoterpenoide geschützt ist, verdeutlichen, welche Veränderungen in Wachstum und Stoffwechsel auftreten können. Die jüngeren, zarteren Blätter weisen höhere Terpenkonzentrationen auf als die älteren, derberen Blätter. Verfüttert man Blätter von Pflanzen, die auf nährstoffreichen Böden wachsen, an Larven des Spanners *Pseudoplusia ineludens*, dann überleben 78 beziehungsweise 98 Prozent der Tiere, je nach Alter der Blätter (Mihalaik und Lincoln 1989). Auf Böden mit geringem Nitratgehalt wachsende Pflanzen sind sogleich resistenter gegen Insektenfraß und die Überlebensrate der Larven verringert sich auf 14 Prozent bei jungen Blättern beziehungsweise 38 Prozent bei alten.

Wenn also die Nährstoffkonzentration im Boden für ein Wachstum ausreicht, duldet die Pflanze Insektenfraß an ihren Blättern in gewissem Ausmaß und erhält gleichzeitig eine mäßige Monoterpenproduktion aufrecht, vor allem, um die ganz jungen Blätter zu schützen. Nitratbelastung führt jedoch zu einer Zunahme der Terpenproduktion, so daß Insekten sich nicht länger von der Pflanze ernähren können. Man kann diese Veränderung als dynamische Reaktion auf Herbivorie ansehen, wenn die Pflanze keine neuen Blätter bilden kann und somit anfälliger gegen Blattverluste ist.

B. Die Evolution von Fraßabwehrstoffen

Nach der Theorie der biochemischen Coevolution sollte es möglich sein, im Pflanzenreich ein sich entwickelndes Muster von Fraßabwehrstoffen zu beobachten. Die Angiospermen sollten im Verlauf ihrer Evolution verschiedene Möglichkei-

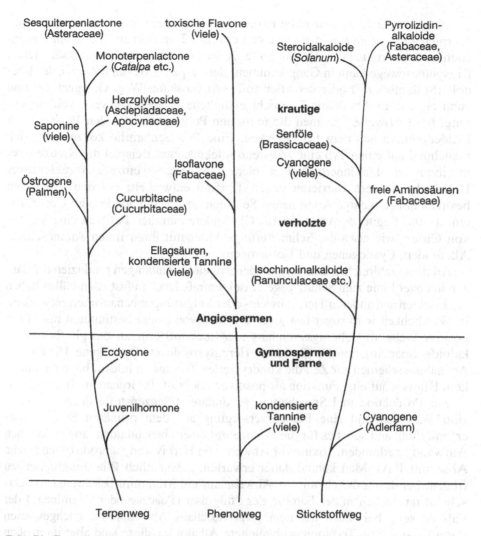

Sesquiterpenlactone
(Asteraceae)

toxische Flavone
(viele)

Pyrrolizidin-
alkaloide
(Fabaceae,
Asteraceae)

Steroidalkaloide
(*Solanum*)

Monoterpenlactone
(*Catalpa* etc.)

Herzglykoside
(Asclepiadaceae,
Apocynaceae)

krautige

Saponine
(viele)

Senföle
(Brassicaceae)

Isoflavone
(Fabaceae)

Cyanogene
(viele)

Östrogene
(Palmen)

freie Aminosäuren
(Fabaceae)

Cucurbitacine
(Cucurbitaceae)

verholzte

Ellagsäuren,
kondensierte Tannine
(viele)

Isochinolinalkaloide
(Ranunculaceae etc.)

Angiospermen

Ecdysone

**Gymnospermen
und Farne**

Juvenilhormone

kondensierte
Tannine
(viele)

Cyanogene
(Adlerfarn)

Terpenweg   Phenolweg   Stickstoffweg

7.1 Die Evolution von Fraßabwehrstoffen (im weiteren Sinne) bei höheren Pflanzen.

ten zum Schutz vor Tierfraß entwickelt haben. Dies scheint tatsächlich der Fall zu sein, betrachtet man die unterschiedlichen pflanzlichen Abwehrstoffe, die wir an früherer Stelle in Kapitel 3 diskutiert haben, und ihre Verbreitung in den verschiedenen Pflanzenfamilien. Manche Abwehrstoffe wirken auf sehr ausgeklügelte Weise, indem sie zum Beispiel das hormonelle Gleichgewicht der Tiere beeinflussen. Andere sind in hohem Maße giftig (zum Beispiel Cyanogene, Alkaloide) und vor allem aufgrund ihrer Toxizität abstoßend. Wieder andere Abwehrstoffe verringern vor allem die Genießbarkeit (zum Beispiel Cucurbitacine, Tannine). Die Verteilung dieser verschiedenen Abwehrstoffe (oder Toxine) läßt sich in einem Evolutionsschema (Abb. 7.1) zusammenfassend darstellten.

Innerhalb der Evolutionsreihe Farne → Gymnospermen → verholzte Angiospermen → krautige Angiospermen gibt es einen Trend hin zu einer komplexeren chemischen Struktur der Abwehrstoffe. Jeder einzelne der drei hauptsächlichen Biosynthesewege kann in Gang kommen: der Terpen- (Mevalonsäure-), der Phenol- (Shikimisäure-) oder der Stickstoff- (Aminosäure-)Weg. Gelegentlich sind auch andere, in Abbildung 7.1 nicht enthaltene Biosynthesewege von Bedeutung; beispielsweise stammen die toxischen Polyacetylene in den Wurzeln von Doldenblütlern aus dem Fettsäureweg. Eine Pflanzenfamilie konzentriert sich manchmal auf einen Typ eines Abwehrmoleküls, zum Beispiel die Kreuzblütler mit ihren Senfölen. Innerhalb einer solche Familie haben einzelne Vertreter unter Umständen weitere Barrieren gegen Tierfraß entwickelt; bei den Cruciferen besitzen einige wenige Arten neben Senfölen noch Cardenolide oder Cucurbitacine (siehe Kapitel 5, Abschnitt III. C). Andere Familien besitzen eine Vielfalt von Giften, wie etwa die Schmetterlingsblütler mit ihren freien Aminosäuren, Alkaloiden, Cyanogenen und Isoflavonen.

All diese zahlreichen und verschiedenartigen Verbindungen produzieren Pflanzen in erster Linie zum Schutz gegen Insektenfraß. Doch in fast allen Fällen haben die Insekten und anderen Tiere Abwehr- oder Entgiftungsmechanismen entwickelt. In Wirklichkeit wird sogar fast jeder Toxintyp von einem bestimmten Insekt auf positive Weise als Nahrungsstimulans oder Lockstoff genutzt. Das gilt für die Alkaloide (Spartein), Senföle (Sinigrin), Herzglykoside und Cyanogene. Die einzige Ausnahme scheinen zur Zeit die kondensierten Tannine zu bilden, bei denen noch kein Hinweis auf eine Funktion als positiver Lockstoff für irgendein Tier vorliegt.

Zur Produktion und Speicherung sekundärer Pflanzenstoffe durch Pflanzen sind Vorstufen und eine Energieversorgung aus dem primären Stoffwechsel erforderlich, und so ist es für die Pflanze mit einem bedeutenden „metabolischen Aufwand" verbunden, Toxine zur Abwehr von Herbivoren zu produzieren (siehe Abschnitt II.A). Man könnte daher erwarten, gelegentlich Pflanzengruppen zu finden, bei denen die chemische Abwehr auf ein Minimum beschränkt ist. Das scheint tatsächlich in der Familie der Süßgräser (Poaceae oder Gramineae) der Fall zu sein; bei ihnen hat man zwar durchaus Abwehrstoffe nachgewiesen (zum Beispiel von Tryptophan abgeleitete Alkaloide), diese sind aber im großen und ganzen nicht häufig und reichern sich selten in großen Mengen an. Diese Seltenheit von Toxinen bei Gräsern hat offenbar besonders eine Insektenfamilie ausgenutzt, nämlich die Feldheuschrecken (Acrididae), deren meiste Arten großteils polyphag sind. Die grasfressenden Arten, beispielsweise die eigentlichen Feldheuschrecken (auch Grashüpfer) und Wanderheuschrecken, nutzen ein breites Spektrum von Grasarten als Nahrung. Bemerkenswerterweise vermeiden sie es, krautige Pflanzen zu fressen, sind also offenbar nicht an die Gifte angepaßt. Interessant ist, daß Bernays und Chapman (1978) in einem Überblick über das Freßverhalten der Acrididae schließen, diese seien eine der wenigen Ausnahmegruppen der Insekten, bei denen die Artenvielfalt bisher noch nicht von den Variationen in der Chemie der Wirtspflanzen beeinflußt wurde. Das hängt zum Teil mit ihrer im Vergleich zu anderen Insektengruppen wie den Schmetterlingen (Lepidoptera) und Käfern (Coleoptera) größeren Mobilität zusammen.

Indem sie die metabolische Belastung der Toxinsynthese vermeiden, könnten einige Gräser sich so an den Druck durch grasende Herbivoren angepaßt haben, daß ihre physiologischen Prozesse durch das regelmäßige „Abernten" der Blätter durch Insekten oder Huftiere angeregt werden. Dyer und Bokhari (1976) behaupten sogar, der Fraß von Feldheuschrecken könnte beim Wiesenrispengras ein kontinuierliches Wachstum begünstigen. Sie weisen darauf hin, daß Tierfraß die Atmung und den Stoffwechsel anregt und auch die Transportrate der Metabolite zur Wurzel erhöht. Während aber Stoffe aus dem Speichel bei einigen Gräsern das Wachstum anregen können, vermindern sie es bei anderen. Außerdem gibt es keine Anhaltspunkte für eine erhöhte Fitness hinsichtlich der Fortpflanzung bei jenen Arten, die positiv reagieren (Rhoades 1985), so daß man selbst in diesen Fällen die Herbivorie im Grunde nicht als vorteilhaft für die Pflanze ansehen kann.

Wenn wir zu der großen Mehrzahl von Pflanzenfamilien zurückkehren, die sich als Schutz vor Herbivorie auf sekundäre Pflanzenstoffe verlassen, könnten wir spekulieren, innerhalb einer solchen Familie seien die höher entwickelten Vertreter besser geschützt als die weniger spezialisierten Arten. Bei den Doldenblütlern (Apiaceae oder Umbelliferae) scheint dies tatsächlich so zu sein (Berenbaum 1983). Hier basiert die pflanzliche Abwehr vor allem auf der Cumarinsynthese, und einige einfache Hydroxycumarine sowie lineare und angulare Furanocumarine sind weit verbreitet. Diese drei Cumarintypen stehen biosynthetisch und toxikologisch eindeutig miteinander in Beziehung (Abb. 7.2). Furanocumarine

7.2 Zusammenhänge von Biosynthese und Abbau der drei Hauptklassen von Cumarinen bei Umbelliferen.

227

sind für Insekten giftiger als Hydroxycumarine, denn sie sind Phototoxine und können bei ultraviolettem Licht DNA binden. Auch sind angulare Furanocumarine toxischer als lineare Verbindungen, denn Insekten, die sich von Umbelliferen ernähren, können zwar die letztere, aber nicht die erstere Klasse tolerieren.

Ein Maß für die Evolutionshöhe von Pflanzen ist die Anzahl der Arten pro Gattung. Wendet man ein solches Kriterium auf die Doldenblütler an (Tabelle 7.2), dann ergibt sich, daß diese Pflanzen infolge des coevolutionären Selektionsdruckes eine zunehmende Resistenz gegen Fraßinsekten entwickelt haben, indem sie immer kompliziertere Cumarine synthetisierten. Für dieses Modell der Coevolution spricht, daß man bei Umbelliferenspezialisten unter den Insekten sowohl Anpassungen des Verhaltens als auch des Stoffwechsels beobachten kann. Manche dieser Insekten vermeiden eine UV-induzierte Phototoxizität durch Aufrollen der Blätter (siehe Kapitel 3, Abschnitt II. B). Andere, wie die Raupe des Schwarzen Schwalbenschwanzes (*Papilio polyxenes*), haben ein sehr effizientes Entgiftungssystem auf der Grundlage einer Cytochrom-P-450-Oxidase entwickelt, das zu einer Öffnung des Furanringes führt. So können diese Raupen innerhalb von zwei Stunden 5 μg/g oral aufgenommenes Xanthotoxin entgiften (Bull et al. 1984).

Tabelle 7.2: Zusammenhang zwischen dem vorhandenen Cumarintyp und der Artenzahl pro Gattung bei den Doldenblütlern

Gattungsgruppen	durchschnittliche Zahl der Arten pro Gattung
27 Gattungen nur mit Hydroxycumarinen	12
24 Gattungen mit linearen Furanocumarinen	17
11 Gattungen mit linearen und angularen Furanocumarinen	67

Nichtangepaßte Insekten werden von den Furanocumarinen der Umbelliferen vergiftet (siehe Berenbaum 1983). Bei den Doldenblütlern erkennen wir also Hinweise auf die Synthese zunehmend giftigerer Cumarine und eine Gegenanpassung an diese Gifte bei auf Umbelliferen spezialisierten Insekten. Für die Insekten, die mit diesen Furanocumarinen in ihrer Nahrung fertig werden müssen, bedeutet dies einen zusätzlichen metabolischen Aufwand. Einige Umbelliferenspezialisten (zum Beispiel Schwalbenschwänze, Gattung *Papilio*) können auf andere Pflanzen mit ähnlicher Chemie, aber eventuell weniger toxischen Bestandteilen, überwechseln. Andere Spezialisten sind jedoch nicht in dieser glücklichen Lage. Die Pastinakmotte (*Depressaria pastinacella*) ist zum Beispiel vollkommen auf Pastinak beschränkt, aber sie scheint ein Gleichgewicht gegenüber den vorhandenen toxischen Cumarinen erreicht zu haben (Berenbaum et al. 1986).

Die Furanocumarine der Doldenblütler treten in der Regel eher als Mischung verwandter Verbindungen auf statt als Einzelbestandteile. In der Frucht des Pastinaks zum Beispiel sind sechs Verbindungen enthalten. Warum das so ist? Die

Antwort scheint zu lauten, damit die Pflanze ihre Phototoxizität gegenüber den Insekten in verschiedenen Umgebungen aufrechterhalten kann, indem sie die Mengenverhältnisse dieser Bestandteile variiert. Fütterungsexperimente zeigten tatsächlich, daß die Mischung aus den sechs Verbindungen schädlicher für die Raupen des Eulenfalters *Heliothis zea* (Amerikanischer Baumwollkapselwurm) war als die gleiche Menge (auf der Basis der Molekülzahl) von nur einer der Substanzen (Berenbaum et al. 1991).

Diese verschiedenen Wechselwirkungen zwischen Vertretern der Doldenblütler und Insekten und ähnliche Beispiele aus anderen Familien stimmen mit der Vorstellung von wechselseitigen evolutionären Beziehungen überein, die auf der sekundären Chemie beruhen. Diese Wechselwirkungen tragen dazu bei, die beträchtliche Vielfalt sowohl von Insekten- als auch von Pflanzenarten zu erklären, die wir heute in der Natur beobachten können.

C. Lokalisation von Toxinen in der Pflanze

Wenn sekundäre Pflanzenstoffe eine Schutzfunktion gegen Herbivorie haben, sind sie am wahrscheinlichsten dort lokalisiert, wo Tiere sie am ehesten wahrnehmen, nämlich an der Oberfläche der Pflanze. Die Hinweise mehren sich, daß dies für viele verschiedene Pflanzenarten zutrifft; die Toxine sind in der Tat an oder nahe der Pflanzenoberfläche konzentriert. Verschiedentlich hat man sekundäre Pflanzenstoffe in Drüsenhaaren (oder Trichomen) nachgewiesen, in den Wachsen der Blätter, in Blattharzen und Absonderungen von Knospen. Selbst wenn sie in den Zellvakuolen enthalten sind, findet man sie oft speziell in den Epidermiszellen der Blattoberseite (Wink 1984). Bei milchsafthaltigen Pflanzen wiederum treten sie im Latex auf und werden von den Tieren wahrgenommen, wenn der Milchsaft nach Verletzung der Blätter austritt.

Die Lokalisation an der Oberfläche beeinflußt insbesondere herbivore Insekten. Viele der Auswirkungen von Oberflächengiften werden in zwei Werken über Wechselbeziehungen zwischen Pflanzen und Tieren diskutiert, herausgegeben von Rodriguez und Coautoren (1984) sowie Juniper und Southwood (1986). Einige der entscheidenden Punkte dieser Studien wollen wir im folgenden betrachten.

In pflanzlichen Drüsenhaaren identifizierte man zahlreiche toxische Terpenoide und Phenole; einige wenige Beispiele davon sind in Tabelle 7.3 aufgelistet, die Strukturen in Abbildung 7.3 dargestellt. Eine der sonderbarsten Formen von Trichomabwehr beobachtete man bei der Wildkartoffelart *Solanum berthaultii*. Es handelt sich um eine zweigleisige Abwehr, wobei in morphologisch voneinander abweichenden Trichomen (A und B) unterschiedliche Wirkstoffe sezerniert werden; sie richten sich in erster Linie gegen Blattläuse. Trichome vom Typ B enthalten *E-β*-Farnesen, einen flüchtigen Signalstoff, der zusammen mit anderen Sesquiterpenen auftritt. Farnesen ist eigentlich ein recht bekanntes Alarmpheromon von Blattläusen; von der Pflanze freigesetzt, stört es die Blattläuse daher bei der Nahrungsaufnahme. Der Abwehrstoff in den Trichomen vom Typ A besteht

Tabelle 7.3: Trichomgifte und ihre Wirkungen auf Insekten und andere Wirbellose

Pflanze	Trichomgifte	Auswirkungen auf Wirbellose
Lycopersicon esculentum, Tomate	Rutin, Chlorogensäure, 2-Tridecanon	hemmt das Wachstum der Larven oder tötet sie
Solanum berthaultii	Polyphenol/Phenolase-System, *E-β*-Farnesen	Falle für Blattläuse
Stylosanthes spp.	α-Pinen und klebriges Harz	immobilisiert Rinderzecken
Parthenium hysterophorus	Parthenin	toxisch in einer Konzentration von 0,01%
Pelargonium x hortorum	Anacardsäuren, z.B. *o*-Pentadecenyl-Salicylsäure	toxisch für eine Spinnmilbe
Primula obconica	Primin	hält vom Fraß ab

aus einem phenolhaltigen Sekret, verbunden mit einem Phenolase/Peroxidase-Enzymsystem. Wenn eine Blattlaus auf einem Blatt landet und das Tröpfchen berührt, reagiert das Enzym mit dem phenolischen Substrat, und es bildet sich ein braunes, klebriges Harz. Die Blattlaus klebt fest, kann daher nicht weiterfressen und wird schließlich verhungern (Gregory et al. 1986). Diese Abwehr muß recht wirkungsvoll sein, denn *S. berthaultii* wird praktisch überhaupt nicht von Insekten angegriffen. Pflanzenzüchter haben sogar schon in Betracht gezogen, diese Art mit *S. tuberosum* zu kreuzen, um der Kulturkartoffel eine Resistenz gegen Blattläuse zu verleihen.

o-Pentadecenyl-Salicylsäure
(*Pelargonium*)

Primin
(*Primula*)

Parthenin
(*Parthenium*)

E-β-Farnesen
(*Solanum*)

7.3 Einige Beispiele für Trichomgifte.

Die Toxizität der Drüsenhaare in der Gattung *Stylosanthes*, einer Leguminosengruppe, die man auf Weiden in den Tropen findet, ist ebenfalls von praktischem Wert, denn die von diesen Pflanzen gefangenen Tiere sind Rinderzecken. Die Anwesenheit dieser Leguminosen auf Weidegebieten von Rindern ist ein wirkungsvolles Mittel, die Rinderzecke (*Boophilus microplus*) loszuwerden. Die Zecke wird durch das klebrige Sekret der Drüsenhaare immobilisiert und dann durch die austretenden flüchtigen Stoffe getötet, zu denen auch α-Pinen gehört (Sutherst und Wilson 1986). Diese Trichomgifte von *Stylosanthes* wirken vermutlich ebenso effektiv gegen Insekten, die versuchen, von der Pflanze zu fressen.

Man findet in Trichomen ein beträchtliches Spektrum von Substanzen, darunter auch einige wasserlösliche Verbindungen wie bei der Tomate. Hier sind zwei Klassen von Toxinen enthalten: der einfache Kohlenwasserstoff 2-Tridecanon sowie die Phenolverbindungen Rutin und Chlorogensäure. Die Auswirkungen dieser Substanzen auf Schadinsekten der Tomate habe ich bereits in Kapitel 5 (Abschnitt IV) beschrieben. Solche in Blattdrüsen sezernierten Toxine müssen herbivore Insekten nicht unbedingt töten. Sie brauchen sie eigentlich nur allgemein zu schwächen, ihr Wachstum zu hemmen oder ihre Verpuppung zu behindern. Als Folge davon werden die Insekten anfälliger für Krankheiten, für Angriffe durch Feinde und für Einflüsse der Umgebung (Stipanovic 1983), und die Pflanze wird von der verminderten Herbivorie profitieren.

Ein letzter Punkt über die Bestandteile von Drüsenhaaren soll noch erwähnt werden: Sie wirken fast unvermeidlich multifunktionell. Viele der für Insekten toxischen Substanzen wirken auch antimikrobiell (siehe Kapitel 10) und haben somit auch nachteilige Auswirkungen auf herbivore Säugetiere. Die beim Menschen Allergien auslösenden Drüsenhaarbestandteile von *Parthenium hysterophorus* (Mutterkraut) und *Primula obconica* (Becherprimel) sind gut bekannt (Tabelle 7.3). Bei zahlreichen anderen allergenen Pflanzen ermittelte man durch chemische Analysen verwandte Toxine in den Trichomen (Rodriguez et al. 1984).

Die Blattwachse mancher Pflanzen stellen eine zweite Barriere dar, denn sie können für bestimmte Insekten ein Hindernis sein. Von noch größerer Bedeutung ist, daß mindestens 50 Prozent der Angiospermenarten „zusätzliche" sekundäre Pflanzenstoffe besitzen (zum Beispiel Sterine, methylierte Flavonoide und so weiter), die mit dem Wachs auf der Blattoberfläche vermischt sind (Martin und Juniper 1970). Diesen Substanzen kommt fast sicher eine Schutzrolle zu, auch wenn man ihnen weniger Forschung gewidmet hat wie den Verbindungen der Trichome. Vom Blattwachs von Apfelbäumen weiß man, daß es das Dihydrochalkon Phlorizin enthält. Dieses nutzt zwar die Apfelblattlaus (*Doralis pomi*) als Anreiz zum Fressen, auf die Grüne Erbsenlaus (*Acyrthosiphon pisum*) wirkt es jedoch bekanntlich abstoßend (Klingauf 1971). Es gibt also Hinweise darauf, daß Bestandteile der Blattwachse gelegentlich abstoßend auf Insekten wirken können. Bestimmte Sorten der Mohrenhirse (*Sorghum*) schmecken für die Wanderheuschrecke (*Locusta migratoria*) unangenehm; der Grund dafür sind Blattalkane mit Kettenlängen von 19, 21 oder 23 Kohlenstoffatomen und Fettsäureester der Kettenlänge C_{12} bis C_{18}. Diese und andere Auswirkungen der Bestandteile von Oberflächenwachsen auf Insekten sind in einer Übersicht von Woodhead und Chapman (1986) zusammengestellt.

Eine dritte Möglichkeit für Pflanzen, Insektenangriffe abzuwehren, ist die Bildung von Milchsaft – einer weißen, viskosen Flüssigkeit, die aus einer Suspension von Gummipartikeln besteht. In über 12 000 Pflanzenarten hat man Latex nachgewiesen, und eine seiner Hauptfunktionen ist offensichtlich, die Pflanzen vor Herbivorie zu schützen. Seine Wirksamkeit als Fraßabwehrstoff wird oft durch Terpenoidtoxine verstärkt. Eine besonders unangenehme Gruppe von Latexbestandteilen sind die Phorbolester der Wolfsmilchgewächse (Euphorbiaceae). Man isolierte sie zum ersten Mal aus Crotonöl (von *Croton tiglium*), aber sie sind in dieser Familie weit verbreitet. Am bekanntesten sind sie zwar als Stoffe, die bei Säugetieren Hautreizungen hervorrufen, oder als Co-Carcinogene, doch wie man vor einiger Zeit zeigen konnte, wirken sie auch toxisch auf Insekten (Marshall et al. 1985).

Die Wirkung eines klebrigen Milchsaftes als Insektenabwehrstoff wurde selten überprüft, aber es gibt gute Indizien für eine solche Funktion des Latex. Die zu den Kleinschmetterlingen gehörenden Miniermotten zum Beispiel vermeiden, wie man weiß, speziell von der Gemeinen Wegwarte (*Cichorium intybus*) und anderen Vertretern der Cichorieae zu fressen, der einzigen Gattungsgruppe (Tribus) der Familie der Korbblütler (Asteraceae), die durchgehend Milchsaft enthält. Sie fressen durchaus häufig an Vertretern anderer Gattungsgruppen derselben Familie, doch der Milchsaft der Cichorieae scheint sie daran zu hindern, in deren Blättern nach Nahrung zu minieren.

Der Milchsaft der Wegwarte ist reich an bitter schmeckenden Sesquiterpenlactonen (Lactucopikrin und 8-Desoxylactucin, Abb. 7.4), und Fütterungsexperimente zur Bekämpfung der Wüstenschrecke (*Schistocerca gregaria*) zeigten, daß sie bei einer Konzentration von 0,2 Prozent des Trockengewichts als Nahrungsabwehrstoffe wirken. Wie Messungen dieser Lactone in den Wurzeln, Stengeln und Blättern der Wegwarte ergaben, sind die Konzentrationen in den aktiv wachsenden Bereichen der Pflanze am höchsten, fallen jedoch auch in anderen Bereichen nie unter den für eine Abwehr erforderlichen Schwellenwert. Die Wegwarte wird bemerkenswert wenig von Schadinsekten befallen, und es gibt Anhaltspunkte dafür, daß die Latexbestandteile hier einen wichtigen Teil der Ab-

Lactucopikrin

8-Desoxylactucin

7.4 Fraßabwehrstoffe aus Wurzel, Stengel und Blatt der Wegwarte.

wehr darstellen. Der äußerst bittere Geschmack von Lactucopikrin und 8-Desoxy-lactucin für Säugetiere bietet zweifellos auch einen gewissen Schutz vor anderen Herbivoren (Rees und Harborne 1985).

Die überzeugendsten Hinweise darauf, daß die Lokalisation sekundärer Pflanzenstoffe an der Pflanzenoberfläche eine wichtige Rolle spielt, stammen aus detaillierten Untersuchungen des Freßverhaltens des Schneeschuhhasen (*Lepus americanus*) während er Wintermonate an der Alaskapapierbirke (*Betula resinifera*) und der Erle *Alnus crispa*. Abwehrstoffe (Abb. 7.5) sind in höherer Konzentration insbesondere in einem harzigen Überzug der Pflanzenoberfläche enthalten. Darüber hinaus werden sie nur bei Bedarf in größeren Mengen produziert, zum Beispiel in verschiedenen Stadien des Lebenszyklus, zu bestimmten Jahreszeiten und in jenen Geweben (zum Beispiel in den Fortpflanzungsorganen), die am meisten Schutz benötigen. Ansonsten frißt der Schneeschuhhase selektiv und lebt in einem Gleichgewichtszustand mit seinen Futterbäumen.

Papyriferinsäure   Pinosylvinmethylether

7.5 Pflanzliche Fraßabwehrstoffe gegen den Schneeschuhhasen in Alaska.

Das aufregendste Beispiel eines chemischen Schutzes bietet die Papierbirke, bei der die Internodien der juvenilen Wachstumsphase durch eine enorme Konzentration des Triterpenoids Papyriferinsäure (bis zu 30 Prozent des Trockengewichts) für den Hasen ungenießbar sind. Das entspricht der 25fachen Menge, die man in den Internodien reifer Pflanzen findet. Der unangenehme Geschmack des jungen Gewebes ließ sich nicht durch Unterschiede in der Konzentration irgendwelcher anderen chemischen Substanzen (etwa anorganischer Nährstoffe oder Phenole) erklären. Außerdem identifizierte man das Triterpen eindeutig als einen Fraßabwehrstoff, indem man es in einer Konzentration von zwei Prozent des Trockengewichts in Hafermehl an die Hasen verfütterte. Das Triterpen wird als festes Harz auf der Oberfläche junger Zweige abgelagert und schützt den jungen Baum gemeinsam mit flüchtigen Stoffen im Harz sehr gut gegen Angriffe der Hasen (Reichardt et al. 1984). Es gibt Anhaltspunkte, daß Papyriferinsäure den Baum ebenso vor Elchen und Nagetieren schützt. Daß diese Herbivoren papyriferinsäurehaltiges Pflanzengewebe ablehnen, beruht vermutlich auf seiner potentiellen Toxizität: In Labortests hat man gezeigt, daß Papyriferinsäure in einer Konzentration von 50 mg/kg Mäuse tötet.

Der Schneeschuhhase ernährt sich auch von *Alnus crispa*; bei ihr ist der chemische Schutz in jenen Organen lokalisiert, die über Winter ruhen – zum Beispiel die Knospen und die männlichen Kätzchen –, statt in dem entbehrlicheren Internodiengewebe. Der chemische Wirkstoff von *Alnus crispa* ist Pinosylvinmethylether; man findet ihn in Konzentrationen von 2,6 ± 0,2 Prozent des Trockengewichts in den Knospen, von 1,7 ± 0,1 Prozent in den männlichen Kätzchen und von 0,05 ± 0,0 Prozent in den Internodien. Auch hier ist Stilben im Harz enthalten, wo es unmittelbar vor Tierfraß schützt (Bryant et al. 1983). Der Alpenschneehase (*Lepus timidus*) in Nordeuropa beweidet ebenfalls selektiv Bäume, genau wie der Schneeschuhhase. Im Winter bilden Pappel- (*Populus*) und Weidenarten (*Salix*) seine Hauptnahrung; ihre jungen Bäume sind durch erhöhte Konzentrationen an Phenolglykosiden (vor allem Salicin) geschützt. Diese Konzentrationen nehmen bei ausgereiften, großen Weidenarten ab, bleiben aber als Anpassung gegen Tiere, die in Bodennähe fressen, bei niedrigwachsenden Weiden hoch (Tahvanainen et al. 1985).

Ein Beispiel für eine extrem gezielte Lokalisation eines Giftes ist der buschförmige Korbblütler *Baccharis megapotamica* (Kreuzstrauch); er enthält die ungewöhnlichen Trichothecine, makrozyklische Toxine, die man sonst nur von Bodenpilzen kennt. Zunächst dachte man, die Gifte kämen in der gesamten Pflanze vor, aber detaillierte Untersuchungen aller Pflanzenteile zeigten, daß sie ausschließlich im Samenmantel konzentriert sind. Sie schützen den Samen so vor Insektenangriffen und mikrobiellen Infektionen (Kuti et al. 1990).

D. Zeitliche Abstimmung der Giftanreicherung

Eines der Probleme beim Nachweis einer Schutzfunktion von sekundären Pflanzenstoffen sind die verwirrenden Schwankungen der Mengen, die zu einem bestimmten Zeitpunkt in einer Pflanze vorhanden sein können. Es stimmt zwar, daß manche Metabolite während des gesamten Lebenszyklus der Pflanzen in nennenswerten Mengen enthalten sind (zum Beispiel die Sesquiterpenlactone der Wegwarte, siehe vorigen Abschnitt), aber andere können beträchtlich in ihrer Konzentration schwanken. Das gilt insbesondere für die pflanzlichen Alkaloide. Und dennoch wären diese Variationen erklärlich, ginge das Muster der Anreicherung mit einer der besprochenen Abwehrstrategien einher, das heißt, wären die Verbindungen dann in den höchsten Konzentrationen vorhanden, wenn die Pflanze am anfälligsten für Angriffe ist. Für die Kaffeepflanze (*Coffea arabica*) gibt es heute recht gute Beweise, daß die Purinalkaloide genau in jenen Zeiträumen besonders hoch konzentriert sind, in denen die Pflanze den Angriffen durch Herbivoren am stärksten ausgesetzt ist.

Das Alkaloid Coffein, verantwortlich für die anregende Wirkung unseres Kaffees, ist nicht auf die Kaffeebohne beschränkt, sondern in der gesamten Pflanze enthalten. Man hat seine Konzentrationen in entscheidenden Phasen des Lebenszyklus sorgfältig überprüft. Während der Keimung sind die Kaffeesamen von einem festen, schützenden Endocarp umgeben, so daß der sich entwickelnde Schößling zunächst keine hohe Alkaloidkonzentration aufweist. Wenn jedoch das Endocarp abstirbt, nimmt die Koffeinkonzentration in den jungen Sämlingen auf mehr als das Doppelte zu (Baumann und Gabriel 1984).

Im Laufe der Blattentwicklung steigt die Alkaloidkonzentration erneut auf einen hohen Wert an (vier Prozent des Trockengewichts) – genau dann also, wenn das junge, zarte Blatt am anfälligsten für Beweidung ist. Wenn das Blatt heranreift, nimmt die Biosyntheserate jedoch exponentiell ab, von 17 auf 0,016 Milligramm pro Tag und Gramm Blattgewebe, und diese niedrige Konzentration wird beibehalten, wenn das Blatt vollkommen entfaltet ist (Frischknecht et al. 1986). Die alternden Blätter schließlich sind im wesentlichen frei von Alkaloiden; wahrscheinlich wird das Coffein in der Pflanze wiederverwertet, so daß der Stickstoff in die Proteinsynthese einfließen kann. Während der Entwicklung der Früchte schließlich, wenn das Pericarp noch weich ist, nimmt die Pflanze die Biosynthese des Coffeins wieder auf und reichert es bis zu einer Konzentration von zwei Prozent des Trockengewichts an. Wenn sich das Endocarp differenziert und erhärtet, nehmen die Werte wieder ab, und am Ende des Reifungsprozesses enthält die Frucht 0,24 Prozent Coffein.

Daß Coffein für die Kaffeepflanzen ein Schutz ist, geht aus Fütterungsexperimenten mit Insekten hervor. Es kann sich entweder tödlich auswirken – die Raupen des Amerikanischen Tabakschwärmers (*Manduca sexta*) werden bei einer Konzentration von 0,3 Prozent in der Nahrung getötet – oder Sterilität verursachen, wie bei dem Samenkäfer *Caliosobruchus chinensis* bei einer Konzentration von 1,5 Prozent (Nathanson 1984).

Ein ähnliches Muster der Anreicherung von Pyrrolizidinalkaloiden beobachtete man beim Gemeinen Greis- oder Kreuzkraut (*Senecio vulgaris*), bei dem beispielsweise die Epidermiszellen des Stengels die zehnfache Alkaloidkonzentration enthalten wie die übrigen Zellen. Während der Blüte sind mehr als 85 Prozent der gesamten Alkaloide im Blütenstand konzentriert, um ihn vor Herbivorie zu schützen (Hartmann et al. 1989). Auch bei anderen Pflanzen schwanken die Alkaloidkonzentrationen erheblich, wie etwa die Chinolizidinalkaloide bei der Lupine (Wink 1984); vermutlich stehen auch diese Unterschiede mit dem Druck durch Herbivoren in Zusammenhang.

Aufgrund ihres Stickstoffgehalts könnte man Alkaloide sowohl als primäre als auch als sekundäre Metabolite betrachten. Die Rückgewinnung des in den Alkaloidmolekülen enthaltenen Stickstoffs, sobald das Alkaloid nicht mehr als Abwehrstoff gebraucht wird, ist für die Pflanze mit Sicherheit von Vorteil.

E. Variabilität der Schmackhaftigkeit innerhalb der Pflanze

Neben zeitlichen Unterschieden (Abschnitt II.D) sind Abweichungen zwischen verschiedenen Pflanzengeweben ein weiteres verbreitetes Merkmal der Anreicherung sekundärer Metabolite in Pflanzen. Die Unterschiede zwischen Blatt und Blüte oder Wurzel und Stengel sind oft deutlich erkennbar und spiegeln unter Umständen die Verlagerung sekundärer Verbindungen innerhalb der Pflanze wider (so können Alkaloide in der Wurzel synthetisiert und dann zu den Blättern transportiert werden); oder sie reflektieren die Tatsache, daß einige Pflanzenteile entbehrlicher sind als andere. Blütengewebe zum Beispiel ist eventuell nicht so deutlich vor Angriffen geschützt, weil es – verglichen mit Blättern – im allgemeinen kurzlebig ist. Schließlich sind auch Unterschiede innerhalb desselben Gewebes möglich. Das zeigt sich vielleicht besonders bei den Blättern von langlebigen Pflanzen, etwa Bäumen, denn sie sind von allen pflanzlichen Geweben am anfälligsten gegen Angriffe von Herbivoren. Laubwerfende Bäume produzieren Jahr für Jahr neue Blätter, manchmal über Jahrhunderte hinweg, so daß Insektenpopulationen eine leicht verfügbare und vorhersehbare Futterquelle ansteuern können. Da Insektenbefall einen solchen Baum potentiell vernichten kann, muß es irgendeinen Faktor geben, welcher der Pflanze Resistenz verleiht. Neuere Vorschläge von Ökologen zielen darauf, daß es sich bei diesem Faktor um variable Abwehr handelt (Denno und McClure 1983, Whittam et al. 1984).

Es gibt zwei Sorten von Hinweisen, die darauf schließen lassen, daß chemische Unterschiede innerhalb des Blattgewebes bestehen: die Gesetzmäßigkeiten, nach denen die Insekten die Bäume abweiden, und chemische Analysen in den Baumkronen. Wie eine Untersuchung des Insektenfraßes auf einigen Bäumen wie Birke und Hasel zeigte, beginnen die Tiere an sehr vielen Stellen zu fressen, doch ein Teil der Blätter wird nur wenig beweidet. Ein solches Muster wäre mit Unterschieden in der Schmackhaftigkeit zwischen den Blättern in Einklang zu bringen. Bekräftigt wurde diese Theorie durch chemische Analysen der Blätter in den Kronen von *Betula lutea* (Gelbbirke) und *Acer saccharum* (Zuckerahorn); diese deuten auf signifikante Unterschiede in chemischen Parametern von Blatt zu Blatt auf demselben Ast hin (Schultz 1983). Die Genießbarkeit wird hauptsächlich durch die Tanninkonzentration, die Derbheit (beziehungsweise den Grad der Verholzung), den Wasser- und den Nährstoffgehalt bestimmt, und diese können von Blatt zu Blatt anders sein. Derartige Unterschiede können auf genetischen Voraussetzungen, auf den Lichtverhältnissen, dem Ernährungszustand des Baumes, der Position des Blattes am Baum und anderen Faktoren beruhen.

Auch in der Chemie der Blätter können beträchtliche Abweichungen zwischen verschiedenen Individuen einer Population auftreten. Das ist beispielsweise bei dem neotropischen Baum *Cecropia peltata* der Fall, bei dem die Blätter einiger Individuen reich an Tannin sind und somit von Herbivoren kaum geschädigt werden, während die Blätter anderer einen niedrigen Tanningehalt aufweisen und erheblich unter Insektenfraß leiden. Die Tanninkonzentrationen in den Blättern variieren von 13 bis zu 58 Milligramm pro Gramm Trockengewicht (Coley 1986). Versuche mit Raupen des Eulenfalters *Spodoptera latifasciata* zeigten, daß diese von den Blättern der

Individuen mit hohem Tanningehalt weniger fressen. Für den Baum ist die Tanninproduktion jedoch ein großer Aufwand, und so bringen die Bäume mit reichlich Gerbstoffen weniger Blätter hervor als jene mit geringem Tanningehalt.

Die Insekten, die auf solchen Bäumen Nahrung suchen, setzen sich beträchtlichen Risiken aus; denn weil sie mehr Zeit damit verbringen müssen, sich in der Krone umherzubewegen, erhöht dies für sie zwangsläufig die Wahrscheinlichkeit, einem ihrer Feinde zum Opfer zu fallen. Unterschiede zwischen den Blättern setzen den herbivoren Insekten Grenzen. Schultz (1983) hat es wie folgt ausgedrückt: »Die Situation ähnelt in gewisser Weise einem „Verwirrspiel", bei dem eine wertvolle Ressource (entsprechend geeignete Blätter) zwischen zahlreichen anderen, ähnlich erscheinenden, aber ungeeigneten Ressourcen „versteckt" werden. Das Insekt muß viele Gewebe durchprobieren, um ein gutes zu entdecken. Wo sich die guten Blätter befinden, ist wohl kaum vorhersehbar und könnte sich sogar mit der Zeit ändern. Für ein „wählerisches" Insekt könnte es also ausgesprochen kompliziert sein, in einer scheinbar einförmigen Baumkrone die geeignete Nahrung zu finden.«

III. Induzierte pflanzliche Abwehr

A. Neusynthese von Proteinase-Inhibitoren

Eine Möglichkeit, wie eine Pflanze den Stoffwechselaufwand der Synthese und Speicherung von Toxinen reduzieren könnte, wäre, den Abwehrstoff nur dann zu produzieren, wenn er tatsächlich gebraucht wird – das heißt als direkte Reaktion gegen Tierfraß. Einen solchen Mechanismus haben wir bereits im Zusammenhang mit den Blattläusen kennengelernt, welche die Synthese der Juvenilhormonanaloga in Fichten anregen (Kapitel 4, Abschnitt V); er spielt auch bei den Wechselbeziehungen zwischen Pflanzen und Pilzen in Form der Phytoalexinreaktion eine Rolle (Kapitel 10, Abschnitt II.C). Durch die Forschungen von Ryan und seinen Mitarbeitern (siehe Ryan 1979) erhielten wir Hinweise darauf, daß Pflanzen manchmal in der Lage sind, rasch auf Insektenangriffe zu reagieren; sie produzieren dann spezifische Proteine, die als Proteinase-Inhibitoren fungieren, und können dadurch weiteres Fressen verhindern.

Wie Ryan zeigte, kann ein Kartoffelkäfer, der an Kartoffel- oder Tomatenblättern frißt, die rasche Anreicherung von Proteinase-Inhibitoren hervorrufen, selbst in Teilen der Pflanze, die entfernt von der Angriffsstelle liegen. In Gang gesetzt wird der Prozeß durch einen Proteinase-Inhibitor-induzierenden Faktor oder kurz PIIF, der in das Gefäßsystem freigesetzt wird. Innerhalb von 48 Stunden nach Beschädigung kann eine Mischung zweier Proteinase-Inhibitoren bis zu zwei Prozent des löslichen Proteins der Blätter ausmachen. Schließlich bemerkt der Käfer das Vorhandensein der Proteinase-Inhibitoren im Blatt, hört auf zu fressen und begibt sich zu einer anderen Pflanze (Abb. 7.6).

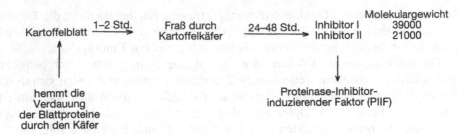

7.6 Der Mechanismus der Induktion von Proteinase-Inhibitoren bei Pflanzen als Reaktion auf herbivore Insekten.

Die Inhibitoren hemmen die proteinhydrolisierenden Enzyme Trypsin und Chymotrypsin. Wenn das Insekt sie mit der Nahrung aufnimmt, wirken sie sich daher nachteilig auf seine Fähigkeit aus, das pflanzliche Protein zu nutzen. Proteinase-Inhibitoren sind tatsächlich konstitutive Bestandteile vieler Pflanzensamen, wo sie eine ähnliche Rolle als Schutz vor herbivoren Insekten spielen.

Die Freisetzung der PIIFs wird auch durch mechanische Verletzung von Pflanzengewebe ausgelöst, so daß es noch nicht völlig klar ist, inwieweit der Effekt sich spezifisch gegen die Beweidung durch Herbivoren richtet. An Tomatenpflanzen hat man die chemische Natur des Signalmoleküls für die PIIF-Induktion erforscht; es handelt sich um ein kleines Protein namens Systemin. Dieses Protein ist 10 000mal wirkungsvoller als Oligosaccharide, die dieses Abwehrsystem ebenfalls in Gang bringen können (Ryan 1992). Das aus dem Fettsäurestoffwechsel stammende Methyljasmonat, eine flüchtige Substanz, ist möglicherweise ebenfalls an diesem Signalvorgang beteiligt (Farmer und Ryan 1990).

PIIF-ähnliche Wirkungen hat man in den Extrakten von 37 Pflanzenarten aus 20 Familien festgestellt (Ryan 1979); dieser Mechanismus könnte also durchaus allgemeingültig sein. Die generelle Wirksamkeit von Trypsininhibitoren bei der Abwehr von Herbivorie haben Hilder und Mitarbeiter (1987) in Gentechnikexperimenten elegant demonstriert. Sie übertrugen ein Gen, das für einen Trypsininhibitor der Kuherbse codiert, auf Tabak. Die transformierten Blätter waren als Folge davon resistenter gegen die Raupen der Amerikanischen Tabakeule (*Heliothis virescens*) als die ursprünglichen Pflanzen. Auch ökologische Versuche haben gezeigt, daß eine PIIF-Induktion bei Tomaten die Beweidung durch Raupen des Afrikanischen Baumwollwurmes (*Spodoptera littoralis*) innerhalb von 48 Stunden reduziert, wobei vor allem die jungen Blätter gemieden werden (Edwards et al. 1992).

B. Erhöhte Synthese von Toxinen

Bei einer Vielzahl von Pflanzen hat man eine ähnliche Form der induzierten Abwehr beobachtet, die sich anscheinend ziemlich von dem PIIF-System unterscheidet. Die Wirkung tritt relativ rasch ein: Innerhalb von Stunden oder wenigen Tagen werden die Blätter für Tiere ungenießbar. Sie kann kurzfristig sein und wieder verschwinden, wenn das Insekt zu fressen aufhört, oder langfristig und bei Bäumen auch noch die folgende Wachstumsperiode über anhalten. Zu den chemischen Veränderungen gehört eine Zunahme der Konzentration der vorhandenen Toxine, die ausreicht, daß Herbivoren die Pflanzen meiden. Dieser Effekt unterscheidet sich von einer lokalisierten „Wundreaktion", die nur unmittelbar um den Ort der Beschädigung herum auftritt; oft kann man ihn nämlich in der ganzen Pflanze feststellen.

Eine solche Zunahme der Toxinsynthese hat man bei zwei alkaloidhaltigen Pflanzen beobachtet. Eine ist die wilde Tabakart *Nicotiana sylvestris*, die als wichtigste Alkaloide Nicotin und Nornicotin enthält. Die Beweidung durch Raupen induziert eine Zunahme des Alkaloidgehalts auf etwa 220 Prozent in der gesamten Pflanze über einen Zeitraum von fünf bis zehn Tagen. Mechanische Beschädigungen ohne Verletzung der sekundären Blattnerven bewirken eine geringere Reaktion (Zunahme auf 170 Prozent). Und tatsächlich vermeiden die Raupen des Amerikanischen Tabakschwärmers (*Manduca sexta*), wenn sie Tabakblätter fressen, die sekundären Blattnerven durchzuschneiden. Sie verhindern somit, daß die größtmögliche Reaktion des Blattes in Gang kommt, denn wenn die simulierte Beschädigung auch die Blattnerven verletzt, kann der Alkaloidgehalt auf bis zu 400 Prozent des Kontrollwertes ansteigen. Die Pflanze synthetisiert die Nicotinalkaloide in den Wurzeln und transportiert sie zu den Blättern; dies ging aus Experimenten hervor, in denen Topfpflanzen mit begrenztem Wurzelsystem nach mechanischer Beschädigung keine signifikante Alkaloidzunahme zeigten (Baldwin 1988). Ähnliche Versuche mit den Tropanalkaloiden in den Blättern der Tollkirschenart *Atropa acuminata* ergaben acht Tage nach der mechanischen Beschädigung oder nach Schneckenfraß eine maximale Zunahme auf 153 bis 164 Prozent des Kontrollwertes. Wiederholte mechanische Verletzungen in Abständen von elf Tagen erhöhten die Reaktion zunächst auf 186 Prozent, aber diese Wirkung ließ mit der Zeit wieder nach. Anderen Experimente zufolge müssen nur neun Prozent der Blattfläche mechanisch oder durch Tierfraß entfernt sein, um die maximale Reaktion hervorzurufen (Khan und Harborne 1991).

Ein weiteres gut untersuchtes Beispiel für eine induzierte chemische Abwehr ist der Gewöhnliche Pastinak (*Pastinaca sativa*); er produziert in seinen Blättern fünf Furanocumarine. Künstliche Beschädigung erhöhte die Furanocumarinsynthese auf 162 Prozent der Kontrolle, Beweidung durch das nichtspezialisierte Insekt *Trichoplusia ni* (Amerikanische Gemüseeule) hingegen auf 215 Prozent. Die Raupen der Gemüseeule wachsen nur sehr langsam auf Blättern mit induzierter Furanocumarinsynthese; gleiches gilt für Raupen, deren Nahrung man künstlich mit Furanocumarinen ergänzte (Zangerl 1990). Die Reaktion des Raps (*Brassica napus*) auf Insektenbefall oder Blattbeschädigung unterscheidet sich ziemlich von der des Pastinak; hier findet eine massive Anreicherung von Indolglucosinolaten statt, die in Kontrollen kaum festzustellen sind. Der Gesamttiter der Glucosinolate scheint sich dabei nicht zu erhöhen, und es ist eine entsprechende Reduktion der Menge aliphatischer Glucosinolate zu beobachten (Koritsas et al. 1989).

Weitere Beispiele für induzierte Veränderungen in den chemischen Schutzmechanismen von Pflanzen findet man in Tallamy und Raupp (1991). Für jede Pflanze mit einer positiven Reaktion gibt es eine andere, bei der keine feststellbare Veränderung in der Genießbarkeit festzustellen ist (Edwards und Wratten 1983). In Blättern langsam wachsender Pflanzen scheinen rasch induzierbare Resistenzen nur schwach oder gar nicht aufzutreten (siehe Abschnitt II.A). Auch Umweltfaktoren bestimmen das Ausmaß der Reaktion. Schließlich kann die Reaktion wieder ausbleiben, wenn die Pflanze älter und damit widerstandsfähiger gegenüber einer Beweidung wird. Beispielsweise reagieren zweijährige Bäume der Küstenkiefer (*Pinus contorta*) auf Entlaubung durch eine Zunahme der Konzentration von Terpenen und Tanninen in den Nadeln, wogegen zehn Jahre alte Bäume keinerlei Zunahme zeigen (Watt et al. 1991).

C. Freisetzung flüchtiger Stoffe, die Räuber anziehen

Eine noch interessantere und bemerkenswertere Wechselbeziehung zwischen Pflanzen und Tieren, die ebenfalls induzierte chemische Veränderungen beinhaltet, beobachteten Dicke und Mitautoren (1990). Manche Pflanzen haben als Reaktion auf Herbivorie die Möglichkeit entwickelt, flüchtige Substanzen freizusetzen, die besonders für die Parasitoide ihrer Herbivoren anziehend wirken; diese suchen dann die Pflanze auf und vernichten die Pflanzenfresser. Wie Dicke es ausdrückt, »sendet die Pflanze einen Notruf«, wenn sie von Spinnmilben angegriffen wird, und räuberische Milben kommen ihr zu Hilfe. Die Gemeine oder Bohnenspinnmilbe (*Tetranychus urticae*) und ihre Wirtspflanzen sowie die räuberische Milbe *Phytoseiulus persimilis* waren Gegenstand zahlreicher Forschungen. Die von den Pflanzen freigesetzten Substanzen scheinen artspezifisch zu sein. Von der Spinnmilbe befallene Gurkenpflanzen geben β-Ocimen und 4,8-Dimethyl-1,3,7-nonatrien ab und locken die räuberischen Milben nur mäßig an; Lima- oder Mondbohnen (*Phaseolus lunatus*) hingegen setzen eine Mischung aus Linalool, β-Ocimen, dem Nonatrien und Methylsalicylat frei, die außerordentlich anziehend wirkt. Ein weiterer Vorteil für die Pflanzenwelt ist, daß die abgegebenen flüchtigen Stoffe unter Umständen noch nicht befallene, benachbarte Pflanzen warnen, so daß diese sich besser vor Spinnmilbenangriffen schützen können. So setzen Baumwollsämlinge, wenn sie von Spinnmilben befallen werden, flüchtige Signalstoffe frei, die sowohl räuberische Milben anziehen als auch benachbarte Pflanzen mobilisieren, den Angriffen der Pflanzenfresser zu widerstehen (Bruin et al. 1992).

Die systemische Freisetzung flüchtiger Substanzen, welche in den Wechselbeziehungen zwischen Pflanze, Pflanzenfresser und Räuber vermitteln, beobachtete man auch in anderen pflanzlichen Gemeinschaften. Wie Turlings und Tumlinson (1992) nachwiesen, reagieren Maissämlinge (*Zea mays*) auf Angriffe von Raupen der Zuckerrübeneule (*Spodoptera exigua*), indem sie flüchtige Stoffe abgeben, welche die parasitische Wespe *Cotesia marginiventris* zu Angriffen gegen den Herbivoren anlocken. Die Reaktion tritt in der gesamten Pflanze auf und nicht nur am Ort der Schädigung. Zu den beteiligten chemischen Substanzen gehört Linalool, das vor der Schädigung in einer Rate von einem Nanogramm pro Stunde freigesetzt wird und sechs Stunden nach Angriff der Raupen in einer Rate von 110 ng/h.

Ein ähnliches System mit drei trophischen Ebenen besteht zwischen der Sojabohnenpflanze (*Glycine max*), den Raupen des Spanners *Pseudoplusia ineludens* und deren Parasitoid *Micropilitis demolitor*. Wiederum gehört hier Linalool zu den flüchtigen Stoffen, aber die wichtigeren Lockstoffe sind Guajakol und 3-Octanon. Die letzten beiden Verbindungen gibt die Pflanze offenbar nicht in nennenswerten Mengen ab, sie werden vielmehr in den Raupen aus Nahrungsbestandteilen gebildet und aus deren Kot freigesetzt (Ramachandran et al. 1990). Bei anderen Pflanzen wie Baumwolle und der Kuherbse scheint die Freisetzung von flüchtigen Stoffen (etwa *E*-2-Hexenal und *E*-2-Hexen-1-ol) aus den grünen Blättern auszureichen, um parasitische Wespen anzulocken, welche die blattfressenden Raupen angreifen (Whitman und Eller 1990).

IV. Reaktionen einiger Tiere

A. Insekten

Die Tatsache, daß sich Insekten an Pflanzengifte in ihrer Nahrung anpassen können und auf die Herausforderung reagiert haben, solche Stoffe zu entgiften, ist ein bedeutendes Dogma in der Coevolutionstheorie. Insekten, die sich von toxischen Pflanzen ernähren – und das schließt Vertreter aller wichtigen phytophagen Gruppen ein –, haben sich an die Situation auf vielerlei Weise angepaßt, wie Tabelle 7.4 zeigt. Die meisten Insektenarten haben eine Tarnfärbung (beziehungsweise sind unscheinbar gefärbt), denn aposematisch gefärbte (mit einer Warntracht ausgestattete) Arten und deren Nachahmer sind relativ selten. Das Leben im Verborgenen scheint also in evolutionärer Hinsicht am erfolgreichsten, und dazu gehören in der Regel auch Stoffwechsel und Entgiftung. Dennoch können bestimmte Umweltbedingungen eine Umstellung auf eine toxische Wirtspflanze begünstigen, so daß ein unscheinbar gefärbtes Insekt eine Warnfärbung annehmen kann (Rothschild 1973). Man könnte zunächst denken, eine solche Umstellung sei ein ausgesprochen komplizierter Prozeß, doch einige Experimente von Rothschild und Coautoren (1979) haben gezeigt, daß sich dies biochemisch unter Umständen recht einfach erreichen läßt.

Tabelle 7.4: Unterschiede in der Lebensweise von Insekten, die sich von giftigen Pflanzen ernähren

Lebensweise	Schicksal des Pflanzengiftes	Bemerkungen
verborgen	umgesetzt und ausgeschieden	können eine Aufnahme auch durch selektive Ernährung vermeiden
aposematisch	unverändert oder als Metabolit gespeichert }	können auch oder statt dessen ihr eigenes Gift synthetisieren
nachahmend aposematisch	umgesetzt und ausgeschieden }	

Das für diese Untersuchung ausgewählte Insekt war der Amerikanische Tabak-schwärmer (*Manduca sexta*), der unscheinbar gefärbt ist und leicht Gifte absondert. Wenn er sich von Tabakblättern ernährt, gibt er jegliches aufgenommene Nicotin rasch wieder ab. Man ließ die Raupen dieses Schmetterlings auf der Tollkirsche (*Atropa belladonna*) schlüpfen, einer Solanaceenart, die normalerweise nicht zu seinen Wirtspflanzen gehört. Anstelle des auf Pyridin aufgebauten Nicotins enthält die Tollkirsche das Tropanalkaloid Atropin als wichtigstes Gift. Später sammelte man die Puppen des Spanners ein und verfütterte sie an Hühner, die daraufhin innerhalb von ein bis sieben Tagen starben. Eine Analyse der Puppen ergab, daß sie Atropin enthielten; diese Insekten sind also, wenn man sie auf eine fremde Pflanzenart bringt, dazu in der Lage, ihnen bis dahin unbekannte, eventuell vorhandene Gifte zu speichern. Die Annahme einer Warntracht könnte der nächste logische Schritt nach dieser entscheidenden Umstellung in der Biochemie des Insekts sein.

Zu einer Umstellung von einer Giftpflanze auf eine andere könnte es bei einem aposematischen Insekt kommen. Ein weiteres Beispiel beweist die Vielseitigkeit solcher Insekten im Umgang mit fremden Toxinen. Rothschild und Mitautoren (1977) ließen Raupen des Braunen Bären (*Arctia caja*) und der leuchtend gefärbten Bunten Stinkschrecke (*Zonocerus elegans*) Hanfblätter fressen, woran sie normalerweise nicht gewöhnt sind. Die Hanfpflanze (*Cannabis sativa*) enthält bekanntlich einen flüchtigen, die Psyche beeinflussenden Stoff, nämlich Δ^1-Tetrahydrocannabinol (THC) (Abb. 7.7), das der Mensch schon seit Jahrhunderten als scheinbar harmloses Rauschgift nutzt. Ich sage „scheinbar harmlos", weil nach wie vor Kontroversen bestehen, ob ein langfristiger Kontakt mit THC der Gesundheit schadet. Im Zusammenhang mit Wechselbeziehungen zwischen Pflanzen und Tieren muß man THC als Gift betrachten und als potentielle Gefahr für die meisten Insekten, die von dieser Pflanze fressen. Einige Raupen des Braunen Bären und *Zonocerus*-Larven wurden tatsächlich getötet, aber andere Exemplare beider Arten überlebten dieses ungewöhnliche Zusammentreffen mit der Hanfpflanze. Sie konnten das THC sogar speichern, daß heißt, sie sind dazu präadaptiert, mit fremden Pflanzengiften fertig zu werden.

Die Populationen von *C. sativa* variieren in ihrem THC-Gehalt, und so findet man Linien mit hoher Konzentration (die mexikanische Sorte) und solche, bei

Δ^1-Tetrahydrocannabinol (THC),
Wirkstoff der
mexikanischen Sorte

Cannabidiol (CBD),
unwirksame Verbindung
der türkischen Sorte

7.7 Gegenüberstellung der Strukturen wirksamer und unwirksamer Cannabinoide der Hanfpflanze.

denen das THC vollkommen durch das unwirksame Cannabidiol (CBD) (Abb. 7.7) ersetzt ist (die türkische Sorte). In einem weiteren Experiment ließ man beide Insekten von der CBD-haltigen türkischen Sorte fressen. Interessanterweise überlebten beide in Anwesenheit von CBD besser als mit THC, sie setzten den unwirksamen Stoff um und schieden ihn aus. Ließ man ihnen die Wahl zwischen Blättern der beiden Hanflinien, zeigten frischgeschlüpfte Raupen des Braunen Bären allerdings eine eindeutige Vorliebe für die giftigere mexikanische Sorte.

Die Raupen dieser aposematischen Falter scheinen also von dieser Substanz angezogen zu werden, genau wie Haschischraucher, so daß diese Pflanze möglicherweise durch die Produktion von THC in ihren Blättern eine raffinierte Faszination auf herbivore Insekten ausüben kann – mit womöglich tödlichen Folgen. Dieses Beispiel verdeutlicht sowohl die erstaunlichen Errungenschaften von Insekten, um mit Pflanzengiften fertig zu werden, als auch die subtilen Gefahren, die auf Insektenarten lauern, die eventuell „süchtig" nach einer giftigen Pflanze werden.

Die Anpassung von Insekten an giftige Bestandteile ihrer Nahrung kann sich neben der Speicherung auch noch in anderer Form äußern (Blum 1983). Die bereits erwähnten Raupen des Amerikanischen Tabakschwärmers (*Manduca sexta*) ernähren sich ungestraft von Tabak, weil sie das ansonsten sehr giftige Nicotin aus ihrer Nahrung (ohne stoffliche Umsetzung) rasch absondern. Spuren davon werden vielleicht ins Blut aufgenommen, aber die Raupen verfügen insofern über einen zweiten Schutzmechanismus, als die Membranen, welche die Nervenzellen schützen, für Nicotin undurchlässig sind. Aber auch andere Insekten, wie etwa die Stubenfliege (*Musca domestica*), die normalerweise bei ihrer Ernährung nicht mit Nicotin in Kontakt kommen, verfügen über eine Methode, es zu entgiften. Sie setzen es zu Cotinin um (Abb. 7.8), das im wesentlichen ungiftig ist.

7.8 Entgiftung von Nicotin zu Cotinin bei Insekten.

Insekten können sich auch in ihrem Verhalten an Toxizität anpassen. So vermeidet der Gurkenkäfer (*Diabrotica undecimpunctata*), der sich von Kürbisblättern ernährt, die induzierte chemische Abwehr der Pflanze, indem er eine bestimmte Blattregion kreisförmig ausschneidet, so daß nur einige wenige Blattnerven und Stücke der unteren Epidermis das abgeschnittene Gewebe an seinem Platz halten. Der Käfer frißt dann die herausgeschnittenen Teile recht ungefährdet (Carroll und Hoffman 1980). Weitere Untersuchungen zu diesem Phänomen sind bei Tallamy und McCloud (1991) beschrieben.

Wir wissen noch wenig darüber, auf welche Weise Insekten pflanzliche Toxine entgiften, es mehren sich aber die Hinweise, daß sie durch eine solche Biochemie sehr erfolgreich sind. So konnte man beispielsweise zeigen, daß das Monoterpen Carvon, wenn man es in einer Konzentration von 100 Mikrogramm pro Gramm Körpergewicht an die Raupen des Eulenfalters *Spodoptera eridania* (auch *Prodenia eridania*, Baumwollwurm) verfütterte, eine Zunahme des entgiftenden Enzyms Cytochrom-P-450-Oxidase auf 134 Prozent bewirkt (Brattsten 1983). Die Hauptreaktion bei der Entgiftung ist eine Hydroxylierung; das Hydroxyderivat wird dann gebunden und auf die gewöhnliche Weise ausgeschieden (siehe Kapitel 3, Abschnitt III.C). Auch anhand von Untersuchungen über die Wirkung synthetischer Insektizide können wir ableiten, daß Insekten die Fähigkeit besitzen, diese Substanzen umzusetzen und somit eine Resistenz zu entwickeln. Selbst die seit einiger Zeit vermarkteten synthetischen Pyrethroide werden von Schadinsekten auf einer Vielzahl von Wegen metabolisiert (Soderlund et al. 1983).

B. Känguruhs

Die Fähigkeit einiger australischer Känguruhpopulationen, nach der Beweidung von Leguminosen, die Fluoracetat enthalten, einer Vergiftung durch dieses Toxin zu widerstehen, ist eines der besten Beispiele für eine coevolutionäre Reaktion eines Tieres auf ein Pflanzengift (Mead et al. 1985a). Die meisten Säugetiere sterben, wenn sie Fluoracetat in einer Konzentration von lediglich einem Milligramm pro Kilogramm Körpergewicht aufnehmen. Es blockiert die Atmung, denn es wird zu Fluorcitrat umgewandelt, das als kompetitiver Hemmstoff der Aconitase-Hydratase wirkt; dadurch wird der Tricarbonsäure-Zyklus im Citratstadium gestoppt. Fluorcitrat bindet auch über Thioesterbindungen an zwei membrangebundene Enzyme der Mitochondrien, die am Citrattransport beteiligt sind; eine Hemmung dieser Enzyme verhindert wirkungsvoll die Zufuhr und den Abtransport von Citrat.

Trotz seiner außerordentlich toxischen Natur ist Fluoracetat ein natürliches Pflanzenprodukt und wird von etwa 34 Arten der in Westaustralien beheimateten Gattungen *Gastrolobium* und *Oxylobium* produziert. Die Konzentration in den Blättern kann 2,65 g/kg Frischgewicht erreichen – das ist viel mehr als nötig, um den Tod eines potentiellen Herbivoren zu verursachen. Erklärlich sind diese hohen Konzentrationen dadurch, daß die Populationen der Grauen Riesenkänguruhs und Bürstenrattenkänguruhs in Westaustralien eine Resistenz gegen diese Pflanzen entwickelt haben. Eine erhöhte Fluoracetatsynthese stellt somit eine weitere coevolutionäre Reaktion der Pflanze als Schutz gegen Beweidung dar.

Bemerkenswert ist, daß die Känguruhpopulationen innerhalb Australiens sich in ihrer Fluoracetattoleranz unterscheiden. Während die westaustralischen Bürstenrattenkänguruhs (*Bettongia* spec.) hochgradig angepaßt sind, zeigen jene in Südaustralien, wo keine fluoracetathaltigen Pflanzen wachsen, keine Toleranz gegenüber diesem Gift. Diese Feststellungen legen den Schluß nahe, daß das Bürstenrattenkänguruh wahrscheinlich im Osten seinen Ursprung hatte und sich vor einigen tausend Jahren westwärts ausbreitete und so in der neuen Umgebung in West-australien eine Resistenz gegen Fluoracetat entwickelte (Abb. 7.9). Im Gegensatz dazu sind alle Vertreter der Gruppe der Grauen Riesenkänguruhs (*Macropus* spec.) in Australien tolerant gegenüber Fluoracetat. Das ist zu erwarten, wenn man annimmt, daß die Gattung zunächst die westlichen Gebiete besiedelte und dann mit der Zeit nach Osten gewandert ist.

7.9 Die Verbreitung von fluoracetathaltigen Pflanzen in Australien (🐾) und wahrscheinliche Evolutionsrouten von Grauen Riesenkänguruhs (A) und Bürstenrattenkänguruhs (B).

Interessanterweise verfügt das Östliche Graue Riesenkänguruh (*Macropus gi-ganteus*) immer noch über die Fähigkeit, Fluoracetat zu entgiften, ungeachtet der Tatsache, daß es normalerweise nicht mit Pflanzen konfrontiert wird, die dieses Gift enthalten. Doch selbst das Westliche Graue Riesenkänguruh (*M. fuliginosus*), das daran gewöhnt ist, *Gastrolobium*-Arten zu fressen, nimmt das Gift nur begrenzt auf. Hat es die Wahl zwischen zwei *Gastrolobium*-Arten mit niedrigem und hohem Fluoracetatgehalt, frißt es hauptsächlich von der ersteren (Mead et al. 1985a).

Der Mechanismus der Entgiftung von Fluoracetat bei toleranten Känguruhs ist noch nicht völlig erforscht. Sicherlich kommt es im Organismus zur Abspaltung von Fluor, und das Tripeptid Glutathion ist in den Prozeß eingebunden (Abb. 7.10). Allerdings besteht kein direkter Zusammenhang zwischen der Toleranz gegenüber Fluoracetat und der Rate der Entfluorisierung bei verschiedenen Tieren (Mead et al. 1985b). Es muß daher einen weiteren Weg geben, wie die Entgiftung vor sich gehen kann.

$$\text{Glutathion} + FCH_2CO_2H \rightarrow F^- + \text{S-Carboxymethylglutathion}$$
$$\rightarrow \text{Glycin} + \text{Glutamat} + \text{S-Carboxymethylcystein}$$

7.10 Entfluorisierung von Fluoracetat über Glutathion.

C. Ratten und Menschen

Wie bereits im einzelnen in Kapitel 6 beschrieben, wirken pflanzliche Tannine als allgemeine Abwehrstoffe gegen herbivore Säugetiere. Die Wirkung hängt von der Menge ab, denn Pflanzen mit einem Tanningehalt von ungefähr fünf Prozent des Trockengewichts oder mehr werden zurückgewiesen. Das Vermeiden tanninreicher Pflanzen steht auch mit der adstringierenden Wirkung dieser Substanzen in Zusammenhang. Daß Tannine in der Nahrung für Säugetiere auch den Nährwert herabsetzen, hängt unter anderem mit folgenden Eigenschaften zusammen: erstens hemmen sie Verdauungsenzyme, zweitens bilden sie relativ unverdauliche Komplexe mit den Nahrungsproteinen, drittens verlangsamen sie das Wachstum und viertens hemmen sie die Mikrobenflora. Die Tannine könnten sich auch direkt auswirken, indem sie an den Verdauungstrakt binden.

Die folgende Entdeckung von Butler und Mitautoren (1986) ist das eindrucksvollste Beispiel dafür, daß Tannine ein wichtiges Ernährungshindernis sind: Füttert man Ratten mit einem Futter, das Tannine der Mohrenhirse (*Sorghum*) enthält, sind sie imstande, sich an deren nachteilige Auswirkungen anzupassen. Bei diesen Ratten kommt es zu einer enorm erhöhten Synthese einer Reihe einzigartiger, prolinreicher Proteine (PRPs) in den Parotisdrüsen (Ohrspeicheldrüsen). Diese Speichelproteine haben eine hohe Affinität für kondensierte Tannine und entfernen diese, indem sie sich in einem frühen Stadium des Verdauungsprozesses an sie binden. Die hohe Affinität der PRPs beruht auf einem Gehalt von bis zu 40 Gewichtsprozent Kohlenhydrat, wobei die Zuckereinheiten die Polypeptidkette in einer offenen Konformation halten, so daß sie sich über Wasserstoffbindungen stark an die Tannine binden können (Asquith et al. 1987). Innerhalb von drei Tagen nach Beginn der tanninhaltigen Ernährung nehmen die PRPs in den Parotisdrüsen der Ratten um das Zwölffache zu. Die derart angepaßten Tiere können in der Folge ohne nachteilige Auswirkungen bei einer tanninhaltigen Ernährung gedeihen.

Umgekehrt sind die negativen Folgen von Tannin in der Nahrung für ein nichtangepaßtes Tier besonders gut zu erkennen, wenn man Hamstern *Sorghum*-Tannine füttert. Entwöhnte Hamster, denen man eine Nahrung mit vier Prozent des Trockengewichts Tannin verabreicht, leiden unter ernsthaftem Gewichtsverlust und sterben innerhalb von drei bis 21 Tagen. Analysen ihrer Parotisdrüsen zeigen, daß die Hamster nicht in der Lage sind, mehr PRPs zu synthetisieren und zu sezernieren (Butler et al. 1986).

Der Mensch kann ebenfalls auf Tannine in der Nahrung reagieren, indem die Ohrspeicheldrüsen in einem induzierten Zustand gehalten werden. PRPs machen etwa 70 Prozent der Sekrete der Parotisdrüsen aus. Das erklärt, warum Mohrenhirsesorten mit hohem Tanningehalt in Teilen Afrikas und Indiens nach wie vor als Hauptgetreideerzeugnisse angebaut werden. Es erklärt auch unsere Fähigkeit, eine Vorliebe für Rotweine zu entwickeln, von denen viele relativ reich an löslichen Gerbstoffen sind.

Wie eine Übersichtsuntersuchung von Säugetieren (Mole et al. 1990) zeigte, sind Kaninchen und Hasen ebenso wie Ratten sehr gut dazu in der Lage, PRPs zu produzieren, wenn man sie mit tanninhaltigem Futter füttert. Erwartungsgemäß fehlen diese Proteine jedoch im Speichel von Carnivoren wie Hunden und Katzen. Wiederkäuer zeigen eine schwache Reaktion, und bei Schafen finden sich Hinweise auf eine alternative endokrine Anpassung, wobei bei tanninhaltiger Ernährung vermehrt Glycerin aus dem Fettgewebe freigesetzt wird (Barry et al. 1986).

V. Schlußfolgerung

In diesem Kapitel habe ich einige Hinweise für ein coevolutionäres Wettrüsten zwischen Pflanzen und Tieren vorgestellt und darauf hingedeutet, daß die pflanzliche Abwehr zwei Formen annehmen kann: Sie kann statisch beziehungsweise konstitutiv sein oder dynamisch beziehungsweise induziert. Beide Formen können in derselben Pflanze auftreten. Die chemische Abwehr ist oft auf jene Pflanzenteile konzentriert, wo sie von Tieren am ehesten wahrgenommen wird, zum Beispiel auf die Blattoberfläche. Die anfälligsten Pflanzengewebe (junge Blätter, Knospen) sind meist besser geschützt als alte, ausgereifte Gewebe. Doch nicht alle Pflanzen und nicht alle Pflanzenteile müssen durch toxische chemische Substanzen vor Tierfraß geschützt sein. Variationen in der Chemie auf vielen verschiedenen Ebenen – zwischen Pflanzen, zwischen Pflanzenteilen, zwischen Blättern auf demselben Ast – verwirren die Herbivoren und machen es für sie schwieriger, ihre Nahrung zu finden und abzuweiden.

Ähnlich nehmen auch die tierischen Reaktionen auf chemisch geschützte Pflanzen vielerlei Formen an. Rhoades (1985) teilt die Angriffsstrategien phytophager Tiere in zwei Gruppen ein: Heimlichkeit und Opportunismus. Heimlich vorgehende Herbivoren schädigen die Pflanzen nur minimal und verhindern dadurch induzierte Abwehrmechanismen, während Opportunisten unter Umständen zu Massenangriffen übergehen, um ihren Nahrungspflanzen beizukommen.

In biochemischer Hinsicht kann man beobachten, daß einige Insekten Pflanzengifte ohne irgendwelche nachteiligen Auswirkungen durch ihren Organismus transportieren können. Andere setzen sie um und entgiften sie, und wieder andere nehmen Pflanzengifte auf und speichern sie gefahrlos. Bei Säugetieren gibt es hochentwickelte Entgiftungssysteme, und Känguruhs vermögen selbst mit dem tödlich giftigen Fluoracetation fertig zu werden. Die Anpassung an Toxizität durch die Synthese prolinreicher Proteine stellt eine noch fortschrittlichere Reaktion von Säugetieren gegenüber den Gefahren einer stark tanninhaltigen Nahrung dar.

Ob diese Anpassungen und Gegenanpassungen tatsächlich eine Coevolution repräsentieren oder einfach Präadaptationen zum Überleben sind, darüber läßt sich streiten. Dennoch erwies sich die Hypothese der Coevolution von Paul Ehrlich und Peter Raven als außerordentlich nützlicher Katalysator für die wissenschaftliche Forschung. Sie sollte auch künftig weitere Forschungen auf diesem Gebiet anregen, auf dem unser gegenwärtiges Wissen immer noch recht bruchstückhaft ist.

Literatur

Bücher und Übersichtsartikel

Berenbaum, M. *Coumarins and Caterpillars: A Case for Coevolution.* In: *Evolution* 37 (1983) S. 163–179.

Bernays, E.; Chapman, R. G. *Plant Chemistry and Acridoid Feeding Behaviour.* In: Harborne, J. B. (Hrsg.) *Biochemical Aspects of Plant and Animal Coevolution.* London (Academic Press) 1978. S. 99–142.

Blum, M. S. *Detoxification, Deactivation and Utilisation of Plant Compounds by Insects.* In: Hedin, P. A. (Hrsg.) *Plant Resistance to Insects.* Washington, D. C. (Amer. Chem. Soc.) 1983. S. 265–278.

Brattsten, L. B. *Cytochrome P-450 Involvement in the Interactions Between Plant Terpenes and Insect Herbivores.* In: Hedin, P. A. (Hrsg.) *Plant Resistance to Insects.* Washington, D. C. (Amer. Chem. Soc.) 1983. S. 173–198.

Carroll, C. R.; Hoffman, C. A. *Chemical Feeding Deterrent Mobilised in Response to Insect Herbivores and Counteradaptation by* Epilachna tredecimnota. In: *Science* 209 (1980) S. 414–416.

Denno, R. F.; McClure, M. S. (Hrsg.) *Variable Plants and Herbivores in Natural and Managed Systems.* New York (Academic Press) 1983.

Edwards, P. J.; Wratten, S. D. *Wound Induced Defences in Plants and Their Consequences for Patterns of Insect Grazing.* In: *Oecologia* 59 (1983) S. 88–93.

Ehrlich, P. R.; Raven, P. H. *Butterflies and Plants: A Study in Co-Evolution.* In: *Evolution* 18 (1964) S. 586–608.

Gulmon, S. L.; Mooney, H. A. In: Givnish, T. J. (Hrsg.) *On the Economy of Plant Form and Function.* Cambridge (Cambridge University Press) 1986. S. 681–698.

Juniper, B.; Southwood, T. R. E. (Hrsg.) *Insects and the Plant Surface.* London (Edward Arnold) 1986.

Martin, J. T.; Juniper, B. E. *The Cuticles of Plants.* London (Edward Arnold) 1970.

Rhoades, D. F. *Offensive-Defensive Interactions Between Herbivores and Plants.* In: *Amer. Nat.* 125 (1985) S. 205–238.

Rodriguez, E.; Healey, P. L.; Mehta, I. (Hrsg.) *Biology and Chemistry of Plant Trichomes.* New York (Plenum) 1984.

Rothschild, M. *Secondary Plant Substances and Warning Colouration in Insects.* In: Emden, H. van (Hrsg.) *Insect-Plant Interactions.* Oxford (Oxford University Press) 1973. S. 59–83.

Ryan, C. A. *Proteinase Inhibitors.* In: Rosenthal, G. A.; Janzen, D. H. (Hrsg.) *Herbivores: Their Interaction with Secondary Plant Metabolites.* New York (Academic Press) 1979. S. 599–618.

Schultz, J. C. *Impact of Variable Plant Defensive Chemistry on Susceptibility of Insects to Natural Enemies.* In: Hedin, P. A. (Hrsg.) *Plant Resistance to Insects.* Washington, D. C. (Amer. Chem. Soc.) 1983. S. 37–54.

Stipanovic, R. D. *Function and Chemistry of Plant Trichomes and Glands in Insect Resistance.* In: Hedin, P. A. (Hrsg.) *Plant Resistance to Insects.* Washington, D. C. (Amer. Chem. Soc.) 1983. S. 69–102.

Tallamy, D. W.; Raupp, M. J. (Hrsg.) *Phytochemical Induction by Herbivores.* New York (John Wiley & Sons) 1991.

Whittam, T. G.; Williams, A. G.; Robinson, A. M. *The Variation Principle: Individual Plants as Temporal and Spatial Mosaics of Resistance to Rapidly Evolving Pests.* In: Price, P. W.; Slobodchikoff, C. N.; Gaud, W. S. (Hrsg.) *A New Ecology.* Chichester (Wiley) 1984. S. 16–51.

Sonstige Quellen

Asquith, T. N.; Uhlig, J.; Mehansho, H.; Putnam, L.; Carlson, D. M.; Butler, L. In: *J. Agric. Fd Chem.* 35 (1987) S. 331–334.

Baldwin, I. T. In: *J. Chem. Ecol.* 14 (1988) S. 1113–1120.

Barry, T. N.; Allsop, T. F.; Redekopp, C. In: *Br. J. Nutr.* 56 (1986) S. 607–614.

Baumann, T. W.; Gabriel, H. In: *Plant Cell Physiol.* 25 (1984) S. 1431–1437.

Berenbaum, M.; Zangerl, A. R.; Nitao, J. K. In: *Evolution* 40 (1986) S. 1215–1228.

Berenbaum, M.; Nitao, J. K.; Zangerl, A. R. In: *J. Chem. Ecol.* 17 (1991) S. 207–215.

Bruin, J.; Dicke, M.; Sabelis, M. W. In: *Experientia* 48 (1992) S. 525–529.

Bryant, J. P.; Chapin, F. S.; Klein, D. R. In: *Oikos* 40 (1983) S. 357–368.

Bull, D. L.; Ivie, G. W.; Beier, R. C.; Pryor, N. W.; Oertli, E. H. In: *J. Chem. Ecol.* 10 (1984) S. 893–912.

Butler, L. G.; Rogler, J. C.; Mehansho, H.; Carlson, D. M. In: Cody, V.; Middleton, E.; Harborne, J. B. (Hrsg.) *Plant Flavonoids in Biology and Medicine.* New York (Liss) 1986. S. 141–158.

Coley, P. D. In: *Oecologia* 70 (1986) S. 238–241.

Dicke, M.; Sabelis, M. W.; Takabayashi, J. In: *Symp. Biol. Hung.* 39 (1990) S. 127–134.

Dyer, M. I.; Bokhari, V. G. In: *Ecology* 57 (1976) S. 762–772.

Edwards, P. J.; Wratten, S. D.; Parker, E. A. In: *Oecologia* 91 (1992) S. 266–272.

Farmer, E. E.; Ryan, C. A. In: *Proc. Natl. Acad. Sci. USA* 87 (1990) S. 7713–7716.

Frischknecht, P. M.; Ulmer-Dufek, J.; Baumann, T. W. In: *Phytochemistry* 25 (1986) S. 613–616.

Gregory, P.; Ave, D. A.; Bouthyette, P. J.; Tingey, W. M. In: Juniper, B.; Southwood, T. R. E. (Hrsg.) *Insects and the Plant Surface.* London (Edward Arnold) 1986. S. 173–184.

Hartmann, T.; Ehmke, A.; Sonder, H.; Borstel, K. V.; Adolph, R.; Toppel, G. In: *Planta Medica* 55 (1989) S. 218f.

Herms, D. A.; Mattson, W. J. In: *Q. Rev. Biol.* 67 (1992) S. 283–335.

Hilder, V. A.; Gatehouse, A. M. R.; Sheerman, S. E.; Barker, R. F.; Boulter, D. In: *Nature* 300 (1987) S. 160–163.

Khan, M. B.; Harborne, J. B. In: *Biochem. Syst. Ecol.* 19 (1991) S. 529–534.

Klingauf, F. In: *Z. angew. Entomol.* 68 (1971) S. 41–55.

Koritsas, V. M.; Lewis, J. A.; Fenwick, G. R. In: *Experientia* 49 (1989) S. 493–495.

Kuti, S. O.; Jarvis, B. B.; Rejali, N. M.; Bean, G. A. In: *J. Chem. Ecol.* 16 (1990) S. 344.

Marshall, G. T.; Klocke, J. A.; Lin, L. J.; Kinghorn, A. D. In: *J. Chem. Ecol.* 11 (1985) S. 191–206.

Mead, R. J.; Oliver, A. J.; King, D. R.; Hubach, P. H. In: *Oikos* 44 (1985a) S. 55–60.

Mead, R. J.; Moudden, D. L.; Twigg, L. E. In: *Aust. J. Biol. Sci.* 38 (1985b) S. 139–149.

Mihalaik, C. A.; Lincoln, D. E. In: *J. Chem. Ecol.* 15 (1989) S. 1579–1588.

Mole, S.; Butler, L. G.; Iason, G. In: *Biochem. Syst. Ecol.* 18 (1990) S. 287–293.

Nathanson, J. A. In: *Science* 226 (1984) S. 184.

Ramachandran, R.; Norris, D. M.; Phillips, J. K.; Phillips, T. W. In: *J. Agr. Fd Chem.* 39 (1990) S. 2310–2317.

Rees, S. B.; Harborne, J. P. In: *Phytochemistry* 24 (1985) S. 2225–2231.

Reichardt, P. B.; Bryant, J. P.; Clausen, T. P.; Wieland, G. D. In: *Oecologia* 65 (1984) S. 58–69.

Rothschild, M.; Rowan, M. G.; Fairbairn, J. W. In: *Nature* 266 (1977) S. 650f.

Rothschild, M.; Aplin, R.; Baker, J.; Marsh, N. In: *Nature* 280 (1979) S. 487f.

Ryan, C. A. In: *Plant Molecular Biology* 19 (1992) S. 123–133.

Soderlund, D. M.; Sanborn, J. R.; Lee, P. W. In: Hutson, D. H.; Roberts, T. R. (Hrsg.) *Progress in Pesticide Biochemistry and Toxicology.* Chichester (Wiley) 1983. Bd. 3, S. 401–435.

Sutherst, R. W.; Wilson, L. J. In: Juniper, B.; Southwood, T. R. E. (Hrsg.) *Insects and the Plant Surface.* London (Edward Arnold) 1986. S. 185–194.

Tahvanainen, J.; Helle, E.; Julkunen-Tiitto, R.; Lavola, A. In: *Oecologia* 65 (1985) S. 319–323.

Tallamy, D. W.; McCloud, E. S. In: Tallamy, D. W.; Raupp, M. J. (Hrsg.) *Phytochemical Induction by Herbivores.* New York (John Wiley & Sons) 1991. S. 155–181.

Tuomi, J. P.; Niemela, P.; Swen, S. In: *Oikos* 59 (1990) S. 399–410.

Turlings, T. C. J.; Tumlinson, J. H. In: *Proc. Natl. Acad. Sci. USA* 89 (1992) S. 8399–8404.

Waterman, P. G.; Mole, S. In: Bernays, E. A. (Hrsg.) *Insect-Plant Interactions.* Boca Raton (CRC Press) 1989. Bd. 1, S. 107–134.

Watt, A. D.; Leather, S. R.; Forrest, G. I. In: *Oecologia* 86 (1991) S. 31–35.

Whitman, D. W.; Eller, F. J. In: *Chemoecology* 1 (1990) S. 31–35.

Wink, M. In: *Z. Naturforsch.* 39c (1984) S. 553–558.

Woodhead, S.; Chapman, R. F. In: Juniper, B.; Southwood, T. R. E. (Hrsg.) *Insects and the Plant Surface.* London (Edward Arnold) 1986. S. 123–136.

Zangerl, A. R. In: *Ecology* 71 (1990) S. 1926–1932.

8

Tierische Pheromone und Abwehrsubstanzen

I. Einführung

Die überragende Bedeutung der chemischen Kommunikation in biologischen Systemen ist heute weithin anerkannt. Zusammen mit akustischen und visuellen Formen der Kommunikation spielen olfaktorische Reize bei den meisten Tiergruppen eine entscheidende Rolle. Beispiele dafür haben wir in den vorhergehenden Kapiteln schon kennengelernt, etwa die Steuerung des Verhaltens von Insekten bei der Bestäubung und Nahrungsaufnahme durch chemische Signale. Ziel dieses Kapitels ist es, diese Phänomene unter spezieller Berücksichtigung der beteiligten chemischen Verbindungen detaillierter zu betrachten.

Chemische Signale im weitesten Sinne sind ein allgemeines Merkmal von Leben. In irgendeiner Form treten sie zwischen Zellen, im Organismus und zwischen Organismen auf. Bei niederen Pflanzen beispielsweise gibt es eindeutige Hinweise auf solche Wechselwirkungen. So fungiert bei dem Schleimpilz *Dictyostelium discoideum* zyklisches AMP als Aggregationspheromon, während ein einfaches chloriertes Phloroglucinolderivat die Differenzierung auslöst (Morris et al. 1987). Auch bei höheren Pflanzen sind flüchtige chemische Substanzen an Wechselbeziehungen zwischen Individuen beteiligt; zum Beispiel wirken sich verschiedene höhere Pflanzen nachteilig aufeinander aus, wobei Monoterpenoide und andere Verbindungen eine Rolle spielen – ein als Allelopathie (siehe Kapitel 9) bezeichnetes Phänomen. Doch nur im Tierreich sind chemische Signale olfaktorischer Natur allgemein verbreitet und dienen einer enormen Vielzahl unterschiedlicher Zwecke. Solche Signale sind im Zusammenhang mit dem Nahrungserwerb des Tieres, bei der Fortpflanzung und beim Schutz vor Feinden von Bedeutung. Bei gesellig lebenden Tieren sind sie auch an der Kommunikation zwischen Individuen derselben Art beteiligt. Flüchtige Substanzen, die der Kommunikation *innerhalb* von Arten dienen, bezeichnet man als „Pheromone", Stoffe, die *zwischen* verschiedenen Arten vermitteln, als „Allomone". Die Unterscheidung zwischen den beiden Pheromonklassen ist manchmal etwas unscharf, denn gelegentlich kann dieselbe Verbindung beiden Zwecken dienen.

Zwar kennen wir Pheromone aus dem gesamten Tierreich, doch die meisten unserer Erkenntnisse über diese Substanzen stammen aus den Forschungen an Insekten. Dies ist unter anderem so, weil die Wirkungen von Insektenpheromonen relativ leicht zu überprüfen sind; bei Säugetierpheromonen ist dies schwieriger. Teilweise liegt es auch daran, daß für die Erforschung von Insektenpheromonen ein praktischer Anreiz bestand, denn wenn man sie kennt, sind sie ein hervorragendes Mittel zur Kontrolle von Populationen und somit, im Falle von Landwirtschaftsschädlingen, zur Schädlingsbekämpfung.

Das Auftreten von Pheromonwechselwirkungen bei Säugetieren ist jedoch mittlerweile ebenfalls gut dokumentiert. Deutliche Beispiele finden sich im Sexualleben von gruppenlebenden Tieren, zum Beispiel bei in Käfigen gehaltenen Mäusen und Ratten. So induziert und beschleunigt beispielsweise ein Duftstoff im Urin männlicher Mäuse den Östruszyklus der Weibchen. Am ausgeprägtesten ist diese Wirkung bei jenen Weibchen, deren Zyklen unterdrückt wurden, weil man sie in reinen Weibchengruppen hielt – eine weitere Pheromonreaktion. Beim Menschen zeigt sich ein ähnliches Phänomen beim Menstruationszyklus von Studentinnen, die zusammen in Studentenwohnheimen leben; ihre Zyklen werden letztendlich so synchronisiert, daß die meisten Gruppenmitglieder schließlich zum selben Zeitpunkt menstruieren. Wenngleich also solche Pheromonwechselwirkungen bei Säugetieren heute durchaus nachgewiesen sind, sind die zugrundeliegenden chemischen Substanzen oft unbekannt, und wir müssen eine weitere Diskussion dieser Phänomene bis zu dem Zeitpunkt aufschieben, an dem wir die molekulare Grundlage dieser Signale besser verstehen.

Insekten sezernieren Pheromone in exokrinen Drüsen und übertragen sie in flüchtiger Form auf Artgenossen. Die Wirksamkeit einiger Insektenpheromone ist enorm. Offensichtlich sind nur wenige Moleküle notwendig, um eine Reaktion auszulösen, und diese wenigen Moleküle können über beträchtliche Entfernungen wirken. Die große Signalkraft der Geschlechtspheromone spiegelt sich in der Tatsache wider, daß das Weibchen des Schwammspinners oder Seidenspinners (*Bombyx mori*) durch Freisetzen von weniger als einem Mikrogramm Pheromon pro Sekunde das entsprechende Männchen anziehen kann; das Männchen beginnt bereits zu reagieren, wenn die molekulare Konzentration lediglich bei 100 Molekülen pro Milliliter Luft liegt. Ein einzelnes Spinnerweibchen, das seine Pheromone in Windrichtung von einer bestimmten Stelle aus freisetzt, erzeugt einen von Wilson (1972) als solchen bezeichneten »aktiven Luftraum«, der mehrere Kilometer lang und über hundert Meter im Durchmesser sein kann. Jedes in diesen aktiven Raum gelangende Männchen orientiert sich in Gegenrichtung zum Wind und fliegt auf das Weibchen zu. Die Größe des aktiven Raumes ändert sich je nach Windgeschwindigkeit, wobei eine Zunahme der Windgeschwindigkeit zu einer Abnahme seines Volumens führt. Damit eine chemische Substanz in einem solchen System wirken kann, muß sie hochgradig flüchtig sein und von relativ niedrigem Molekulargewicht. Tatsächlich fallen die meisten Sexualpheromone in diese Kategorie, denn sie sind Kohlenwasserstoffderivate mit fünf bis 25 Kohlenstoffatomen und mit einem Molekulargewicht zwischen 80 und 300.

Im Gegensatz zu solchen in der Luft transportierten Pheromonen sollten diejenigen wasserlebender Organismen ein höheres Molekulargewicht aufweisen, weniger flüchtig und vermutlich wasserlöslich sein. Ihre Wirkung hängt zwangsläufig von ihrer Diffusionsgeschwindigkeit im Wasser ab; diese ist höher, wenn die Substanzen in natürlichen oder künstlichen Strömungen abgesondert werden. In diesem Zusammenhang ist zu beachten, daß einige im Wasser beförderte Pheromone Proteine sind. Dies gilt für die weibliche Substanz der Grünalge *Volvox* (Chlorophyta) (Starr 1968) und für die Substanzen, welche die Anziehung und Ansiedelung von Seepockenlarven (*Balanus balanoides*) steuern (Crisp und Meadows 1962). Andere im Wasser beförderte Signalstoffe sind steroider Natur. So synchronisiert zum Beispiel das Sexualpheromon 17α,20β-Dihydroxy-4-pregnen-3-on beim Goldfisch, einer Zuchtform der Silberkarausche (*Carassius auratus*), die Laichbereitschaft von Männchen und Weibchen (Dulka et al. 1987).

Für den Biochemiker ist einer der interessantesten Aspekte der tierischen Pheromone ihr biosynthetischer Ursprung. Im Falle der Insekten werden wahrscheinlich viele innerhalb des Organismus aus einfachen Ausgangsstoffen *de novo* synthetisiert. Andere können jedoch aus pflanzlichen Quellen stammen und direkt verwendet oder zuvor biochemisch verändert werden. Bei den tierischen Abwehrstoffen (den Allomonen) finden sich zahlreiche Beispiele dafür, daß Arthropoden pflanzliche Substanzen übernommen haben und sie zu ihrem Schutz verwenden. Allein schon die Tatsache, daß sich Tiere pflanzliche Gifte auf diese Weise zunutze machen, spricht für eine Funktion dieser Substanzen in den Pflanzen selbst. Tiere würden sich kaum chemische Abwehrstoffe von Pflanzen aneignen, hätten diese sich nicht bereits bei der Pflanze als wertvolle Abwehrbarrieren gegen Angriffe von Herbivoren erwiesen.

Eine besonders interessante von Tieren genutzte Gruppe von Pflanzenstoffen sind die Alkaloidverbindungen, wohlbekannt durch ihre physiologischen Wirkungen bei Tieren. Es gibt eindeutige Beweise, daß einige Tiere pflanzliche Alkaloide als Abwehrstoffe verwenden. Beispielsweise schützt sich der an *Senecio* fressende Jakobskrautbär (*Thyria jacobeae*) vor seinen Feinden, den Vögeln, indem er im Larvenstadium Alkaloide in seinen Geweben anreichert (siehe Seite

110). Ein weiteres in diesem Kapitel diskutiertes Beispiel betrifft die Aristolochiasäure, die der Schmetterling *Pachlioptera aristolochiae* zum selben Zweck nutzt. Noch bemerkenswerter ist die Tatsache, daß bestimmte Tiere Pflanzen nachzuahmen scheinen, indem sie ihre eigenen Alkaloide als Abwehrstoffe synthetisieren. Das gilt für Tausendfüßer, Ameisen, Marienkäfer, Wasserkäfer und Frösche.

Eine weitere Gruppe von Abwehrstoffen, die sowohl aus der Nahrung stammen als auch direkt synthetisiert werden können, sind die Terpenoide. Die Larven von Blattwespen zum Beispiel verwirren und vertreiben ihre Feinde durch Ausstoßen einer öligen Flüssigkeit aus Monoterpenen, die aus der Nahrung stammen und die sie bis dahin in einer Aussackung ihres Vorderdarmes speichern. Im Gegensatz dazu gibt der Ölkäfer *Lytta vesicatoria* (Spanische Fliege, Meloidae), an seinen Tarsalgelenken ein *de novo* synthetisiertes Terpenoidtoxin ab, um Angreifer zu vertreiben. Eine letzte Gruppe von Abwehrverbindungen, später in diesem Kapitel diskutiert, sind die Chinone; sie werden wie die Gifte des Ölkäfers von den Tieren selbst synthetisiert. Der Bombardierkäfer (*Brachynus*) produziert diese Substanzen bei Bedarf als „heiße Sekrete" in speziellen „Knalldrüsen".

Die Erkenntnisse über Pheromone und Abwehrsubstanzen haben sich so rasch vermehrt, daß es unmöglich ist, auf dem vorhandenen Raum einen kompletten, umfassenden Überblick zu geben. Ich kann hier nur anhand ausgewählter Beispiele die Situation verdeutlichen. Detailliertere Informationen über Insektenpheromone finden sich in den Büchern von Ritter (1979), Birch und Haynes (1982) sowie Bell und Carde (1984). Pheromone von Säugetieren besprechen Albone (1984) und Stoddart (1980a, b). Über Abwehrsubstanzen liefern Schildknecht (1971), Eisner (1980), Blum (1981), Pasteels und Mitautoren (1983) sowie Prestwich (1983, 1986) eine Übersicht. Substanzen von Insekten werden auch eingehend in Rockstein (1978) abgehandelt.

II. Insektenpheromone

A. Geschlechtspheromone

Der Begriff Geschlechts- beziehungsweise Sexualpheromon bezeichnet eine Verbindung, die von einem weiblichen Tier freigesetzt wird. Sie dient erstens dazu, das Männchen aus der Ferne anzulocken, und zweitens, es zur Kopulation anzuregen, wenn es in der Nähe ist. Denselben Begriff wendet man aber auch auf Substanzen an, welche die Männchen produzieren, um die Weibchen zu erregen. Manchmal bezeichnet man solche Verbindungen auch als Aphrodisiaka, wenngleich dieser Begriff strenggenommen Medikamenten vorbehalten ist, die beim Menschen sexuelles Verlangen hervorrufen. Geschlechtspheromone sind vermutlich die am besten erforschte Gruppe von Allelochemikalien bei Insekten; man hat sie inzwischen bei vielen verschiedenen Arten nachgewiesen und charakterisiert. So hat man allein bei über 500 Schmetterlingsarten (Lepidoptera) Pheromone identifiziert, und fast täglich kommen neue Berichte hinzu.

Hinsichtlich der chemischen Struktur ist Valeriansäure, das Pheromon des weiblichen Schnellkäfers *Limonius californicus*, der einfachste Sexuallockstoff. Die meisten sind jedoch langkettige, ungesättigte Alkohole, Acetate oder Carboxylsäuren (siehe Tabelle 8.1); 77 Prozent aller Schmetterlingsarten besitzen derartige Pheromone. Eines der bekanntesten davon ist zweifellos 9-Keto-2-decensäure – die Königinnensubstanz der Bienen, welche die männlichen Bienen, die Drohnen, anlockt und dazu stimuliert, sich mit der Bienenkönigin zu verpaaren. Diese Substanz ist jedoch nur eine von 32 Verbindungen ähnlicher Struktur, die im Kopf der Bienenkönigin produziert werden. Die verwandte 9-Hydroxy-2-decensäure zum Beispiel ist ebenfalls wirksam; sie sorgt für den Zusammenhalt und die Stabilität des Arbeiterinnenschwarmes.

Tabelle 8.1: Strukturen einiger typischer aliphatischer Geschlechtspheromone von Insekten

Struktur und Name*	Geschlecht	Organismus
$CH_3(CH_2)_3CO_2H$ Valeriansäure	♀	Schnellkäfer (*Limonius californicus*)
$CH_3CO(CH_2)_5CH=CHCO_2H$ (*E*)-9-Keto-2-decensäure	♀	Honigbiene (*Apis mellifera*)
$CH_3(CH_2)_2CH=CH(CH_2)_7OAc$ (*Z*)-8-Dodecenylacetat	♀	Pfirsichwickler (*Grapholitha molesta*)
$CH_3CH_2CH=CH(CH_2)_{10}OAc$ (*Z*)-11-Tetradecenylacetat (*E*)-11-Tetradecenylacetat	♀	Eichenblattwickler (*Archips semiferanus*)
$CH_3(CH_2)_{15}OAc$ Hexadecanylacetat $CH_3(CH_2)_4CH=CH(CH_2)_{10}OAc$ (*Z*)-11-Octadecenylacetat }	♂	Schmetterling (Danaidae) (*Lycorea ceris ceris*)
$CH_3(CH_2)_9CO(CH_2)_3CH=CH(CH_2)_4CH_3$ (*Z*)-6-Heneicosen-11-on	♀	Douglasienträgspinner (*Orgyia pseudotsugata*)

* In der älteren Literatur findet man *cis*- und *trans*- anstelle von (*Z*) und (*E*), um die Unterschiede in der Stereochemie um die Doppelbindung herum anzuzeigen.

Auch ringförmige Verbindungen fungieren gelegentlich als Pheromone. Einige typische Beispiele dafür zeigt Abbildung 8.1. Die zyklischen Pheromone des Riesenbastkäfers, die ich bereits an früherer Stelle in Kapitel 4 (Abschnitt VI) beschrieb, sind weitere Beispiele. Der männliche Heidekrautwurzelbohrer (*Hepialus hecta*) setzt nach Sonnenuntergang das in Abbildung 8.1 dargestellte Pyran zusammen mit zwei anderen Verbindungen frei, um das Weibchen anzuziehen, und stellt gleichzeitig seine großen Schuppenbüschel an den Hinterbeinen zur Schau; Berichten zufolge riecht dieser Lockstoff der Männchen nach Walderdbeeren oder Ananas (Sinnwell et al. 1985).

R-Mellein, eine weitere ringförmige Verbindung, ist als das Pheromon der Flügeldrüsen männlicher Wachsmotten der Art *Aphomia sociella* (Hummelmotte)

Nepetalacton
(Blattlaus: *Myoura viciae*)

R-Mellein
(Wachsmotte: *Aphomia sociella*)

6-Ethyl-2-methyl-3,4-dehydro-2H-pyran
(Heidekrautwurzelbohrer: *Hepialus hecta*)

Benzaldehyd
(Graseule: *Leucania impuris*)

8.1 Struktur einiger ringförmiger Geschlechtspheromone.

nachgewiesen (Kunesch et al. 1987). In diesem Fall scheint das Pheromon aus Pilzen zu stammen, denn man entdeckte im Darm der letzten Larvenstadien und auch in dem Hummelnest, von dem sich die Larven ernährten, den Gießkannenschimmel *Aspergillus ochraceus*; von diesem Pilz weiß man, daß er *R*-Mellein produziert.

Das vielleicht am wenigsten erwartete Insektenpheromon ist Nepetalacton (Abb. 8.1). Man identifizierte es zusammen mit dem entsprechenden Lactol in den Sekreten der Hinterbeine weiblicher Wickenläuse (*Myoura viciae*) (Dawson et al. 1987). Zum ersten Mal stellte man Nepetalacton bei der Katzenminze (*Nepeta cataria*) in Pflanzen fest. Es ist insofern bemerkenswert, als es ein wirkungsvoller Lockstoff für Katzen ist (siehe Abschnitt IV.B). Nepetalacton ist ein anschauliches Beispiel dafür, wie ein und dasselbe Molekül bei Pflanzen, Insekten und Säugetieren völlig unterschiedliche Funktionen erfüllt.

Pheromone treten in Insekten nur in sehr geringen Konzentrationen auf, und man braucht unter Umständen zahlreiche Individuen, um sie zu isolieren und zu identifizieren. Jeder weibliche Douglasienträgspinner (*Orgyia pseudotsuga*) enthält etwa 40 ng Pheromon am Hinterende des Abdomens, und man brauchte 600 dieser Insekten, um genug Material zur Charakterisierung zu isolieren. Bei dem Eulenfalter *Pectinophora gossypiella* (Roter Baumwollkapselwurm) extrahierte man nahezu eine Million Weibchen, um 1,5 Milligramm ihrer Pheromone zu erhalten.

Die chemische Struktur des Hauptpheromons ist für jedes Insekt ausgesprochen spezifisch, und schon kleine Änderungen im Molekül verringern gewöhnlich die Wirksamkeit oder machen es gänzlich unwirksam. In der Struktur der meisten Kohlenwasserstoffpheromone findet sich eine isolierte Doppelbindung; ihre Lage und Stereochemie (*Z*- oder *E*-) ist entscheidend für die Wirkung. Das hat man am Beispiel des weiblichen Pheromons der Amerikanischen Gemüseeule (*Trichoplusia ni*) gezeigt, indem man eine Reihe von Analoga testete. Keines davon kam jedoch an die Aktivität der natürlichen Verbindung heran, und die meisten waren sogar völlig wirkungslos (Jacobson et al. 1970). Zunächst

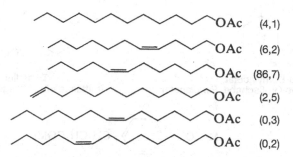

8.2 Pheromonmischung der Weibchen der Amerikanischen Gemüseeule (*Trichoplusia ni*). (In Klammern das Vorkommen in Prozent.)

schien (Z)-7-Dodecenylacetat das einzige Pheromon dieses Insekts zu sein; eine detailliertere Untersuchung des Extrakts aus den Drüsen der Weibchen offenbarte jedoch noch fünf weitere Komponenten (Abb. 8.2). Diese fünf in Spuren vorhandenen Substanzen bewirken bei den Männchen offenbar vor allem das Zurschaustellen der Flügelbüschel, während die in größerer Menge vorhandene Verbindung nach wie vor als Hauptlockstoff fungiert (Bjostad et al. 1984).

Im allgemeinen besitzt jede Insektenart ihre eigene Pheromonmischung (Abb. 8.2), doch gelegentlich können diejenigen verwandter Arten recht ähnlich sein. Das gilt beispielsweise für die beiden Wicklerarten (Tortricidae) *Clepsis spectrana* (Rebenwickler) und *Adoxophyes orana* (Apfelschalenwickler), deren beider Weibchen (Z)-9- und (Z)-11-Tetradecenylacetat verwenden. Die reproduktive Isolation zur Verhinderung einer Bastardbildung ist dadurch gewährleistet, daß die Männchen auf ein unterschiedliches Mengenverhältnis der beiden Komponenten reagieren. Die Weibchen von *C. spectrana* scheiden die beiden Substanzen im Verhältnis 1:3 ab, während die von *A. orana* eine Mischung von 3:1 freisetzen. Im Falle von acht europäischen Gespinstmotten (Yponomeutidae) wiederum nutzen die Weibchen verschiedene Mischungen aus acht Pheromonen, um die Männchen zur Begattung anzulocken (Lofstedt et al. 1986).

Wenngleich die strukturellen Anforderungen, damit Geschlechtspheromone wirken, relativ strikt sind, ist es möglich, daß überhaupt nicht miteinander verwandte Substanzen dasselbe Signal erzeugen. Dies ist zum Beispiel an Männchen der Amerikanischen Großschabe (*Periplaneta americana*) zu beobachten; sie werden sowohl durch Substanzen aus Pflanzenextrakten als auch durch das natürliche weibliche Pheromon erregt (Bowers und Bodenstein 1971). Einen solchen Wirkstoff aus Gymnospermen identifizierte man als D-Bornylacetat (Abb. 8.3); er wirkt bereits in einer Konzentration von 0,07 Milligramm pro Quadratzentimeter. Bemerkenswert ist, daß das L-Derivat nur ein Hundertstel der Wirksamkeit des D-Isomers aufweist; in diesem Fall ist also die Stereochemie von großer Bedeutung. Auch Angiospermenarten geben flüchtige Verbindungen ab, die bei dieser Schabe Pheromonwirkung zeigen. Eine Überprüfung von 100 solcher Arten offenbarte acht mit unbekannten wirksamen Bestandteilen. Manchmal können auch rein synthetische organische Verbindungen die Wirkung natürlicher Pheromone

D-Bornylacetat
(Amerikanische Großschabe: *Periplaneta*)

Trimedlur
(Mittelmeerfruchtfliege: *Ceratitis*)

$MeCOO-\langle\ \rangle-CH_2CH_2COMe$

Cuelur
(Melonenfliege: *Dacus*)

8.3 Struktur einiger Verbindungen, die Geschlechtspheromone nachahmen.

nachahmen. Zwei davon hat man kommerziell genutzt: Trimedlur, das auf die Mittelmeerfruchtfliege (*Ceratitis capitata*) wirkt, und Cuelur, welches Männchen der Tropischen Melonenfliege (*Dacus cucurbitae*) anlockt. Die Strukturen dieser beiden letzten Moleküle zeigt Abbildung 8.3.

Pflanzen, auf denen Insekten leben und ihre Eier ablegen, erfüllen in der Chemie der Sexuallockstoffe manchmal auch eine spezifischere Funktion. So wird die Produktion weiblicher Geschlechtspheromone bei Nachtfaltern in einigen Fällen durch ein chemisches Signal der Futterpflanze ausgelöst. Dies geschieht beispielsweise bei dem Eulenfalter *Heliothis zea* (Amerikanischer Baumwollkapselwurm): Das Weibchen zögert die Fortpflanzung hinaus, bis es eine geeignete Wirtspflanze erreicht, auf der es seine Eier ablegt. Flüchtige Signale von den Maisblüten setzen die Synthese weiblicher Pheromone in Gang, die dann freigesetzt werden und zur Paarung führen. Das auslösende Signal scheint unter anderem das pflanzliche Reifungshormon Ethylen zu sein, zusammen mit einigen spezifischeren flüchtigen Stoffen aus dem Mais (Raina et al. 1992). Eine ähnliche Situation liegt wahrscheinlich auch bei der Luzernenminierfliege (*Agromyza frontella*) vor, deren weibliches Pheromon 3,7-Dimethylnonadecan ist. Dieses Pheromon bestimmt das Paarungsverhalten, aber die entsprechende Wirtspflanze muß ebenfalls vorhanden sein (Carrière et al. 1988).

Ob Fliegen Pheromone mit einer Anti-Aphrodisiakum-Wirkung besitzen, die von den Männchen während der Begattung auf die Weibchen abgegeben werden und die andere Männchen von späteren Paarungen abhalten (sogenannte Abstinone), ist umstritten. Ein solcher Effekt könnte nämlich auch durch die physikalische „Maskierung" wirksamer Geschlechtspheromone durch unwirksame Verbindungen zustande kommen. Carlson und Schlein (1991) haben jedoch gezeigt, daß die Tsetsefliege *Glossina morsitans morsitans* ein solches Abstinon besitzt. Die Verbindung stellte sich als ungewöhnlich langkettiges Alken heraus: 19,23-Dimethyltritriacont-1-en. Die männlichen Fliegen enthalten etwa 1–2 µg von dieser Substanz und übertragen sie bei der Paarung zum Teil auf das Weibchen. Wie man feststellte, ist die Anti-Aphrodisiakum-Wirkung auf männliche Fliegen mengenabhängig; 2–4 μg führten zu einem 80prozentigen Rückgang der Begattungsversuche.

Fast alle Geschlechtspheromone werden vom Insekt selbst synthetisiert. Die von Fettsäuren abstammenden aliphatischen Verbindungen (Tabelle 8.1) werden auf die gewöhnliche Weise aus Acetyl-CoA und Malonyl-CoA gebildet und anschließend entsprechend umgewandelt. So werden beispielsweise die Pheromone der Amerikanischen Gemüseeule (*Trichoplusis ni*) aus Palmitin- oder Stearinsäure über Entsättigung, Kettenverkürzung, Reduktion und Acetylierung gebildet (Bjostad et al. 1984). Wir kennen nur wenige Ausnahmefälle, zum Beispiel die von Pyrrolizidin abstammenden Moleküle der männlichen Danaiden (siehe Kapitel 3) und die Terpenoide der Borkenkäfer (siehe Kapitel 4), wo Geschlechtspheromone aus der Nahrung stammen. Diese Insekten nutzen aufgenommene Pflanzenstoffe entweder direkt oder nach entsprechender chemischer Umwandlung.

Der Mensch nutzt die Geschlechtspheromone, um Schadinsekten zu fangen (siehe später), aber er ist interessanterweise nicht das einzige Lebewesen, das dieses Mittel zum Insektenfang einsetzt. Bolaspinnen (*Mastophora*) sind für ihre dürftigen Netze bekannt und dafür, daß sie nur eine Art von Beute fangen: männliche Nachtfalter. Wie eine chemische Analyse der Spinnen ergab, locken sie die Falter in den Tod, indem sie den Geruch der weiblichen Falter nachahmen, das heißt, indem sie weibliche Pheromone freisetzen. Man identifizierte in den Sekreten der Spinnen drei Verbindungen: (Z)-9-Tetradecenylacetat, (Z)-9-Tetradecenal und (Z)-11-Hexadecenal (Stowe et al. 1987); dieselben Verbindungen sind auch die Pheromone der vier Falterarten, die sie fangen. Da jede Falterart ihre eigene artspezifische Pheromonmischung besitzt, könnte man eine gewisse Variation des Lockstoffes bei einzelnen Spinnen erwarten, und das scheint auch der Fall zu sein. Diese bemerkenswerten Räuber fangen auf diese ausgeklügelte Weise tatsächlich eine ganze Reihe verschiedener Nachtfalter.

Der Mensch hat sich die Geschlechtspheromone von Insekten in großem Umfang praktisch nutzbar gemacht und wendet sie zur Schädlingsbekämpfung an, insbesondere in den Vereinigten Staaten. Im großen und ganzen gibt es zwei Methoden: Eine ist das Aufstellen von Fallen, die weibliche Pheromone verströmen, in Gebieten, in denen eine Schädlingsbekämpfung erforderlich ist. Die Männchen können sich dann nicht mehr in Richtung der von den Weibchen freigesetzten Hormone orientieren und werden somit wirkungsvoll von der Paarung abgehalten. Man braucht in den Fallen oft nur geringe Pheromonmengen. Wie Feldversuche zeigten, hindern Proben von 17 Milligramm, die man in einem Bereich von 27 Kubikmetern an 100 Stellen verteilt, männliche Amerikanische Gemüseeulen daran, sich zu den lebenden Weibchen hin zu orientieren. Eine alternative Methode ist das Freisetzen unspezifischerer flüchtiger Stoffe, welche die Wirkung der Pheromone überdecken und die Signale so beeinträchtigen.

Theoretisch könnte man zwar manche Schadinsekten durch die Fallen völlig eliminieren, doch in der Praxis begrenzen zahlreiche Faktoren die Effektivität von Sexuallockstoffen. Am häufigsten verwendet man bisher synthetische Lockstoffe zum Fang von Stichproben, um einen drohenden Befall rechtzeitig aufzudecken oder die Größe einer bestimmten Insektenpopulation festzustellen. Diese Infor-

mationen kann man dann nutzen, um geeignete Bekämpfungsmaßnahmen fest-
zulegen, wie etwa das Versprühen von herkömmlichen Pestiziden über dem
Gebiet.

In mindestens zwei Fällen haben Feldversuche bestätigt, daß sich Pheromone
zur direkten Schädlingsbekämpfung eignen. So bekämpften Gaston und Mitarbeiter (1977) erfolgreich den Roten Baumwollkapselwurm (*Pectinophora gossypiella*), dessen Raupen Baumwollpflanzen angreifen; sie verwendeten dazu synthetisches Gossyplur, das die normale Kommunikation über Pheromone zwischen
adulten Faltern stört. Die Kosten für dieses Vorgehen, wozu das kontrollierte Freisetzen einer in Hexan gelösten Pheromonmischung aus speziellen Faserbehältern
gehörte, waren vergleichbar mit jenen der Anwendung konventioneller Insektizide auf die Pflanze. Multiplur, einen weiteren synthetischen Stoff, setzte man mit
Erfolg in Klebfallen ein, um die Ausbreitung des aus Europa stammenden Kleinen
Ulmensplintkäfers (*Scolytus multistriatus*) in den östlichen Vereinigten Staaten
unter Kontrolle zu bekommen (Lanier 1979). Der großangelegte Fang der Käfer
muß jedoch mit einer Behandlung der befallenen Bäume einhergehen, so daß
diese keine Futterstellen für den kleinen Anteil der Käferpopulation bieten,
der den Fallen entgeht. Der zerstörerische Effekt des Käfers auf die Ulmen beruht
auf der Tatsache, daß er der hauptsächliche Überträger eines pathogenen Pilzes ist;
die von diesem Pilz produzierten Gifte und ihre Wirkungen auf den Baum werden
ausführlicher in Kapitel 10 beschrieben (siehe Seite 339).

B. Spurpheromone

Spurpheromone werden, wie der Name schon sagt, von sozial lebenden Insekten
verwendet, um eine Geruchsspur zu legen, die Artgenossen vom Nest zu einer
Nahrungsquelle und wieder zurück leitet. Im typischen Fall werden Spurpheromone von Ameisen, Bienen und Termiten genutzt, die sie in einer Vielzahl spezieller Drüsengewebe produzieren.

Chemisch gesehen bestehen Spurpheromone aus zahlreichen verschiedenen
Verbindungen (Abb. 8.4). Die Blattschneiderameise *Atta texana* produziert die
außerordentlich wirkungsvolle Substanz Methyl-4-methylpyrrol-2-carboxylat
(Tumlinson et al. 1971). Die Ameisen spüren diese Substanz noch in einer Konzentration von 0,08 pg/cm Spurlänge auf; das entspricht $3,48 \times 10^8$ Molekülen pro
Zentimeter. Auf dieser Grundlage läßt sich errechnen, daß 0,33 Milligramm dieser
Substanz ausreichen würden, um eine feststellbare Spur rund um die Erde zu
legen! Der biosynthetische Ursprung dieses sehr wirkungsvollen Hormons ist
noch nicht klar, aber möglicherweise wird es unter Einwirkung von Bakterien
im Darm aus Tryptophan gebildet, das der Nahrung entstammt. Bei einer zweiten
Art, *Atta cephalotes*, stellte man dasselbe Pyrrol als Spurpheromon fest, und es
könnte durchaus auch in weiteren Ameisenarten der Gattungsgruppe Attini vorhanden sein. So folgten beispielsweise elf von zwölf getesteten Attini-Arten einer
Spur dieser Substanz (Robinson et al. 1974), während Ameisen aus anderen
Gattungsgruppen sie völlig ignorierten.

Methyl-4-methylpyrrol-2-carboxylat
(Blattschneiderameisen: *Atta*)

3-Ethyl-2,5-dimethylpyrazin
(Knotenameisen: *Myrmica*)

$$CH_3(CH_2)_2(CH=CH)_2CH_2CH=CH(CH_2)_2OH$$

(*Z,Z,E*)-3,6,8-Dodecatrien-1-ol
(Termiten: *Reticulitermes*)

$$\overset{Z}{CH_3CH_2CH(CH_3)}=CH(CH_2)_2CH(CH_3)CH_2\overset{E}{CH}=CH(CHCH_3)_2CH_2CHO$$

Faranal
(Pharaoameise: *Monomorium*)

8.4 Spurpheromone von Insekten.

Die Biochemie der Blattschneiderameisen ist auch noch aus anderen Blickwinkeln von großem Interesse (siehe Martin 1979). Neben interessanten Spurpheromonen synthetisieren diese Ameisen auch noch drei Hormonsubstanzen, mit denen sie das Wachstum der Pilzkolonien kontrollieren, die sie mit Pflanzenmaterial versorgen und von denen sie sich letztendlich ernähren. Mit Indolessigsäure, dem Auxin höherer Pflanzen, regen die Ameisen das Wachstum des Pilzes an. Ein zweites Hormon, Myrmicacin ($CH_3(CH_2)_6CHOHCH_2CO_2H$), verwenden sie, um das Wachsen unerwünschter (das heißt fremder) Pilzsporen zu verhindern. Eine dritte Substanz, Phenylessigsäure ($PhCH_2CO_2H$), dient dazu, den Pilzgarten frei von Bakterien zu halten. Alle drei Kontrollsubstanzen werden in den Metathoraxdrüsen synthetisiert und von den Ameisen ständig auf die Pilze und im gesamten Nest versprüht. Bei dieser bemerkenswerten symbiontischen Beziehung zwischen dem Insekt und dem Pilz nutzt die Ameise also chemische Herbizide, um das Wachstum anderer, unerwünschter Mikroorganismen auf ihrer Pilzkolonie zu bekämpfen.

In den Giftdrüsen von acht Knotenameisenarten der Gattung *Myrmica* identifizierte man 3-Ethyl-2,5-dimethylpyrazin (Abb. 8.4) als Spurpheromon. All diese verschiedenen Arten nutzen also dasselbe chemische Signal, und diese Verbindung fand man auch noch bei der Blattschneiderameisenart *Atta sexdens* (Evershed et al. 1982). Das Pheromon der Pharaoameise (*Monomorium pharaonis*) untersuchte man ebenfalls chemisch, weil sich dieses tropische Insekt in Bäckereien und Krankenhäusern zu einer Art Pest entwickelt hatte. In dem Sekret der Ameise identifizierte man drei auf Pyrrolidin basierende Alkaloide; der wirkungsvollste Bestandteil scheint jedoch eine vierte Komponente zu sein, der langkettige Aldehyd Faranal (Abb. 8.4).

Einige Schmetterlingsraupen, wie die des Amerikanischen Ringelspinners (*Malacosoma americanum*), leben in Kolonien und legen Spuren zu geeigneten

Nahrungsquellen. In diesem Fall hat man das Pheromon als 5β-Cholestan-3,24-dion charakterisiert – ein Steroid, das vermutlich einfach aus dem Cholesterin der Tiere synthetisiert wird. Diese Verbindung ist genauso wirkungsvoll wie die Ameisenpheromone: Der Schwellenwert für die Empfindlichkeit der Raupen liegt bei einer Konzentration von 10^{-11} Gramm pro Millimeter Spurlänge (Crump et al. 1987).

Auch Termiten verwenden Geruchsspuren (Prestwich 1983); ein Pheromon von *Reticulitermes virginicus* hat man als 3,6,8-Dodecatrienol charakterisiert (Abb. 8.4). Dieser Alkohol ist in dem pilzinfizierten Holz enthalten, das die Termiten fressen, und wird, wie man weiß, vom Pilz produziert. Die derzeitigen Anhaltspunkte legen jedoch nahe, daß die Termiten ihr eigenes Pheromon synthetisieren – trotz der Tatsache, daß sie den Alkohol aus der Nahrung beziehen könnten.

Ein Insekt, das seine Spurpheromone zweifellos direkt aus Pflanzen erhält, ist die Honigbiene (*Apis mellifera*); ihr dient das Monoterpen Geraniol als Spursubstanz. Sie sammelt das Geraniol aus den Blütendüften, konzentriert es in ihrem Körper und sondert es dann, wenn erforderlich, als Leitstoff zur Nahrungsquelle ab. Ein Teil dieses Geraniols wird in den Drüsen der Bienen zu einem zweiten Pheromon umgewandelt, zu (Z)-Citral (Pickett et al. 1981). Eine weitere Verbindung, die möglicherweise ebenfalls pflanzlichen Ursprungs ist und in ähnlicher Weise von Stachellosen Bienen der Gattung *Trigona* genutzt wird, ist Benzaldehyd; er kann von dem cyanogenen Glykosid Prunasin abgeleitet sein. Dieser Aldehyd ist mit seinem bekannten mandelähnlichen Geruch ein ideales Pheromon für Spuren zu Nahrungsquellen, denn er verliert seine Wirkung nach einer gewissen Zeit durch Oxidation zu der unwirksamen Benzoesäure. Auch wenn sie wieder aufgefrischt werden, können Benzaldehydspuren zeitlich festgelegt in ihrer Wirkung nachlassen und genau dann völlig verschwinden, wenn die Nahrungsquelle, zu der sie hinführen, von den Insekten aufgebraucht ist.

C. Alarmpheromone

Die meisten Alarmpheromone von Insekten werden in den Mandibel- oder Analdrüsen oder im Stechapparat produziert und von dort freigesetzt. Die Produktion steht oft mit jener von Abwehrstoffen in Zusammenhang. Bei Kämpfen unter sozialen Insekten wird der Inhalt der Mandibeldrüsen über die Mandibeln auf den Feind abgegeben, der somit als Angreifer „gestempelt" ist. Durch Verteilung der Pheromondämpfe in der Luft wird der Alarm anderen Mitgliedern der Gemeinschaft mitgeteilt.

Der Stechapparat von Bienen und Wespen enthält mehrere Drüsen, die Alarmpheromone produzieren. Die Giftdrüse selbst erzeugt oft chemische Alarmsubstanzen, die mit dem Gift abgesondert werden. Wespen der Gattung *Vespa* geben ein Gift mit einer Alarmsubstanz ab, während Honigbienen Spuren von Isopentenylacetat und (Z)-11-Eicosen-1-ol am Ort des Stiches zurücklassen, die andere Bienen dazu veranlassen, ebenfalls an derselben Stelle zu stechen. Ein Vergleich der Europäischen und der Afrikanisierten Honigbiene zeigt, daß das wirkungsvollere Abwehrverhalten (gemessen an der Anzahl der Stiche) der letzteren, sogenannten „Killerbienen" mit dem Freisetzen größerer Mengen Alarmpheromon in Zusammenhang steht. Im Gegensatz dazu weicht das wichtigste Stechpheromon, Isopentenylacetat, bei diesen beiden Bienenrassen mengenmäßig nicht voneinander ab (Collins et al. 1989). Bei anderen Insekten kann dieselbe Substanz sowohl zu Alarm- als auch zu Abwehrzwecken dienen. Das gilt beispielsweise für die von Waldameisen der Gattung *Formica* produzierte Ameisensäure.

Die meisten bei Insekten festgestellten Alarmpheromone zeichnen sich durch eine relativ einfache Struktur aus (Abb. 8.5). Bei manchen Ameisen handelt es sich um einfache Kohlenwasserstoffe wie Undecan, Tridecan und Pentadecan. Bei anderen Arten kommen die gleichen Kohlenwasserstoffe mit Aldehyd- oder Ketofunktion vor. Komponenten aus ätherischen Ölen – darunter Citronellol, Citral, α-Pinen, Terpinolen und Limonen – hat man mit Arten der Unterfamilien Formicinae (Schuppenameisen) und Myrmicinae (Knotenameisen), mit anderen Hautflüglern (Hymenoptera) und mit Termiten (Isoptera) in Verbindung gebracht. Kompliziertere Terpenoide wie die ungesättigten, monozyklischen Sesquiterpene Germacren A und (*E*)-β-Farnesen sind bei Blattläusen als Alarmpheromone im Einsatz. Diese Sesquiterpene sind sehr instabil; das hat den Vorteil, daß sie schnell zerfallen, nachdem der Räuber sich entfernt hat, so daß die Blattläuse ihre Nahrungsquelle fast unverzüglich wieder in Besitz nehmen können.

HCO_2H $CH_3(CH_2)_9CH_3$

Ameisensäure   Undecan
(Waldameise: *Formica*)   (Waldameise: *Formica*)

$CH_3(CH_2)_2(CH_3)CHCOCH_2CH_3$ $CH_3COO(CH_2)_2CH(CH_3)_2$

4-Methyl-3-heptanon   Isopentenylacetat   Terpinolen
(Weberameise: *Pogonomyrmex*)   (Biene: *Apis*)   (Termite: *Amitermes*)

8.5 Alarmpheromone von Insekten.

Alarmpheromone scheinen die am wenigsten spezifischen der verschiedenen flüchtigen Hormone von Insekten zu sein. So verwenden unter Umständen verschiedene Arten derselben Gattung oder sogar Arten verschiedener Gattungen dasselbe Alarmsignal. Dennoch zeigen Ameisen einen ausgesprochen scharfen Geruchssinn und erweisen sich als außerordentlich empfindlich für ihre eigenen Alarmpheromone, während nahe verwandte Substanzen kaum eine Wirkung haben. Die Ernteameise *Pogonomyrmex barbatus* (Myrmicinae) zum Beispiel ist 10 000mal weniger empfindlich für 2-Methyl-3-heptanon, ein Isomer des natürlichen Pheromons 4-Methyl-3-heptanon, als für die natürliche Verbindung selbst.

In den Alarmpheromonen der Ameisen können ganz beträchtliche Informationen enthalten sein. So setzt zum Beispiel die Weberameise *Oecophylla longinoda*, wenn sie von einem Feind angegriffen wird, ein Pheromonbouquet frei, das vier oxygenierte Kohlenwasserstoffe unterschiedlicher Flüchtigkeit enthält. Andere

Ameisen, die sich dem Schauplatz des Angriffs nähern, werden zunächst durch die flüchtigste Verbindung 1-Hexanal (CH$_3$(CH$_2$)$_4$CHO) aufmerksam und dann durch den verwandten Alkohol 1-Hexanol zu der Stelle hingelockt. Wenn sie schließlich ankommen und auf die erste Ameise treffen, werden sie durch einen „Beißmarker", nämlich 2-Butyl-2-octenal, dazu stimuliert, den Feind anzugreifen; eine vierte Komponente, 3-Undecanon, fungiert gleichzeitig als Orientierungssignal auf kurze Distanz. So führen Angriffe durch Feinde zu einer wohlabgestimmten Folge von Alarmverhaltensweisen, die für die Ameisenkolonie eine wirkungsvolle Abwehr sind (Bradshaw et al. 1979).

Während Ameisen auch von anderen Tieren angegriffen werden, haben sie selbst eine klar definierte Räuber-Beute-Beziehung mit Termiten entwickelt. In dieser Wechselbeziehung sind chemische Signale von extremer Bedeutung zu Alarmzwecken und um Verstärkung zu rekrutieren. Unter Umständen setzen Ameisen sogar „Rekrutierungspheromone" frei, um einen Angriff auf eine Termitenkolonie zu koordinieren; Termiten können diese Signale ebenfalls wahrnehmen und werden somit vor dem Angriff gewarnt. Daher haben sich die chemischen Rekrutierungssignale bestimmter Ameisenarten, zum Beispiel *Decamortium uelense*, dahingehend entwickelt, daß die Termiten relativ unempfindlich für die produzierten flüchtigen Stoffe sind. Eine kleine Veränderung in der Struktur des Pheromons, beispielsweise von einem aliphatischen Aldehyd zu einem verwandten Alkohol, genügt dafür bereits. Dieses Phänomen hat man treffend als „chemische Krypsis" bezeichnet, analog zu der häufigeren visuellen Krypsis (Baker und Evans 1980).

Eine damit zusammenhängende chemische Mimikry beobachtete man bei *Trichopsenius frosti*, einem Käfer aus der Familie der Kurzflügler (Staphylinidae), der wie die gerade erwähnten Ameisen Termitenkolonien angreift. Der Käfer produziert eine Reihe komplexer Kohlenwasserstoffbestandteile für seine Cuticula, die in jeder Hinsicht denen gleichen, die man in der Cuticula seiner Beutetermiten findet (Howard et al. 1980). Indem er dieselbe chemische Hülle wie seine Beute annahm, wurde dieser räuberische Käfer zu dem sprichwörtlichen Wolf im Schafspelz.

III. Säugetierpheromone

Eine klassische Reaktion auf Gefahr zeigt der auch als „Stinktier" bekannte Streifenskunk (*Mephitis mephitis*): Wenn er erschreckt wird, sondert er im Handstand ein Sekret aus seinen Analdrüsen ab. Der resultierende Gestank fungiert nicht nur als Warnung vor Gefahr für andere Skunks in der Nachbarschaft, sondern ist auch ein wichtiges Mittel gegen Feinde. Menschen zum Beispiel vertreibt er ausgesprochen effektiv. Zu den wirksamen Substanzen in dem ekelhaft riechenden Sekret des Skunks gehören drei Schwefelverbindungen – Crotyl-und Isopentylmercaptan sowie Methylcrotylsulfid. Das Freisetzen von Düften in Streßsituationen ist nur eines von vielen Beispielen im Tierreich für eine chemische Kommunikation über olfaktorische Wege. Die Schwefelverbindungen der Skunkdrüsen sind sowohl

Pheromone als auch Allomone und ähneln in vieler Hinsicht den von Insekten produzierten Gerüchen, die wir bereits im vorhergehenden Abschnitt diskutiert haben. Anders als bei den Insekten sind unsere Kenntnisse der Chemie von Säugetierpheromonen jedoch noch recht dürftig, und in vielen Fällen können wir über die chemische Natur der beteiligten Substanzen nur Vermutungen anstellen.

Neben dem Skunk erzeugen auch noch andere Säugetiere Gerüche aus Duftdrüsen, wenn sie unter Streß stehen, zum Beispiel die Streifenhyäne (*Hyaena hyaena*), die Moschusspitzmaus (*Suncus murinus*) und der Schwarzwedelhirsch (*Odocoileus hemionus*). Bei drohender Gefahr geben Säuger oft Urin und Kot ab, manchmal als automatische, gelegentlich aber auch als kontrollierte Reaktion. Chinchillas und Meerschweinchen zum Beispiel verspritzen absichtlich Urin, wenn sie von Menschen gestört und hochgenommen werden. Tatsächlich stammen praktisch alle chemischen Signale von Säugetieren ursprünglich aus Urin oder Kot oder aus Sekreten der Analdrüsen. Für die Herstellung flüchtiger Hormone können spezielle Drüsen zuständig sein, wie beim Skunk, oder die Gerüche werden in akzessorischen Geschlechtsdrüsen oder Hautdrüsen produziert.

Säugetiere nutzen zur Kommunikation ein ganz beträchtliches Spektrum chemischer Signale, und regelmäßig werden neue Beispiele entdeckt (eine Übersicht findet sich in Albone 1984). Einer der Vorteile eines olfaktorischen Signals über ein akustisches oder visuelles ist, daß der Geruch noch einige Zeit anhält, auch wenn sich der Verursacher schon entfernt hat. Das ist sowohl im Hinblick auf Warnsignale als auch bei der Duftmarkierung der Territorialgrenzen von Wert. Ebenso vorteilhaft ist die Dauerhaftigkeit olfaktorischer Signale wahrscheinlich für die sexuelle Stimulation und für die Einstimmung beider Partner auf die Begattung.

Wie komplex Geruchssignale von Säugetieren sein können, die dazu dienen, Informationen über das Geschlecht, das Alter, die Identität von Individuen und die Stimmung zu übermitteln, ging aus Studien am Schwarzwedelhirsch hervor. Dieses Tier besitzt sechs spezielle Drüsenregionen und verteilt die Sekrete auf andere Teile seines Körpers oder bringt sie an exponierten Stellen in dem von ihm ausgewählten Territorium an. Die Absonderungen auf dem Körper des Tieres verteilen sich in der Luft und werden so von anderen Hirschen des Rudels wahrgenommen. Die Sekrete der Fußwurzeldrüsen dieser Tiere hat man als γ-Lacton charakterisiert (Abb. 8.6) (Brownlee et al. 1969), das aus dem Urin entsteht; im allgemeinen jedoch muß die Chemie dieser verschiedenen Signale erst noch geklärt werden.

Die meisten Säugetiere verwenden in ihrem Sozial- und Sexualleben ein ähnliches Spektrum von Duftsignalen. Bei Schafen kann der Widder durch eine Veränderung des Geruchs des Urins feststellen, wann ein Weibchen zur Begattung bereit ist. Das hängt vermutlich mit der Exkretion zunehmender Mengen Östrogen zur Zeit des Östrus zusammen. Beim Gabelbock (*Antilocapra americana*) sezerniert das Männchen eine Reihe langkettiger organischer Säuren (zum Beispiel Isovaleriansäure) in seinen Voraugendrüsen und benutzt diese, um die Vegetation in seinem Territorium zu markieren (Muller-Schwarze et al. 1974). Ein ähnliches Duftmarkenpheromon der männlichen Mongolischen Rennratte (*Meriones unguiculatus*) hat man als Phenylessigsäure ($PhCH_2CO_2H$) identifi-

5α-Androst-16-en-3-on
(Eber: *Sus*)

Zibeton
(Zibetkatze: *Viverra*)

(Z)-6-Dodecen-4-olid
(Schwarzwedelhirsch: *Odocoileus*)

$CH_3COCOCH_2CH_2SCH_3$

5-Thiomethylpentan-2,3-dion
(Streifenhyäne: *Hyaena*)

$CH_3CH=CHCH_2SH$
$CH_3CH=CHCH_2SSCH_3$
$(CH_3)_2CHCH_2CH_2SH$

(Skunk: *Mephitis*)

$(CH_3)_2CH(CH_2)_{12}OH$
$(C_2H_5)(CH_3)CH(CH_2)_{11}OH$
$(CH_3)_2CHCH_2CO_2H$
$CH_3(CH_2)_2CH(CH_3)CO_2H$

(Gabelbock: *Antilocapra*)

8.6 Einige Geruchssubstanzen von Säugetieren.

ziert (Thiessen et al. 1974). Dieselbe Verbindung entdeckte man zufällig in den exokrinen Sekreten der Gewöhnlichen Moschusschildkröte (*Sternotherus odoratus*); diese benutzt den wirkungsvollen, übelriechenden Geruch, um Freßfeinde fernzuhalten (Eisner et al. 1977).

Eines der wenigen Säugetiere, bei dem man die chemischen Signale der sexuellen Erregung in vollem Maße identifiziert hat, ist das Schwein. Als Grundlage des Ebergeruchs ermittelte man vor einigen Jahren eine Mischung aus 5α-Androst-16-en-3α-ol und dem verwandten 3-Keton (Abb. 8.6). Diese beiden Verbindungen, die strukturell nahe mit den männlichen Geschlechtshormonen Androsteron und Testosteron verwandt sind, verströmen einen starken Moschusgeruch. Vermutlich besteht hier eine Parallele zu den Drüsensekreten der Zibetkatze, dem Zibeton, und des Moschusochsen, dem Muscon, die beide ebenfalls moschusartig riechen. Die strukturelle Ähnlichkeit tritt deutlich zutage, wenn man dem Zibetonmolekül dieselbe Steroidschablone zugrunde legt wie den Duftsubstanzen des Ebers (Abb. 8.6).

Unerklärlicherweise stellte man vor einiger Zeit das für den Ebergeruch verantwortliche Keton in Spuren (8 ng/g Frischgewicht) in zwei Gemüsesorten fest – in den Wurzeln von Pastinak und den Stengeln von Sellerie (Claus und Hoppen 1979). Die Identifizierung des Ketons beruhte sowohl auf Radioimmunoassay-Diagnostik als auch auf einer kombinierten gaschromatographischen und massenspektrometrischen Analyse. Passend zur Rolle dieser Substanz als Sexualsignal entdeckten nicht die beiden männlichen, an der Analyse beteiligten Forscher die Verbindung zuerst, sondern eine ihrer Ehefrauen. Sellerie besitzt eine gewisse

Popularität als „libidosteigerndes" Gemüse, aber derzeit läßt sich noch kein eindeutiger Zusammenhang zwischen dieser vermuteten Eigenschaft und dem Vorhandensein der Geruchssubstanz von Ebern herstellen.

Die erregende Wirkung des Geruchs der Eber auf Sauen läßt sich durch einfache Versuche abschätzen: Wie man feststellte, reicht der nach Entfernen des Ebers in einem Stall zurückgebliebene Duft aus, um 81 Prozent der östrischen Weibchen dazu zu veranlassen, die Paarungshaltung einzunehmen. Gelegentlich verdirbt der Ebergeruch das Fleisch; signifikanterweise nehmen Frauen, die von solchem Fleisch essen, den moschusartigen Beigeschmack viel eher wahr als Männer. Möglicherweise kommt es bei menschlichen Sexualkontakten ebenfalls zu Pheromonwechselwirkungen, die auf der Absonderung der entsprechenden männlichen beziehungsweise weiblichen Steroidhormone unter der Achsel oder von den Geschlechtsorganen beruhen. Zumindest ist bekannt, daß Männer und Frauen deutlich unterschiedliche Körpergerüche aufweisen (Stoddart 1990).

Man überprüfte Menschen auf die Anwesenheit von 5α-Androst-16-en-3-on – einem Bestandteil des Ebergeruchs –, um festzustellen, ob dieser Substanz auch beim Menschen Pheromonwirkung zukommt (Bird und Gower 1983). Das Keton (gemessen durch Radioimmunoassay) entdeckte man im Speichel von sechs von neun Männern in einer Konzentration von 0,8 bis 1,8 nmol/l; dagegen stellte man es nur bei einer von vier Frauen in einer Konzentration von 0,83 nmol/l fest. Auch in den menschlichen Achselhöhlen war es in unterschiedlichen Konzentrationen vorhanden (Bird et al. 1985). Männer erzeugten in ihren Achselhöhlen in einem Zeitraum von 24 Stunden 5 – 1 019 pmol. Auch bei Frauen war es vorhanden, aber die Konzentrationen lagen nur bei 1–17 pmol pro Tag. Das Keton riecht urinähnlich, und die meisten Frauen beschrieben es als unangenehm oder abstoßend, so daß es ein unwahrscheinlicher Kandidat für einen Sexuallockstoff ist. Die Unterschiede in der Konzentration zwischen den Geschlechtern könnten ganz einfach Unterschiede in den Bakterienpopulationen der Achselhöhlen widerspiegeln und vielleicht auch die Tatsache, daß Frauen sich unter den Achselhöhlen häufiger waschen als Männer!

Eine weitere interessante Gruppe tierischer Pheromone sind die Warngerüche von Räubern, die auf deren Beute eine abschreckende Wirkung haben können. Vor einiger Zeit verglich man die Absonderungen der Analbeutel von sieben Marderartigen (Mustelidae) miteinander (Crump und Moore 1985). Im Normalfall waren eine Vielzahl von Thietanen und Dithiacyclopentanen vorhanden, und einige der Schwefelverbindungen waren artspezifisch. Der Wolf besitzt gewöhnlich keine Schwefelderivate; seine hauptsächlichen flüchtigen Stoffe sind riechende Alkohole, Aldehyde und Ketone (Raymer et al. 1985). Der Fuchs hingegen weist eine Reihe flüchtiger stickstoff- und schwefelhaltiger Verbindungen in seinen Analsekreten und in seinem Urin auf (siehe auch später). Im Labor aufgezogene Ratten behalten die ererbte Streßreaktion gegen die Feindgerüche des Rotfuchses bei und liefern somit eine Möglichkeit, die Wirksamkeit einzelner Komponenten zu testen. Wie man herausfand, lösen neun der Verbindungen der Füchse – ein Dihydrothiazol, zwei ringförmige Polysulfide, fünf Mercaptoketone und ein Mercaptan – eine solche Streßreaktion aus. Die beiden wirksamsten Verbindungen waren das Thiazol und ein Mercaptoketon (Abb. 8.7). Man regte an, diese als Abschreckmittel für ganze Gebiete zur Rattenbekämpfung einzusetzen. Eine ähnliche Methode schlug man zur Bestandskontrolle des Schneeschuhhasen (*Lepus americanus*) vor, unter Verwendung des flüchtigen Stoffes aus dem Analbeutel des Hermelins (*Mustela erminea*), 3-Propyl-1,2-dithiolan, oder des Mink oder Amerikanischen Nerzes (*M. vison*), 2,2-Dimethylthietan. Im Test am lebenden Organismus waren beide Verbindungen wirkungsvoller als eine Reihe anderer Warngeruchsstoffe von Arten der Gattung *Mustela* (Sullivan et al. 1985).

2,5-Dihydro-2,4,5-trimethylthiazol   4-Mercaptopentan-2-on

3-Propyl-1,2-dithiolan   2,2-Dimethylthietan

8.7 Streßauslösende Duftstoffe räuberischer Säugetiere.

Bei Mäusen spielt die chemische Kommunikation in der Fortpflanzungsphysiologie und im Sexualverhalten eine Rolle, und eine Reihe von Pheromonwechselwirkungen hat man bereits eingehend untersucht (Bronson 1979). Dennoch gibt es offenbar immer noch neue Pheromone zu entdecken. Eine Reihe neuer Verbindungen stellte man im Urin weiblicher Mäuse fest, die man durch Hormongaben in den Östrus gebracht hatte. Man beobachtete erhöhte Konzentrationen von *n*-Pentylacetat, (*Z*)-Pent-2-en-1-ylacetat, *p*-Toluidin, Heptan-2-on, (*E*)-Hept-5-en-2-on, (*E*)-Hept-4-en-2-on und (*Z*)-Hept-3-en-2-on (Schwende et al. 1984). Diese könnten Lockstoffe für männliche Mäuse sein, aber das ist noch nicht nachgewiesen. Zwei Punkte sind von allgemeinem Interesse: Erstens das Auftreten von flüchtigen Stoffen im Urin von Säugetieren, die man zuvor nur von Insekten kannte; so ist zum Beispiel Heptan-2-on ein Alarmpheromon von Ameisen. Zweitens könnten *n*-Pentylacetat und Heptan-2-on Nebenprodukte des Fettsäurestoffwechsels in der Leber sein, die sich im Urin ansammeln, weil Östrogene auf diesen Stoffwechsel einwirken. So erkennen männliche Mäuse östrische Weibchen möglicherweise eher über die Veränderungen im primären Stoffwechsel als über die Produktion spezifischer Pheromone.

Eine letzte Gruppe von Geruchssubstanzen, die für Wechselbeziehungen unter Säugetieren von Bedeutung sein könnten, sind verschiedene Amine, beispielsweise Trimethylamin, $N(CH_3)_3$. Dieses riecht stark nach Fisch und kommt sowohl im menschlichen Menstruationsblut als auch im Sekret der Analdrüsen des Rotfuchses (*Vulpes vulpes*) vor (siehe Amoore und Forrester 1976). Merkwürdigerweise kommt dieselbe Verbindung in einer Konzentration von 400 ppm (Cromwell und Richardson 1956) in einer treffend benannten Pflanze, dem Stinkenden Gänsefuß (*Chenopodium vulvaria*), vor. Schon Linnaeus (1756), der die Pflanze benannte, nahm also den Geruch wahr und hielt auch die Tatsache fest, daß Hunde sehr aufgeregt werden, wenn sie sich dieser Pflanze nähern. In den Sekreten der Analbeutel des Rotfuchses sind auch noch die beiden Diamine Putrescin und Cadaverin enthalten, zusammen mit flüchtigen Fettsäuren (Albone und Perry 1976). Möglicherweise werden alle diese Verbindungen im Rotfuchs aus nichtflüchtigen Vorstufen durch die Einwirkung von Mikroorganismen in den Drüsen gebildet. Ob sie den Füchsen tatsächlich als Pheromone dienen, ist noch nicht völlig geklärt; sie könnten jedoch Sexuallockstoffe sein oder beim „Erkennen" in der Gruppe eine Rolle spielen.

IV. Abwehrsubstanzen

A. Verbreitung

Wie man weiß, fungiert die chemische Abwehr bei vielen Tieren als eine Art Schutz gegen Freßfeinde. Man kennt eine Vielzahl von Abwehrmechanismen, und an solchen Wechselwirkungen sind zahlreiche chemische Substanzen beteiligt (Tabelle 8.2). Die Gliederfüßer oder Arthropoden, die in den zurückliegenden Jahren am intensivsten erforscht wurden, synthetisieren die Substanzen entweder *de novo* oder bauen mit der Nahrung aufgenommene Stoffe um. Manche der Gifte werden in speziellen exokrinen Drüsen umgewandelt, andere sind im Blut oder im Darm enthalten. Einige Drüsensekrete werden mit ziemlicher Kraft ausgestoßen, andere gezielt auf den Feind versprüht, und wieder andere werden einfach von dem Tier verströmt. Die meisten Toxine haben ein breites Wirkungsspektrum gegen viele verschiedene Arten von Räubern.

Tabelle 8.2: Chemische Abwehrsubstanzen von Tieren

Klasse	Beispiele	typische Gifte
Fische	Kugelfisch	Alkaloide
Amphibien	Frösche, Kröten, Salamander	Herzgifte, Peptide, Nervengifte, Alkaloide
Reptilien	Schlangen	Peptidgift
Arthropoden		
Diplopoda	Tausendfüßer ⎫	Alkaloide, Chinone, Cyanogene
Chilopoda	Hundertfüßer ⎭	
Arachnida	Skorpionsspinnen	Essigsäure, Peptide
Insekten	Schaben	aliphatische Aldehyde
	Termiten	Terpene, Chinone
	Käfer	Steroide, Chinone
	Nacht- und Tagfalter	Herzglykoside, Alkaloide
	Ameisen	Ameisensäure, Terpene
	Leuchtkäfer	Bufadienolide

Vom Standpunkt des Phytochemikers ist der interessanteste Aspekt der Abwehrsekrete von Arthropoden, daß die vorhandenen Verbindungen – mit wenigen Ausnahmen – demselben Typ angehören, wie man ihn von Pflanzen als sekundäre Metabolite kennt. Einige der verwendeten Substanzen, wie (E)-2-Hexenal, Benzaldehyd, Salicylaldehyd, Citral und Citronellal, sind tatsächlich bei Pflanzen weit verbreitet. Selbst der Synthesemechanismus könnte derselbe sein. Bei Pflanzen wird Cyanwasserstoff (HCN) durch Hydrolyse von Cyanhydringlykosiden erzeugt (siehe Seite 99); bei den Larven bestimmter Blattkäfer (Chrysomelidae) enthalten die cyanogenen Sekrete sowohl Benzaldehyd als auch Glucose, so daß wahrscheinlich ein ähnlicher Mechanismus abläuft (Moore 1976). Einige Beispiele für Fälle, in denen man denselben Abwehrstoff sowohl bei Tieren als auch in einer pflanzlichen Quelle findet, zeigt Tabelle 8.3.

Tabelle 8.3: Einige Abwehrsubstanzen, die sowohl von Tieren als auch von Pflanzen synthetisiert werden

Toxin	tierische Quelle	pflanzliche Quelle
Alkaloid: Anabasein	Ernteameise (*Aphaenogaster*)	Tabakblätter (*Nicotiana*)
cyanogene Glykoside: Linamarin und Lotaustralin	Widderchen (*Zygaena*) und *Heliconius*-Schmetterlinge	Horn- und Weißklee und andere Pflanzen
Phenol: Hydrochinon	Schwimmkäfer (*Dytiscus*)	Samenschalen der Spitzklette *Xanthium canadense*
Terpenoid: β-Selinen	Raupen des Aristolochienfalters *Battus polydamus*	Sellerieblätter (*Apium graveolens*)
Amin: 5-Hydroxytryptamin	„Bart" des Braunen Bären (*Arctia caja*)	Brennhaare der Brennessel (*Urtica dioica*)

Abwehrsekrete enthalten in der Regel eine Mischung chemischer Substanzen, und die vorhandenen Gifte können synergistisch wirken und Räuber abstoßen. Flüchtige Stoffe sind beispielsweise effektiver, wenn sie mit lipophilen Komponenten kombiniert sind, so daß sie sich über die Cuticula des Räubers ausbreiten können. *n*-Nonylacetat tritt in dem Abwehrstoff des Laufkäfers *Helluomorphoides* (Carabidae) gemischt mit Ameisensäure auf; das verstärkt das brennende Gefühl, das Ameisensäure auf der menschlichen Haut erzeugt.

Gelegentlich haben chemische Abwehrstoffe Pheromoneigenschaften und man kann von „Abwehrpheromonen" sprechen. Beispielsweise übertragen bei dem Schmetterling *Heliconius erato* die Männchen bei der Begattung stark riechende Substanzen auf die Weibchen. Man betrachtet sie als Anti-Aphrodisiakum-Pheromone, denn sie verhindern, daß sich andere Männchen danach mit demselben Weibchen paaren (Gilbert 1976). Derselbe Geruch könnte jedoch auch eine allgemeinere Abwehrfunktion haben und Räuber von dem Weibchen fernhalten. So bespritzen männliche Monarchfalter die Weibchen vor der Begattung mit einem „Liebespulver", das Pyrrolizidinalkaloide enthält (siehe Kapitel 3). Das Freisetzen eines Abwehrsekrets bei der Paarung könnte die Insekten während des Kopulationsvorgangs schützen, da sie dann oft am anfälligsten für Angriffe sind.

Am ausführlichsten hat man die chemische Abwehr bei Arthropoden erforscht, so daß über diese Tiergruppe heute zahlreiche Informationen zur Verfügung stehen (siehe insbesondere Blum 1981). Über die chemische Ökologie im Meer weiß man ebenfalls einiges (Naylor 1984), und in vielen marinen Organismen hat man Alkaloide festgestellt (Fenical 1986). Ich werde hier nur eine kleine Auswahl typischer Beispiele unter vier chemischen Überschriften betrachten: Terpenoide, Alkaloide, Phenole und Chinone.

B. Terpenoide

Die niederen Terpenoide sind relativ unspezifische Giftstoffe, die in den Abwehrsekreten zahlreicher Insekten vorkommen (Abb. 8.8). Weil sie flüchtig sind und intensiv riechen, können sie ausreichen, um einen Angreifer abzuhalten. Die Dämpfe können ihn reizen, und die Öle rufen unter Umständen Brennen und Juckreiz auf der Haut des Angreifers hervor. Ein gutes Beispiel für die Verwendung einfacher Terpenoide zur Abwehr sind die Larven der Roten Kiefernbuschhornblattwespe (*Neodiprion sertifer*, Hymenoptera) (Eisner et al. 1974). Bei einer Störung geben diese Insekten einen öligen Ausfluß ab, der chemisch in jeder Hinsicht mit den terpenoiden Harzen ihrer Wirtspflanzen, der Waldkiefer (*Pinus sylvestris*), übereinstimmt. Was geschieht, ist folgendes: Die Larven nehmen die Harzbestandteile mit der Nahrung auf und speichern sie in zwei kontraktilen Aussackungen des Vorderdarmes. Nähert sich ein Feind, stoßen sie die Flüssigkeit aus; die Mehrzahl der Angreifer wird dadurch wirkungsvoll abgestoßen.

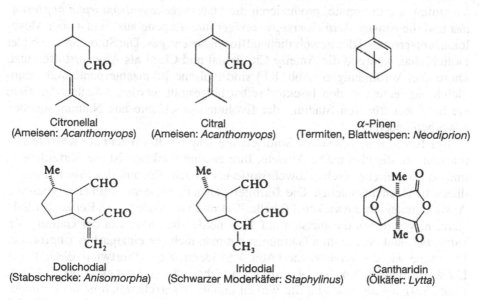

Citronellal
(Ameisen: *Acanthomyops*)

Citral
(Ameisen: *Acanthomyops*)

α-Pinen
(Termiten, Blattwespen: *Neodiprion*)

Dolichodial
(Stabschrecke: *Anisomorpha*)

Iridodial
(Schwarzer Moderkäfer: *Staphylinus*)

Cantharidin
(Ölkäfer: *Lytta*)

8.8 Niedere Terpene als Abwehrsubstanzen bei Arthropoden.

Wie Analysen zeigten, kommt sowohl im Kiefernharz als auch im Sekret des Insekts dieselbe Mischung aus Mono- und Diterpenen vor. Zu den vorhandenen Verbindungen zählen α- und β-Pinen, Pinifolsäure, Pimarsäure, Palustrinsäure, Dehydroabietinsäure, Abietinsäure, Neoabietinsäure und --Pimarsäure. In dieser Mischung sind α- und β-Pinen wahrscheinlich die am stärksten abstoßenden Stoffe, denn wie man weiß, sind diese Substanzen ausgesprochen unangenehm für die meisten Arthropoden. Die verschiedenen, in den Sekreten dieser Insekten vorhandenen Diterpensäuren haben vermutlich hauptsächlich die Funktion, die beiden flüchtigeren Bestandteile zu binden. Das Harz ist ein bedeutendes Abwehrsekret des Kiefernbaumes, und die Blattwespe hat diese chemische Abwehr ihrer Wirtspflanze eindeutig „durchbrochen" und sich zugleich genau die gleichen Stoffe für ihre eigenen Zwecke angeeignet.

Der Harzgehalt der Futterpflanze kann jedoch zwischen 1,5 und 5,26 Prozent des Trockengewichts schwanken (Bjorkmann und Larsson 1991). Folglich sind Larven auf einer Kiefer mit niedrigem Harzgehalt anfälliger für Angriffe von Ameisen als jene, die sich auf Bäumen mit hohem Harzgehalt ernähren. Allerdings hat das Fressen auf einer Kiefer mit hoher Harzkonzentration den Nebeneffekt, die Wachstumsrate zu verringern. Also müssen sich die Larven entscheiden, entweder gut geschützt zu sein und langsam zu wachsen oder auf einen Schutz zu verzichten und dafür schneller an Größe zuzunehmen.

Da die Blattwespe die pflanzlichen Gifte auf diese Weise direkt sich selbst zunutze macht, könnte man sie als evolutionär fortschrittliches Insekt ansehen; denn es ist eindeutig ökonomisch, die Abwehrgifte nicht *de novo* synthetisieren zu müssen. Die meisten anderen Insekten, die Mono- und Sesquiterpene zur Abwehr benutzen, scheinen diese Gifte selbst aus einfachen Ausgangsstoffen herzustellen. Wie man zum Beispiel durch Fütterungsexperimente mit radioaktiven Vorstufen zeigen konnte, produzieren die Stabschrecke *Anisomorpha buprestoides* und die Ameise *Acanthomyops claviger* ihre Terpene aus Acetat über Mevalonat, entsprechend des gewöhnlichen Biosyntheseweges. Die Stabschrecke bildet Dolichodial, während die Ameise Citronellal und Citral als Abwehrstoffe nutzt. Diese drei Verbindungen (Abb. 8.8) sind typische Pflanzenterpene, und wenngleich sie heute von den Insekten selbst hergestellt werden, könnten die Tiere sie in einem früheren Stadium der Evolutionsgeschichte aus Nahrungsquellen erworben haben.

Bei Termiten sorgen sterile Soldaten, die zehn bis 30 Prozent der Kolonie ausmachen, für die chemische Abwehr. Ihre einzige Funktion ist die Verteidigung, und so können chemische Abwehrstoffe bis zu acht Prozent des Frischgewichts dieser Insekten ausmachen. Die Termiten haben mindestens drei Haupttypen von Abwehrstrategien entwickelt (Tabelle 8.4) und verwenden eine Reihe von Substanzen, von denen die meisten auf Terpenoiden basieren. Bei der Gattung *Nasutitermes* und verwandten Gattungen hat man mehrere einzigartige ringförmige Diterpene wie die Trinervitene (Abb. 8.9) identifiziert (Prestwich 1983, 1986). Die zweite Gruppe von Termitensoldaten (Tabelle 8.4) besitzt elektrophile Lipide (Abb. 8.9), die als Kontaktgifte wirken und die wahrscheinlich genauso auf Arbeiter derselben Art wie auf Feinde abgegeben werden. Die Arbeiter sind jedoch vor den Giften geschützt, denn sie können sie über substratspezifische Reduktasen in ihren Geweben entgiften.

Tabelle 8.4: Chemische Abwehrsysteme von Termitensoldaten

Termitengattung* und Art der Toxinabgabe	vorhandene Stoffklassen
1. durch Beißen und Einspritzen	
Macrotermes	Alkane und Alkene
Cubitermes	Diterpenkohlenwasserstoffe
Armitermes	makrozyklische Lactone
2. durch Abstreifen	
Prorhinotermes	Nitroalken und Farnesen
Schedorhinotermes	Kohlenwasserstoffketone
Rhinotermes	β-Ketoaldehyde
3. durch Verspritzen eines klebrigen Stoffes	
Nasutitermes	Monoterpene und ringförmige Diterpenalkohole

* Andere Termitengattungen fallen meist ebenfalls in diese drei Klassen. Für weitere Einzelheiten siehe Prestwich (1983, 1986).

Wie man durch Injektion markierter Vorstufen in das Abdomen der Soldaten zeigen konnte, synthetisieren die Termiten ihre Abwehrterpene aus Acetat und Mevalonat (Prestwich 1986). Ebenso weiß man von Cantharidin, einem weiteren Insektenterpenoid, daß die Käfer, die es enthalten, es auf ähnliche Weise *de novo* synthetisieren. Cantharidin kommt im Blut des Ölkäfers *Lytta vesicatoria* (Spanische Fliege, Meloidae) vor, wird aber seltsamerweise im Adultstadium nur von Männchen synthetisiert, obwohl es in beiden Geschlechtern vorhanden ist. Das Weibchen muß es also zwangsläufig im Larvenstadium produzieren und für den späteren Gebrauch als adultes Tier speichern.

Cantharidin ist eine stark reizende Substanz und bildet die Grundlage des bekannten Aphrodisiakums „Spanische Fliege". Seine Wirkung auf die Potenz des Menschen beruht völlig auf seinen blasenziehenden Eigenschaften, was zu deutlichen Reizungen des Urogenitaltraktes während der Exkretion führt. Die Ver-

$CH_3(CH_2)_{11}CH{=}CHNO_2$
(Nitroalken: *Prorhinotermes*)

$CH_3(CH_2)_9COCH{=}CH_2$
(Ketokohlenwasserstoff: *Schedorhinotermes*)

$CH_3(CH)_9COCH{=}CHOH$
β-Ketoaldehyd: *Rhinotermes*)

(Trinerviten: *Nasutitermes*)

8.9 Chemische Variationen in den Abwehrsekreten von Termitensoldaten.

wendung von Cantharidin ist recht gefährlich, denn es ist für den Menschen ziemlich giftig; die letale Dosis liegt bei nur 0,5 Milligramm pro Kilogramm Körpergewicht.

Der Käfer setzt das Cantharidin durch Reflexblutungen aus seinen Tarsalgelenken frei, und es scheint vor allem wegen seines unangenehmen Geschmacks als Fraßabwehrstoff gegen räuberische Insekten zu wirken. Die in den Käfern enthaltene Menge (0,2 bis 2,3 Prozent des Körpergewichts) reicht jedoch aus, um bei Wirbeltieren Vergiftungserscheinungen hervorzurufen, wenn diese die Käfer verschlucken. Pederin, ein zweites, strukturell komplexeres Terpenoid, kommt im Blut von Kurzflüglern (Staphylinidae) der Gattung *Paederus* vor. Neben seiner blasenziehenden Wirkung wie Cantharidin wirkt Pederin in Konzentrationen ab 1,5 ng/ml auch als Zellgift (Blum 1981).

Schließlich sollte noch betont werden, daß einige Arthropoden Mischungen von Verbindungen unterschiedlichen biosynthetischen Ursprungs in ihren Abwehrsekreten nutzen können. Der Schwarze Moderkäfer (*Staphylinus olens*) sezerniert das Terpenoid Iridodial zusammen mit 4-Methylhexan-3-on, einem Keton, das von Fettsäuren abstammt (Fish und Pattenden 1975). Dieser dunkel gefärbte Käfer verteidigt sich chemisch, indem er die stinkende Mischung der beiden genannten Verbindungen aus Drüsen in der Afterregion absondert; gleichzeitig streckt er seine Mandibeln aus und schnappt heftig nach jedem vorüberkommenden Objekt. Wie die meisten Arthropoden kombiniert er also chemische mit physikalischen Abwehrmethoden.

Das Iridodial des Schwarzen Moderkäfers und Dolichodial, die Abwehrsubstanz der Stabschrecke, gehören beide zu einer Gruppe cyclopentanoider Monoterpene, die pflanzliche Analoga besitzen. Eine solche pflanzliche Verbindung ist das Nepetalacton der Katzenminze (*Nepeta cataria*), die bekannt ist für ihre spezielle Fähigkeit, Hauskatzen und andere Katzenartige (Felidae) zu erregen (Hill et al. 1976). Natürlich kann die Funktion des Nepetalactons bei *Nepeta* nicht alleine darin bestehen, Katzen anzulocken. Bedenkt man die große strukturelle Ähnlichkeit mit den beiden genannten Insektenabwehrstoffen, so könnte die Aufgabe dieser Verbindung sein, Insekten zu vertreiben, welche die Pflanzen angreifen. Man konnte tatsächlich zeigen, daß die Mehrzahl der getesteten Insekten (nämlich 17 von 24) durch eine reine Lösung von Nepetalacton abgestoßen wurden (Eisner 1964). Zweifellos sind noch weitere Forschungen notwendig, um nachzuweisen, daß der Substanz in der lebenden Pflanze ebenfalls diese Funktion zukommt.

Auch die Larven des Breiten Weidenblattkäfers (*Plagiodera versicolor*, Chrysomelidae) verwenden eine Mischung cyclopentanoider Monoterpene zu Abwehrzwecken. Zwar werden diese Terpenoide in erster Line produziert, um räuberische Vögel abzuhalten, sie stoßen aber auch adulte Artgenossen und die ebenfalls an Weiden fressenden Raupen des Trauermantels (*Nymphalis antiopa*) ab. Auf diese Weise steckt der Weidenblattkäfer also seinen Anspruch auf die Blätter einer bestimmten Futterpflanze ab; das Abwehrsekret schützt ihn vor Konkurrenz, und andere Herbivoren bleiben auf Distanz (Raupp et al. 1986).

Die schützende Rolle höherer Terpenoide bei Wechselbeziehungen zwischen Insekten und Pflanzen haben wir bereits unter anderen Überschriften in früheren Kapiteln kennengelernt. Da gibt es beispielsweise die Phytoecdysone, Insektenhäutungshormone pflanzlichen Ursprungs, welche die Metamorphose der Insekten beeinflussen können und somit für diese potentiell gefährlich sind (siehe Kapitel 4). Direkter von Bedeutung sind hier die Herzglykoside, die ebenfalls aus Pflanzen stammen, derer sich aber Insekten, insbesondere Monarchfalter, bedienen, um sich vor räuberischen Vögeln zu schützen (Kapitel 3). Es sollte betont werden, daß noch eine ganze Reihe weiterer Insekten die gleichen, der Nahrung entstammenden Gifte für ihre Abwehr nutzt. Die Heuschrecke *Poekilocerus bufonius* ernährt sich wie der Monarch von Seidenpflanzen und reichert die Cardenolide an. Anders als der Monarch jedoch, der die Toxine nur passiv nutzt, verspritzt die Heuschrecke die Cardenolide als schädlichen Schaum aus speziellen, auf dem Rücken liegenden Giftdrüsen, wenn ein Vogel sie angreift.

Beachtenswert ist hierbei, daß zahlreiche tierische Gifte den pflanzlichen Cardenoliden strukturell nahe verwandt sind. Da gibt es die Bufogenine, steroide Gifte, die auch auf das Herz von Wirbeltieren einwirken, und die Frösche und Kröten als Abwehrsubstanzen nutzen. Bufotalin (Abb. 8.10) zum Beispiel ist das Bufogenin der Erdkröte (*Bufo bufo*) und ähnelt in der Struktur dem Cardenolid Aglykon der Seidenpflanze (siehe Kapitel 3). Samandarin, eine verwandte Verbindung, ist in den Abwehrsekreten der Haut von Salamandern enthalten. Anders als die Bufogenine und Herzglykoside wirkt es jedoch auf die Nerven und nicht aufs Herz. Ein weiteres Nervengift mit Steroidstruktur ist Holothurin – eine Substanz, die Seegurken produzieren, um ihre Feinde fernzuhalten, insbesondere Fische.

Erstaunlicherweise entdeckte man im Blut mehrerer Leuchtkäfer der Gattung *Photinus* Abwehrsteroide, die den Bufogeninen der Frösche und Kröten strukturell sehr ähnlich sind (Eisner et al. 1978). Fünf davon hat man als Ester von 12-Oxo-2,5,11-trihydroxybufalin charakterisiert. Diese als Lucibufagine bezeichneten Steroide schützen die Leuchtkäfer vor ihren Räubern: Drosseln, Eidechsen und mehreren Säugetieren. Diese Leuchtkäfer haben jedoch eine zweite Gruppe von Leuchtkäfern, die Gattung *Photauris*, zum Feind. Die Weibchen von *Photauris* – treffend als *femme fatale* bezeichnet – ernähren sich von Männchen der Gattung *Photinus*; sie lauern ihnen bei Nacht auf, indem sie das Leuchtsignal des *Photinus*-Weibchens nachahmen. Die räuberischen Weibchen eignen sich dabei auch noch die Lucibufagine an – die sie selbst nicht synthetisieren können – und schützen sich auf diese Weise vor räuberischen Springspinnen und Drosseln (Eisner 1980). So ernährt sich in der Welt der Leuchtkäfer *Photuris* von *Photinus* und macht sich zugleich dessen wirkungsvolle Abwehrstoffe zueigen.

Schließlich stieß man bei Schwimmkäfern der Unterfamilien Colymbetinae und Dytiscinae auf bemerkenswert reiche Quellen steroider Abwehrstoffe (Schildknecht 1971). Diese speziellen Käfer speichern ihre Toxine als giftige Milch in den Prothoraxdrüsen. Der Räuber bemerkt die Wirkung der Gifte erst, wenn er den Käfer tatsächlich verschluckt hat. Innerhalb weniger Minuten wird ihm übel und er würgt seine Beute wieder hervor. Räuberische Fische, die

Bufotalin
(Erdkröte: *Bufo*)

Samandarin
(Salamandergift: *Salamandra*)

12-Hydroxy-4,6-pregnadien-3,20-dion
(mexikanischer Schwimmkäfer: *Cybister*)

Cortexon
(*Cybister*)

8.10 Steroide als Abwehrsubstanzen von Tieren.

sich von diesen Beutetieren ernähren, fallen in einen Narkosezustand und lernen dadurch, diese Schwimmkäfer in Zukunft zu meiden.

Die Toxine der Schwimmkäfer sind Pregnanderivate; mindestens 15 Verbindungen hat man in unterschiedlichen Kombinationen in ebensovielen Käferarten festgestellt. Jeder mexikanische Schwimmkäfer der Art *Cybister tripunctatus* enthält immerhin ein Milligramm des Giftes 12-Hydroxy-4,6-pregnadien-3,20-dion, während jeder *C. limbatus* dieselbe Menge Cortexon aufweist (Abb. 8.10). *Ilybius*, eine weitere Schwimmkäfergattung, ist insofern bemerkenswert, als sie zusätzlich zu diesen Pregnanderivaten Geschlechtshormone von Säugetieren sezerniert, nämlich Testosteron, Dehydrotestosteron, Östradiol und Östron. Ob diese als Abwehrstoffe dienen, indem sie das hormonelle Gleichgewicht räuberischer Säugetiere durcheinanderbringen, ist noch nicht bekannt.

C. Alkaloide

Viele Jahre lang hielt man Alkaloide ausschließlich für Pflanzenprodukte, für einen Teil des reichhaltigen und vielfältigen sekundären Stoffwechsels im Pflanzenreich. Doch die Entdeckung von Alkaloiden bei marinen Organismen (Fenical 1986), bei einer Reihe von Arthropoden (Jones und Blum 1983) und bei zahlreichen leuchtend gefärbten neotropischen Fröschen (Daley und Spande 1986) zeigt

recht deutlich, daß die Fähigkeit zur Alkaloidsynthese nicht auf Pflanzen beschränkt ist. Betrachtet man aber den Beitrag von Alkaloiden zu tierischen Abwehrmechanismen, dann stimmt es wohl, daß die pflanzlichen Alkaloide – angereichert aus der Nahrung – einen Großteil zum Schutz von Insekten beitragen,
insbesondere von Schmetterlingen.

Der bekannteste Fall ist jener des Braunen Bären (*Arctia caja*) und des Jakobs-
krautbären (*Thyria jacobeae*), die sich von Greiskraut (*Senecio*) ernähren, dabei
Pyrrolizidinalkaloide (zum Beispiel Senecionin) anreichern und daher ausgesprochen giftig für ihre Feinde sind; dasselbe gilt für bestimmte Schmetterlingsarten
der Familie Danaidae (siehe Seite 112). Mindestens vier weitere Insekten, die sich
von alkaloidhaltigen Pflanzen ernähren, sammeln nachweislich Alkaloide an
(Rothschild 1973). Ein weiteres, ähnliches Beispiel sind jene Insekten, die
sich von den Osterluzeiarten *Aristolochia clematitis* oder *A. rotundo* ernähren
und welche die Stickstoffverbindung Aristolochiasäure akkumulieren. Besonders
eingehend untersucht hat man den Schmetterling *Pachlioptera aristolochiae*, aber
noch sechs weitere Arten, die sich von *Aristolochia* ernähren, gehen genauso vor.
Aus den Forschungen von Rotschild (1973) gibt es sogar Hinweise, daß die Aufnahme pflanzlicher Alkaloide oder Herzglykoside unter Lepidoptera (Schmetterlingen), Hemiptera (Schnabelkerfen), Coleoptera (Käfern) und Orthoptera (Ge-
radflüglern) ein weitverbreiteter Schutzmechanismus ist.

Wenden wir uns nun Alkaloiden zu, die offensichtlich tierischen Ursprungs
sind, zum Beispiel vom Insekt *de novo* synthetisierten Basen: Solche hat man
verschiedentlich bei Tausendfüßern, Feuerameisen, Marienkäfern und Schwimmkäfern nachgewiesen (Tursch et al. 1976). Einige der Strukturen dieser tierischen
Alkaloide sind in Abbildung 8.11 wiedergegeben. Zwei von dem Tausendfüßer
Glomeris marginata (Gerandeter Saftkugler) erzeugte Verbindungen sind die
Chinazolinone Glomerin und Homoglomerin. Ihre Wirksamkeit als Gifte zeigt
sich beispielsweise daran, daß der Verzehr eines solchen Tausendfüßers Mäuse
tötet und Spinnen lähmt. Es gibt deutliche Anhaltspunkte dafür, daß diese beiden
Verbindungen von dem Saftkugler selbst synthetisiert werden, denn das Verfüttern
von radioaktiver Anthranilsäure an diese Arthropoden führte zu markierten Alkaloiden. Ein weiterer Tausendfüßer mit einem Alkaloid als Abwehrstoff ist *Polyzonium rosalbum*. Sein Polyzonimin wirkt als örtlicher Reizstoff auf räuberische
Insekten, so daß sich Schaben beispielsweise kratzen.

Die Wirkung der Roten Feuerameise (*Solenopsis*) beruht auf ihrem Gift, welches hämolytische, insektizide und antibiotische Eigenschaften aufweist. Als
wichtigste Substanzen des Giftes charakterisierte man eine Reihe von 2,6-Dial-
kylpiperidinen, von denen die einfachste das 2-Methyl-6-nonyl-Derivat ist (Abb.
8.11). Solche Verbindungen fand man in den Giften aller sieben bisher untersuchten Feuerameisenarten der Gattung *Solenopsis*. Eine strukturelle Ähnlichkeit dieser Ameisenverbindungen mit dem hochgiftigen Pflanzenalkaloid Conin (2-Pro-
pylpiperidin) des Gefleckten Schierlings (*Conium maculatum*) ist deutlich erkennbar. Die Substanzen sind insofern einzigartig im Tierreich, als sie die ersten Beispiele für gifige Bestandteile verkörpern, die keine Peptide sind.

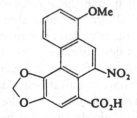

Senecionin
(Jakobskrautbär: *Thyria*)

Aristolochiasäure
(Schmetterling: *Pachlioptera*)

Glomerin, R = Me
Homoglomerin, R = Et
(Saftkugler: *Glomeris*)

Polyzonimin
(Tausendfüßer: *Polyzonium*)

2-Methyl-6-nonylpiperidin
(Feuerameise: *Solenopsis*)

Coccinellin
(Marienkäfer: *Coccinella*)

8.11 Abwehralkaloide von Arthropoden.

Die Kunst, den anderen immer um eine Nasenlänge voraus zu sein, ist in der Welt der Insekten nichts Ungewöhnliches; so ist es zum Beispiel auch bei verschiedenen Arten von Diebameisen, die derselben Gattung angehören wie die gerade erwähnten Feuerameisen. Diebameisen sezernieren etwas andere Alkaloide mit einem Fünfer- statt einem Sechserring; bei *Solenopsis fugax* ist die Substanz (*E*)-2-Butyl-5-heptylpyrrollidin. Sie dient zwei Zwecken: als Schutz (wie bei den Feuerameisen) und auch als wirksames Abschreckmittel für andere Ameisenarten. Diebameisen sind dadurch in der Lage, die Larven aus benachbarten Nestern anderer Ameisenkolonien zu rauben und danach zu verzehren; die Sekrete ihrer Giftdrüsen halten die Arbeiterinnen der anderen Art davon ab, ihre Brut zu verteidigen (Blum et al. 1980). 2,5-Dialkylpyrrolidine sind nicht ausschließlich auf *Solenopsis*-Arten beschränkt, denn man wies sie auch in den giftigen Absonderungen der Pharaoameise (*Monomorium pharaonis*) nach – einem Insekt, das ebenfalls die Brut anderer Ameisen raubt.

Marienkäfer (Coccinelidae) sondern bei Störungen an ihren Gelenken Hämolymphetröpfchen ab (wie die Cantharidin erzeugenden Käfer, Seite 273) – ein wirkungsvoller Schutzmechanismus gegen ihre Feinde. Daß diese Tröpfchen einen bitteren Geschmack haben, weiß man schon seit dem 18. Jahrhundert; daß sie Alkaloide enthalten, wurde jedoch erst 1971 sicher nachgewiesen (siehe Tursch et al. 1976). Als eine wichtige Komponente identifizierte man das alkaloide Stickstoffoxid Coccinellin, und im Anschluß fand man in ähnlichen Ausscheidungen eine Anzahl verwandter Verbindungen.

Coccinellin (Abb. 8.11) ist ein Vertreter einer neuen Klasse von Alkaloiden und ein Typ, den man von Pflanzen nicht kennt. Die Biosynthese erfolgt, wie sich zeigen ließ, endogen. Füttert man Marienkäfer mit radioaktiv markiertem $1\text{-}^{14}C$-Acetat und $2\text{-}^{14}C$-Acetat, produzieren sie markiertes Coccinellin. Wie man in Labortests nachweisen konnte, ist dieses Alkaloid ein wirkungsvoller Schutz gegen Angriffe von Ameisen und Wachteln. Viele Marienkäfer sind leuchtend gefärbt, und das Auftreten dieser Alkaloide korreliert mit der Verbreitung einer aposematischen (Warn-) Färbung bei diesen Insekten.

Man entdeckte Alkaloide mit Schutzfunktion auch in zahlreichen marinen Pflanzen und Tieren (Fenical 1986). Nur ein Beispiel der komplexen Nutzungsmöglichkeiten sind die vier Bipyrrole Tambjamin A bis D (Abb. 8.12). Man isolierte sie aus den Nacktkiemern (Nudibranchia) *Roboastra tigris*, *Tambje eliora* und *T. abdere* sowie aus dem grünen Moostierchen *Sessibugula translucens* (Bryozoa). Die Bipyrrole kommen in dem Moostierchen in einer Konzentration von bis zu 0,45 Prozent des Trockengewichts vor; die beiden *Tambje*-Arten nehmen es durch Fressen der Moostierchen auf und reichern es in Konzentrationen von 2,15 beziehungsweise 3,42 Prozent ihres Trockengewichts an. Diese beiden Schnecken werden dann wiederum von der großen, räuberischen *R. tigris* gefressen; letztere spürt ihre Beutetiere (die *Tambje*-Arten) über deren Schleimspur auf, welche die Alkaloide enthält. Bei einem Angriff schützt sich *T. eliora*, indem sie in Becherzellen ihrer Haut einen gelben Schleim produziert; die andere Art, *T. abdere*, verfügt jedoch nicht über einen solchen Abwehrmechanismus und ist daher die bevorzugte Beute von *R. tigris* (Carté und Faulkner 1983). Die toxischen Alkaloide werden somit nacheinander von jedem Tier der Nahrungskette genutzt, um sich vor Feinden oder mikrobiellen Infektionen zu schützen. Die Strukturen der Bipyrrole ähneln der des roten Bakterienpigments Prodigiosin; möglicherweise werden sie in dem Moostierchen von einem assoziierten symbiontischen Bakterium produziert.

D. Phenole und Chinone

Die bemerkenswerteste Nutzung der Phenole in der Chemie der tierischen Abwehr zeigt der Bombardierkäfer (*Brachynus*) – ein Tier, das man häufig in kalkigen Gegenden Europas findet. Bei Gefahr stößt dieses Tier eine heiße, explosive Giftwolke in Richtung des Angreifers aus. Dieses einzigartige Abwehrsystem mit

Moostierchen
Sessibugula translucens
(0,45 Gewichtsprozent Alkaloide)

Tambjamine A, R = H
B, R = Br

↓ gefressen von

Nacktkiemer (Mollusken)
Tambje eliora (2,15 %)
T. abdere (3,42 %)

↓ gefressen von

Nacktkiemer
Roboastra tigris

Tambjamine C, R = H
D, R = Br

8.12 Der Weg von vier Abwehralkaloiden durch eine Nahrungskette bei marinen Tieren.

der Produktion von bis zu 100 Grad Celsius heißen Sekreten beruht darauf, daß der Käfer im Augenblick des Ausstoßens eine Reaktion zwischen dem phenolischen Substrat Hydrochinon, Wasserstoffperoxid (H_2O_2) und dem Enzym Katalase in Gang setzt (Abb. 8.13). Es kommt zu einer stark exothermen Reaktion, wobei das Hydrochinon zu Benzochinon oxidiert wird, einem wichtigen Abwehrstoff. Die Reaktion kann explosionsartig erfolgen; den dabei erzeugten Knall hat man mit dem einer Pistole verglichen. Benzochinon bildet einen stark reizenden Dampf, führt zu Schädigungen des Augengewebes und ist somit eine einfache, aber effektive Waffe.

8.13 Das Abwehrorgan des Bombardierkäfers.

280

Die derartige Nutzung „heißer" Chinone ist nicht nur auf den Bombardierkäfer beschränkt; auch bestimmte andere, nicht mit *Brachynus* verwandte Laufkäfer (Carabidae) besitzen Drüsen, um solche explosiven Ausstöße zu produzieren (Eisner 1980). Auf herkömmlichere Weise erzeugte Chinone sind auch in den Abwehrsekreten von anderen Arthropoden recht weit verbreitet und stoßen durch ihren dauerhaften und unangenehmen Geruch Angreifer ab. Schwarzkäfer (Tenebrionidae) besitzen ausnahmslos Chinone. Bei einer Überprüfung von 147 Käferarten aus 55 Gattungen wies Tschinkel (1975) nach, daß alle 2-Methyl- und 2-Ethylbenzochinon enthielten, wohingegen nur wenige Chinon selbst aufwiesen, die hauptsächliche Waffe des Bombardierkäfers.

Chinone kommen auch verschiedentlich bei Spinnentieren, Tausendfüßern, Ohrwürmern und Termiten vor. Neben Chinon selbst sind mehrere einfach substituierte Derivate vorhanden, darunter 2,3-Dimethyl- und 2,3,5-Trimethylbenzochinon. Wenn bei Termiten Chinone auftreten, dann in den Kopfdrüsen einer bestimmten Kaste innerhalb der Gemeinschaft, nämlich der Soldaten, deren Aufgabe es ist, die Kolonie zu verteidigen. Doch wenngleich bei mehreren Termitengattungen von einfachen Chinonen berichtet wird, sind verschiedene terpenoide Abwehrsubstanzen charakteristischer für diese Insektenordnung (siehe Tabelle 8.4).

Gelegentlich können auch höhere Chinone toxisch für Insekten sein. Wie man seit vielen Jahren weiß, produzieren Cochenilleschildläuse (*Dactylopius* spp.), die sich von Opuntien ernähren, große Mengen eines roten Farbstoffes – Cochenille oder Karmin; dessen wichtigster Bestandteil ist das Anthrachinon-*C*-glucosid Karminsäure. Zwar wird Cochenille in großem Maßstab zur Färbung von Lebensmitteln verwendet und ist Wissenschaftlern durch seine Nutzung in dem cytologischen Färbemittel Acetocarmin vertraut, doch bis vor einiger Zeit hat niemand den Grund für sein Vorhandensein bei dem Insekt hinterfragt. Den Experimenten von Eisner und Mitarbeitern (1980) zufolge scheint es ein wirkungsvolles Abschreckmittel gegen Ameisen zu sein, die ansonsten diese Schildläuse fressen würden. Die Wirksamkeit von Karmin als Abwehrstoff unterstreicht seine Nutzung durch einen gelegentlichen Feind der Cochenilleschildlaus. So überwindet die fleischfressende Raupe des Zünslers *Laetilia coccidivora* (Pyralidae) die Giftwirkung des Farbstoffes und frißt diese Schildläuse. Sie nimmt das Toxin auf und nutzt es, wenn sie von Ameisen angegriffen wird, indem sie den Angreifern den roten Farbstoff entgegenwürgt.

Phenole, aus denen Chinone durch enzymatische Oxidation erzeugt werden können, sind selbst relativ giftige Moleküle und bieten Arthropoden zweifellos einen gewissen Schutz vor Feinden. Tatsächlich stellte man einfache Phenole wie *m*- und *p*-Kresol sowie Salicylaldehyd in einigen Abwehrsekreten fest (Abb. 8.14). Während Phenol und Guaiakol (2-Methoxyphenol) von Tausendfüßern (Myriopoda) und Schnabelkerfen (Hemiptera) aus Tyrosin gebildet werden (Duffey und Blum 1977), könnten andere Abwehrphenole von Insekten auch aus der Nahrung stammen, denn in Pflanzen sind Phenolderivate weit verbreitet. Darauf deutet hin, daß man 2,5-Dichlorphenol, eine eindeutig aus einem aufgenommenen Herbizid stammende Verbindung, in den Abwehrsekreten einer Heuschrecke fand (Eisner et al. 1971).

p-Kresol
(Puppenräuber: *Calosoma*)

Salicylaldehyd
(Rückenschwimmer: *Notonecta*)

Hydrochinon, R = OH
p-Hydroxybenzoesäure, R = CO₂H
(Schwimmkäfer: *Dytiscus*)

Protocatechusäure-Methylester (R = Me)
und -Ethylester (R = Et)
(Schwimmkäfer: *Dytiscus*)

8.14 Einfache Phenole als Abwehrstoffe bei Arthropoden.

Auch für Mikroorganismen sind Phenole ausgesprochen toxisch; eine ihrer spezielleren Verwendungen als Abwehrstoffe steht im Zusammenhang mit ihrer Produktion in den Pygidialdrüsen der Schwimmkäfer der Unterfamilien Dytiscinae und Colymbetinae. Den Abwehrmechanismus dieser Tiere habe ich bereits an früherer Stelle beschrieben (Seite 275). Bei diesen Käfern ist Körperhygiene lebenswichtig, denn sie sind zwar im Wasser zuhause, müssen aber von Zeit zu Zeit ihr Hinterteil über die Wasseroberfläche herausstrecken, um den Luftvorrat zu ersetzen (Schildknecht 1971). Dies ist jedoch nur möglich, solange ihre Chitinhülle nicht naß wird. Setzen sich Algen, Pilze oder Bakterien auf dem Käfer fest, läuft das Wasser nicht mehr ab und die daraus resultierende Änderung der Oberflächenspannung hindert den Käfer daran, sich mit Hilfe seiner Ruderbeine in der Schwebe zu halten. Der für die Atmung notwendige Luftraum unter den Flügeldecken füllt sich mit Wasser, und der Käfer erstickt.

Die Käfer benötigen daher unbedingt ein effektives Mittel, um ihren Körper sauber zu halten, und glücklicherweise sind sie diesbezüglich hervorragend ausgerüstet. Sie benutzen ihre Hinterbeine als Bürsten und verteilen damit Tropfen des Sekrets der Pygidialdrüsen, die zu beiden Seiten des Enddarmes liegen, über ihr Hinterende. Schädliche Mikroorganismen werden durch die Phenolverbindungen (Abb. 8.14) in dem Sekret getötet; gleichzeitig werden sie in ein Netz aus Glykoproteinen eingebettet, das bei Kontakt mit der Luft über Cysteine – ebenfalls aus dem Sekret – verknüpft wird. Kehrt der Käfer ins Wasser zurück, bröckelt sein verfestigtes Sekret ab und er ist wieder frei von irgendwelchen Rückständen, so daß er ungehindert atmen kann.

V. Schlußfolgerung

Pheromone hat man inzwischen bei vielen Insekten erforscht (Abschnitt II) und ihre chemische Grundlage identifiziert (Tabelle 8.5). Hauptsächlich sind einfache flüchtige Substanzen beteiligt, aber in einzelnen Arten können recht komplizierte Mischungen verwandter Kohlenwasserstoffe auftreten, insbesondere bei den Sexuallockstoffen. Während Geschlechtspheromone in hohem Maße artspezifisch sind, können andere Pheromone mehreren Arten oder Gattungen gemeinsam sein. Manchmal dient dasselbe Pheromon mehr als einem Zweck. Besonders deutlich wird das bei sozialen Insekten wie Honigbienen und Borkenkäfern.

Unser Wissen über die Pheromone von Säugetieren ist begrenzter, weil sich mit ihnen die Experimente schwieriger gestalten. Bei Füchsen, Hirschen, Menschenaffen und beim Menschen sind die chemischen Kommunikationssysteme unter Umständen sehr komplex. Pheromonsignale können über die Haut, über Duftdrüsen, den Speichel, den Kot oder den Urin freigesetzt werden; man stellte in solchen Quellen Mischungen aus zahlreichen verschiedenen flüchtigen Komponenten fest (Albone 1984). Chemisch gesehen handelt es sich dabei um linearkettige sowie auf Isoprenoiden basierende Kohlenwasserstoffe, um Lactone mit kleinem oder großem Ringsystem, um Mercaptane, Dithiacyclopentane und Steroide. Auch beim Menschen gibt es eindeutig Wechselwirkungen über Pheromone, aber ihre chemische Grundlage ist noch nicht geklärt.

Tabelle 8.5: Die chemische Grundlage von Insektenpheromonen

Pheromonklasse	Substanztypen
Geschlechtspheromon	Mischungen ungesättigter Kohlenwasserstoffe, ringförmige Derivate, Terpenoide, Alkaloide
Spurpheromon	Pyrrole, Pyrazine, langkettige Alkohole
Alarmpheromon	organische Säuren, Kohlenwasserstoffe, Monoterpene
Aggregationspheromon	Monoterpene, bizyklische Ether

Die größte Variabilität in den chemischen Abwehrsubstanzen beobachtet man bei den Arthropoden; daher haben wir unsere Aufmerksamkeit in Abschnitt IV dieses Kapitels auf diese Wirbellosen gerichtet statt auf andere Tiere. Infolge zahlreicher Experimente (Pasteels et al. 1983) kristallisierten sich einige allgemeine Prinzipien heraus (Tabelle 8.6). Arthropoden weisen eine erstaunliche chemische Bewaffnung auf, am ausgeprägtesten ist sie bei Soldaten der Termiten. Diese Insekten sind wandelnde Waffen; sie können ihre Opfer beißen, nach ihnen schnappen, sie bespritzen, einnebeln, beschmieren, Fäkalien absetzen oder explosionsartig auf sie schießen (Prestwich 1986). Zu den bei Termiten identifizierten Substanzen gehören Alkane, Alkene, Diterpene, β-Ketoaldehyde, makrozyklische Lactone, Nitroalkene und Chinone. Das ist jedoch nur ein geringer Teil des che-

Tabelle 8.6: Einige Merkmale chemischer Abwehr von Arthropoden

1. Variable Verteilung in der Natur; häufiger (?) bei großen, auffälligen und langlebigen Tieren.
2. Abwehrsekrete wirken in der Regel gegen viele Feinde.
3. Die chemischen Toxine ähneln mehr oder weniger jenen von Pflanzen.
4. Die Substanzen können klebrig sein, stark reizend oder giftig auf die Feinde wirken.
5. Mischungen verwandter Substanzen sind häufig und können eine synergistische Wirkung haben.
6. Es können chemische Unterschiede zwischen den Geschlechtern und zwischen Larven und Adulten auftreten.
7. Abwehrsekrete können Pheromoneigenschaften haben.

mischen Wettrüstens, das in der Welt der Insekten im Gange ist und zwischen Insekten untereinander oder zwischen Insekt und Räuber ausgetragen wird. Wie Blum betonte (1981), muß die Mehrzahl der Arthropoden noch auf ihre Abwehrsekrete hin untersucht werden, so daß wir immer noch vieles über dieses Gebiet der ökologischen Biochemie lernen können.

Literatur

Bücher und Übersichtsartikel

Agosta, W. C. *Dialog der Düfte. Chemische Kommunikation.* Heidelberg (Spektrum Akademischer Verlag) 1994.

Albone, E. S. *Mammalian Semiochemistry: The Investigation of Chemical Signals Between Mammals.* Chichester (Wiley) 1984. S. 360.

Baker, R.; Evans, D. A. *Chemical Mediation of Insect Behaviour.* In: *Chem. Brit.* 16 (1980) S. 412–415.

Bell, W. J.; Carde, R. T. *The Chemical Ecology of Insects.* Sunderland, Mass. (Sinauer Associates) 1984. S. 524.

Birch, M. C.; Haynes, K. F. *Insect Pheromones.* In: *Studies in Biology Nr. 147.* London (Edward Arnold) 1982.

Blum, M. S. *Chemical Defenses of Arthropods.* New York (Academic Press) 1981.

Daley, J. W.; Spande, T. F. *Amphibian Alkaloids: Chemistry, Pharmacology and Biology.* In: Pelletier, S. W. (Hrsg.) *Alkaloids: Chemical and Biological Perspectives.* New York (Wiley) 1986. Bd. 4, S. 4–274.

Eisner, T. *Chemistry, Defense and Survival: Case Studies and Selected Topics.* In: Locke, M.; Smith, D. S. (Hrsg.) *Insect Biology in the Future.* New York (Academic Press) 1980. S. 847–878.

Fenical, W. *Marine Alkaloids and Related Compounds.* In: Pelletier, S. W. (Hrsg.) *Alkaloids: Chemical and Biological Perspectives.* New York (Wiley) 1986. Bd. 4, S. 276–330.

Jacobson, M.; Green, N.; Warthen, D.; Harding, C.; Toba, H. H. *Sex Pheromones of the Lepidoptera. Structure-Activity Relationships.* In: Beroza, M. (Hrsg.) *Chemicals Controlling Insect Behaviour.* New York (Academic Press) 1970. S. 3–20.

Jones, T. H.; Blum, M. S. *Arthropod Alkaloids: Distributions, Functions and Chemistry.* In: Pelletier, S. W. (Hrsg.) *Alkaloids: Chemical and Biological Perspectives.* New York (Wiley) 1983. Bd. 1, S. 33–84.

Martin, M. M. *Biochemical Basis of the Fungus-Attine Ant Symbiosis.* In: *Science* 169 (1970) S. 16–19.

Naylor, S. *Chemical Interactions in the Marine World.* In: *Chem. Brit.* 20 (1984) S. 118–225.

Pasteels, J. M.; Gregoire, J. C.; Rowell-Rahier, M. *The Chemical Ecology of Defence in Arthropods.* In: *Ann. Rev. Entomol.* 28 (1983) S. 263–289.

Prestwich, G. D. *Chemical Systematics of Termite Exocrine Secretions.* In: *Ann. Rev. Ecol. Syst.* 14 (1983) S. 287–311.

Prestwich, G. D. *Chemical Defense and Self-Defense in Termites.* In: Atta-ur-Rahman (Hrsg.) *Natural Product Chemistry.* Berlin (Springer) 1986.

Ritter, F. J. (Hrsg.) *Chemical Ecology: Odour Communication in Animals.* Amsterdam (Elsevier) 1979.

Rockstein, M. (Hrsg.) *Biochemistry of Insects.* New York (Academic Press) 1978.

Rothschild, M. *Secondary Plant Substances and Warning Coloration in Insects.* In: Emden, H. F. van (Hrsg.) *Insect-Plant Relationships.* Oxford (Oxford University Press) 1973. S. 59–83.

Schildknecht, H. *Evolutionary Peaks in the Defensive Chemistry of Insects.* In: *Endeavour* 30 (1971) S. 136–141.

Stoddart, D. M. *The Ecology of Vertebrate Olfaction.* London (Chapman & Hall) 1980a.

Stoddart, D. M. (Hrsg.) *Olfaction in Mammals.* London (Academic Press) 1980b.

Stoddart, D. M. *The Scented Ape.* Cambridge (Cambridge University Pess) 1990.

Tursch, B.; Braekman, J. C.; Daloze, D. *Arthropod Alkaloids.* In: *Experientia* 32 (1976) S. 401–407.

Wilson, E. O. *Chemical Communication Within Animal Species.* In: Sondheimer, E.; Simeone, J. B. (Hrsg.) *Chemical Ecology.* New York (Academic Press) 1972. S. 133–156.

Sonstige Quellen

Albone, E. S.; Perry, G. C. In: *J. Chem. Ecol.* 2 (1976) S. 101–111.

Amoore, J. E.; Forrester, L. J. In: *J. Chem. Ecol.* 2 (1976) S. 49–56.

Bird, S.; Gower, D. B. In: *Experientia* 39 (1983) S. 790.

Bird, S.; Gower, D. B.; Sharma, P.; House, F. R. In: *Experientia* 41 (1985) S. 1134.

Bjorkman, C.; Larsson, S. In: *Ecological Entomol.* 16 (1991) S. 283–289.

Bjostad, L. B.; Lynn, C. E.; Du, T. W.; Roelofs, W. L. In: *J. Chem. Ecol.* 10 (1984) S. 1309–1324.

Blum, M. S.; Jones, T. H.; Hölldobler, B.; Fales, H. M.; Jaouni, T. In: *Naturwissensch.* 67 (1980) S. 144f.

Bowers, W. S.; Bodenstein, W. G. In: *Nature* 232 (1971) S. 259–261.

Bradshaw, J. W. S.; Baker, R.; Howse, P. E. In: *Physiol. Entomol.* 4 (1979) S. 15–46.

Bronson, F. H. In: *Q. Rev. Biol.* 54 (1979) S. 265.

Brownlee, R. G.; Silverstein, R. M.; Muller-Schwarze, D.; Singer, A. G. In: *Nature* 221 (1969) S. 284f.

Carlson, D. A.; Schlein, Y. In: *J. Chem. Ecol.* 17 (1991) S. 267–284.

Carrière, Y.; Millar, J. G.; McNeill, J. N.; Miller, D.; Underhill, E. W. In: *J. Chem. Ecol.* 14 (1988) S. 947–956.

Carté, B.; Faulkner, D. J. In: *J. Org. Chem.* 48 (1983) S. 2314.

Claus, R.; Hoppen, H. O. In: *Experientia* 35 (1979) S. 1674f.

Collins, A. M.; Rindever, T. E.; Daly, H. V.; Harbo, J. B.; Pesante, D. In: *J. Chem. Ecol.* 15 (1989) S. 1747–1756.

Crisp, D. J.; Meadows, P. S. In: *Proc. R. Soc.* 156B (1962) S. 500–520.

Cromwell, B. T.; Richardson, M. In: *Phytochemistry* 5 (1956) S. 735–746.

Crump, D. R.; Moors, P. J. In: *J. Chem. Ecol.* 11 (1985) S. 1037–1044.

Crump, D.; Silverstein, R. M.; Williams, H. J.; Fitzgerald, T. D. In: *J. Chem. Ecol.* 13 (1987) S. 397–402.

Dawson, G. W.; Griffiths, D. C.; Janes, N. F.; Mudd, A.; Pickett, J. A.; Wadhams, L. J.; Woodcock, C. M. In: *Nature* 325 (1987) S. 614–616.

Duffey, S. S.; Blum, M. S. In: *Insect Biochem.* 7 (1977) S. 57–66.

Dulka, J. G.; Stacey, N. E.; Sorensen, P. W.; Van der Kraak, G. J. In: *Nature* 325 (1987) S. 251–253.

Eisner, T. In: *Science* 146 (1964) S. 1318–1320.

Eisner, T.; Hendry, L. B.; Peakall, D. B.; Meinwald, J. In: *Science* 172 (1971) S. 277–279.

Eisner, T.; Johnessee, J. S.; Carvell, J.; Hendry, L. B.; Meinwald, J. In: *Science* 184 (1974) S. 996–999.

Eisner, T.; Conner, W. E.; Hicks, K.; Dodge, K. R.; Rosenberg, H. I.; Jones, T. H.; Cohen, M.; Meinwald, J. In: *Science* 196 (1977) S. 1347–1349.

Eisner, T.; Wiemer, D. F.; Haynes, L. W.; Meinwald, J. In: *Proc. Natn. Acad. Sci. U.S.A.* 75 (1978) S. 905–908.

Eisner, T.; Nowicki, S.; Goetz, M.; Meinwald, J. In: *Science* 208 (1980) S. 1039–1041.

Evershed, R. P.; Morgan, E. D.; Cammaerts, M. C. In: *Insect Biochem.* 12 (1982) S. 383.

Fish, L. J.; Pattenden, G. In: *J. Insect Physiol.* 21 (1975) S. 741–744.

Gaston, L. K.; Kaae, R. S.; Shorey, H. H.; Sellers, D. In: *Science* 196 (1977) S. 904f.

Gilbert, L. E. In: *Science* 193 (1976) S. 419f.

Hill, J. O.; Parlik, E. J.; Smith, G. L.; Burghardt, G. M.; Coulson, P. B. In: *J. Chem. Ecol.* 2 (1976) S. 239–253.

Howard, R. W.; McDaniel, C. A.; Blomquist, G. J. In: *Science* 210 (1980) S. 431f.

Kunesch, G.; Zagatti, P.; Pourreau, A.; Cassini, R. In: *Naturwissensch.* 42c (1987) S. 657–659.

Lanier, G. N. In: *Bull. Entomol. Soc. Am.* 25 (1979) S. 109–111.

Linnaeus, C. In: *Amoenitates Academicae* 3 (1756) S. 200.

Lofstedt, C.; Herrebourt, W.; Du, J. W. In: *Nature* 323 (1986) S. 621–623.

Moore, B. P. In: *J. Aust. Entomol. Soc.* 6 (1967) S. 36–38.

Morris, H. R.; Taylor, G. W.; Masento, M. S.; Jermyn, K. A.; Kay, R. R. In: *Nature* 328 (1987) S. 811–814.

Muller-Schwarze, D.; Singer, A. G.; Silverstein, R. M. In: *Science* 183 (1974) S. 860–862.

Pickett, J. A.; Williams, I. H.; Smith, M. C.; Martin, A. P. In: *J. Chem. Ecol.* 7 (1981) S. 543–554.

Raina, A. K.; Kingan, T. G.; Mattoo, A. K. In: *Science* 255 (1992) S. 592–594.

Raupp, M. J.; Milan, F. R.; Barbosa, P.; Leonhardt, B. A. In: *Science* 232 (1986) S. 1408f.

Raymer, J.; Wiesler, M.; Novotny, C.; Asa, U.; Seal, U. S.; Mech, L. D. In: *J. Chem. Ecol.* 11 (1985) S. 593.

Robinson, S. W.; Moser, J. C.; Blum, M. S.; Amante, E. In: *Insectes Soc.* 21 (1974) S. 87–94.

Schwende, F. J.; Wiesler, D.; Novotny, M. In: *Experientia* 40 (1984) S. 213–215.

Sinnwell, V.; Schulz, S.; Franke, W.; Kittmann, R.; Schneider, D. In: *Tetrahedron Lett.* 26 (1985) S. 1707–1710.

Starr, R. C. In: *Proc. Natl. Acad. Sci. U.S.A.* 59 (1968) S. 1082–1088.

Stowe, M. K.; Tumlinson, J. H.; Heath, R. R. In: *Science* 236 (1987) S. 964–966.

Sullivan, T. P.; Nordstrom, L. O.; Sullivan, D. S. In: *J. Chem. Ecol.* 11 (1985) S. 903–920.

Thiessen, D. D.; Regnier, F. E.; Rice, M.; Goodwin, M.; Isaaks, N.; Lawson, N. In: *Science* 184 (1974) S. 83–85.

Tumlinson, J. H.; Silverstein, R. M.; Moser, J. C.; Brownlee, R. G.; Ruth, J. M. In: *Nature* 234 (1971) S. 348f.

Tschinkel, W. R. In: *J. Insect Physiol.* 21 (1975) S. 753–783.

9

Biochemische Wechselwirkungen zwischen höheren Pflanzen

I. Einführung

Im Darwinschen Kampf ums Dasein konkurrieren höhere Pflanzen in einem Ökosystem untereinander unter anderem um Feuchtigkeit, Licht und Nährstoffe des Bodens. Im Verlauf dieses Kampfes haben sie verschiedene Abwehrmechanismen gegen ihre Nachbarn entwickelt; wo immer diese Abwehr chemischer Natur ist, bezeichnet man sie als Allelopathie. Allelopathie stellt also die chemische Konkurrenz unter Pflanzen dar, und man kann dieses Phänomen als weiteres Stadium der chemischen Ökologie betrachten, wobei eine höhere Pflanze eine andere in der natürlichen Umgebung beeinflußt.

    Molisch (1937) definierte das Wort Allelopathie als erster und benutzte es im weitesten Sinne, um »biochemische Wechselwirkungen zwischen allen Pflanzentypen« zu beschreiben; er schloß dabei sowohl nachteilige als auch vorteilhafte Wechselbeziehungen ein. Rice (1984) verwendet in seiner Monographie über dieses Thema eine ähnliche Definition. Wie Molisch betrachtet Rice Allelopathie als allumfassenden Begriff, der die meisten Formen biochemischer Wechselwirkungen einschließt, darunter auch die zwischen höheren Pflanzen und Mikroorganismen. Muller (1970) hingegen, einer der bedeutendsten Pioniere der modernen Entwicklungen auf diesem Gebiet, zieht es vor, den Begriff Allelopathie auf Wechselbeziehungen zwischen höheren Pflanzen zu beschränken. Diese Beschränkung behalte ich hier auch bei und spare Interaktionen zwischen höheren und niederen Pflanzen für Kapitel 10 auf. Wenngleich es aus vielen Gesichtspunkten praktisch ist, eine solche Unterscheidung zu treffen, sollte man doch darauf hinweisen, daß niedere Pflanzen indirekt auch an Wechselbeziehungen zwischen höheren Pflanzen beteiligt sind. So kann die Wirksamkeit der Substanzen, die eine höhere Pflanze zur Beeinflussung einer anderen produziert, davon abhängen, mit welcher Geschwindigkeit Mikroorganismen des Bodens solche Verbindungen zu entgiften und weiter umzusetzen vermögen.

Die bei höheren Pflanzen an solchen Beziehungen beteiligten Verbindungen – als allelopathische Substanzen oder Toxine bezeichnet – sind typische sekundäre Pflanzenstoffe von meist niedrigem Molekulargewicht und relativ einfacher Struktur. Die meisten definitiv identifizierten sind entweder flüchtige Terpene oder andere Phenolverbindungen. Wie unter anderem Whittaker (1972) behauptete, sind die allelopathischen Substanzen der Pflanzen vielleicht ursprünglich als Reaktion auf einen Selektionsdruck durch Herbivoren entstanden und wirken aufgrund ihrer chemischen Natur nur sekundär auf andere Pflanzen. Dieser Theorie zufolge führte die Evolution von Abschreckstoffen gelegentlich zur Produktion von Verbindungen, die aus der Pflanze austreten und von Blättern, Stengeln oder Wurzeln in die Umgebung abgesondert werden. Solche Substanzen könnten somit zufällig in die Wechselbeziehung zwischen einer höheren Pflanze und einer anderen verwickelt worden sein, und aufgrund der vorteilhaften Auswirkungen hinsichtlich der verminderten Konkurrenz hat die Pflanze sie weiterhin synthetisiert.

Chemische Abwehrmechanismen werden am häufigsten bemüht, wenn ein Pflanzentyp, beispielsweise ein Busch oder Baum, mit einem anderen Typ konkurriert, etwa mit einer krautigen Pflanze oder einem Gras. Einige der anschaulichsten Beispiele für Allelopathie stammen aus Studien solcher Beziehungen. Konkurrenz zwischen Pflanzen derselben Wuchsform, zum Beispiel unter krautigen Pflanzen, kann jedoch ebenfalls allelopathische Wirkungen beinhalten (siehe Newman und Rovira 1975). Außerdem kann es auch zwischen Individuen derselben Art zu allelopathischen Effekten kommen, insbesondere wenn Feuchtigkeits- oder Nährstoffmangel das Wachstum begrenzen; manchmal verwendet man in solchen Fällen den Begriff „Autotoxizität". Am schärfsten ist die Konkurrenz um die biologischen Standardvariablen in extremen Klimaten; so stammen einige der ersten nachweislichen Beispiele für Allelopathie von Wüstenpflanzen. Man beobachtete solche Wechselwirkungen jedoch auch bei Pflanzen in einer Reihe anderer Lebensräume vom offenen Grasland bis zum feuchten Regenwald, so daß es wohl in jedem Klima zu Allelopathie kommen kann.

Historisch gesehen war der Systematiker de Candolle (1832) einer der ersten, der von Situationen berichtete, in denen offenbar chemische Wechselwirkungen zwischen verschiedenen Arten höherer Pflanzen auftraten. Er bemerkte zum Beispiel, daß Disteln in einem Kornfeld sich nachteilig auf Haferpflanzen auswirkten und daß Wolfsmilch das Wachstum von Flachs behinderte. De Candolle beschrieb auch Versuche mit Bohnenpflanzen, die nach Eintauchen in Wasser, das von den Wurzeln anderer Individuen derselben Art abgegebene Stoffe enthielt, schwach wurden und starben. In der botanischen Literatur sammelten sich bis etwa 1925 noch zahlreiche weitere mannigfaltige Beobachtungen ähnlicher Art an. In diesem Jahr lieferte Massey einen der ersten eindeutigen Beweise für Allelopathie zwischen Bäumen und Kräutern; er führte eine Reihe von Versuchen durch, um zu zeigen, daß die Schwarze Walnuß (*Juglans nigra*) Substanzen produziert, die in ihrer Nähe wachsende Tomaten und Luzerne abtöten.

Während des Zweiten Weltkrieges zwischen 1939 und 1945 wurde die Erforschung der Allelopathie durch die größtenteils zufälligen Beobachtungen von Pflanzenphysiologen vorangebracht, die an Kriegsprojekten arbeiteten; sie beobachteten allelopathische Wechselwirkungen zwischen Pflanzen in der kalifornischen Wüste, insbesondere zwischen den Büschen *Encelia farinosa* und *Parthenium argentatum* (Guayule). Doch erst durch die Pionierarbeiten von Muller und seinen Kollegen (zusammengefaßt in Muller und Chou 1972) über den kalifornischen Chaparral (eine Trockenbuschvegetation) und von Rice (1984) über chemische Faktoren in Sukzessionen auf brachliegenden Feldern wurde das Konzept der pflanzlichen Allelopathie wirklich etabliert. Die meisten unserer derzeitgen Informationen über Allelopathie stammen aus einer Reihe von Artikeln, die Muller und seine Mitarbeiter aus Santa Barbara in Kalifornien über einen Zeitraum von 20 Jahren veröffentlichten.

Selbst heute erkennen noch nicht alle Pflanzenökologen die Allelopathie als bedeutenden Faktor der Konkurrenz in Pflanzengemeinschaften an. Den extremsten Standpunkt gegen die Vorstellung der chemischen Konkurrenz unter Pflanzen nimmt Harper (1977) in einer kritischen Zusammenfassung der bis zu diesem Zeitpunkt vorhandenen Literatur ein. Ein Problem ist sicherlich, daß es ausgesprochen schwierig ist, einen schlüssigen Beweis für Allelopathie in einer bestimmten Situation zu erhalten; selbst nach sorgfältigen Untersuchungen, wie sie Muller und seine Mitarbeiter durchgeführt haben, bleiben immer noch viele Facetten der Wechselbeziehung, die weitere Studien erfordern. Dennoch kann man auf die zahlreichen Indizien verweisen, welche die Ansicht unterstützen, daß zwischen höheren Pflanzen chemische Wechselwirkungen bestehen, und von denen die meisten in dem Buch von Rice erwähnt sind. Und in der Tat: Betrachtet man die enorme Fähigkeit von Angiospermen, ein solch großes Spektrum weitverbreiteter, hochgiftiger Verbindungen zu synthetisieren, dann wäre es wirklich sehr überraschend, wenn überhaupt keine derartigen Wechselbeziehungen bestünden. Einigen der kritischen Beurteilungen der Allelopathie in der Vergangenheit liegt vielleicht nur eine mangelnde Einschätzung der chemischen Vielfältigkeit höherer Pflanzen sowie der Fülle der produzierten chemischen Verbindungen und deren beträchtlicher physiologischer Auswirkungen zugrunde.

Muller selbst war stets bemüht, die Hinweise auf Allelopathie bei Pflanzen nicht überzubewerten. Wie er es ausdrückt (Muller und Chou 1972): »Sie ist einer von mehreren grundlegenden ökologischen Vorgängen, deren chemische Ursache nur ein weiterer bedeutender Faktor im Gesamtkomplex der Umweltfaktoren ist.

Der Chemie kommt keine größere Bedeutung zu als dem Licht, der Temperatur, der Feuchtigkeit und den mineralischen Nährstoffen ... sie bestimmt wie diese alle einen Teil der pflanzlichen Umwelt. Sie kann aber auch genau wie die anderen Variablen zu einem begrenzenden Faktor werden und auf diese Weise Kontrolle ausüben.«

In der vorliegenden kurzen Zusammenstellung über Allelopathie werde ich den Schwerpunkt auf Beispiele legen, bei denen allelopathische Substanzen chemisch charakterisiert wurden. Die bedeutendsten Belege für Allelopathie finden sich bei Rice (1984). Neuere Entwicklungen auf diesem Gebiet und in der Methodik allelopathischer Experimente sind in Putnam und Tang (1986) vorgestellt. Nachschlagenswerte allgemeine Überblicke liefern Muller und Chou (1972), Whittacker (1972), Newman (1978), Stowe und Kil (1983) sowie Fischer (1991).

II. Der Walnußbaum

Gärtner und Bauern haben das Konzept der Allelopathie unbewußt schon seit vielen Jahren erkannt, indem sie beobachteten, daß einige Pflanzen gedeihen, wenn man sie nahe zusammen anbaut, andere jedoch nicht. Ein Baum, von dem man schon seit langem – sogar schon seit der Zeit von Plinius (23 bis 79 nach Christus) – weiß, daß er eine allelopathische Wirkung auf andere Arten ausübt, wenn man diese in der Nähe anbaut, ist die Schwarze Walnuß (*Juglans nigra*). Der antagonistische Effekt der Walnuß wurde bereits bei solch unterschiedlichen Pflanzen wie Kiefern, Kartoffeln und Getreide nachgewiesen. Es gibt sogar Berichte, daß das Gift von *Juglans nigra* Apfelbäume abtötet, wenn man sie zu nahe anpflanzt (Schneiderhan 1927). Die meisten Beobachtungen über Walnußbäume beziehen sich auf die nordamerikanische Schwarze Walnuß, die als Nutzholz angebaut wird; aber der Effekt gilt vielleicht genauso für die europäische, wegen ihrer Nüsse angepflanzte Echte Walnuß (*J. regia*) sowie für weitere Arten der Gattung.

Die ersten direkten Hinweise auf die Ursachen der fatalen Wirkungen der Walnußtoxine auf Kräuter erhielt Massey (1925); er pflanzte Tomaten- und Luzernepflanzen in einem Umkreis von 27 Metern um den Stamm eines Walnußbaumes und stellte fest, daß viele der Pflanzen abstarben (Abb. 9.1). Die Tomatenpflanzen blieben nur dort von der Allelopathie unbeeinflußt, wo die Wurzeln des Baumes nicht hinreichten. Massey nahm damals an, die Pflanzen würden durch Giftabsonderungen von den Wurzeln getötet.

Spätere Forschungen von Bode (1958) deuteten darauf hin, daß diese einfache Vorstellung von Absonderungen der Wurzeln wohl falsch war und daß die toxischen Wirkungen vielmehr auf Auswaschung eines gebundenen Giftes aus den Blättern, dem Stamm und den Ästen des Walnußbaumes beruhten. Dieses würde dann im Boden hydrolysiert und oxidiert, und dadurch das eigentliche Gift freigesetzt, welches schließlich die in der Nähe wachsenden einjährigen Arten tötete.

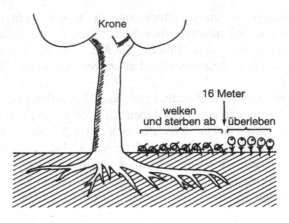

9.1 Die Auswirkungen des Anbaus von Tomaten in der Nähe von Walnußbäumen.

Die Reichweite der Giftwirkung wurde somit durch die Blattfläche des Baumes bestimmt und dadurch, wie gut die Auswaschung die umgebende Erde zu durchtränken vermag. Die vorläufigen Ergebnisse unserer eigenen Experimente zu diesem Thema an der Universität Reading legen nahe, daß in Wirklichkeit Auswaschungen sowohl der Wurzeln als auch der Blätter beteiligt sein könnten.

Das gebundene Toxin identifizierte man als 4-Glucosid von 1,4,5-Trihydroxynaphthalin, das durch Hydrolyse und Oxidation zum Naphthochinon Juglon umgebaut wird (Abb. 9.2). Juglon ist ein wasserlösliches gelbes Pigment, und die charakteristische Braunfärbung der Hände, wenn man mit Walnüssen hantiert, ist zum großen Teil auf diese Verbindung zurückzuführen. Juglon ist in seinem Vorkommen strikt auf die grünen Teile des Baumes beschränkt und wird von totem Gewebe und reifen Nüssen abgegeben. Seine immense Giftwirkung ist weithin bekannt. Viele Pflanzen (zum Beispiel Tomaten, Luzerne) sterben ab, wenn man ihnen über die Blattstiele Juglon injiziert. Es hemmt auch in bedeutendem Maße die Keimung der Samen und kann auf diese Weise leicht in Bioassays getestet werden. So unterbindet Juglon in einer Konzentration von 0,002 Prozent völlig die Keimung von Salatsamen, den man mit einer solchen Lösung behandelt hat.

$$\text{gebundene Form des Giftes} \quad \xrightarrow[\text{2. Oxidation}]{\text{1. Hydrolyse}} \quad \text{Juglon (5-Hydroxynaphthochinon)}$$

9.2 Freisetzung von Juglon aus der gebundenen Form.

Die Walnuß ist deshalb von besonderem Interesse, weil das Toxin in der Pflanze in einer ungefährlichen, gebundenen Form auftritt und erst nach dem Auswaschen aus den Blättern und aus dem Stamm in den Boden aktiv wird und seine Wirkung ausüben kann. Um als ökologischer Wirkstoff von Nutzen zu sein, muß Juglon natürlich über einen beträchtlichen Zeitraum im Boden um den Baum herum überdauern, und seine Konzentration muß wahrscheinlich regelmäßig durch Regen aufgefrischt werden.

Wie Messungen der Juglonkonzentration im Boden unter *J. nigra* gezeigt haben, sind in den oberen Schichten (bis zu einer Tiefe von acht Zentimetern) wie erwartet große Mengen vorhanden, doch sind selbst in einer Tiefe von 1,8 Metern immer noch geringe Mengen feststellbar (1 μg/g Erde). Diese Mengen reichen unter gemischten Beständen von *J. nigra* und Schwarzerle (*Alnus glutinosa*) aus, um das wohlbekannte Erlensterben herbeizuführen, das man beobachtet, wenn man letztere gemischt mit Walnußbäumen anpflanzt (Ponder und Tadros 1985).

Wie viele Pflanzen empfindlich für das Walnußgift sind, ist noch nicht bekannt. Reitveld (1983) überprüfte die Auswirkung von Juglon auf die Keimung und das Wachstum von Kräutern und Bäumen und fand dabei heraus, daß alle Arten bis zu einer Konzentration von 1×10^{-3} M empfindlich waren; einige waren jedoch stärker betroffen als andere. Die gleichen unterschiedlichen Auswirkungen beobachtet man in der Natur. Während Erlen, krautige Pflanzen und *Erica*-Gebüsche von Juglon ausgeschlossen werden, weiß man von Brombeeren (*Rubus fruticosus*) und Wiesenrispengras (*Poa pratensis*), daß sie durchaus in der Lage sind, Walnußbäume zu tolerieren und unter ihnen zu wachsen (Brooks 1951).

III. Wüstenpflanzen

Bei Wüstenpflanzen könnte man erwarten, daß die beträchtliche Konkurrenz um das begrenzte Wasser im Boden zur Entwicklung vieler kompetitiver Mechanismen führt, darunter auch Allelopathie; sie müßten bei jenen Pflanzen deutlich werden, die unter diesen harten Bedingungen zu überleben vermögen. Daß Allelopathie für Wüstenpflanzen wirklich ein bedeutender Faktor ist, geht aus der Tatsache hervor, daß man unter den Kronen einiger – aber nicht aller – Büsche und um sie herum nackte Bodenflecken findet, auf denen anscheinend keine Annuellen gedeihen können. Eine solche Buschpflanze, erforscht von Went (1942), ist *Encelia farinosa* (Asteraceae), die beispielsweise in der Mohavewüste Zentralkaliforniens wächst. Indem sie das Wachstum einjähriger Pflanzen verhindert, sichert sie die vorhandene Feuchtigkeit in einem Umkreis von etwa einem Meter von ihrem Standort für sich selbst.

Went (1942) behauptete, der Effekt von *Encelia* beruhe auf einer Absonderung der Wurzeln, die sich toxisch auf Annuelle wie *Malacothrix* auswirkt. Gray und Bonner (1948) gelang es jedoch später, aus den Blättern ein Gift zu isolieren, das nicht selbstinhibitorisch wirkt, aber viele andere Pflanzen nachdrücklich hemmt. Sie identifizierten diese Substanz als 3-Acetyl-6-methoxybenzaldehyd (Abb. 9.3), ein einfaches Benzolderivat mit zwei funktionellen Carbonylgruppen. Das Toxin wird zwar vorwiegend in den Blättern produziert, jedoch erst freigesetzt, wenn diese abgefallen sind und verwesen; es verbleibt mindestens so lange in der Erde, bis es durch starke Regenfälle ausgewaschen wird. Bei einer Reihe anderer strauchiger Korbblütler stellte man Acetophenone verwandter Struktur zu dem Toxin von *Encelia* fest (Hegnauer 1977), und so verfügen diese Arten möglicherweise über einen ähnlichen Isolationsmechanismus.

COMe

CHO

OMe

3-Acetyl-6-methoxybenzaldehyd
(*Encelia farinosa*)

$C=C$ H
H CO$_2$H

E-Zimtsäure
(*Parthenium argentatum*)

9.3 Gifte von Wüstenbüschen.

Auch Muller und Muller (1953, 1956) erforschten die Rolle der Toxine in den Lebensgemeinschaften von Wüstenbüschen recht detailliert. Wie sie herausfanden, sind zwei weitere Büsche, der Korbblütler *Franseria dumosa* (Asteraceae) und das Rötegewächs *Thamnosma montana* (Rutaceae), zwar imstande, wasserlösliche Toxine zu produzieren, sie üben aber keine allelopathische Wirkung auf benachbarte Annuelle aus. Bioassays an Tomatensämlingen deuteten auf eine höhere Toxizität als bei *Encelia* hin. Toxine spielen also als Kontrollfaktoren bei der Entwicklung einer Flora aus einjährigen Pflanzen in der Wüste eine komplexe Rolle; aber auch andere Faktoren, wie der Aufbau einer organischen Streuschicht um die Büsche herum, könnten für das Vorhandensein beziehungsweise Fehlen von Annuellen verantwortlich sein. Ebenfalls von Bedeutung ist wohl die Fähigkeit von Mikroorganismen, selektiv einige allelopathische Verbindungen zu entgiften und andere nicht. Der Aldehyd von *Encelia* ist vielleicht resistent gegen einen Abbau, wogegen die Toxine anderer Büsche womöglich rascher im Boden verlorengehen. Während das Gift von *Franseria* noch nicht identifiziert ist, besteht das von *Thamnosma* aus einer Mischung von Furanocumarinen (Bennett und Bonner 1953), von der man sich gut vorstellen kann, daß sie von Mikroorganismen rasch umgesetzt wird. Um detaillierte Informationen über den Abbau dieser Toxine im Boden zu erhalten, bedarf es jedoch noch weiterer Forschungen.

Eines der wenigen Beispiele für eine Wachstumshemmung durch die Wurzeln anstelle der Blätter verkörpert die Kautschukpflanze Guayule (*Parthenium argentatum*, Asteraceae). Bemerkenswerterweise wirkt sich in diesem Fall die in den Wurzeln produzierte Substanz auf die eigene Art hemmend aus, auf andere Arten jedoch offensichtlich nicht. Man entdeckte das Toxin bei Versuchen, die darauf ausgerichtet waren, neue pflanzliche Quellen für Kautschuk zu erschließen: In den regelmäßig angelegten Plantagen von *Parthenium*-Pflanzen wuchsen die Individuen am Rande der Anbaufläche besser als jene in der Mitte (Abb. 9.4). Diese Unterschiede ließen sich auch nicht durch zusätzliche Bewässerung oder Mineralgaben beheben. Außerdem kamen die Wurzeln benachbarter Pflanzen einander nicht in die Quere, sondern wuchsen separat, und Sämlinge konnten sich nie unter größeren *Parthenium*-Pflanzen etablieren, wohl aber erfolgreich unter den Kronen anderer Büsche.

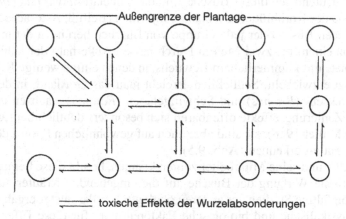

9.4 Effekt der Selbstinhibierung in Plantagen von *Parthenium argentatum* (Guayule).

Nachfolgende Experimente zeigten, daß die Absonderungen der *Parthenium*-Wurzeln ein spezielles Gift enthalten; man identifizierte es als (*E*)-Zimtsäure, eine einfache aromatische Verbindung (Abb. 9.3). Die Auswaschung aus 20 000 Wurzeln lieferte schließlich 1,6 Gramm Giftstoff (Bonner und Galston 1944). (*E*)-Zimtsäure wirkt in einer Konzentration von 0,0001 Prozent toxisch auf das Wachstum von *Parthenium*, während Tomatensämlinge erst beeinträchtigt werden, wenn man sie mit einer Lösung der hundertfachen Konzentration behandelt.

Zimtsäure schränkt auch das Wachstum von Topfpflanzen ein, aber sie überdauert nicht lange, so daß die Wurzeln sie ständig produzieren müssen, um die allelopathische Wirkung aufrechtzuerhalten. Noch ist nicht klar, ob diese Verbindung irgendeine Bedeutung für die natürlichen Bestände von *Parthenium argentatum* hat; vermutlich bewirkt sie aber, daß die Pflanzen so weit voneinander entfernt wachsen, daß man normalerweise keine Wachstumshemmung beobachtet. Es ist jedoch vorstellbar, daß die Zimtsäure das Wachstum einheimischer Konkurrenten von *Parthenium* beeinträchtigt und so eine Doppelrolle ausfüllt, indem sie die Konkurrenz sowohl durch Artgenossen als auch durch Pflanzen anderer Arten vermindert.

IV. Allelopathie im kalifornischen Chaparral

A. Flüchtige Terpene und der Feuerzyklus

Der kalifornische Chaparral ist ein Vegetationsgebiet mit mediterranem Klima und relativ geringen Regenfällen entlang des Küstenstreifens von Südkalifornien; es grenzt an Gebiete natürlichen, unkultivierten Graslandes an. Eines der verblüffendsten Naturphänomene in diesem verbuschten Grasland ist die Zonierung von Kräutern um die Buschdickichte herum, die diese Flora beherrschen. Zwei der bedeutendsten dieser Büsche sind die Salbeiart *Salvia leucophylla* (Lamiaceae) und der Korbblütler *Artemisia californica* (Beifuß, Asteraceae). Unmittelbar um jeden Busch oder jede Gruppe von Büschen herum findet man nackte Flächen von einem bis zwei Metern Durchmesser. Außerhalb der kahlen Zonen liegen Gebiete mit kümmerlichem Bewuchs, in denen einige wenige Kräuter sich nur begrenzt entwickeln. Schließlich erreicht man das Grasland, in dem Hafer- (*Avena*), Trespen- (*Bromus*) und Schwingelarten (*Festuca*) wachsen und gedeihen. Diese Zonierungseffekte offenbaren sich besonders deutlich bei Luftaufnahmen (siehe Muller 1966), sie sind aber auch auf gewöhnlichen Photos der lokalen Vegetation gut zu erkennen (Abb. 9.5).

Wie Muller und seine Mitarbeiter zeigen konnten, beruht diese bemerkenswerte inhibitorische Wirkung der Büsche auf die umgebenden Kräuter auf Terpentoxinen. Sorgfältige Studien der anderen ökologischen Parameter ergaben eindeutig, daß physikalische und biologische Faktoren nicht für diese Effekte verant-

9.5 Photographie der allelopathischen Wirkung von Büschen auf Kräuter im kalifornischen Chaparral.

wortlich waren. So schlossen sie nacheinander Schatten, den Boden, Trockenheit, die Nährstoffverhältnisse, die Hangneigung, Konkurrenz unter den Wurzeln, herbivore Insekten und andere Tiere sowie wasserlösliche Bestandteile aus. Die mögliche Rolle von Tieren, insbesondere Vögeln und Nagern, bei der Schaffung der kahlen Flächen erforschten unabhängig voneinander Muller (1971) und Bartholomew (1970); trotz zahlreicher Experimente konnten sie jedoch keine überzeugenden Beweise liefern, daß diese eine entscheidende Rolle spielen.

Zugunsten flüchtiger Bestandteile von Büschen, nämlich einfachen Terpenen, als hauptverantwortliche Stoffe für diese allelopathischen Effekte hat Muller (1970) überzeugende Argumente vorgebracht. Er begründete diese Rolle der Terpene aus der Beobachtung, daß sie in all den verschiedenen Phasen der Wechselbeziehung vorhanden waren. So kommen Terpene 1) reichlich in den Blättern vor, werden 2) ständig von den Büschen „umgesetzt", so daß eine Wolke aus flüchtigen Substanzen die Pflanzen umgibt. Terpene treten 3) im Boden um die Pflanzen herum auf und verbleiben 4) in der trockenen Erde, bis Regen die Mikroorganismen des Bodens aktiviert und diese sie dann abbauen. Außerdem können sie 5) über die Wachsschichten von Samen oder Wurzeln in die Pflanzenzellen transportiert werden und wirken sich 6) signifikant auf die Samenkeimung der Annuellen (zum Beispiel *Avena fatua*, Windhafer) aus, die im angrenzenden Grasland wachsen.

Man hat die Terpene dieser beiden Büsche vollständig charakterisiert und identifiziert und identische Verbindungen aus den entsprechenden Bodenproben isoliert. Die gleichen Substanzen überprüfte man dann und konnte zeigen, daß sie das Wachstum von Pflanzen und die Keimung von Samen hemmen. Von den verschiedenen Terpenen von *Salvia leucophylla* sind 1,8-Cineol und Campher die wirkungsvollsten Toxine. Ebenfalls vorhanden sind α- und β-Pinen sowie Camphen (Abb. 9.6). Der Beifuß *Artemisia californica* ist bemerkenswert ähnlich, denn seine wirksamsten Terpene sind ebenfalls 1,8-Cineol und Campher. Weitere flüchtige Wirkstoffe von *Artemisia* sind Artemisiaketon, α-Thujon und Isothujon (Halligan 1975).

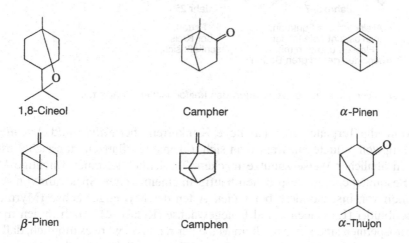

9.6 Terpene, die an pflanzlichen Allelopathien beteiligt sind.

Die chemische Ökologie des kalifornischen Chaparral wird noch durch die Tatsache kompliziert, daß die Vegetation infolge natürlicher Brände, die im Schnitt etwa alle 25 Jahre auftreten, einem zyklischen Wechsel unterliegt. Der Zerstörung der Büsche durch das Feuer folgen mehrere Jahre, in denen annuelle Kräuter und Gräser die Landschaft beherrschen. Langsam, aber unausweichlich, wachsen die Büsche jedoch wieder und beginnen, ihre allelopathische Wirkung auszuüben. Schließlich entstehen etwa sechs oder sieben Jahre nach dem Feuer um die Büsche herum wieder die charakteristischen, verräterischen kahlen Flecken und bleiben bis zum nächsten Brand bestehen. Dann wiederholt sich der Zyklus. Die Terpene passen ideal in den Feuerzyklus, denn sie sind Kohlenwasserstoffe und verflüchtigen sich während des Feuers rasch oder werden schnell aus dem Boden ausgebrannt. Infolgedessen ist die Erde danach nicht mehr mit ihnen kontaminiert, und mehrere Jahre nach dem Brand können Annuelle wachsen und sich vermehren (Abb. 9.7). Erst wenn sich die Buschflora wieder genügend entwickelt hat, um in ausreichenden Mengen Terpene zu synthetisieren, macht sich der Einfluß dieser Toxine erneut bemerkbar, und es entsteht die charakteristische Zonierung.

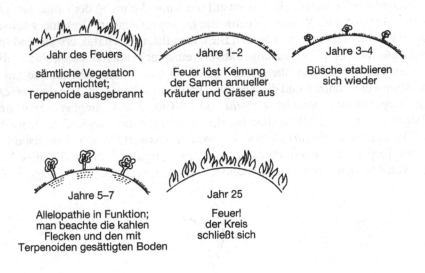

Jahr des Feuers
sämtliche Vegetation
vernichtet;
Terpenoide ausgebrannt

Jahre 1–2
Feuer löst Keimung
der Samen annueller
Kräuter und Gräser aus

Jahre 3–4
Büsche etablieren
sich wieder

Jahre 5–7
Allelopathie in Funktion;
man beachte die kahlen
Flecken und den mit
Terpenoiden gesättigten Boden

Jahr 25
Feuer!
der Kreis
schließt sich

9.7 Der Feuerzyklus in der Vegetation des kalifornischen Chaparral.

Wenn die Terpene die pflanzliche Konkurrenz bei *Salvia* und *Artemisia* so wirkungsvoll reduzieren, fragt man sich, ob andere Pflanzenarten sich diese Toxine in ähnlicher Weise zunutze machen. Tatsächlich kommen flüchtige Mono- und Sesquiterpene ausgesprochen häufig in einem weiten Spektrum von Angiospermen vor, insbesondere bei vielen Arten der Myrtengewächse (Myrtaceae), Lippenblütler (Lamiaceae) und Rötegewächse (Rutaceae). Auch in den meisten Gymnospermen sind sie in reichem Maße vertreten. So wäre es möglich, daß diese Substanzen vielleicht auch bei anderen Pflanzen allelopathisch wirken, wenngleich ihre Auswirkungen auf die Vegetation der Umgebung vielleicht nicht so dramatisch sind wie im Falle von *Salvia*. Man hat tatsächlich einige Büsche des Chaparral daraufhin überprüft, und wahrscheinlich treten auch in diesen Fällen ähnliche Beschränkungen der annuellen Flora auf. Pflanzen, bei denen man Terpenoide als wirkungsvolle allelopathische Substanzen feststellte, sind unter anderem *Eucalyptus globulus* (Blaugummi- oder Fieberbaum) (Baker 1966) und *E. camaldulensis* (Flußeukalyptus, Myrtaceae) (del Moral und Muller 1970) sowie *Artemisia absinthium* (Wermut) und *Sassafras albidum* (Sassafraslorbeer, beide Lauraceae) (Gant und Clebsch 1975).

Wie man zeigen konnte, üben Monoterpene auch in einer Buschgesellschaft in Florida einen allelopathischen Effekt aus, in der Lippenblütler wie *Calamintha ashei* und *Conradina canescens* sich stark hemmend auf das Wachstum einheimischer Dünengräser auswirken. Eine Auswaschung der Blätter von *C. canescens* enthält vier Monoterpene – 1,8-Cineol, Campher, Borneol und α-Terpineol – zusammen mit beträchtlichen Mengen des Triterpenoids Ursolsäure. Bemerkenswerterweise sind diese Monoterpene trotz ihrer Kohlenwasserstoffnatur recht gut wasserlöslich; gesättigte Lösungen hemmten bei *in vitro*-Tests die Keimung der getesteten Arten. Die Rolle der Ursolsäure, eines natürlichen Detergens, bei der Allelopathie besteht offenbar darin, das Eindringen der Monoterpene in die Samen zu erleichtern, was schließlich dazu führt, daß diese nicht auskeimen (Fischer 1991).

B. Wasserlösliche Inhibitoren

Zwei andere dominierende Büsche des kalifornischen Chaparral sind die Scheinheidenart *Adenostoma fasciculatum* (Rosaceae) und die Bärentraubenspezies *Arctostaphylos glandulosa* (Ericaceae). Beide sind weit verbreitet und üben ähnliche allelopathische Wirkungen auf Kräuter aus, wie man sie bei *Salvia* beobachtete. *Adenostoma* zum Beispiel wächst in reinen Beständen an trockenen, exponierten Hängen; obwohl der Boden besonnt wird und reichlich Regen erhält, wachsen in der Umgebung der Scheinheide keine Kräuter. Angrenzende Straßenränder lassen jedoch zahlreiche Annuelle gedeihen. Sollte Allelopathie diese Situation herbeiführen, dann müssen andere Toxine als Terpenoide dafür verantwortlich sein, denn weder *Adenostoma* noch *Arctostaphylos* besitzen Terpene in nennenswerten Mengen.

Tatsächlich haben Versuche von McPherson und Muller (1969) gezeigt, daß die für die beobachteten allelopathischen Effekte verantwortlichen Substanzen wasserlöslich sind und mit dem Niederschlagswasser in den Boden gelangen. Wie bei den Terpengiften sorgen auch hier zyklisch wiederkehrende Ereignisse dafür, daß die chemischen Faktoren in dieser speziellen ökologischen Situation ihre Wirkung entfalten. Eines der bedeutendsten klimatischen Merkmale dieser Vegetation ist selbst in den Sommermonaten der Küstennebel; wenngleich also nur mäßig Regen fällt, gelangt infolge beider Niederschlagsformen ständig Feuchtigkeit auf die Blätter dieser Büsche und von dort auch auf den umgebenden Boden (del Moral und Muller 1969). Dies kann genügen, um dem Boden einen regelmäßigen Nachschub an Hemmstoff aus den Blättern zu liefern; die im Boden verbleibende Konzentration reicht jedenfalls aus, um das Wachstum jeglicher einjähriger Arten zu verhindern, die ihre Samen in die Nähe dieser Büsche verstreuen.

Die Blätter von *Adenostoma* wie auch von *Arctostaphylos* sind relativ reich an wasserlöslichen Phenolverbindungen, und daher war es keine Überraschung, als McPherson und Muller (1969) unterschiedliche Mischungen von Phenolen und Phenolsäuren als Hemmstoffe ermittelten. Ein ähnliches, aber nicht identisches Spektrum von Phenolen wurde durch Auswaschung aus den Blättern der Büsche beziehungsweise durch Extraktion der umgebenden Erde mit alkalischem Ethanol isoliert. Die wichtigsten, mit diesen Methoden erhaltenen Verbindungen zeigt Tabelle 9.1. Unterschiede im Phenolgehalt zwischen der Auswaschung der Blätter und dem Boden beruhen wahrscheinlich auf der Tatsache, daß einige ausgewaschene Substanzen entweder irreversibel an Bodenpartikel gebunden oder von Mikroorganismen so rasch umgesetzt werden, daß sie aus dem Ökosystem verlorengehen.

Tabelle 9.1: Phenole von Büschen des kalifornischen Chaparral, die von Wasser ausgewaschen werden und als Hemmstoffe wirken

Stoffklasse	Verbindung	Adenostoma Blätter	Boden	Arctostaphylos Blätter	Boden
neutrale Phenole	Hydrochinon	+	−	+	−
	Phlorizin	+	−	−	−
	Umbelliferon	+	−	−	−
Hydroxybenzoesäuren	p-Hydroxybenzoesäure	+	+	+	+
	Protocatechusäure	−	−	+	−
	Vanillinsäure	+	+	+	+
	Syringasäure	+	+	−	+
	Gallussäure	−	−	+	−
Hydroxyzimtsäuren	Ferulasäure	+	+	+	+
	p-Cumarinsäure	+	+	−	+
	o-Cumarinsäure	−	−	−	+

Angaben aus Muller und Chou (1972).

Von den isolierten Phenolverbindungen hemmen Hydroxybenzoesäuren und Hydroxyzimtsäuren (Abb. 9.8) die Samenkeimung von Gräsern und Kräutern am wirksamsten, und genau diese Substanzen findet man sowohl im Boden als auch in der Auswaschung der Blätter. Außerdem könnte auch die Tatsache von Bedeutung sein, daß Mischungen verwandter Phenolsäuren vorhanden sind, denn diese Säuren können sich auf das Pflanzenwachstum synergistisch auswirken. So hemmen zum Beispiel Vanillinsäure und *p*-Hydroxybenzoesäure die Samenkeimung von Mohrenhirse und Rettich effektiver bei gemeinsamer als bei separater Anwendung (Einhellig und Rasmussen 1978).

Normalerweise sind phenolische Substanzen in Blattgewebe vor allem in gebundener Form vorhanden, aber wie man weiß, werden sie im Pflanzengewebe umgesetzt; daher ist die Tatsache, daß die Auswaschung signifikante Mengen

Salicylsäure

p-Hydroxybenzoesäure, R = H
Vanillinsäure, R = OMe

o-Cumarinsäure

p-Hydroxyzimtsäure, R = H
Ferulasäure, R = OMe

9.8 Einige wasserlösliche allelopathische Substanzen von Pflanzen.

freier wie auch gebundener Phenole enthält, vollkommen plausibel. Die Interpretation der Phenole im Boden bereitet jedoch Probleme. Zwar könnte die Konzentration solcher Phenole zweifellos durch diesen Tropfmechanismus erhöht werden, aber genauso gut könnten dieselben sauren Phenole im Boden auch durch mikrobiellen Abbau der Laubstreu eines gewissen Alters entstehen. Die Umsatzrate dieser Verbindungen im Boden ist ebenfalls noch nicht genau bekannt, so daß sich technische Probleme bei der Beurteilung der Wirksamkeit dieser Phenole als Keimungshemmer ergeben. Dennoch spricht vieles eindeutig dafür, daß die wasserlöslichen Toxine dieser Büsche einen allelopathischen Effekt ausüben. Es sind jedoch weitere Forschungen nötig, um die Bestandteile der Auswaschung zu identifizieren und ihr Schicksal in den Böden, in denen sie abgelagert werden, zu verfolgen.

Man hat die Erforschung ausgewaschener Hemmstoffe auch auf andere Lebensräume ausgedehnt; möglicherweise ist diese Hemmung ein allgemeines Phänomen in jedem Klima, in dem entsprechend feuchte Bedingungen herrschen, so daß regelmäßig organische Stoffe aus den Blättern der Pflanzen ausgewaschen werden. Wie man zum Beispiel in den halbfeuchten, laubwerfenden Wäldern von South Carolina beobachtete, hemmen dort zwei Bäume – die Eichenart *Quercus falcata* (Fagaceae) und das Zaubernußgewächs *Liquidambar styraciflua* (Hamamelidaceae) den Unterwuchs innerhalb der Tropfzone der Blätterkronen. Hier herrschen hohe Niederschläge, mineralische Nährstoffe sind reichlich vorhanden und Beschattungsphänomene sind auszuschließen; daher ist recht wahrscheinlich, daß hier allelopathische Effekte wirken. Aus der Auswaschung der Blätter von *Quercus falcata* konnte man tatsächlich Salicylsäure isolieren und im Biotest zeigen, daß sie toxisch wirkt (Muller und Chou 1972). In tropischen Regenwäldern trifft man vielleicht wieder andere Situationen an. Webb und Coautoren (1967) erforschten zum Beispiel, welche Faktoren die Größe reiner Bestände von *Grevillea robusta* (Australische Seideneiche, Proteaceae) in Queensland begrenzen, und fanden Anhaltspunkte dafür, daß die Absonderungen der Wurzeln bei dieser Art selbstinhibitorisch wirken. Wie sie feststellten, sind diese Absonderungen hochgiftig für Sämlinge der eigenen Art, und sie üben vermutlich auch in der natürlichen Umgebung eine solche Wirkung aus.

Schließlich gibt es noch eine weitere Pflanze, die erwiesenermaßen über wasserlösliche Hemmstoffe allelopathisch auf andere Vegetation wirkt, nämlich der Adlerfarn (*Pteridium aquilinum*). Dieser Farn ist ein weltweit außerordentlich erfolgreiches Unkraut und so dominierend, daß man in Farnbeständen kaum je irgendwelche Kräuter findet. Aus Forschungen in Südkalifornien (Gliessman und Muller 1978) ging hervor, daß vom Regen aus toten, noch stehenden Farnwedeln ausgewaschene Phytotoxine größtenteils für diese Unterdrückung der Kräuter verantwortlich sind. Diese Extrakte zeigen ein ähnliches Phenolmuster wie bei *Adenostoma* (Tabelle 9.1); Coffein- und Ferulasäure sind wohl die wichtigsten Bestandteile. Bei der gleichen Studie hat man auch die Auswirkungen der Herbivorie überprüft, indem man Farnbestände auf dem Festland, wo Tiere (vor allem Nagetiere) vorhanden sind, mit Beständen auf der Insel Santa Cruz verglich, auf der es praktisch keine Kleintiere gibt. Durch Herbivorie ließ sich die Unterdrückung der meisten Kräuter nicht erklären, allerdings bestehen zweifellos signifikante allelopathische Wechselwirkungen. Einige Arten, wie die Trespe *Bromus rigidus*, werden von den Phytotoxinen des Farnes nicht beeinflußt, sondern von weidenden Tieren aus dem Bestand ferngehalten. Andere, wie *Hypochoeris glabra* (Kahles Ferkelkraut, Asteraceae) sind ebenfalls recht schmackhaft, werden aber auch durch Auswaschungen aus den Farnwedeln leicht gehemmt. Wieder andere, wie die Armutblume *Clarkia purpurea* (Onagraceae) werden durch die Pflanzengifte so sehr beeinträchtigt, daß sie sich nie in den Farnbeständen entwickeln und es den Nagern erst gar nicht möglich ist, sie zu probieren.

Offensichtlich kommt es auch zu autotoxischen Wirkungen, denn alte Farnbestände degenerieren nach einigen Jahren, machen eine Ruhephase durch und besiedeln dann wieder zuvor schon eingenommene Gebiete. Solche zyklischen Veränderungen sind ein allgemeines Phänomen in Pflanzenpopulationen, und möglicherweise spielen Allelopathie und Autotoxizität im Wechsel eine wichtige Rolle bei dem Kommen und Gehen dominierender Pflanzen mit der Zeit.

V. Andere allelopathische Stoffe

Mittlerweile hat man noch eine Reihe neuer Klassen chemischer Substanzen identifiziert, die in bestimmten Fällen allelopathisch wirken. Das Lignan Nordihydroguajaretinsäure (Abb. 9.9) das in den Blättern des Kreosotbusches (*Larrea tridentata*) in einer Konzentration von fünf bis zehn Prozent des Trockengewichts auftritt, ist vermutlich für die ausgeprägten allelopathischen Effekte dieses Busches auf die umgebende Vegetation verantwortlich. Als man es auf die Sämlinge von acht Kräutern anwandte, die mit dem Kreosotbusch konkurrieren könnten, verminderte das Lignan deren Wachstum drastisch (Elakovich und Stevens 1985). Auch langkettige Fettsäuren brachte man mit Allelopathie bei höheren Pflanzen in Zusammenhang; sie werden zum Beispiel von dem Unkraut *Polygonum aviculare* (Vogelknöterich) gebildet und unterdrücken allelopathisch das Hundszahngras (*Cynodon dactylon*). In der Knöterichpflanze stellte man neun Säuren fest und sieben im Boden um sie herum. Es waren gesättigte und ungesättigte Säuren mit 14 bis 22 Kohlenstoffatomen, und sie hemmten sehr wirksam das Wachstum der Sämlinge des Hundszahngrases. Die Säuren wurden zusammen mit mehreren phenolischen Hemmstoffen produziert (Alsaadawi et al. 1983).

HO

HO

OH

OH

Nordihydroguajaretinsäure

HO

O

O

Parthenin

α-Terthienyl

$Ph(C≡C)_3CH_3$

Phenylheptatriin

9.9 Diverse allelopathische Stoffe von Pflanzen.

Als man die allelopathischen Effekte der Schwefelverbindung α-Terthienyl und des Polyacetylens Phenylheptatriin (Abb. 9.9) erforschte, fand man heraus, daß diese von einigen Korbblütlern (Asteraceae) produzierten Substanzen bei Sonnenlicht oder unter UV-Bestrahlung wirkungsvoller waren als in der Dunkelheit. Ihre allelopathische Wirkung könnte also davon abhängen, wie tief sie in den Boden hinein gelangen. Eine Extraktion der Erde um die Wurzeln von *Tagetes erecta* (Studentenblume) herum, welche α-Terthienyl produziert, ergab 0,4 ppm; diese Konzentration reicht aus, um das Wachstum von Sämlingen mehrerer Testarten zu hemmen (Campbell et al. 1982).

Schließlich könnten noch Sesquiterpenlactone, die ebenfalls in der Familie der Korbblütler auftreten, sowohl für die Beeinträchtigung anderer Pflanzen als auch für autotoxische Wirkungen verantwortlich sein, wenngleich die Hinweise darauf nach wie vor nur Andeutungen sind (Fischer 1986). Parthenin (Abb. 9.9) ist ein wichtiger Bestandteil des aggressiven Unkrautes *Parthenium hysterophorus*; man findet es in den Absonderungen der Wurzeln und Auswaschungen der Blätter, und es hemmt das Wachstum der meisten – aber nicht aller – getesteten Arten. Auf Sämlinge und ältere Pflanzen der eigenen Spezies wirkt es auch autotoxisch (Picman und Picman 1984).

VI. Die ökologische Bedeutung der Allelopathie

Die Bedeutung chemischer Wechselwirkungen zwischen höheren Pflanzen wird von Ökologen zweifellos unterbewertet; das liegt jedoch größtenteils daran, daß es zu allelopathischen Wirkungen in natürlichen Pflanzengesellschaften nur so spärliche Informationen gibt. Man könnte behaupten, die von Muller und seinen Kollegen erforschte Chaparralvegetation sei durch eine Reihe speziell mit der Region assoziierter Merkmale gekennzeichnet – insbesondere durch ein ungewöhnliches Klima und die Gefahr von Feuern –, und diese machten es unmöglich, die Resultate auf die ausgeglicheneren Bedingungen in den Grasländern der gemäßigten Zone zu übertragen. Weitere Gefahren bei der Interpretation der Bedeutung bestimmter chemischer Substanzen in allelopathischen Situationen sind die physikalisch-chemische Komplexität des Bodens, seine Fähigkeit, organische Moleküle zu binden, und auch die Anwesenheit von Mikroorganismen im Boden, die ein bestimmtes Pflanzenprodukt entweder in ein noch toxischeres umwandeln oder es auch vernichten können, so daß es sich nicht mehr auf höhere Pflanzen auszuwirken vermag. Wenn man die Wirkung von Rohextrakten einer Pflanze auf das Wachstum einer anderen testet, muß man wiederum unbedingt sicherstellen, daß die beobachteten Effekte nicht rein osmotischer Art sind. Dies gelingt durch Kontrollversuche mit Mannitollösungen, die das gleiche osmotische Potential haben wie die Pflanzenextrakte (del Moral und Cates 1971).

Newman und Rovira (1975) führten eine Reihe von Experimenten zur Allelopathie durch, in denen sie zumindest eine Beteiligung von Mikroorganismen und osmotische Einflüsse ausschlossen. Diese Autoren behaupten, daß zwischen Kräutern und Gräsern auf britischen Wiesen häufig chemische Wechselwirkungen auftreten. Sie ließen Pflanzen aus acht Arten in Eimern mit Sand und sterilisierter Erde aus ihrem natürlichen Lebensraum wachsen. Auswaschungen aus diesen Gefäßen (und von Kontrollgefäßen ohne Pflanzen) applizierten sie dann nacheinander auf alle anderen Pflanzen und untersuchten nach einem Zeitraum von einigen Wochen den Einfluß auf die Wachstumsrate.

Die Auswaschungen von drei Arten – *Holcus lanatus* (Wolliges Honiggras), *Hypochoeris radicata* (Gemeines Ferkelkraut) und *Trifolium repens* (Weißklee) – unterdrückten dauerhaft das Wachstum der anderen fünf Spezies. Von diesen war *Anthoxanthum odoratum* (Wohlriechendes Ruchgras) die empfindlichste; diese Art bildete aber insofern eine Ausnahme, als sie in Anwesenheit ihrer eigenen Auswaschung schneller wuchs als mit allen anderen Auswaschungen (einschließlich der Kontrolle). Die anderen vier Spezies in dieser Studie waren *Cynosurus cristatus* (Wiesenkammgras), *Lolium perenne* (Englisches Raygras), *Plantago lanceolata* (Spitzwegerich) und *Rumex acetosa* (Großer Ampfer). Diese Ergebnisse legen nicht nur nahe, daß auch in Grasländern der gemäßigten Zone einige Arten mit anderen über allelopathische Effekte konkurrieren; sie deuten gleichermaßen darauf hin, daß auch die Stimulierung der eigenen Art eine Rolle spielen kann, wenn eine bestimmte Spezies in einer Wiese vorherrscht. Des weiteren zeigte diese Untersuchung, daß allelopathische Wechselwirkungen auch ohne eine Zonierung der Vegetation vorliegen können, wenn man sie also nicht unbedingt erwarten würde.

Eine ökologische Situation, bei der allelopathische Effekte wahrscheinlich ausgeprägter sind als in stabilem Weideland, ist die Sukzession auf Brachland, wo landwirtschaftlicher Anbau die natürliche Flora ersetzt und den Gehalt des Landes an Mineralien und organischen Materialien tiefgreifend verändert hat. In jedem solchen brachliegenden Feld wandern sukzessive zahlreiche Pflanzenarten ein, bevor sich schließlich eine stabile Pflanzengesellschaft etabliert. Rice (1984) hat die mögliche Rolle der Allelopathie in solchen Pflanzengesellschaften und ihre Auswirkung auf die Sukzessionsfolge im einzelnen diskutiert. Er listet die folgenden fünf möglichen Effekte auf: 1) Das schnellere Ersetzen einer Art durch eine andere aufgrund allelopathischer Autotoxizität (wie etwa bei der Sonnenblumenart *Helianthus rigidus*); 2) das direkte allelopathische Unterdrücken der ersten Art durch die zweite über Absonderungen der Wurzeln oder der Blätter; 3) das langsamere Ersetzen von Arten durch die direkten allelopathischen Effekte einer dominanten Art auf alle potentiellen Einwanderer; 4) die indirekte Auswirkung einer Art über ihre Abbauprodukte (etwa bei der Wolfsmilchart *Euphorbia supina*); und 5) allelopathische Effekte, die bestimmen, welche anderen Arten in die Gesellschaft einwandern können und welche nicht.

In der Landwirtschaft und im Gartenbau können durch die Auswirkungen der Allelopathie natürlich zahlreiche praktische Probleme entstehen. So können Unkräuter, die zwischen Nutzpflanzen wachsen, außer daß sie in der erwarteten Weise mit diesen um Nährstoffe des Bodens und um Licht konkurrieren, die Nutzpflanzen auch durch die Freisetzung von Toxinen beeinträchtigen. Pflügt man Getreidestoppeln unter, anstatt sie abzubrennen, so gelangen bei der Zerstörung der Zellwände erhebliche Mengen von Phenolsäuren in den Boden, und diese könnten sich hemmend auf das Wachstum bestimmter, in der Folge angebauter Nutzpflanzen auswirken. Die Eigenschaften der Mikrobenflora und ihre Fähigkeit, die Phenole weiter zu entgiften, sind in solchen Fällen ebenfalls bedeutende Faktoren (Guenzi und McCalla 1966). Weitere inhibitorisch wirkende Produkte aus Getreidestoppeln, die durch anaeroben Abbau der Cellulose im Boden entstehen, sind unter anderem flüchtige organische Säuren wie Essigsäure (Lynch 1976). Ebenso ist es für Bäume, die in ihren Wurzeln giftige Substanzen mit autotoxischer Wirkung für die Sämlinge produzieren, ungünstig, wenn man sie wieder in der gleichen Erde pflanzt, und sie gedeihen womöglich nicht. Auf solche Auswirkungen stieß man bei Obstbäumen der Familie Rosaceae; beim Apfel ist wahrscheinlich die Phenolverbindung Phlorizin für die Hemmung verantwortlich (Börner 1959). Autotoxische Wirkungen in Kaffeeplantagen sind vermutlich auf das Purinalkaloid Coffein der Kaffeepflanze zurückzuführen (Waller et al. 1986). Man stellte Coffein im Boden und in der Streuschicht solcher Plantagen fest. Seine antimikrobielle Wirkung begrenzt wahrscheinlich seinen Umsatz durch Mikroorganismen des Bodens, was sein Überdauern in diesen Böden erklärt. Fälle, in denen allelopathische Wirkungen möglicherweise den Fruchtwechsel und die Etablierung der Stickstoffixierung beeinflussen, hat Rice (1984) zusammengestellt.

Um mit einer positiven Bemerkung zu schließen, sollte ich erwähnen, daß allelopathisch wirkende Stoffe in der Landwirtschaft möglicherweise als Ersatz für Herbizide auch einen praktischen Wert haben könnten (Hathway 1986). Coffein zum Beispiel hemmt – neben seiner autotoxischen Wirkung auf Kaffeepflanzen – die Samenkeimung zahlreicher krautiger Arten wie der Fuchsschwanzart *Amaranthus spinosus*. Da es sich aber nicht auf die Nutzpflanze *Vigna mungo* (Urdbohne) auswirkt, könnte man es theoretisch als selektives Herbizid für eine solche Nutzpflanze einsetzen.

VII. Biochemie der Wechselwirkungen zwischen Wirt und Parasit

Es gibt über 3 000 Arten höherer Pflanzen, die spezielle invasive Organe, sogenannte Haustorien, ausbilden können, mit deren Hilfe sie sich an andere höhere Pflanzen festheften und sich von ihnen ernähren können (Atsatt 1983). Sie leben somit parasitisch von ihrer Wirtspflanze und hängen in ihrer Ernährung entweder völlig oder teilweise von dieser ab. Vertraute Beispiele in der Natur sind die auf verschiedenen Bäumen lebenden Misteln (*Viscum* spp.), Teufelszwirn oder Seide (*Cuscuta*) sowie die Wurzelparasiten Sommerwurz (Orobanche) und der Rachenblütler *Striga* (Scrophulariaceae). Vertreter der letzten beiden Gattungen wurden in bestimmten Teilen der Welt zu ernsthaften Landwirtschaftsschädlingen: *Orobanche crenata* für die Saubohne (*Vicia faba*) in Ägypten und *Striga hermonthica* und *S. asiatica* für Mohrenhirse (*Sorghum bicolor*) in Afrika und Asien. Biochemisch sind Pflanzenparasiten von Interesse, weil die Fähigkeit ihrer Samen, zu keimen und die Haustorienbrücke zum Wirt zu schlagen, völlig von chemischen Auslösern abhängt, die von der Wurzeln der „ahnungslosen" Wirtspflanze abgesondert werden. Es besteht beträchtliches Interesse daran, die Substanzen, die zwischen Wirtspflanze und Parasit ausgetauscht werden, zu identifizieren, insbesondere jene, die vielleicht den Sekundärmetabolismus beeinflussen.

Für eine erfolgreiche Parasitierung müssen zwei unterschiedliche chemische Botschaften aus den Wurzeln der Wirtspflanzen austreten: eine, um die Samenkeimung des Parasiten anzuregen, und die andere, um die Bildung der Haustorien in dem gerade gekeimten Samen zu induzieren, so daß er sich an die Wirtspflanze anheften kann. Die erste chemische Botschaft – der Anreiz zur Keimung – kann durchaus mit der zweiten verbunden sein, denn wenn der Samen des Parasiten zu weit weg von der Wurzel der Wirtspflanze keimt, wird er nicht in der Lage sein, sich anzuheften. Außerdem ist die Zeit von ausschlaggebender Bedeutung, denn sofern die Anheftung nicht innerhalb weniger Tage erfolgt, wird der Sämling sterben. Die chemischen Analysen dieser Keimungsstimulantien und Wirtspflanzen-Erkennungssubstanzen befinden sich immer noch in einem frühen Stadium, aber aus den neueren Forschungen wissen wir, daß typische sekundäre Pflanzenstoffe in den Absonderungen der Wurzeln zumindest in manchen Fällen für diese Signale verantwortlich zeichnen.

Das erste charakterisierte Keimungsstimulans war das Sesquiterpen Strigol (Abb. 9.10); man isolierte es aus Wurzelabsonderungen der Baumwolle – in der Natur zwar keine Wirtspflanze, regt sie aber im Gewächshaus die Keimung von *Striga*-Samen an. Strigol ist schon in sehr geringer Konzentration äußerst wirksam. So regt es bei 1×10^{-6} M 50 Prozent der *Striga*-Samen zum Keimen an. Für die Wirkung ist nicht die komplette Struktur von Strigol erforderlich, denn ein einfacheres synthetisches Analogon (Abb. 9.10) erwies sich als ebenso effektiv beim Auslösen der Keimung. Dieser Verbindung kommt ein gewisses Potential zur Bekämpfung dieses Unkrautes zu, denn man kann sie in den Boden einbringen, bevor man die Nutzpflanze anbaut. Die *Striga*-Samen keimen dann aus und sterben in Ermangelung einer geeigneten Wirtspflanze (Johnson 1980).

Strigol
(aus Baumwolle)

Strigol-Analogon
(synthetisch)

9.10 Keimungsstimulantien für *Striga*-Samen.

Kürzlich isolierte man ein natürliches Stimulans für *Striga*-Samen aus den Wurzeln der Mohrenhirse (*Sorghum bicolor*). Es erhielt den Namen Sorgolacton (Hauck et al. 1992) und weist eine ganz ähnliche Struktur auf wie Strigol (Abb. 9.10). Inwiefern ein Zusammenhang mit einem instabilen Chinolstimulans besteht, das man schon früher aus derselben Quelle isolierte (Chang et al. 1986), ist noch nicht klar. Die zweite Signalsubstanz der Wechselbeziehung zwischen *Striga* und *Sorghum* – den Stoff, der die Haustorienbildung induziert – hat man ebenfalls identifiziert: Es handelt sich um 2,5-Dimethoxy-*p*-Benzochinon (Chang und Lynn 1986).

Bei zwei Leguminosenarten wurden weitere Verbindungen beschrieben, die Haustorien induzieren. Zwei isolierte man aus den Wurzelabsonderungen von *Astragalus* (Tragant); sie regen die Haustorienbildung bei dem Parasiten *Agalinis purpurea* an. Es handelt sich um das einfache Dihydrostilben Xenognisin A und das verwandte Isoflavon Xenognisin B (Abb. 9.11). Eine dritte gewann man aus der Wurzel von *Lespedeza* (Buschklee), einer weiteren Leguminosenwirtspflanze von *Agalinis*, und identifizierte sie als das Triterpen Soyasapogenol A (Chang und Lynn 1986). Somit vermögen offenbar mehrere verschiedene Klassen chemischer Substanzen das Erkennen der Wirtspflanze bei diesem Parasiten auszulösen. Hier besteht eine interessante Parallele mit einer ganz anderen Form einer Wechselbeziehung zwischen Wirtspflanze und Parasit, nämlich jener der Leguminosen-wurzeln mit den symbiontischen stickstoffixierenden Rhizobien. Hierbei sendet die Leguminosenpflanze ein chemisches Signal aus, um die Bakteriengene für die Knöllchenbildung zu aktivieren, damit diese an den Wurzeln initiiert wird. Diese Signalstoffe stellten sich als Flavone heraus, wie etwa Apigenin im Falle von *Rhizobium leguminosarum* an Erbsen (Firmin et al. 1986). Die erwähnte Parallele ist die Tatsache, daß ein Isoflavon wie Xenognisin B (Abb. 9.11) den Vorgang der Knöllchenbildung zu hemmen oder ganz zu unterbinden vermag. Somit bestehen recht bemerkenswerte chemische Ähnlichkeiten in den Signalen aus den Wurzeln der Leguminosen, die von so unterschiedlichen Parasiten wie *Agalinis* und *Rhizobium* erkannt werden.

Xenognisin A   Xenognisin B

9.11 Wirtspflanzen-Erkennungsfaktoren von *Astragalus*.

Auch tierische Parasiten können Leguminosen infizieren. Die Sojabohne (*Glycine max*) zum Beispiel kann von einem cystischen Nematoden (Fadenwurm) angegriffen werden; dieser wiederum hängt von einem Faktor aus den Absonderungen der Wurzeln ab, der das Schlüpfen aus den ansonsten ruhend im Boden liegenden Eiern anregt. Man identifizierte den „Schlüpffaktor" dieser Wechselbeziehung als Pentanotriterpen und nannte ihn Glucinoeclipin (Fukuzawa et al. 1985) – ein weiterer chemischer Botenstoff aus den Wurzeln von Leguminosen.

Während parasitische höhere Pflanzen hinsichtlich der primären Stoffwechselprodukte (Zucker, Aminosäuren und so weiter) in der Regel von ihrer Wirtspflanze abhängen, trifft dies in bezug auf die sekundäre Chemie nicht zu; die meisten dieser Parasiten entwickeln ihr eigenes Spektrum an Terpenoid- und Flavonoidbestandteilen, die sich von denen der Wirtspflanze unterscheiden. Das bedeutet jedoch nicht, daß nicht doch gelegentlich sekundäre Pflanzenstoffe von einer auf die andere Pflanze übertragen werden. Dies geschieht beispielsweise im Falle der halbparasitischen Gattung *Castilleja* (Kastillea, Scrophulariaceae). Bei einigen Vertretern dieser Gattung fand man unerwarteterweise Pyrrolizidin- oder Chinolizidinalkaloide, und die einzig schlüssige Erklärung für das variable Vorhandensein dieser Alkaloide ist, daß sie über die Verbindung durch die Haustorien von einem pyrrolizidin- oder chinolizidinhaltigen Wirt, etwa einer *Senecio*- oder Lupinenart, in die parasitische Pflanze gelangen (Stermitz und Harris 1987). Eine solche Übertragung ist für den Parasiten zweifellos von Vorteil, denn die Alkaloide unterstützen seine eigenen Toxine (in diesem Fall vor allem Iridoide) beim Kampf gegen die Herbivorie (siehe Kaptel 7).

Zu einer ähnlichen Übertragung von Alkaloiden kommt es bei dem Halbparasiten *Pedicularis* (Läusekraut), der wie *Castilleja* zu den Rachenblütlern (Scrophulariaceae) gehört. Verschiedene *Pedicularis*-Arten heften sich an Leguminosen oder Compositen als Wirtspflanzen an, und man findet bei ihnen einige, aber nicht alle, Alkaloide der jeweiligen Wirte (Tabelle 9.2). Eine dieser Arten, *P. bracteosa*, ist insofern ungewöhnlich, als sie sowohl Engelmannfichten (*Picea engelmanii*) als auch Greiskräuter (*Senecio*) parasitieren kann; das Alkaloid Pinidinol der Wurzeln, Nadeln und Rinde dieser Fichte findet man gelegentlich in den Geweben dieses Halbparasiten (Schneider und Stermitz 1990).

Tabelle 9.2: Aufnahme von Alkaloiden durch den Halbparasit *Pedicularis* (Läusekraut) von seinen Wirtspflanzen

| | | Alkaloid | |
Pedicularis-Art	Wirtspflanze	Klasse	Verbindung
P. bracteosa	Picea engelmannii	Piperidin	Pinidinol
	Senecio triangularis	Pyrrolizidin	Senecionin
P. crenulata	Thermopsis montana	Chinolizidin	Anagyrin
P. racemosa	Lupinus argenteus	Chinolizidin	Lupanin

VIII. Schlußfolgerung

Mittlerweile hat man genügend Versuche durchgeführt, die erkennen ließen, daß zwischen höheren Pflanzen in einer beträchtlichen Anzahl von Fällen allelopathische Wirkungen bestehen. Die daran beteiligten chemischen Substanzen sind in der Regel sekundäre Pflanzenstoffe, von denen einige weit, wenn nicht gar generell bei Pflanzen verbreitet sind. Allelopathie ist daher möglicherweise ein allgemeines Phänomen und könnte in vielen ökologischen Konstellationen auftreten. Wie oft Allelopathie in bestimmten Konkurrenzsituationen unter Pflanzen eine *Kontrollwirkung* ausübt, ist schwieriger vorherzusagen, und sicherlich müssen erst all die biologischen Apekte der Situation gänzlich erforscht sein, bevor man den Einfluß der chemischen Kontrolle als erwiesen ansehen kann.

Die an der Allelopathie beteiligten Toxine sind im allgemeinen in den Blättern und Stengeln enthalten, wenngleich auch Wurzelbestandteilen ein Platz in solchen Wechselbeziehungen zukommt. Inwieweit Verbindungen anderer Pflanzenteile (zum Beispiel der Blüten oder Früchte) sich nachteilig auf das Wachstum höherer Pflanzen auswirken, ist noch nicht klar, denn diese Substanzen hat man nur selten im Hinblick auf allelopathische Effekte erforscht. Es ist jedoch wohlbekannt, daß die Samenmäntel zahlreicher Pflanzenarten Substanzen enthalten, welche die Samenkeimung hemmen. Neben diesem Beitrag zur internen Steuerung der Dormanz (Samenruhe) könnten diese Substanzen schließlich auch in die Umgebung aussickern und andere Spezies beeinträchtigen, bevor sie zu ungefährlichen

Stoffen abgebaut werden. Solche möglichen allelopathischen Wirkungen bedürfen jedoch weiterer Studien.

Die Gifte können auf mehreren Wegen in die Umgebung gelangen. Die Auswaschung von Phenolen aus dem lebenden Blatt ist zwar wirkungsvoll, hängt aber von regelmäßigen Regenfällen ab. Das Verflüchtigen von der Blattoberfläche scheint in arideren Klimaten von Bedeutung; auf diesem Wege werden ätherische Öle in die Atmosphäre und in den Boden abgegeben. Weitere flüchtige Toxine, die man bisher noch nicht recht mit allelopathischen Effekten in Zusammenhang gebracht hat, die aber genauso wirksam sein könnten, sind die Senföle (Glucosinolate) der Kreuzblütler (Brassicaceae) und die Cyanogene der Gattungen *Prunus*, *Trifolium* und vieler anderer Pflanzen.

Die Absonderung von Giften aus den Wurzeln scheint die Methode der Wahl zu sein, um einen schädlichen Effekt auf benachbarte Arten zu erzeugen. Bei den untersuchten Situationen jedoch sezernieren die Wurzeln offensichtlich nur in einer geringen Zahl der Fälle Toxine. Bekanntlich sondern aber eine Reihe von Nutzpflanzen wie Weizen, Hafer, Guayule, Gurke und Tomate Wurzeltoxine ab, so daß solche Abscheidungen der Wurzeln für die Landwirtschaft von Bedeutung sein könnten. Schließlich werden Gifte teilweise auch während des Verwesens von Blattmaterial freigesetzt; dies könnte sich autotoxisch auswirken, aber auch gegen eine Reihe anderer Arten wirkungsvoll sein. Hierbei könnte die Aktivität von Mikroorganismen teilweise oder vollständig für die beobachteten Wechselwirkungen verantwortlich sein, so daß solche Effekte sich über die eigentliche Allelopathie hinaus in die Ökologie der Mikroorganismen erstrecken.

Die bisher mit Allelopathie in Zusammenhang gebrachten sekundären Pflanzenstoffe sind hauptsächlich Terpenoide (Mono- oder Sesquiterpene) oder Phenolverbindungen (Phenole, Phenolsäuren, Zimtsäuren, Hydroxychinone). Andere Typen von Pflanzenstoffen hat man nur in einigen wenigen Fällen nachgewiesen (siehe Abb. 9.9). Das ist ein begrenztes Spektrum an natürlichen Produkten, und es überrascht vielleicht, daß den Alkaloiden – der wichtigsten Gruppe von Pflanzenstoffen im Hinblick auf die Toxizität für Tiere – nur selten eine Rolle in den Wechselbeziehungen zwischen höheren Pflanzen zugeschrieben wurde. Dies könnte an ihren geringen Konzentrationen in Pflanzen liegen oder auch an ihrem womöglich raschen Umsatz im Boden. Eine andere, eventuell bedeutende Gruppe von Substanzen sind die kondensierten Tannine; ihr relativ langsamer Umsatz im Ökosystem würde eine anhaltende Wirkung gewährleisten. Sie haben natürlich den Nachteil, innerhalb der Pflanze relativ unbeweglich zu sein. Zukünftige Forschungen werden zweifelsfrei zeigen, ob diese oder andere, bisher noch nicht beschriebene Verbindungen ebenfalls eine Rolle als Toxine in der chemischen Konkurrenz zwischen höheren Pflanzen spielen.

Schließlich erhebt sich noch die Frage nach dem Ursprung der allelopathischen Wirkung, die ich bereits kurz in der Einführung diskutiert habe. Newman (1978) hat sich eingehende Gedanken darüber gemacht, ob die natürliche Selektion die Entwicklung der Allelopathie bei Pflanzen spezifisch begünstigt hat oder nicht. Wäre es so gewesen, würde man erstens erwarten, daß Pflanzen toxischer für andere Arten sind als für Vertreter ihrer eigenen Spezies, zweitens, daß Konkurrenz zu einer erhöhten Toxinsynthese führt, und drittens, daß Arten, die schon viele Jahre lang zusammen wachsen, toleranter gegenüber den Absonderungen der jeweils anderen Art sind als solche, für die das nicht zutrifft. Die Sichtung der Literatur daraufhin ergab, daß die verfügbaren Daten diese drei Hypothesen ebenso oft unterstützen wie widerlegen. Newman beendet seine Analyse mit den folgenden Worten: »Das deutet ganz klar darauf hin, daß es nicht oft eine spezifische Selektion zugunsten der Fähigkeit zur Allelopathie oder der Toleranz ihr gegenüber gibt; statt dessen sollte man diese Fähigkeiten der Pflanzen besser als das zufällige Ergebnis von Charakteristika ansehen, deren vorrangiger Bestehungsgrund nicht die Allelopathie ist. Das soll nicht heißen, daß es keine Allelopathie gibt, und soll auch nicht implizieren, ihre ökologische Bedeutung sei vernachlässigbar. Es soll vielmehr andeuten, daß sie für die Pflanze, die sie erzeugt, nicht immer von Vorteil ist, und daß man sie nicht isoliert von anderen ökologischen Auswirkungen sekundärer Pflanzenstoffe betrachten darf.«

Literatur

Bücher und Übersichtsartikel

Atsatt, P. R. *Host-Parasite Interactions in Higher Plants.* In: Lange, O. L.; Nobel, P. S.; Osmond, C. B.; Ziegler, H. (Hrsg.) *Encyclopedia of Plant Physiology, New Series.* Berlin (Springer) 1983. Bd. 12C, S. 519–535.

Gliessman, S. R.; Muller, C. H. In: *J. Chem. Ecol.* 4 (1977) S. 337–362.

Harper, J. L. *Population Biology of Plants.* London (Academic Press) 1977.

Johnson, A. W. *Plant Germination Factors.* In: *Chem. Brit.* 16 (1980) S. 82–85.

Molisch, H. *Der Einfluß einer Pflanze auf die andere – Allelopathie.* Jena (Fischer) 1937.

Muller, C. H. *Phytotoxins as Plant Habitat Variables.* In: *Recent Adv. Phytochem.* 3 (1970) S. 106–121.

Muller, C. H.; Chou, C. H. *Phytotoxins: An Ecological Phase of Phytochemistry.* In: Harborne, J. B. (Hrsg.) *Phytochemical Ecology.* London (Academic Press) 1972. S. 201–216.

Newman, E. I. *Allelopathy: Adaptation or Accident?* In: Harborne, J. B. (Hrsg.) *Biochemical Aspects of Plant and Animal Coevolution.* London (Academic Press) 1978. S. 327–342.

Putman, A. R.; Tang, C. S. *The Science of Allelopathy.* Chichester (John Wiley) 1986.

Rice, E. L. *Allelopathy.* 2. Aufl. New York (Academic Press) 1984.

Stowe, L. G.; Kil. B. S. *The Role of Toxins in Plant-Plant Interactions.* In: Keeler, R. F.; Tu, A. T. (Hrsg.) *Handbook of Natural Toxins.* New York (Marcel Dekker) 1983. Bd. 1, S. 707–741.

Whittaker, R. H. *The Biochemical Ecology of Higher Plants*. In: Sondheimer, E.; Simeone, J. B. (Hrsg.) *Chemical Ecology*. New York (Academic Press) 1972. S. 43–70.

Sonstige Quellen

Alsaadawi, I. S.; Rice, E. L.; Karns, T. K. B. In: *J. Chem. Ecol.* 9 (1983) S. 761–774.

Amo, S. del; Anaya, A. L. In: *J. Chem. Ecol.* 4 (1978) S. 305–314.

Baker, H. G. In: *Madrone, S. Francisco* 18 (1966) S. 207–210.

Bartholomew, B. In: *Science* 170 (1970) S. 1210–1212.

Bennett, E.; Bonner, J. In: *Am. J. Bot.* 40 (1953) S. 29–33.

Bode, H. R. In: *Planta* 51 (1958) S. 440–480.

Börner, H. In: *Contrib. Boyce Thompson Inst.* 20 (1959) S. 39–56.

Bonner, J.; Galston, A. W. In: *Bot. Gazz.* 106 (1944) S. 185–198.

Brooks, M. G. In: *West Va, Univ. Agr. Expt. Sta. Bull.* 347 (1951) S. 1–31.

Campbell, G.; Lambert, J. D. H.; Arnason, T.; Towers, G. H. N. In: *J. Chem. Ecol.* 8 (1982) S. 961–972.

Candolle, M. A. P. de *Physiologie Vegetale*. Bd. III. Paris (Bechet Jenne, Lib. Fac. Med.) 1832.

Chang, M.; Lynn, D. G. In: *J. Chem. Ecol.* 12 (1986) S. 561–579.

Chang, M.; Netzly, D. H.; Butler, L. G.; Lynn, D. G. In: *J. Am. Chem. Soc.* 108 (1986) S. 7858–7860.

Einhellig, F. A.; Rasmussen, J. A. In: *J. Chem. Ecol.* 4 (1978) S. 425–436.

Elakovich, S. D.; Stevens, K. L. In: *J. Chem. Ecol.* 11 (1985) S. 27–33.

Fischer, N. H. In: Putnam, A. R.; Tang, C. S. (Hrsg.) *The Science of Allelopathy*. Chichester (John Wiley) 1986. S. 203–218.

Fischer, N. H. In: Harborne, J. B.; Barberan, F. A. T. (Hrsg.) *Ecological Chemistry and Biochemistry of Plant Terpenoids*. Oxford (Clarendon Press) 1991. S. 377–398.

Firmin, J. L.; Wilson, K. E.; Rossen, L.; Johnston, A. W. B. In: *Nature* 324 (1986) S. 90–92.

Fukuzawa, A.; Furnsaki, A.; Ikura, M.; Masamune, T. In: *J. Che. Soc. Chem. Commun.* (1985). S. 222f.

Gant, R. E.; Clebsch, E. E. C. In: *Ecology* 56 (1975) S. 425–436.

Gray, R.; Bonner, J. In: *Am. J. Bot.* 34 (1948) S. 52–57.

Guenzi, W. D.; McCalla, T. M. In: *Agron. J.* 58 (1966) S. 303f.

Halligan, J. P. In: *Ecology* 56 (1975) S. 999–1003.

Hathway, D. E. In: *Bot. Rev.* 61 (1986) S. 435–486.

Hauck, C.; Muller, S.; Schildknecht, H. In: *J. Plant Physiol.* 139 (1992) S. 474–478.

Hegnauer, R. In: Heywood, V. H.; Harborne, J. B.; Turner, B. L. (Hrsg.) *Biology and Chemistry of the Compositae*. London (Academic Press) 1977. S. 283–336.

Kobayashi, A.; Morimoto, S.; Shibata, Y.; Yamashita, K.; Numata, M. In: *J. Chem. Ecol.* 6 (1980) S. 119–131.

Lynch, J. M. In: *CRC Crit. Rev. Microbiol.* (1976) S. 67–107.

Massey, A. B. In: *Phytopathology* 15 (1925) S. 773–784.

Moral, R. del; Cates, R. G. In: *Ecology* 52 (1971) S. 1030–1037.

Moral, R. del; Muller, C. H. In: *Bull. Torrey Bot. Club* 96 (1969) S. 467–475.

Moral, R. del; Muller, C. H. In: *Amer. Midl. Nat.* 83 (1970) S. 254–282.

McPherson, J. K.; Muller, C. H. In: *Ecol. Monogr.* 39 (1969) S. 177–198.

Muller, C. H.; In: *Bull. Torrey Bot. Club* 93 (1966) S. 332–351.

Muller, C. H.; Muller, W. H. In: *Am. J. Bot.* 40 (1953) S. 53–60.

Muller, C. H.; Muller, W. H. In: *Am. J. Bot.* 43 (1956) S. 354–361.

Newman, E. I.; Rovira, R. D. In: *J. Ecol.* 63 (1975) S. 727–737.

Picman, J.; Picman, A. K. In: *Biochem. Syst. Ecol.* 12 (1984) S. 287–292.

Ponder, F.; Tadros, S. H. In: *J. Chem. Ecol.* 11 (1985) S. 937–942.

Reitveld, W. J. In: *J. Chem. Ecol.* 9 (1983) S. 245–308.

Schneider, M. J.; Stermitz, F. R. In: *Phytochemistry* 29 (1990) S. 1811–1814.

Schneiderhan, F. J. In: *Phytopathology* 17 (1927) S. 529–540.

Stermitz, F. R.; Harris, G. H. In: *J. Chem. Ecol.* 13 (1987) S. 1917–1926.

Waller, G. R.; Kimari, D.; Friedman, J. N.; Chou, C. H. In: Putnam, A. R.; Tang, C. S. (Hrsg.) *The Science of Allelopathy.* Chichester (Wiley) 1986. S. 243–270.

Webb, L. J.; Tracey, J. G.; Haydock, K. P. In: *J. appl. Ecol.* 4 (1967) S. 13–25.

Went, F. W. In: *Bull. Torrey Bot. Club* 69 (1942) S. 100–114.

10

Wechselbeziehungen zwischen höheren und niederen Pflanzen: Phytoalexine und Phytotoxine

I. Einführung

Die Wechselbeziehungen zwischen höheren und niederen Pflanzen können viele Formen annehmen, doch es sind die zu Pflanzenkrankheiten führenden Angriffe von Mikroorganismen auf höhere Pflanzen, die das Hauptthema diese Kapitels bilden. Wie außerordentlich schädlich sich Mikroorganismen auf das Wachstum und die Entwicklung von Pflanzen auswirken können, spiegelt sich in den Trivialnamen wider, die man in der Pflanzenpathologie verwendet, um die unterschiedlichen Krankheiten zu beschreiben. Die Krankheiten der Kartoffelpflanze zum Beispiel reichen von Schorf, Schwarzbeinigkeit, Ringfäule und Dürrflecken-krankheit bis zu Kraut- und Knollenfäule, Brand und Blattrollkrankheit. Wie all diese anschaulichen Namen erkennen lassen, sind die Symptome zahlreich und vielgestaltig; werden sie nicht unter Kontrolle gehalten, ist das Endresultat der Krankheiten in der Regel dasselbe, ganz gleich welche Mikroorganismen auch den Befall durchführen: der Tod der Pflanze.

Es sollte jedoch betont werden, daß die Anfälligkeit für Krankheiten, wie sie allzu häufig bei kultivierten Pflanzen auftritt, in Wirklichkeit eher die Ausnahme als die Regel ist. Die meisten höheren Pflanzen – insbesondere jene, die in natürlichen Pflanzengesellschaften wachsen – sind sogar entweder resistent gegen Angriffe von Mikroorganismen oder leben mit den Parasiten in einer symbiontischen Beziehung, ohne irgendwelche sichtbaren Symptome aufzuweisen. Die Erfahrung zeigt selbst bei Nutzpflanzen, daß die Kultursorten zwar oft außerordentlich anfällig für eine Reihe von Krankheiten sind, daß aber die meisten ihrer verwandten Wildarten relativ immun sind. Bei der Züchtung von Kultursorten auf Krankheitsresistenz hin bringt man sogar häufig genetisches Material aus krankheitsfreien wilden Verwandten ein.

Genau diese Grundlage jener Resistenz gegenüber Krankheiten oder Angriffen von Mikroorganismen war für Biochemiker und Pflanzenpathologen in den letzten Jahren von besonderem Interesse, und sie wollen wir im vorliegenden Kapitel etwas näher betrachten. Die Durchführung solcher Studien erhält auch einen bedeutenden Ansporn aus der Landwirtschaft. Praktisch alle chemischen Substanzen, die man im Pflanzenschutz einsetzt, entdeckte man eher empirisch, als daß man sie tatsächlich „entwickelt" hätte; das gilt selbst für die systemischen Fungizide, mit denen man beispielsweise den Mehltau bei Getreide bekämpft (Greenaway und Whatley 1976). Erkenntnisse über die Faktoren der Krankheitsresistenz könnten uns helfen, das Problem der Krankheitsbekämpfung bei Nutzpflanzen auf vernünftigerer und wissenschaftlicher Basis anzupacken.

Um in eine Pflanze hineinzugelangen, müssen angreifende Mikroorganismen zunächst einmal die Oberflächenschichten durchdringen. Offenkundige Hindernisse für ein solches Eindringen könnten eine Wachshülle, eine dichte Oberflächenbehaarung oder eine dicke Cuticula sein. Zwar widmete man der Rolle der Blattoberfläche bei Krankheiten zahlreiche Forschungen, doch deuten nur wenige Hinweise konkret darauf hin, daß die Oberflächenschichten wirklich einen Schutz vor einer Invasion bieten. Der Haupteffekt der Cuticula ist, daß sie die Geschwindigkeit des Eindringens reduziert – verhindern kann sie es letztlich nicht.

Wenn Pflanzen also schon keine unüberwindbare physikalische Barriere gegen das Eindringen von Mikroorganismen besitzen, drängt es sich regelrecht auf, die Existenz einer chemischen zu postulieren. In der Tat datieren die Vorstellungen von einer chemischen Grundlage der Krankheitsresistenz viele Jahre zurück. Marshall Ward (1905) war mit seiner Toxintheorie einer der ersten, der behauptete, in Pflanzen gäbe es Verbindungen, die das Wachstum von Pilzen hemmen können. Diese Theorie besagt: »Das Zustandekommen einer Infektion und die Resistenz gegen eine solche hängen davon ab, wie effektiv ein Pilz die Resistenz der Wirtspflanzenzellen durch Enzyme oder Toxine zu überwinden vermag; und umgekehrt von der Fähigkeit der Zellen der Wirtspflanze, Antikörper oder Toxine gegen das Protoplasma des Pilzes zu produzieren.« Von den vielen Typen von Verbindungen, die man aus Pflanzen kennt, erfüllt die Gruppe der Phenolverbindungen oder Polyphenole diese Rolle recht gut. Phenolverbindungen sind unter höheren Pflanzen allgemein verbreitet und für Mikroorganismen *in vitro* oft schon in physiologischen Konzentrationen (10^{-4}–10^{-6} M) toxisch. Es ist jedoch selbst heute noch nicht klar, ob solche Phenolverbindungen *in vivo* eine kausale Rolle beim Schutz der Pflanzen vor Krankheiten spielen.

Eine dynamischere Vorstellung von dem Zusammenhang zwischen Phenolverbindungen und Pflanzenkrankheiten entwickelte Offord (1940); er stellte die Hypothese auf, eine bestimmte Klasse der Phenole – die Tannine – seien besonders wichtige Wirkstoffe bei höheren Pflanzen gegen Infektionen. Ihm zufolge wird »die toxische Wirkung durch Enzyme des Pilzes in Gang gesetzt und bedingt; letztendlich hängt die Toxizität vom Typ des Phenolbestandteils ab, der durch die Wechselwirkung von Wirt und Parasit gebildet wird, und zum Teil auch von der Menge und Verteilung von Tannin«. Zum Nachteil für Offords Theorie sind die experimentellen Hinweise, daß Tannine an der Krankheitsresistenz beteiligt sind, sehr dünn gesät. Es läßt sich zwar zeigen, daß Tannine die mechanische Übertragung von Pflanzenviren verhindern, aber sie können auf diese Weise keinen Schutz gegen Krankheiten liefern, die über den Boden oder von Insekten übertragen werden.

Der große Durchbruch in der Erforschung der auf chemischen Faktoren beruhenden Mechanismen der Krankheitsresistenz bei höheren Pflanzen gelang mit der Formulierung der Phytoalexintheorie durch Müller und Börger im Jahre 1941. Dieser Theorie zufolge produzieren Pflanzen zum Zeitpunkt der Infektion bestimmte chemische Verbindungen *de novo*, und diese wirken dann als „Abwehrsubstanzen", die Krankheitserreger von der Pflanze (griechisch *phytos*) abwehren (griechisch *alexein*, daher der Begriff „Phytoalexine"). Die Theorie entstand aus Experimenten, welche die beiden Autoren im Hinblick auf Resistenzfaktoren der Kartoffel gegenüber dem Erreger der Kraut- und Knollenfäule, dem Pilz *Phytophthora infestans*, durchführten. Aber auch Müller und Börger gelang es nicht, die Existenz einer konkreten chemischen Substanz mit den Eigenschaften eines Phytoalexins in der Kartoffel tatsächlich nachzuweisen. Es blieb Cruickshank und Perrin (1960) vorbehalten, 20 Jahre später als erste ein Phytoalexin zu isolieren und zu identifizieren, nämlich die Substanz Pisatin aus der Gartenerbse (*Pisum sativum*). Seitdem wurde eine große Zahl von Phytoalexinen aus einer Reihe von Pflanzen beschrieben, und man betrachtet die Induktion von Phytoalexinen heute als wichtigen Schutzmechanismus höherer Pflanzen. Die genaue Rolle der Phytoalexine im Zusammenhang mit Krankheiten wird nach wie vor eifrig untersucht, und es gibt noch vieles darüber zu erfahren. Auch die Erforschung anderer Mechanismen der biochemischen Resistenz hat in letzter Zeit Fortschritte gemacht, und so ist die Existenz von chemischen Barrieren gegenüber Infektionen bei bestimmten Pflanzen allgemein anerkannt.

Obwohl es also eindeutig chemische Barrieren gegen ein Eindringen von Erregern gibt, kommt es dennoch zu Krankheiten. So sind virulente Linien bestimmter Mikroorganismen imstande, diese chemische Abwehr zu überwinden. Geschieht dies, kommt ein Reihe anderer biochemischer Reaktionen in Gang – ausgelöst durch den Eindringling. In der Wirtspflanze kommt es zu zahlreichen Veränderungen der Atmungsrate und des primären Stoffwechsels. Gleichzeitig kann der Mikroorganismus, während er sich in den Zellen der Wirtspflanze vervielfältigt, als Pathotoxine bezeichnete Substanzen absondern, mit denen er die Wirtspflanze direkt „vergiftet". Diese Pathotoxine führen zu den typischen Krankheitssymptomen beim Wirt, zum Beispiel zum Welken der Blätter infolge der biochemischen Beeinflussung der Wasserversorgung der Pflanze. Die Wirtspflanze wiederum versucht, die Pathotoxine durch Bindung oder Abbau zu entgiften, und es entbrennt ein Kampf zwischen der höheren Pflanze und dem eindringenden Mikroorganismus um die letztliche Kontrolle der Situation. Es gibt also ein klar definiertes zweites Stadium der biochemischen Wechselwirkung zwischen der Pflanze und dem Mikroorganismus, wenn die primäre Abwehr überwunden ist und die Pflanze um ihr Überleben kämpft und sich vor den schädlichen, durch den Mikroorganismus synthetisierten Metaboliten zu schützen versucht.

Im vorliegenden Kapitel werden wir zunächst die biochemischen Abwehrmechanismen betrachten, darunter die Veränderungen in der Wirtspflanze vor und nach der Infektion. Unsere besondere Aufmerksamkeit gilt dabei der Produktion von Phytoalexinen. Der zweite Teil des Kapitels wird umreißen, welche biochemischen Verbindungen bei Krankheitsanfälligkeit und bei der schließlichen Schädigung und Vernichtung der Wirtspflanze produziert werden. Für einen generellen Überblick, der zahlreiche der hier diskutierten Themen abdeckt, möchte ich den Leser speziell auf sechs Bücher verweisen (Friend und Threlfall 1976; Heitefuss und Williams 1976; Horsfall und Cowling 1980; Durbin 1981; Bailey und Deverall 1983; Callow 1983) sowie auf die Monographie über Pflanzenpathogenese von Wheeler (1975).

II. Die biochemische Grundlage der Krankheitsresistenz

A. Präinfektionelle Verbindungen

Wie bereits in der Einführung erwähnt, ist mittlerweile klar, daß Pflanzen eine Vielzahl biochemischer Abwehrmechanismen entwickeln, um Angriffe von Mikroorganismen zu parieren. Es wurden mehrfach Versuche unternommen, diese verschiedenen Mechanismen zu klassifizieren, und hinsichtlich der Nomenklatur der beteiligten chemischen Stoffe herrscht einige Verwirrung. Ingham (1973) hat sich an einer Klassifizierung dieser Verbindungen versucht und unterscheidet grundsätzlich zwischen prä- und postinfektionellen Faktoren (Tabelle 10.1). Man sollte jedoch daran denken, daß zwischen diesen Faktoren keine scharfe Trennung besteht, denn präinfektionelle Verbindungen können nach einer Infektion bedeutenden Veränderungen unterliegen. So ist dieses System zwar in gewissem Maße willkürlich, doch es ist praktisch, und ich werde es hier als Rahmen verwenden, um einige der chemischen Verbindungen zu diskutieren, die man als Krankheitsresistenzfaktoren ins Gespräch gebracht hat.

Tabelle 10.1: Eine Klassifizierung der Krankheitsresistenzfaktoren bei höheren Pflanzen

Klasse	Beschreibung
präinfektionelle Verbindungen	
1. Prohibitine	Metabolite, welche die Entwicklung von Mikroorganismen *in vivo* hemmen oder völlig unterbinden
2. Inhibitine	Metabolite, die nach der Infektion zunehmen, um die volle Giftwirkung zu erzielen
postinfektionelle Verbindungen	
1. Postinhibitine	Metabolite, die durch Hydrolyse oder Oxidation aus zuvor schon vorhandenen, nichttoxischen Substraten gebildet werden
2. Phytoalexine	Metabolite, die nach einer Infektion durch Anschalten von Genen oder Aktivierung latenter Enzymsysteme *de novo* gebildet werden

Verändert nach Ingham (1973).

Daß Pflanzen Substanzen besitzen, welche die Samenkeimung und/oder das Wachstum von Mikroorganismen hemmen, ist schon seit langer Zeit bekannt. Von vielen der sogenannten sekundären Pflanzenstoffe – insbesondere von den Terpenoiden und Phenolverbindungen – konnte man sogar zeigen, daß sie bei *in vitro*-Tests solche Effekte haben. Zu einer der erstaunlichsten Anreicherungen sekundärer Pflanzenstoffe im Pflanzenreich kommt es im Kernholz von Bäumen. Aus solchen Geweben isolierte man eine enorme Fülle chemischer Verbindungen mit Terpenoid-, Chinonoid- und Phenolskeletten, die dort in ansehnlichen Mengen vorkommen (Hillis 1962). Die Mehrzahl der Kernholzgewebe ist ungewöhnlich resistent gegen Verwesung (Scheffer und Cowling 1966), und es wurde oft behauptet, die genannten Substanzen hätten die Aufgabe, eine Resistenz gegen Krankheiten herbeizuführen. Zu den vielen Gruppen von Verbindungen, die speziell mit der Resistenz gegen Pilzangriffe in Zusammenhang stehen, zählen die Hydroxystilbene. Ein Beispiel ist Pinosylvin (Abb. 10.1), das in der Gattung *Pinus* (Kiefer) und anderen Vertretern der Pinaceae (Kieferngewächse) weit verbreitet ist. Leider sind die Anhaltspunkte dafür, daß diese Verbindungen für die Pflanze wichtig sind, immer noch rein zufälliger Natur, weil gezieltere Experimente große Schwierigkeiten bereiten und daher kaum Fortschritte auf diesem Gebiet möglich waren. Dafür, daß Hydroxystilbene als präinfektionelle Verbindungen im Kernholz von Bäumen auftreten, spricht zumindest in gewisser Weise die Identifizierung ähnlicher Verbindungen als Phytoalexine in den Blättern mehrerer Leguminosen (siehe Seite 326).

Eines der in der pflanzenpathologischen Literatur am häufigsten zitierten Beispiele für präinfektionelle Verbindungen, die offenbar nichtverholzten Pflanzen eine Resistenz verleihen, ist die Zwiebelfäule, die von dem Pilz *Colletotrichum circinans* ausgelöst wird (Walker und Stahmann 1955). Die toten äußeren Schuppen der Knollen resistenter Zwiebelsorten enthalten große Mengen Protocatechusäure und Catechol (Brenzcatechin) (Abb. 10.1), die beide für die Sporen von *C.*

R = H, Catechol (Brenzcatechin)
R = CO$_2$H, Protocatechusäure
(Zwiebelknollen, *Allium cepa*)

Pinosylvin
(Kiefernkernholz, *Pinus*)

R = OH, Luteon
R = H, 2'-Desoxyluteon
(Lupinenblätter, *Lupinus spp.*)

R = H, Hordatin A
R = OMe, Hordatin B
(Gerstensämlinge, *Hordeum vulgare*)

Avenacin A1
(Haferwurzeln, *Avena sativa*)

Berberin
(Wurzeln von *Mahonia trifoliata*)

10.1 Struktur einiger präinfektioneller Verbindungen von Pflanzen.

circinans ausgesprochen toxisch sind. Extrakte dieser Schuppen lassen nur weniger als zwei Prozent der Sporen zur Keimung kommen, wogegen Extrakte anfälliger Zwiebelsorten, denen diese Stoffe in größeren Mengen fehlen, eine Keimungsrate von über 90 Prozent erlauben. Das Auftreten dieser beiden Phenole ist mit einer Anthocyanfärbung der Schuppen verbunden – ein wohl rein zufälliges Zusammentreffen, denn andere Pilze können ohne Unterschiede sowohl farbige als auch farblose Zwiebelsorten befallen. Auf Cyanidin beruhende Anthocyane (das heißt solche mit einem Catecholkern in ihrer Struktur) wirken toxisch auf Pilze, und sogar von Cyanidin selbst konnte man zeigen, daß es die Keimung von *Gloeosporium perenne* hemmt, einem Pilz der bei Äpfeln Bitterfäule verursacht (Hulme und Edney 1960).

Hinweise darauf, daß präinfektionelle Verbindungen auch bei der Krankheitsresistenz von lebendem Gewebe, in frischen Blättern, eine Rolle spielen, ergaben Studien an Lupinen (Harborne et al. 1976). Bei Untersuchungen der Blätter der Weißen Lupine (*Lupinus albus*) auf Phytoalexine mit Hilfe der Tropfendiffusatmethode (siehe Seite 330) fand man heraus, daß mindestens zwei für Pilze giftige Substanzen sowohl an der Blattoberfläche als auch im Inneren des Blattes in bedeutender Konzentration vorhanden sind. Die Verbindungen werden nicht durch die Sporen der Mikroorganismen induziert, denn sie waren in Kontrolltröpfchen ohne Pilzsporen in gleichen Mengen vorhanden. Man identifizierte diese beiden Verbindungen als Luteon, ein Isopentenylisoflavon, und sein 2'-Desoxyderivat (Abb. 10.1). Die Toxizität für Pilze belegte man durch *in vitro*-Tests mit *Helminthosporium carbonum*, in denen Luteon einen ED_{50}-Wert von 35–40μg/ml aufwies. ED_{50} ist ein Maß für die Toxizität von Pilzen und bezeichnet die mittlere effektive Dosis, die erforderlich ist, um das Mycelwachstum eines bestimmten Pilzes zu hemmen. In der Praxis sind allerdings weit höhere Konzentrationen erforderlich, um eine völlige (100prozentige) Hemmung zu bewirken. Die Anwesenheit einer Isopentenylgruppe in den Isoflavonen der Lupine scheint für die Toxizität gegenüber Pilzen wichtig zu sein, denn wie Vergleiche der ED_{50}-Werte zeigen, ist Luteon auf molarer Basis zehnmal wirksamer als Isoflavone ohne diese auf Terpenoiden beruhende Seitenkette, etwa Biochanin A und Formononetin.

Präinfektionelle Verbindungen scheinen in der gesamten Gattung *Lupinus* vorzukommen, denn auch bei elf weiteren untersuchten Spezies neben *L. albus* fand man Luteon oder verwandte Isoflavone auf der Oberfläche der Blätter. Diese Isoflavone im Feuchtigkeitsfilm auf der Blattoberfläche könnten unter natürlichen Bedingungen eine für die Entwicklung von Pilzen ausgesprochen ungünstige Umgebung schaffen. Die Toxizität wirkt sich vermutlich eher auf die Keimung der Pilzsporen und/oder die Entwicklung des Keimschlauches aus als auf das Wachstum des Mycels. Dies ging aus histologischen Studien hervor, in denen *Helminthosporium carbonum* bei der Infektion von Lupinenblättern gewundene, verbogene und stark verzweigte Keimschläuche ausbildete; in den Blättern von Mais, seiner normalen Wirtspflanze, produzierte dieser Pilz dagegen normale, gerade Keimschläuche.

Eine weitere Gruppe von Flavonoiden, dieses Mal methylierte Flavone, hat man mit der Resistenz von *Citrus*-Blättern gegen Angriffe von Pilzen in Zusammenhang gebracht. Substanzen wie Nobiletin (5,6,7,8,3',4'-Hexamethoxyflavon) sind für Pilze hochgiftig und treten in den Blättern in ausreichenden Mengen auf, um Angriffe abzuwehren. Bei einer quantitativen Analyse ließ sich jedoch keine einfache Korrelation zwischen der Konzentration des Nobiletin in den Blättern und der Resistenz gegenüber dem Pilz *Deuterophoma tracheiphila* nachweisen

(Piattelli und Impellizzeri 1971). Dennoch besitzt Nobiletin viele der Charakteristika einer präinfektionellen Substanz, und seine hohe Fettlöslichkeit sowie die entsprechend fehlende Wasserlöslichkeit legen nahe, daß es viel eher auf der Blattoberfläche auftritt als in den Blättern. Die Rolle der Flavonoide als mögliche präinfektionelle Stoffe bei der Krankheitsresistenz habe ich bereits vor einigen Jahren ausführlich diskutiert (Harborne 1987).

Ein weiteres Beispiel für Phenolverbindungen, die an der Resistenz gegen Krankheiten beteiligt sind, sind die Hordatine A und B; sie haben eine Schutzfunktion in Sämlingen der Gerste (*Hordeum vulgare*), die von *Helminthosporium sativum* infiziert sind (Stoessl 1967). Diese Substanzen haben eine ungewöhnliche Struktur, denn sie basieren auf zwei *p*-Cumarinsäureresten, die mit der Aminosäure Arginin verbunden sind (Abb. 10.1). Eine interessante Komplikation in diesem Fall ist, daß die Wirkung dieser Pilzgifte mit der Entwicklung des Sämlings abnimmt, weil sich in dessen Geweben Calcium- und Magnesiumionen (Ca^{2+} und Mg^{2+}) ansammeln. Wie *in vitro*-Tests gezeigt haben, werden die beiden Hordatine durch divalente Kationen inaktiviert, vermutlich aufgrund einer Komplexbildung.

Daß neben den Phenolen auch andere Verbindungen als Prohibitine fungieren können, ging aus Arbeiten über Wurzelinfektionen von Getreide hervor. Die Resistenz von Hafer (*Avena sativa*) gegenüber dem unspezifischen Pilz *Gaeumannomyces graminis* beruht auf einer Mischung von vier nahe verwandten, pentazyklischen Triterpenglykosiden, von denen Avenacin A1 (Abb. 10.1) typisch ist (Crombie et al. 1986). Während das Wachstum nichtpathogener Linien des Pilzes, zum Beispiel von *G. graminis* var. *tritici*, durch diese Verbindungen völlig unterdrückt wird, ist der pathogene *G. graminis* var. *avenae* in der Lage, die Avenacine zu entgiften, indem er einen oder beide Glucosereste der Trisaccharideinheit entfernt. Derart deglucosylierte Verbindungen sind nicht mehr toxisch für Pilze; somit wird die Fähigkeit des Hafers, diesem unspezifischen Erreger zu widerstehen, eingeschränkt durch die möglicherweise bei dem Pathogen vorhandene β-Glucosidase-Aktivität. Ein ähnliches System mit Avenacosid A, einem anderen Triterpenoid, und dem enzymatischen Entfernen eines 26-Glucoserestes scheint in Haferblättern aktiv zu sein, wenn sie von dem Pilz *Drechslera avenacea* infiziert werden (Lüning und Schlösser 1976). Ein weiteres Beispiel für ein nichtphenolisches Prohibitin ist das Alkaloid Berberin, das vermutlich den Wurzeln der Mahonienart *Mahonia trifoliata* Resistenz gegenüber dem Pilz *Phymatotrichum omnivorum* verleiht (Greathouse und Watkins 1938).

Die gerade erwähnten Triterpenoid- und Alkaloidtoxine sind in den Blättern oder Wurzeln enthalten und dort wahrscheinlich in den Zellvakuolen lokalisiert. Andere Prohibitine hingegen kommen vielleicht nur außerhalb der Blätter vor, an speziellen Stellen auf der Oberfläche, und liefern somit in erster Linie einen Schutz gegen eindringende Mikroorganismen. Das gilt beispielsweise für das Sesquiterpenlacton Parthenolid, das in zweilappigen Drüsen an der Oberfläche der Blätter und der Samen von *Chrysanthemum parthenium* (Mutterkraut) enthalten ist. Parthenolid spielt offenbar eine nützliche Rolle beim Verhindern von Angriffen von Mikroorganismen, denn es wirkt sowohl auf grampositive Bakterien als auch auf Fadenpilze toxisch (Blakeman und Atkinson 1979). Gleiches gilt auch für Sclareol und Isosclareol, zwei Diterpene der Blattoberflächen der Tabakart *Nicotiana glutinosa* (Bailey et al. 1974). Diese Verbindungen sind in hohen Konzentrationen in mikroskopisch sichtbaren Flüssigkeitströpfchen auf der Blattoberseite vorhanden. Sie verhindern *in vitro* wirkungsvoll das Wachstum von Pilzen – möglicherweise, weil sie strukturelle Analoga der Gibberelline sind und die normale hormonelle Entwicklung des Pilzes beeinflussen, indem sie zum Beispiel die Menge der Hyphenäste erhöhen.

Zusammengenommen deutet dies alles darauf hin, daß einige wenige Pflanzen einen Mechanismus der Krankheitsresistenz besitzen, der zum Teil auf bereits vorhandenen Pilzgiften beruht, die an sich schon genügen, um ein Eindringen von Mikroorganismen zu verhindern. Die Verbindungen sind meist phenolischer Natur, aber auch andere chemische Substanzen, insbesondere Triterpenoide und Alkaloide, hat man mit dieser Art von Abwehrmechanismus in Zusammenhang gebracht.

Eine zweite Klasse präinfektioneller Verbindungen, die vermutlich an der Krankheitsresistenz von Pflanzen beteiligt sind, sind die Inhibitine – Metabolite, die nach einer Infektion zunehmen, um ihre toxische Wirkung zu enfalten (Ingham 1973). Ins Gespräch gebracht wurde diese Gruppe von Verbindungen aufgrund der allgemeinen Beobachtung, daß eine Infektion durch Mikroorganismen bei vielen Pflanzen in der Nähe der Infektionsstelle zur Anreicherung verschiedener aromatischer Substanzen führt, insbesondere von Cumarinderivaten. Eines der besten Beispiele hierfür sind von Kraut- und Knollenfäule befallene Kartoffeln, bei denen man an den Knollen nahe der Infektionsstelle einen intensiv blau gefärbten, fluoreszierenden Bereich erkennen kann (Abb. 10.2). Impft man eine bestimmte Kartoffelknolle an einem Ende mit Sporen von *Phytophthora infestans* an, inkubiert sie für 14 Tage bei 18 Grad Celsius und zerschneidet sie der Länge nach in zwei Hälften, dann sieht die Kartoffel wie in Abbildung 10.2 aus. Zwischen dem infizierten Bereich und dem gesunden Gewebe befindet sich die intensiv blau fluoreszierende Zone; es hat den Anschein, als wäre sie als Schutzzone zwischen den beiden Gewebetypen gebildet worden. Ein Vergleich der Phenolbestandteile des gesunden Gewebes und der fluoreszierenden Zone zeigt, daß zwei bestimmte Phenole in dieser Zone in stark erhöhter Konzentration vorliegen. Eines davon, das fluoreszierende Cumarin Scopolin (Abb. 10.3), nimmt um das Zehn- bis 20fache zu, während das andere, die weniger intensiv fluoreszierende Chlorogensäure, um das Doppelte bis Dreifache ansteigt (Hughes und Swain 1960). Sowohl von Cumarinen als auch von Hydroxyzimtsäuren wie Chlorogensäure weiß man, daß sie *in vitro* gegen eine Reihe von Mikroorganismen deutlich toxisch wirken (siehe Jurd et al. 1971).

Solche Veränderungen der phenolischen Metabolite könnten reine Folgeerscheinungen der Auswirkungen der Infektion auf den normalen Stoffwechsel im Gewebe sein. Die zunehmende Synthese dieser Substanzen steht vielleicht nicht direkt in Zusammenhang mit der Krankheitsresistenz, sondern könnte einfach ein Symptom der Krankheit sein. Man sollte jedoch erwähnen, daß ähnliche Zunahmen der Konzentrationen von Scopolin, Scopoletin oder Chlorogensäure

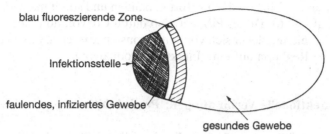

blau fluoreszierende Zone

Infektionsstelle

faulendes, infiziertes Gewebe

gesundes Gewebe

10.2 Bildung der inhibitorischen Zone aus Cumarin in einer von Knollenfäule infizierten Kartoffel.

auch in anderen Pflanzen außer der Kartoffel vorkommen, beispielsweise beim Tabak (*Nicotiana tabacum*) und bei der Süßkartoffel oder Batate (*Ipomoea batatas*). Eine Pflanze, bei der eine Zunahme einer bisher noch nicht identifizierten, blau fluoreszierenden Substanz mit Krankheitsresistenz in Verbindung gebracht wurde, ist der Apfel, wenn die Blätter mit dem Schorferreger *Venturia inaequalis* (Hunter et al 1968) infiziert sind. Hier gibt es drei Stoffe, welche die Keimung der Conidien von *V. inaequalis* hemmen und in gesunden Blättern vorhanden sind, deren Konzentrationen aber nach einer Infektion auf inhibitorische Werte ansteigen. Ausgehend von der Annahme, die blau fluoreszierenden Bestandteile seien neue Formen von Hydroxyzimtsäurederivaten, hat man verschiedene synthetische Säuren (zum Beispiel Isobutyl-*o*-Cumarat) auf die Blätter anfälliger Apfelsorten gesprüht und tatsächlich auf diese Weise deren Resistenz gegen den Schorf erhöht (Kirkham und Hunter 1964). Trotz dieses Erfolgs ist jedoch klar, daß noch viele weitere Forschungen nötig sind, um festzustellen, ob Substanzen, die nach einer Infektion mengenmäßig zunehmen, wirklich eine bedeutende Schutzrolle zukommt.

Die Vorstellung, daß Catecholphenole wie Chlorogensäure (Abb. 10.3) Pflanzen Krankheitsresistenz verleihen, wurde bestärkt durch die Entdeckung, daß zumindest ein Pathogen in der Lage ist, ihren toxischen Wirkungen zu widerstehen. Es ist der Anthraknosepilz *Colletrichum graminicola*, Erreger einer weltweit verbreiteten Getreidekrankheit. Die Sporen produzieren einen wasserlöslichen Schleim, dessen Glykoproteinfraktion eine außerordentlich hohe Neigung zur Bindung kondensierter Tannine und anderer Phenole aufweist. Auswaschungen aus infizierten Getreideblättern sind reich an toxischen Phenolen, die durch

R = H, Scopoletin
R = Glc, Scopolin

Chlorogensäure

10.3 Einige phenolische Inhibitine.

323

das Glykoprotein des Pilzes jedoch sofort gebunden und somit inaktiviert werden (Nicholson et al. 1986). Dieser Pilz hat also durch Coevolution eine spezifische Methode entwickelt, mit der er sich vor den ansonsten toxischen Phenolen schützt, die Pflanzen als Reaktion auf eine Infektion produzieren.

B. Postinfektionelle Verbindungen: Postinhibitine

Die Vorstellung, daß Pflanzen Toxine, die sie zu ihrem Schutz benötigen, in einer inaktiven Form in ihren Geweben speichern, ist uns mittlerweile vertraut. Sie trifft für Gifte zu, die Herbivoren fernhalten sollen (Kapitel 3), und für Toxine, die als allelopathische Stoffe dienen (Kapitel 9). Es gibt auch Hinweise darauf, daß die Krankheitsresistenz von Pflanzen durch einen ähnlichen Mechanismus zustande kommt. Die daran beteiligten Toxine werden in der Klassifizierung von Ingham als Postinhibitine bezeichnet (Tabelle 10.1). Sie sind in gesundem Gewebe als inaktive Glykoside enthalten und werden nach einer Infektion durch enzymatische Hydrolyse oder Oxidation freigesetzt.

Das einfachste Beispiel für einen derartigen Mechanismus liefern die cyanogenen Glykoside. Sie sind als solche nicht toxisch, setzen aber bei der Hydrolyse durch eine spezielle β-Glucosidase Blausäure frei; das dabei als Zwischenprodukt gebildete Cyanhydrin zerfällt spontan in einen Aldehyd oder ein Keton und Cyanwasserstoff (HCN) (Abb. 10.4). Der Cyanwasserstoff dient der Pflanze dann als Schutz vor weiterem Pilzbefall. Zur Freisetzung von Cyanid kommt es zum Beispiel, wenn die Blätter des Hornklees (*Lotus corniculatus*) von dem Blattpathogen *Stemphylium loti* befallen werden (Millar und Higgins 1970). In diesem Fall ist der Pilz relativ tolerant gegenüber HCN und kann sich durch Produktion des Enzyms Formamidhydrolase ohne weiteres daran anpassen, wenn er in seiner Anwesenheit kultiviert wird; dieses Enzym entgiftet Cyanwasserstoff durch Umwandlung zu Formamid (HCONH$_2$). Bei einer Infektion durch *Stemphylium* hält der produzierte Cyanwasserstoff den Pilzbefall kaum auf. Der Wert von Cyanwasserstoff liegt für den Hornklee darin, daß zahlreiche potentiell gefährliche Pilze kein derartiges Enzym zu produzieren vermögen und somit nicht in der Lage sind, HCN zu entgiften und sich im Gewebe der Wirtspflanze zu etablieren.

Eine Parallele zu den cyanogenen Glykosiden bilden die Glucosinolate der Kreuzblütler (Brassicaceae oder Cruciferae); wie man zeigen konnte, sind sie an der Resistenz wilder und kultivierter *Brassica*-Arten gegenüber dem Falschen Mehltau beteiligt (Greenalgh und Mitchell 1976). Bei diesen Pflanzen führt eine Beschädigung des Gewebes zur Freisetzung bedeutender Mengen des flüchtigen Öles Allylisothiocyanat, das durch enzymatische Hydrolyse der Glucoside Sinigrin und Myrosinase gebildet wird (Abb. 10.4). Dieses Isothiocyanat – einer der wichtigsten Aromastoffe von Kohl und anderen Cruciferengemüsen – wirkt auf den Mehltauerreger *Peronospora parasitica* hochgiftig. Die Hinweise darauf, daß die Freisetzung von Isothiocyanat ursächlich mit dem Kampf gegen die Mehltauinfektion verknüpft ist, beruhen auf zwei Feststellungen. Erstens besteht bei kultiviertem Gemüsekohl (*Brassica oleracea*) ein Zusammenhang zwischen

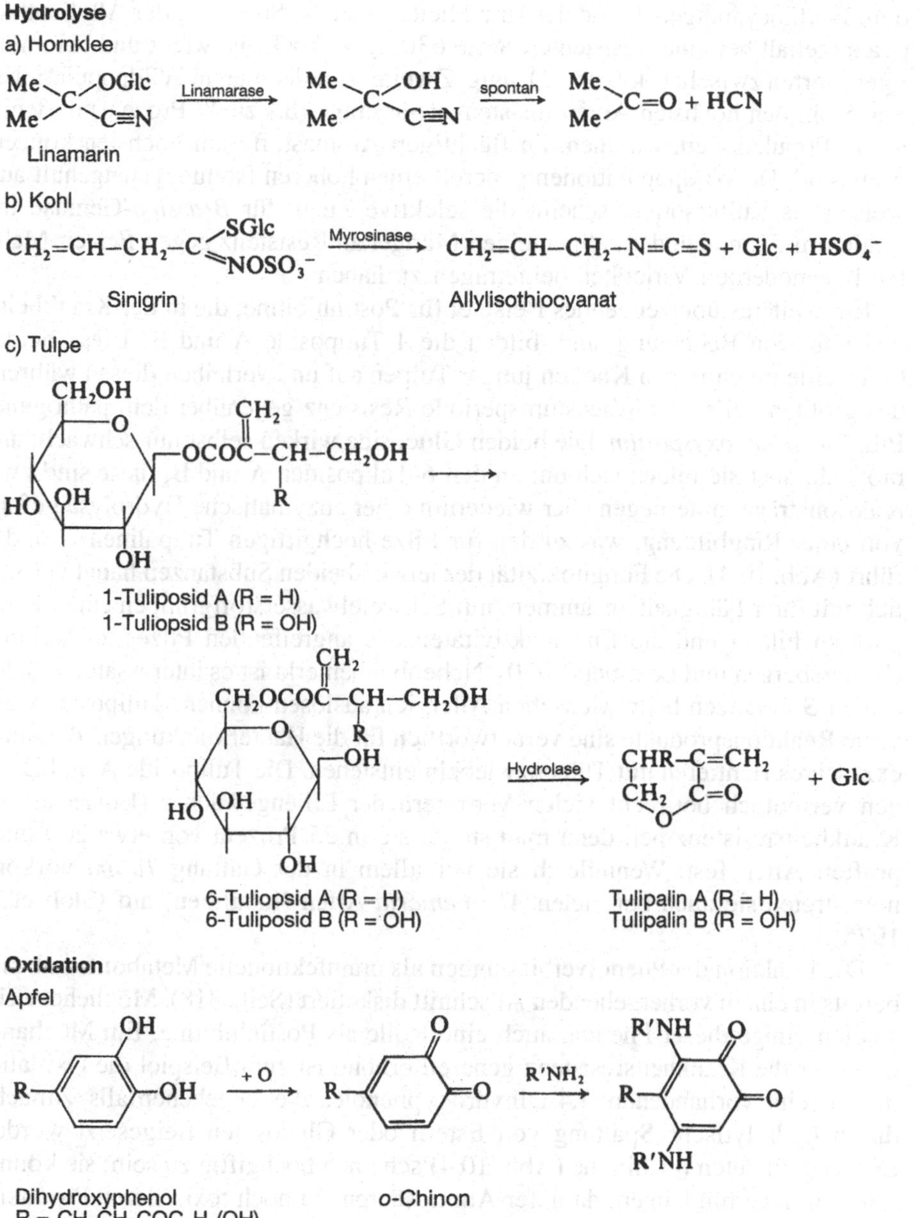

Hydrolyse

a) Hornklee

$$\underset{\text{Linamarin}}{\overset{\displaystyle \underset{Me}{\overset{Me}{\diagdown}}C\overset{\diagup OGlc}{\diagdown}C\equiv N}{}} \quad \xrightarrow{\text{Linamarase}} \quad \underset{Me}{\overset{Me}{\diagdown}}C\overset{\diagup OH}{\diagdown}C\equiv N \quad \xrightarrow{\text{spontan}} \quad \underset{Me}{\overset{Me}{\diagdown}}C=O + HCN$$

b) Kohl

$$\underset{\text{Sinigrin}}{CH_2=CH-CH_2-C\overset{\diagup SGlc}{\diagdown}NOSO_3^-} \quad \xrightarrow{\text{Myrosinase}} \quad \underset{\text{Allylisothiocyanat}}{CH_2=CH-CH_2-N=C=S} + Glc + HSO_4^-$$

c) Tulpe

1-Tuliopsid A (R = H)
1-Tuliopsid B (R = OH)

6-Tuliopsid A (R = H)
6-Tuliopsid B (R = OH)

Tulipalin A (R = H)
Tulipalin B (R = OH)

Oxidation

Apfel

Dihydroxyphenol
R = CH₂CH₂COC₆H₄(OH)₂
(3-Hydroxyphloretin)

o-Chinon

10.4 Mechanismen der Freisetzung von Pilzgiften durch Hydrolyse oder Oxidation.

dem Isothiocyanatgehalt und der Krankheitsresistenz: So betrug der Allylisothiocyanatgehalt bei einer resistenten Sorte 630 μg/g Trockengewicht und bei anfälligen Sorten zwischen 450 und 21 μg/g. Zweitens findet man in Wildpopulationen von Kohl den höchsten Anteil resistenter Sämlinge (bis zu 47 Prozent) in denjenigen Populationen, wo auch die flüchtigen Aromastoffe am höchsten konzentriert sind. Da Wildpopulationen generell einen höheren Isothiocyanatgehalt aufweisen als Kultursorten, scheint die selektive Zucht für *Brassica*-Gemüse mit milderem Aroma zu dem allgemeinen Mangel an Resistenz gegen Echten Mehltau bei modernen Varietäten beigetragen zu haben.

Ein weiteres überzeugendes Beispiel für Postinhibitine, die in der Krankheitsresistenz von Bedeutung sind, bilden die 1-Tuliposide A und B. Diese beiden Glucoside treten in den Knollen junger Tulpen auf und verleihen diesen während des größten Teiles der Wachstumsperiode Resistenz gegenüber dem pathogenen Pilz *Fusarium oxysporum*. Die beiden Glucoside wirken selbst nur schwach antibiotisch, aber sie bilden sich um zu den 6-Tuliposiden A und B, diese sind zwar reaktionsträge, unterliegen aber wiederum einer enzymatische Hydrolyse gefolgt von einer Ringbildung, was zu den für Pilze hochgiftigen Tulipalinen A und B führt (Abb. 10.4). Die Fungitoxizität der letzten beiden Substanzen hängt vermutlich mit ihrer Fähigkeit zusammen, mit Schwefelwasserstoffgruppen einen Komplex zu bilden und die Enzymaktivitäten des angreifenden Pilzes zu hemmen (Beijersbergen und Lemmers 1970). Nebenbei bemerkt ist es interessant, daß dieselben Substanzen beim Menschen Allergien auslösen können; Tuliposid A und seine Reaktionsprodukte sind verantwortlich für die Hauterkrankungen, die durch exzessives Hantieren mit Tulpenzwiebeln entstehen. Die Tuliposide A und B tragen vermutlich bei recht vielen Vertretern der Liliengewächse (Liliaceae) zur Krankheitsresistenz bei, denn man stellte sie in 25 Prozent von etwa 200 überprüften Arten fest. Wenngleich sie vor allem in der Gattung *Tulipa* vorkommen, treten sie auch bei vielen *Alstroemeria*-Arten (Inkalilien) auf (Slob et al. 1975).

Die Funktion der Phenolverbindungen als präinfektionelle Metabolite habe ich bereits in einem vorhergehenden Abschnitt diskutiert (Seite 318). Möglicherweise spielen einige dieser Phenole auch eine Rolle als Postinhibitine. Ein Mechanismus, der die Krankheitsresistenz generell erhöht, ist zum Beispiel die Oxidation der bereits vorhandenen 3,4-Dihydroxyphenole, die gegebenenfalls zunächst durch hydrolytische Spaltung von Estern oder Glucosiden freigesetzt werden. Die so gebildeten *o*-Chinone (Abb. 10.4) scheinen hochgiftig zu sein; sie können mit Aminoverbindungen, darunter Aminosäuren, zu noch toxischeren Produkten kondensieren. Man hat versucht, die Resistenz von Apfelsorten gegenüber ihren verschiedenen Pilzpathogenen mit dieser Art von Mechanismus zu erklären. Die bereits vorhandene Verbindung ist Phlorizin, das β-Glucosid von Phloretin. Nach der Hydrolyse von Phlorizin wird das gebildete Phloretin zunächst zu 3-Hydroxyphloretin oxidiert, und dies unterliegt dann einer weiteren Oxidation zu Chinon, vermittelt durch das Enzym Phenolase. Welcher Prozeß diese verschiedenen Schritte auslöst, ist noch nicht klar. In resistenten Blättern scheint allerdings das für Pilze giftige *o*-Chinon nur gebildet zu werden, wenn der eindringende Mikroorganismus die Zellmembranen beschädigt und so dem pflanzlichen Enzym Phenolase ermöglicht, das natürliche Substrat zu oxidieren. Das Produkt dieser Oxidation bringt dann die weitere Entwicklung des Pilzes zum Stillstand. Im Gegensatz dazu werden die Zellen anfälliger Sorten nur gering beschädigt, die Fähigkeit der Blätter, das für die Pilze toxische Chinon zu bilden, wird unterdrückt, und der Pilz vermag völlig unbehindert in die Wirtsgewebe einzudringen (Sijpesteijn 1969). Ob ein solches System tatsächlich zur Krankheitsresistenz bei Äpfeln führt, ist immer noch umstritten, denn wie Hunter (1975) herausfand, verleihen im Falle des Apfelschorfes (*Venturia inaequalis*) weder Phlorizin, noch seine einfachen Abbauprodukte irgendeine Resistenz. Die verwandten Chinone überprüfte er aufgrund ihrer geringen Stabilität *in vivo* jedoch nicht direkt.

Ein letztes Beispiel für Postinhibitine sind die in Zwiebelgewebe vorkommenden, schwefelhaltigen Aminosäuren, die nach enzymatischem oder hydrolytischem Angriff stechende und tränenauslösende Sulfide freisetzen. Ein solches Toxin ist Diallyldisulfid, $(CH_2=CH-CH_2-S)_2$. Diese Sulfide haben bei *Allium* zweifellos Schutzfunktion, können aber – wie alle Abwehrmechanismen – überwunden werden. Wie Coley-Smith (1976) zeigte, ist der in der Erde lebende Pilz *Sclerotium cepivorum* auf die Freisetzung der Sulfide aus den Zwiebelwurzeln angewiesen, damit die Keimung der Sklerotien (Dauermycelien) und die nachfolgende Infektion der Wurzeln ausgelöst wird. Dieser Umstand läßt sich zur Bekämpfung des Schädlings nutzen, denn die Sklerotien keimen in Anwesenheit von Sulfid auch ohne die Wirtspflanze. Sie sterben dann, und man kann anschließend in dem mit Sulfid behandelten Boden gefahrlos Zwiebeln anbauen.

C. Postinfektionelle Verbindungen: Phytoalexine

Das Phytoalexinkonzept

Das Phytoalexinkonzept der Krankheitsresistenz führte zweifellos zu einer der wichtigsten Entwicklungen in der Pflanzenpathologie der letzten 25 Jahre und regte vermutlich mehr Forschungen zu Mechanismen der Krankheitsresistenz bei Pflanzen an als jegliche andere Vorstellung. Mittlerweile ist die biochemische Seite dieser Antipilzwirkstoffe gut bekannt, und so ist hier nur eine Zusammenfassung nötig. Ich sollte jedoch betonen, daß physiologische, ultrastrukturelle und pathologische Aspekte der Phytoalexinsynthese noch nicht vollständig dokumentiert sind. Wenngleich also weithin anerkannt ist, daß Phytoalexine ihren Platz in der Krankheitsresistenz haben, verstehen wir zahlreiche Gesichtspunkte ihrer Produktion und ihres Stoffwechsel *in vivo* noch nicht vollständig. Bevor wir den gegenwärtigen Status auf dem Gebiet der Phytoalexine diskutieren, wollen wir jedoch die wichtigsten Thesen des Phytoalexinkonzepts rekapitulieren, die Müller und Börger im Jahre 1941 anhand ihrer Studien der Reaktion von Kartoffelsorten auf virulente und nichtvirulente Linien von *Phytophthora* postulierten:

1. Ein Phytoalexin ist eine Verbindung, welche die Entwicklung des Pilzes in hypersensitiven Geweben hemmt und nur dann gebildet oder aktiviert wird, wenn die Wirtspflanzen mit dem Parasit in Kontakt kommt.
2. Die Abwehrreaktion tritt nur in lebenden Zellen auf.
3. Der Hemmstoff ist eine bestimmte chemische Substanz, ein Produkt der Zellen der Wirtspflanzen.
4. Das Phytoalexin ist in seiner toxischen Wirkung gegenüber Pilzen nicht spezifisch, verschiedene Pilzarten können jedoch unterschiedlich empfindlich dagegen sein.
5. Die zugrundeliegende Reaktion ist sowohl in resistenten als auch in anfälligen Zellen gleich; die Grundlage zur Unterscheidung zwischen resistenten und anfälligen Wirtspflanzen ist die Geschwindigkeit der Phytoalexinbildung.
6. Die Abwehrreaktion ist auf das vom Pilz befallene Gewebe und seine unmittelbare Umgebung beschränkt.
7. Der resistente Zustand wird nicht vererbt; er entwickelt sich, nachdem der Pilz eine Infektion versucht hat. Die Empfindlichkeit der Wirtszelle, welche die Geschwindigkeit der Reaktion des Wirtes bestimmt, ist spezifisch und genetisch festgelegt.

Wie bereits erwähnt, wurde die Phytoalexintheorie erst 20 Jahre später verifiziert, als Cruickshank und Perrin (1960) das erste Phytoalexin isolierten und chemisch charakterisierten; es handelte sich um Pisatin, ein Pterocarpanderivat aus den Schoten von Erbsen, die mit Conidien des Pilzes *Monilinia frutigena* infiziert waren. Wie Cruickshank und Perrin (1964) zeigen konnten, erfüllt Pisatin all die erforderlichen Kriterien der Theorie von Müller und Börger, und diese Substanz ist nach wie vor eines der am besten erforschten, heute bekannten Phytoalexine. In nachfolgenden Studien wies man bald nach, daß andere Leguminosen, insbesondere die Gartenbohne (*Phaseolus vulgaris*), bei einem Pilzbefall ähnliche Pterocarpane produzieren (zum Beispiel Phaseolin). Gleichzeitig zeigte die nochmalige Überprüfung von aus erkrankten Pflanzen anderer Familien isolierten Verbindungen, daß eine Phytoalexinproduktion auch bei Windengewächsen (Convolvulaceae) (zum Beispiel Ipomoeamaron aus der infizierten Süßkartoffel) und Orchideen (Orchidaceae) (Orchinol aus den Knollen von Orchideen) vorkommt. Danach bemühte man sich, die als Reaktion auf Angriffe durch Mikroorganismen von vielen Nutzpflanzen produzierten Verbindungen zu identifizieren, und fand heraus, daß eine Reihe chemischer Substanzen in das Konzept der Phytoalexine paßte. Insbesondere aus der ursprünglich von Müller und Börger erforschten Wechselbeziehung zwischen Kartoffel und Kraut- und Knollenfäule identifizierte man mehrere Substanzen, darunter das Sesquiterpenoid Rishitin. Die Strukturen einer repräsentativen Auswahl heute bekannter Phytoalexine sind in Abbildung 10.5 dargestellt.

Seit die ursprüngliche Hypothese aufgestellt wurde, hat unser Wissen über die Phytoalexine beträchtlich zugenommen, und wenngleich die meisten bekannten Phytoalexine bemerkenswert gut in das allgemeine Konzept passen, muß man in manchen Fällen eine Modifikation der Thesen ins Auge fassen. Wir wissen mitt-

Pisatin
(*Pisum sativum*, Fabaceae)

Phaseolin
(*Phaseolus vulgaris*, Fabaceae)

$CH_2COCH_2CHMe_2$

Ipomoeamaron
(*Ipomoea batatas*, Convovulaceae)

Orchinol
(*Orchis militaris*, Orchidaceae)

Rishitin
(*Solanum tuberosum*, Solanaceae)

Capsidiol
(*Capsicum frutescens*, Solanaceae)

$OCH_2CHOHCH=CH(C\equiv C)_3CH=CHMe$

Safynol
(*Carthamus tinctoria*, Asteraceae)

$-CO_2H$

Benzoesäure
(*Malus pumila*, Rosaceae)

10.5 Struktur einiger repräsentativer Phytoalexine höherer Pflanzen.

lerweile, daß die Wechselwirkungen komplexer sind als ursprünglich vermutet, insbesondere, weil einige Pilze die Phytoalexine weiter umzusetzen und zu entgiften vermögen. Somit hängt die Fähigkeit eines Pilzes, eine bestimmte Pflanze zu parasitieren, zumindest teilweise davon ab, wie er mit den von der Wirtspflanze produzierten Phytoalexinen fertig wird. Auf diesen weiteren Metabolismus werde ich später noch eingehen. Zunächst jedoch sind einige Bemerkungen über die Faktoren erforderlich, welche die Phytoalexinreaktion induzieren, über die strukturellen Abweichungen zwischen den einzelnen Phytoalexinen sowie über taxonomische und evolutionäre Aspekte.

Faktoren, welche die Phytoalexinreaktion induzieren

Damit man eine chemische Substanz als Phytoalexin bezeichnen kann, muß man ihre Bildung in gesundem Pflanzengewebe durch Beimpfen oder Infektion mit Mikroorganismen experimentell induzieren. Zur Überprüfung der Phytoalexinreaktion von Pflanzen hat man sich eine einfache Methode ausgedacht, die sogenannte Tropfendiffusatmethode (Abb. 10.6). Hierbei läßt man Blätter im Licht auf Wasser treiben und bringt Tröpfchen einer Sporensuspension eines nichtpathogenen Pilzes auf die Blattoberseite (Higgins und Millar 1968). Die Tröpfchen enthalten ein oberflächenaktives Agens wie Tween-20, damit sie sich nicht über die Blattoberfläche ausbreiten. Ein zweiter Satz von Blättern mit Tween-20-Tröpfchen ohne Pilzsporen dient als Kontrolle. Nach 48 Stunden sammelt man die Tröpfchen ein. Im Falle einer positiven Reaktion enthalten sie hohe Konzentrationen des Phytoalexins und sind kaum mit anderen Pflanzenstoffen verunreinigt. So lassen sich auf sehr einfache Weise relativ reine Phytoalexinproben erhalten, die man dann zu weiteren Analysen verwenden kann.

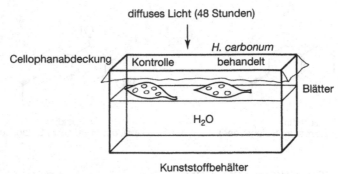

10.6 Tropfendiffusatmethode zur Induktion der Phytoalexinbildung.

Was in diesen Tropfen auf den Blättern geschieht, ist folgendes: Die Pilzsporen beginnen innerhalb von ein bis zwei Stunden, in den Tröpfchen zu keimen, und ihre Keimschläuche dringen in die Wirtszellen ein. Infolge dieses „Auslösers" reagiert die Pflanze sofort mit der Neusynthese von Phytoalexinen; solche Verbindungen, die oft schon nach einigen Stunden festzustellen sind, erreichen ihre maximale Produktion nach 48 bis 72 Stunden. Die Phytoalexine werden zwar im Blatt produziert, aber ein Großteil davon wird auf die Blattoberfläche „ausgestoßen", wo der Pilzbefall im Gange ist – daher die Anreicherung von Phytoalexinen in den Tröpfchen. Es wurde behauptet (siehe Hargreaves et al. 1976a), die Tropfendiffusatmethode liefere kein vollständiges Bild der Phytoalexinproduktion, da bestimmte Substanzen vielleicht nicht vom Blatt in die darüberliegenden Tröpfchen diffundieren. Wie jedoch entsprechende Tests gezeigt haben, sind bei vielen Arten in den Blättern und in den Tropfen dieselben Verbindungen vorhanden. Allerdings können quantitative Unterschiede auftreten, wenn mehr als eine

Verbindung produziert wird. Bei manchen Pflanzen ist es ratsam, andere Teile als die Blätter zu überprüfen, und daher hat man gelegentlich auch Stengel, Hypocotyl und Samen verwendet.

Um die Phytoalexinsynthese zu bestätigen, muß man die Tropfenextrakte auf ihre Toxizität gegenüber Pilzen testen. Dies macht man praktischerweise mit einem Dünnschichtchromatographie-Bioassay (Abb. 10.7), bei dem man die beiden Extrakte (die Phytoalexinlösung und die Wasserkontrolle) in einem geeigneten Lösungsmittel auf einer TLC-Platte (TLC vom englischen *thin-layer chromatography*) laufen läßt. Nach dem Trocknen sprüht man die Platte mit einer Pilzsporensuspension ein (zum Beispiel von *Cladiosporium herbarum*) und inkubiert sie für etwa fünf Tage bei 25 bis 30 Grad Celsius. In diesem Zeitraum wächst der Pilz über die gesamte Platte mit Ausnahme der fungitoxischen Zonen; diese Bereiche erscheinen als weiße Flecken auf einem grauen Hintergrund. Man kann die TLC-Platte auch mit einer Reihe diagnostischer Reagentien einsprühen (zum Beispiel mit einer diazotierten *p*-Nitroanilinlösung – einem Test auf Phenole), um zu feststellen, zu welcher chemischen Klasse das Phytoalexin gehört. Schließlich identifiziert man die vorhandenen Verbindungen mit den Standardmethoden der organischen Chemie.

10.7 Bioassay zur Feststellung von Phytoalexinen in Kontroll- (K) und behandelten (b) Tröpfchen. (PNA steht für *p*-Nitroanillin.)

Zwar werden Phytoalexine reproduzierbar, am häufigsten und in der größten Menge produziert, wenn Pflanzen mit Pilzen infiziert sind, doch gelegentlich bilden die Pflanzen sie auch infolge von Bakterien- oder Virusinfektionen. Sie können sie aber auch unter abiotischem Streß synthetisieren. Zu solchen Streßfaktoren gehören UV-Einstrahlung, Temperaturschock, Verletzung und Behandlung mit anorganischen Salzen (zum Beispiel wäßrigem Quecksilberchlorid). Sogar in gesundem Gewebe können Phytoalexine in Spuren auftreten, wenngleich die Hinweise hierauf in gewissem Ausmaß zweifelhaft sind, weil eine völlig gesunde, unbelastete Pflanze schwierig genau zu definieren ist.

Letztendlich muß man daher die Tatsache akzeptieren, daß Phytoalexine antimikrobielle Substanzen sind, die in Pflanzen als Teil eines generellen Reparatur- und Abwehrsystems produziert und durch eine Vielzahl von Ursachen ausgelöst werden. Für eine Krankheitsresistenz ist es nicht nur wichtig, daß die Pflanze

Phytoalexine synthetisieren kann, sondern sie muß auch imstande sein, sie in entsprechender Menge, rasch genug und zur rechten Zeit am rechten Ort zu produzieren. Dies tun Pflanzen, wenn sie von Pilzen befallen werden, und zweifellos sind Phytoalexine aus ökologischer Sicht als Abwehrstoffe gegen Pilze am bedeutendsten.

Strukturelle Variation unter Phytoalexinen

Einige der strukturellen Unterschiede, auf die wir bei den Phytoalexinen treffen, verdeutlicht Abbildung 10.5; sie zeigt die typischen Phytoalexine von sechs Pflanzenfamilien. Daraus wird klar, daß zwischen der chemischen Struktur und der Giftwirkung auf Pilze kein einfacher Zusammenhang besteht, da ganz unterschiedliche Strukturen eine hohe Toxizität erzielen können. Die einzige generelle Eigenschaft, welche die meisten – wenn nicht sogar alle – Phytoalexine gemeinsam haben, ist eine gewisse Fettlöslichkeit. Selbst bei den Phenolverbindungen (etwa Pisatin, Orchinol, Phaseolin) sind die meisten der polaren Hydroxylgruppen durch Methylierung oder durch Methylendioxy-Ringbildung maskiert, und die Substanzen sind dadurch fettlöslich. Diese Eigenschaft ist vielleicht notwendig für die Toxizität, wenn das Substrat die Durchlässigkeit der Membranen der Pilzzellen beeinflussen oder blockieren soll.

Chemisch gesehen ist Benzoesäure das einfachste Phytoalexin – von Äpfeln als Reaktion auf *Nectria galligena*, den Verursacher des Obstbaumkrebses gebildet (Swinburne 1973), und von *Pinus radiata* (Monterreykiefer) auf den Schüttepilz (Franich et al. 1986). Die meisten anderen Phytoalexine sind komplexer, da sie sich von Isoflavonoiden (Pisatin), Terpenoiden (Rishitin, Ipomoeamaron) oder Fettsäuren (Safynol) ableiten. In jüngerer Zeit fand man von Indol abstammende, schwefelhaltige Phytoalexine in den Kreuzblütlern *Brassica juncea* (Rutenkohl) und *Camelina sativa* (Saatleindotter) (Abb. 10.8), während man mehrere Dibenzofurane im infizierten Splintholz von Rosaceenbäumen identifizierte, zum Beispiel τ-Pyrufuran bei der Birne (*Pyrus communis*). Weitere Einzelheiten zu Strukturen von Phytoalexinen finden sich in Harborne und Ingham (1978), Bailey und Mansfield (1982) sowie Harborne (1986).

Den Zusammenhang zwischen der Giftwirkung auf Pilze und der Struktur erforschte man auf Familienebene, und über die Produkte der Schmetterlingsblütler (Fabaceae oder Leguminosae) ist inzwischen einiges bekannt (VanEtten 1976). Beispielsweise scheinen die verschiedenen Klassen von Isoflavonoiden eine Reihe zunehmender Toxizität zu bilden: Isoflavone–Isoflavanone–Pterocarpane–Isoflavane. Die Toxizität für Pilze hängt in geringerem Ausmaß auch von der Natur und der Anzahl der Substituenten der einzelnen aromatischen Ringe ab. Während fast alle untersuchten Leguminosen Isoflavonoide produzieren, stellte man bei *Arachis* (Erdnuß) und *Trifolium* (Klee) eine offensichtlich abweichende Klasse von Phytoalexinen fest (Ingham 1976a). Doch obwohl solche Moleküle (etwa Resveratrol) sich biosynthetisch unterscheiden, stehen sie strukturell dem Isoflavonoidskelett sehr nahe (Abb. 10.8). Es besteht hier sogar eine verblüffende Par-

Resveratrol
(*Arachis hypogaea*, Fabaceae)

τ-Pyrufuran
(*Pyrus communis*, Rosaceae)

Cyclobrassininsulfoxid
(*Brassica juncea*, Brassicaceae)

Camalexin
(*Camelina sativa*, Brassicaceae)

10.8 Einige von Stilben, Benzofuran und Indolsäure abstammende Phytoalexine.

allele zwischen der Fungitoxizität und der Östrogenwirkung. So sind die Isoflavone aus Leguminosen als schwache Östrogene bekannt (siehe Kapitel 4), während das reduzierte Hydroxystilben Diethylstilböstrol eines der wirkungsvollsten synthetischen Östrogene ist. Wie gerade erwähnt, wirken beide Klassen – Isoflavonoide und Stilbene – toxisch auf Pilze. Eine Antipilzwirkung bei Leguminosen steht also möglicherweise mit der Produktion eines Moleküls in Zusammenhang, das Steroide nachahmt und somit entweder die Versorgung des Pilzes mit Steroiden oder direkter die Membranpermeabilität der Pilzzellen beeinflussen kann.

Taxonomische und evolutionäre Aspekte

Man kennt heute über 200 Phytoalexine, von denen die Hälfte aus einer einzigen Familie, den Schmetterlingsblütlern oder Leguminosen (Fabaceae) charakterisiert wurde (Ingham 1981). Sehr viele dieser Verbindungen werden ausschließlich auf diese Weise produziert und sind ansonsten nicht als natürliche Produkte bekannt. Man hat Phytoalexine allerdings bei mindestens 20 Pflanzenfamilien beschrieben (siehe Tabelle 10.2), von Monocotylen (Einkeimblättrigen) bis hin zu Dicotylen (Zweikeimblättrigen) und von Kräutern bis hin zu Bäumen.

Eine Pilzinfektion führt wahrscheinlich bei jeder Pflanze zur *de novo*-Synthese einiger Substanzen, und ihre Konzentrationen variieren je nach Versuchsbedingungen. Manchmal gibt es ein Hauptphytoalexin, neben dem noch mehrere weniger bedeutende Bestandteile produziert werden. Bei der Phytoalexinreaktion der Limabohne (*Phaseolus lunatus*) erhielt man nicht weniger als 25 Isoflavonoide (O'Neill et al. 1983). Gelegentlich bildet dieselbe Pflanze chemisch nicht mitein-

Tabelle 10.2: Chemische Unterschiede der Phytoalexine von Blütenpflanzen

Familie	Gattung	Substanztyp	Beispiel
Monocotyle			
Amaryllidaceae	*Narcissus*	Flavan	7-Hydroxyflavan
Costaceae	*Costus*	Pterocarpan	Glyceollin II
Poaceae	*Avena*	Benzoxazin-4-on	Avenalumin I
	Oryza	Diterpen	Momilacton A
Orchidaceae	*Orchis*	Phenanthren	Orchinol
Dicotyle			
Caryophyllaceae	*Dianthus*	Benzoxazin-4-on	Dianthalexin
Chenopodiaceae	*Beta*	Isoflavon	Betavulgarin
Asteraceae	*Carthamus*	Polyacetylen	Safynol
	Helianthus	Cumarin	Scopoletin
	Lactuca	Sesquiterpenlacton	Costunolid
Convolvulaceae	*Ipomoea*	Furanoterpen	Ipomoeamaron
Euphorbiaceae	*Ricinus*	Diterpen	Casben
Fabaceae	*Pisum*, etc.	Isoflavonoid	
		Isoflavon	Wighteon
		Isoflavanon	Kieviton
		Pterocarpan	Medicarpin
		Isoflavan	Vestitol
	Lathyrus	Chromon	Lathodoratin
	Arachis	Stilben	Resveratrol
	Vigna	Benzofuran	Vignafuran
	Vicia	Furanoacetylen	Wyeron
Linaceae	*Linum*	Phenylpropanoid	Coniferylalkohol
Malvaceae	*Gossypium*	Naphthaldehyd	Gossypol
		Naphthaldehyd	Vergosin
Moraceae	*Morus*	Benzofuran	Moracin-C
		Stilben	Oxyresveratrol
	Broussonetia	Flavan	7-Hydroxy-4'-methoxyflavan
Rosaceae	*Eriobotrya*	Biphenyl	Aucuparin
	Malus	Phenolsäure	Benzoesäure
	Pyrus	Dibenzofuran	γ-Pyrufuran
Solanaceae	*Lycopersicon*	Polyacetylen	Falcarinol
	Solanum, etc.	Sesquiterpen	Rishitin
Tiliaceae	*Tilia*	Sesquiterpen	7-Hydroxy-calamenen
Ulmaceae	*Ulmus*	Terpenchinon	Mansonon A
Apiaceae	*Daucus*	Polyacetylen	Falcarinol
		Dihydroisocumarin	6-Methoxy-mellein
	Pastinaca	Furanocumarin	Xanthotoxin
Verbenaceae	*Avicennia*	Chinonoid	Naphthafuranon
Vitaceae	*Vitis*	Stilbenoligomer	α-Viniferin

ander verwandte Phytoalexine. Das wichtigste Phytoalexin der Wohlriechenden Platterbse (*Lathyrus odoratus*) ist das Isoflavonoid Pisatin, das man zuerst aus der Gartenerbse (*Pisum sativum*) isoliert hat (Abb. 10.5), in geringeren Mengen produziert sie aber auch zwei nicht verwandte Chromone (Robeson und Harborne 1980).

Die Phytoalexinproduktion bei Pflanzen weist ein starkes taxonomisches Element auf, und bei manchen Familien bilden die meisten Arten einen bestimmten Typ aus. Das gilt beispielsweise für die Nachtschattengewächse (Solanaceae), bei denen alle bisher überprüften Arten Sesquiterpenoide wie Rishitin und Capsidiol (Abb. 10.5) produzieren. Gelegentlich kommen in derselben Familie aber auch mehrere Typen vor (etwa bei den Compositen und Leguminosen), so daß es schwieriger ist vorherzusagen, welche Verbindung eine bestimmte Pflanze wohl synthetisiert. In der Gattungsgruppe Vicieae der Schmetterlingsblütler (Fabaceae) zum Beispiel erzeugen zwei der vier Gattungen (*Lathyrus* und *Pisum*) das typische Leguminosenphytoalexin Pisatin, die anderen beiden (*Lens* und *Vicia*) hingegen produzieren statt dessen Furanoacetylen.

Trotz einiger Ausnahmen ist innerhalb der Leguminosen ein evolutionärer Fortschritt der Phytoalexinsynthese erkennbar (Harborne 1977) (Abb. 10.9). Verschiedene strukturelle Typen von Isoflavonoiden lassen sich anhand ihrer zunehmend komplizierteren Biosynthese und ihrer ansteigenden Toxizität für Pilze in eine entwicklungsgeschichtliche Reihe stellen. Höher entwickelte Leguminosen (zum Beispiel *Lotus*) besitzen tendenziell die für Pilze giftigeren Phytoalexine. Diese Ergebnisse deuten also darauf hin, daß Pflanzen im Laufe der Coevolution mit ihren Pilzparasiten immer wirksamere Phytoalexine entwickeln, um einen Befall zu bekämpfen.

Weiterer Metabolismus der Phytoalexine

Während Pflanzen durch natürliche Selektion wirkungsvollere Phytoalexine entwickeln, um Angriffe von Pilzen abzuwehren, eignen sich die Pilze selbst Entgiftungsmechanismen zur Inaktivierung dieser antimikrobiellen Stoffe an. Es deutet immer mehr darauf hin, daß diese Verbindungen vor allem durch pathogene Pilze zu Substanzen mit geringerer Fungitoxizität abgebaut werden. Im Falle der Isoflavonoide scheint eine solche Entgiftung bei einigen Wechselbeziehungen eine wesentliche Voraussetzung zu sein, damit Pilze eine Krankheit auslösen können. Es sollte jedoch betont werden, daß auch nichtpathogene Pilze über die enzymatische Maschinerie zur Entgiftung verfügen können.

Man hat eine Vielzahl von Entgiftungsmechanismen entdeckt. Zwei entscheidende Schritte bei der Entgiftung der Isoflavonoide sind die Hydroxylierung des Kernes und die Demethylierung der Methoxylgruppe; beide Prozesse verringern unmittelbar die Fettlöslichkeit und erhöhen die Wasserlöslichkeit. Die Produkte solcher Reaktionen sind sogleich anfälliger für eine oxidative Spaltung des aromatischen Ringes, und letztendlich werden diese Phytoalexine über die ausführlich beschriebenen Spaltungswege für Aromaten bis hin zu Kohlendioxid abgebaut (Towers 1964). Die ersten Schritte beim Abbau von Medicarpin, dem Phytoalexin des Steinklees (*Melilotus*), durch *Botrytis cinerea* verlaufen wie in Abbildung 10.10 dargestellt (Ingham 1976b). Der Verlust der toxischen Wirkung ist dramatisch: So ist Medicarpin höchst wirkungsvoll – der ED_{50}-Wert (siehe Seite 320) liegt bei 25 μg/ml, gemessen anhand des Mycelwachstums von *Helmintho-*

10.9 Phyletische Abfolge von Phytoalexinen mit zunehmender Fungitoxizität.

sporium carbonum –, während sein vom Pilz stammendes Hydroxylierungsprodukt (6a-Hydroxymedicarpin) nur schwache Antipilzwirkung zeigt (mit einem ED_{50}-Wert von über 100 μg/ml). Eine zweite Oxidation, die zwar nicht bei *Botrytis*, wohl aber bei *Colletrichum coffeanum* stattfindet, führt zu 6a,7-Dihydroxymedicarpin (Abb. 10.10), welches als Pilzgift praktisch unwirksam ist.

Pisatin, das Phytoalexin von Erbsen, wird zu dem für Pilze viel weniger toxischen 6a-Hydroxymaackiain demethyliert. Eine Reihe von Erbsenpathogenen hat man auf das für diesen Entgiftungsprozeß verantwortliche Demethylaseenzym hin überprüft, und es gibt gute Hinweise, daß die Virulenz dieser Organismen von dem

Medicarpin
(hochwirksam)

6a-Hydroxymedicarpin
(schwach wirksam)

6a,7-Dihydroxymedicarpin
(unwirksam)

10.10 Umsatz von Medicarpin durch *Botrytis* und *Colletrichum*.

Besitz eines hochwirksamen Demethylierungsmechanismus abhägt. Bei einzelnen *Nectria haematococca*-Linien zum Beispiel kann die Menge des vorhandenen Demethylaseenzyms um das 100fache variieren, und nur die Linien mit hoher
Enzymkonzentration sind für die Erbsen virulent (Kistler und VanEtten 1984).

Andere Typen von Phytoalexinen unterliegen *in vivo* ebenfalls einer Entgiftung. Wyeron, das Phytoalexin der Saubohne (*Vicia faba*), wird zu seinem Hexa-
hydroderivat reduziert, das nicht mehr toxisch für Pilze ist. Die Reduktion der dem
Furanring benachbarten Ketogruppe scheint ausschlaggebend für das Ausschalten
der fungitoxischen Wirkung zu sein. Eine solche Entgiftung von Wyeron (Abb.
10.11) findet bei *Botrytis cinerea* statt, dem Erreger der Graufäule der Saubohne,
aber nicht bei *B. fabae*, einer verwandten Art, die für die Bohnen nicht pathogen
ist. Daß *B. fabae* die Bohnenpflanzen nicht erfolgreich befallen kann, liegt vermutlich daran, daß dieser Pilz nicht imstande ist, die Phytoalexine der Bohne zu
entgiften (Hargreaves et al. 1976b).

Wyeronsäure

Reduktasen

Hexahydrowyeronsäure

10.11 Entgiftung des Phytoalexins Wyeronsäure durch *Botrytis cinerea*.

337

Insgesamt gesehen waren die Stoffwechsel- und enzymatischen Untersuchungen wichtig, um indirekt die Rolle der Phytoalexine als Krankheitsresistenzfaktoren zu bestätigen. Nur jene Mikroorganismen, welche über genetische Selektion die Methoden zur Entgiftung entwickelt haben, scheinen für ihre jeweiligen Wirtspflanzen pathogen zu sein.

Die Enthüllung der Phytoalexinsynthese

Dem biochemischen Mechanismus, durch den der Pilz die Phytoalexinsynthese der Wirtspflanze induziert, hat man großes Interesse entgegengebracht. Vom Pilz stammende Faktoren, die bei der Pflanze eine Reaktion auf die Infektion hervorrufen, bezeichnet man als „Elicitoren". Sie wurden chemisch nur zum Teil charakterisiert, scheinen aber im allgemeinen entweder Protein-, Glykoprotein- oder Polysaccharid- (gewöhnlich $\beta(1\rightarrow3)$-Glucan) Natur zu haben. Einige der besser untersuchten Elicitoren sind höchst wirksam und regen die Phytoalexinbildung beim Wirt schon in einer Konzentration von 10^{-9} M an – einer Konzentration, die der endogener Hormone bei Pflanzen gleichkommt (Darvill und Albersheim 1984).

Die Glucanelicitoren werden offenbar an der Zellwand des Pilzes produziert. Möglicherweise wird der Elicitor nur in das Infektionströpfchen freigesetzt, nachdem irgendein Metabolit der Blattauswaschung der Wirtspflanze mit dem Pilz in Wechselwirkung getreten ist. In einem späteren Stadium der Interaktion gibt es vermutlich in der Pflanzenzelle eine Rezeptorstelle, an welcher der Elicitor die Phytoalexinsynthese auslösen kann. Eine weitere Komplikation stellt die Tatsache dar, daß die Phytoalexinsynthese auch in Abwesenheit eines potentiellen Pathogens stattfinden kann, zum Beispiel wenn Quecksilbersalze vorhanden sind (siehe Seite 331). So muß man wohl die Existenz eines oder mehrerer konstitutiver Elicitoren in der Pflanze selbst postulieren, die sich von denen der Pilze unterscheiden (Hargreaves 1979).

Die bisher beschriebenen Elicitoren sind nicht spezifisch, denn man findet sie sowohl bei kompatiblen als auch bei nichtkompatiblen Rassen eines bestimmten Pilzes. Ihre Produktion wurde auch nicht mit der Hypersensitivitätsreaktion in Zusammenhang gebracht, die das pathologische Merkmal wahrer Resistenz ist. In einem gewissen Stadium der Phytoalexininduktion durch Pflanzenparasiten sind Erkennungsphänomene beteiligt, und vermutlich wird man irgendwann spezifischere Elicitoren, möglicherweise lektinartige Substanzen, als Vermittler dieser Resistenzwechselbeziehungen charakterisieren (siehe Sequeira 1980).

Die Vorstellung, Elicitoren müßten unbedingt leicht erkennbare Makromoleküle von hohem Molekulargewicht sein, entstammt einem Bericht, daß zwei langkettige, ungesättigte Fettsäuren – Eicosapentaen- und Arachidonsäure –, die in Mycelrohextrakten von *Phytophthora infestans* vorhanden sind, in Kartoffelknollengewebe den Zelltod und die Phytoalexinsynthese hervorrufen können (Bostock et al. 1981). Diese Entdeckung war vor allem auch angesichts der normalerweise harmlosen Natur von Fettsäuren in lebenden Zellen unerwartet. In tierischen Geweben ist Arachidonsäure sogar eine essentielle Fettsäure, die mit der Vitamin-F-Wirkung in Zusammenhang steht. Diese beiden Säuren sind jedoch spezifisch für Oomyceten – jene Gruppe, zu der *Phytophthora* gehört –, und die meisten anderen verwandten Säuren, die man auf Elicitorwirkung hin überprüfte, reagierten negativ. Da diese beiden Fettsäuren keine normalen Metabolite höherer Pflanzen sind, könnte ihre Effektivität beim Auslösen der Phytoalexinsynthese schlicht auf der Tatsache beruhen, daß sie – zumindest was die Kartoffel angeht – „Fremdverbindungen" sind.

III. Phytotoxine und Pflanzenkrankheiten

A. Das Konzept der Pathotoxine

All die bisher in diesem Kapitel diskutierten chemischen Substanzen sind Produkte höherer Pflanzen, und entweder als solche bereits im Wirtsgewebe vorhanden oder durch Angriffe von Mikroorganismen induziert. Im Falle einer Infektion können das eindringende Bakterium oder der Pilz sich in der Wirtspflanze etablieren und danach ihre eigenen sekundären Stoffe bilden. Genau diese mikrobiellen Substanzen sind oft für die Krankheitssymptome des Wirtes verantwortlich, und es ist ihre schädigende Wirkung auf das Wachstum und den Stoffwechsel der höheren Pflanze, der schließlich zum Tode führt. Ihre Produktion und ihr Schicksal stehen in engem Zusammenhang mit der Anfälligkeit höherer Pflanzen für Krankheiten, wenn die biochemischen Barrieren der Resistenz erst einmal durchbrochen sind. In der Synthese dieser Pathotoxine, wie man diese gefährlichen Substanzen nennt, zeigt sich die Angriffsfähigkeit des Mikroorganismus. Sie sind somit der Ausdruck der Virulenz des Pathogens.

Bei verschiedenen Pilz- oder bakteriellen Erkrankungen hat man eine Reihe von Pathotoxinen charakterisiert (Durbin 1981). Sie können entweder Verbindungen mit niedrigem oder mit hohem Molekulargewicht sein. Zu den Pathotoxinen mit geringem Molekulargewicht gehören jene, die sich auf das Wachstum auswirken oder Welken verursachen, das heißt die sogenannten Welkefaktoren. Verbindungen mit hohem Molekulargewicht sind unter anderem jene Peptide, die bei Pflanzen zur Nekrose führen, und auch die Enzyme, die das Aufquellen des Gewebes bewirken und dafür sorgen, daß der Zusammenhalt zwischen den Zellen der Wirtspflanze verlorengeht. Derselbe Organismus kann sowohl Pathotoxine mit hohem als auch mit niedrigem Molekulargewicht produzieren. Das Ulmensterben zum Beispiel, das von einem Borkenkäfer der Gattung *Scolytus* verbreitet wird, geht auf den Pilz *Ceratocystis ulmi* zurück. Er besitzt zwei Typen von Toxinen, die zu nekrotischen Läsionen der Blätter und zum Welken führen: Proteine oder Glykoproteine und auch drei phenolische Metaboliten von geringem Molekulargewicht (Abb. 10.12) (Claydon et al. 1974).

Ceratocystis-Toxine
R = CH₂COCH₃, CHOHCOCH₃ und COCOCH₃
(Ulmensterben)

Picolinsäure, R = H
(*Pyricularia oryzae*, Reisbräune)
Fusarinsäure, R = n-Butyl
(*Fusarium oxysporum*, Tomatenwelkekrankheit)

Lycomarasmin
(Tomatenwelkekrankheit)

Tentoxin
(*Alternaria tenuis*, Baumwollchlorose)

10.12 Charakteristische Pathotoxine mit niedrigem Molekulargewicht, die von pathogenen Pilzen produziert werden.

Die einfache Hypothese, ein mikrobielles Toxin sei direkt für die Symptome einer Pflanzenkrankheit verantwortlich, konnte man bisher nur in wenigen Fällen bestätigen, und unsere Hinweise darauf, daß die überwiegende Mehrzahl der Gifte direkt mit bestimmten Krankheiten in Zusammenhang steht, beruhen nach wie vor nur auf Indizien. Zu den Symptomen, die sich direkt einer Toxinwirkung zuschreiben lassen, gehören Chlorose, Wachstumsanomalien, Nekrose und Welken. Chlorose, die Zerstörung der Chloroplasten und somit der grünen Farbe des Blattes, könnte von einer einfachen Anreicherung von Ammoniak im Gewebe herrühren. Das Phytotoxin der Tabakkrankheit „Wildfeuer" (einer Blattflecken-krankheit), das heißt das Toxin des Bakteriums *Pseudomonas tabaci*, ist ein kleines Peptid, das vermutlich seine Wirkung entfaltet, indem es das Enzym Glutaminsynthetase beeinflußt. Dieses Enzym nimmt eine Schlüsselstellung im Stickstoffmetabolismus ein, und wenn es gehemmt wird, kann der durch Reduktion von Nitrat produzierte Ammoniak nicht mit Glutaminsäure verbunden werden und reichert sich daher mit verheerenden Konsequenzen an (Sinden und Durbin 1968).

Wachstumsanomalien sind bekannte Krankheitssymptome, und viele rühren von der Synthese ungewöhnlich hoher Mengen des einen oder anderen der wichtigsten Wachstumshormone her. Die durch den Pilz *Gibberella fijikuori* ausgelöste Bakanaekrankheit von Reis führt zu Riesenwuchs durch Verlängerung der Internodien der Reispflanzen, weil der Pilz, wenn er sich erst einmal in der Pflanze etabliert hat, große Mengen Gibberelline synthetisiert. Die Entdeckung, daß dieser Pilz Gibberelline zu produzieren vermag, brachte in den fünfziger Jahren eine bedeutenden Durchbruch in der Pflanzenphysiologie und führte zu der Erkenntnis, daß diese Verbindungen Hormone höherer Pflanzen sind. Ein weiteres Beispiel für eine Hormonsynthese liefert die von dem Bakterium *Corynebacterium fascians* verursachte Krankheit bei Erbsenpflanzen; das Bakterium produziert das Cytokinin N^6-(Δ^2-Isopentenyl)adenin, was zur Fasciation oder Verbänderung führt. Diese bandartige Abflachung der Sprosse kann man auch künstlich erzeugen, indem man gesunde Pflanzen mit Kinetin behandelt.

Wurzelhalsgallen bei zweikeimblättrigen (dicotylen) Pflanzen, zurückgehend auf eine Infektion durch *Agrobacterium tumefaciens*, sind ein weiteres Beispiel für Krankheitssymptome, die nicht auf spezifischen Toxinen, sondern auf Hormonstörungen beruhen. Hier führt die Infektion zur Freisetzung zweier einfacher Phenole aus den verletzten Pflanzenzellen, nämlich Acetosyringon und α-Hydroxyacetosyringon (Stachel et al. 1985). Diese Signalmoleküle setzen einen Prozeß des genetischen Informationsaustauschs über Ti-Plasmide vom Bakterium auf den Zellkern der höheren Pflanze in Gang. In einem späteren Stadium werden große Mengen Cytokinin und Auxin produziert, was zur Gallbildung führt. Pflanzengenetiker nutzen das System *Agrobacterium*–Wurzelhalsgalle, um künstlich neues genetisches Material (darunter Gene für Schädlingsresistenz) in die Zellen höherer Pflanzen einzuschleusen (siehe Callow 1983).

Ein weiteres häufiges Krankheitssymptom sind Nekrosen, die durch charakteristische, dunkel gefärbte Läsionen im Blatt, eine trockene Konsistenz und eine ledrige oder spröde Beschaffenheit des Blattgewebes gekennzeichnet sind. Solche Läsionen rühren von komplexen biochemischen Veränderungen im Gewebe her, der entscheidende Effekt könnte aber einfach ein Blockieren des primären Stoffwechsels sein. Der Feuerbrand *Erwinia amylavora* bei Apfelschößlingen führt zur Entwicklung von Ammoniak, dessen toxische Wirkung sich in Nekrosen manifestiert (Lovrekovich et al. 1970).

Schließlich betrachtet man Welken, das vierte der gerade erwähnten Symptome, in der Regel als Folge der Produktion von Polysaccharidharzen durch eindringende Organismen; diese verstopfen das Xylemgewebe und verhindern dadurch direkt die Wasseraufnahme. Es gibt jedoch Hinweise, daß der Mechanismus des Welkens komplizierter sein könnte und die Symptome in einigen Fällen vielleicht auf ein Toxin zurückgehen, das zu Belastungen des Wasserhaushalts führt, indem es zum Beispiel die hormonelle Steuerung des Spaltöffnungsapparats in den Blättern beeinflußt. Einige der für das Welken verantwortlichen Stoffe wollen wir im folgenden Abschnitt etwas näher betrachten.

B. Auf Pyridinen basierende Pathotoxine

Welkekrankheiten werden in der Regel durch eine Vielzahl von Bakterien verursacht, die solche Pflanzen wie Baumwolle, Erbse, Banane und Tomate angreifen. Die Symptome sind bei all diesen Wirtspflanzen verblüffend ähnlich: Die Blätter und Schößlinge welken aufgrund eines unzureichendes Wassertransports durch das Xylem. Die Blätter können austrocknen, und oft führt die Krankheit zum

Tod der Pflanze. Die Folgen des Welkens bei Bäumen sind all denen nur zu vertraut, die im letzten Jahrzehnt den Niedergang der Ulme in Großbritannien aufgrund der phänomenalen Ausbreitung von *Ceratocystis ulmi* verfolgt haben. Auf Nutzpflanzen kann sich das Welken genauso dramatisch auswirken. Aus biochemischer Sicht ist die am umfassendsten untersuchte Wechselbeziehung die zwischen *Fusarium oxysporum* und der Kulturtomate.

In *Fusarium*-Kulturen fand man zwei Toxine mit niedrigem Molekulargewicht, die wahrscheinlich beide beim Welken der Tomatenpflanze von Bedeutung sind. Es sind das stickstoffhaltige Lycomarasmin und das Pyridinderivat Fusarinsäure (5-*n*-Butylpicolinsäure) (Abb. 10.12). Die Rolle von Lycomarasmin bei der Infektion ist noch nicht ganz klar, denn es bildet sich zwar ohne weiteres in Kultur, man hat es in infizierten Pflanzen jedoch noch nicht unzweifelhaft nachgewiesen. Das könnte einfach auf seiner geringen Stabilität in Lösung beruhen. Ein interessanter Punkt hinsichtlich der Wirkungsweise dieser Pathotoxine ist, daß sowohl Lycomarasmin als auch Fusarinsäure Chelatbildner mit Metallen sind. Ersteres hat starke chelatbildende Eigenschaften, und seine Verlagerung und Wirkung könnten damit zusammenhängen, daß es mit Eisen einen wasserlöslichen Komplex bildet. Die Wirkung von Fusarinsäure steht ebenfalls mit dem Metallionengehalt in Verbindung, denn ihre Produktion hängt – zumindest in Kultur – von der Anwesenheit von Zink ab, und setzt man dies nicht in genügendem Maße zu, wird die Synthese von Fumarinsäure unterdrückt.

Die Rolle der Fusarinsäure beim Verursachen des Welkens ist recht gut nachgewiesen. So stellte man die Verbindung in Pflanzen nach einer Infektion fest, und sie ist in von virulenten Stämmen infizierten Pflanzen in viel höherer Konzentration vorhanden als in solchen, die man mit nichtvirulenten Stämmen behandelt hat. Ein bestimmter virulenter Stamm von *Fusarium* produziert in einer *in vitro*-Kultur bis zu 80 mg Fusarinsäure pro Liter, und in stark infizierten Tomatenpflanzen fand man bis zu 100 μg Fusarinsäure pro kg Frischgewicht. Im Laufe der Coevolution mit *Fusarium* haben einige Tomatensorten die Fähigkeit entwickelt, Angriffen zu widerstehen, und zwar offensichtlich, indem sie die Fusarinsäure mit Glycin zu einer unwirksamen Verbindung verknüpfen. Das ist kein Alles-oder-nichts-Effekt, denn anfällige Sorten können ebenfalls fünf bis zehn Prozent des Giftes auf diese Weise binden. Die resistenten Varietäten jedoch binden bis zu 25 Prozent, und diese größere Bindungsfähigkeit reicht offensichtlich aus, um ein Welken zu vermeiden.

Man stellte Fusarinsäure nach Beimpfen mit Welkepathogenen auch in anderen Pflanzen außer Tomaten fest (zum Beispiel bei Baumwolle, Flachs, Banane), und sie scheint weitgehend von *Fusarium*-Arten produziert zu werden. Wie ein Vergleich von Fusarinsäure mit einer Reihe synthetischer Pyridinderivate zeigte, ist die Carboxylgruppe in der α-Position zum Stickstoff entscheidend für die Toxizität. Die aliphatische Seitenkette an der β-Position ist ebenfalls von Bedeutung, denn sie verbessert die Wasserdurchlässigkeit (Kern 1972). Man sollte jedoch beachten, daß die Seitenkette für die Toxizität *per se* nicht unbedingt erforderlich ist, denn die Ausgangsverbindung – Picolinsäure, der ein β-Substituent fehlt – ruft bei Reis Nekrosen hervor. Sie ist sogar ein wichtiges Toxin der landwirtschaftlich bedeutenden Reisbräune, die auf den Pilz *Pyricularia oryzae* zurückgeht. Picolinsäure ist für Reispflanzen so hochgiftig, daß man nur 0,5 ng injizieren muß, um eine Läsion des Blattes zu verursachen.

Picolinsäure ist wie Fusarinsäure ein Chelatbildner mit Metallen und wirkt bei der Reisbräune vor allem, indem sie dem Pflanzengewebe lebenswichtige Eisen- und Kupferionen entzieht; man kann ihre toxischen Auswirkungen umkehren, indem man den Pflanzen diese Metallionen wieder zur Verfügung stellt. Die Wirtspflanze entgiftet Picolinsäure durch Umwandlung zum Methylester und dem *N*-Methylether; resistente Reissorten sind nachweislich besser zur Entgiftung befähigt als anfällige. Die pathogene Wirkung von *Pyricularia* bei Reis beruht unter anderem auf der Synthese eines zweiten Toxins durch den Pilz, nämlich Piricularin ($C_{18}H_{14}N_2O_3$), einer Verbindung, die noch immer nicht vollständig charakterisiert ist. Interessanterweise ist dieses zweite Pathotoxin toxisch für die Conidien des Parasiten und verhindert in einer Konzentration von 0,25 ppm die Keimung der Sporen. Diese inhibitorische Wirkung wird *in vivo* dadurch umgangen, daß Piricularin als Proteinkomplex vorliegt – ein Komplex, der nicht giftig für den Pilz, aber immer noch höchst letal für die Wirtspflanze ist.

Neben den beim Ulmensterben produzierten toxischen Phenolen und den an der Welkekrankheit der Tomaten und der Reisbräune beteiligten Pyridin-α-Carboxylsäuren hat man noch eine Reihe anderer Toxine mit niedrigem Molekulargewicht ursächlich mit Pflanzenkrankheiten in Zusammenhang gebracht. Darunter sind eine Anzahl ringförmiger Peptide (zum Beispiel Tentoxin von *Alternaria*), mehrere Naphthachinone und zahlreiche Terpenoide, wie etwa das Fusicoccin von *Fusicoccum amygdali*. Dieses Diterpenglucosid mit drei Ringsystemen wirkt toxisch auf höhere Pflanzen, indem es die Funktion des Plasmalemma beeinflußt (Marré 1980). Eines der einfachsten bisher beschriebenen Phytotoxine ist 3-Methylthiopropionsäure ($CH_3SCH_2CH_2CO_2H$); es wird von dem Bakterium *Xanthomonas campestris* pv. *manihotis** produziert, dem Nekroserreger bei Maniokblättern (*Manihot esculenta*). In nekrotischen Blättern stellte man Konzentrationen von 6 µg/g Frischgewicht fest, und diese Konzentration führte zu typischen Symptomen, wenn man sie in gesunde Blätter injizierte (Perreaux et al. 1986). Viele andere Phytotoxine sind noch weitaus komplexer als diese, und zwei davon – Helminthosporosid und Victorin – werden wir im nächsten Abschnitt genauer kennenlernen.

---

*Anmerkung des Übersetzers: pv. leitet sich ab von *pathovarietas*. Als Pathovar bezeichnet man eine Gruppe eines Taxons (zum Beispiel einer Art), die sich durch unterschiedliche Pathogenität gegenüber einer oder mehreren Wirtspflanzen auszeichnet. Man differenziert dadurch zwischen Formen, die in ihrer Wirtsspezifität voneinander abweichen. Von *Xanthomonas campestris* kennt man über 100 Pathovare.

C. Helminthosporosid und Victorin

Zwei Phytotoxine verdienen es, aufgrund ihrer selektiven Wirkung und chemischen Komplexität hier detailliert betrachtet zu werden. Das erste ist Helminthosporosid (HS); es ist verantwortlich für die Augenfleckenkrankheit von Zuckerrohr (*Saccharum officinarum*), das durch *Helminthosporium sacchari* infiziert wurde. Es erzeugt charakteristische rotbraune Streifen (im Englischen als *runners* bezeichnet), wenn man es in anfällige Zuckerrohrblätter injiziert (Strobel 1974). Aufgrund seiner selektiven Wirkungsweise ist Helminthosporosid von speziellem Interesse: Offensichtlich bindet es in anfälligen, nicht aber in resistenten Sorten an ein einzelnes Membranprotein. Resistente Zuckerrohrklone enthalten ein ähnliches Protein, und es kommt ebenfalls zur Bindung, aber erst, wenn man das Gewebe zuvor mit Detergentien behandelt hat. Der Unterschied zwischen Anfälligkeit und Resistenz scheint bei dieser Pflanze – bemerkenswerterweise – auf der Verfügbarkeit eines bestimmten Bindungsproteins zu beruhen, das normalerweise mit dem Transport von α-Galactosid durch die Choroplastenmembran assoziiert ist. Eine Bindung des Toxins an dieser Stelle beeinträchtigt den normalen Ionentransport durch die Membran, das Gewebe wird auseinandergerissen und die Symptome entstehen.

Ursprünglich hielt man Helminthosporosid für 2-Hydroxycyclopropyl-α-galactosid, aber eine erneute Analyse hat gezeigt, daß es eine Mischung von drei isomeren Sesquiterpenglykosiden ist (Abb. 10.13). An den beiden Enden der Moleküle sind Digalactosylreste angeheftet, und die Galactosereste liegen in der seltenen Furanoseform vor (Macko et al. 1983).

[R = Gal*f*(1→5) Gal*f*]

10.13 Struktur der drei Sesquiterpenoidkomponenten des Toxins Helminthosporosid.

Besonders interessant an den Forschungen über das HS-Toxin ist die Entdeckung einer Reihe verwandter Moleküle in den Filtraten von Pilzkulturen. Man stellte eine Anzahl von Penta- und Hexaglykosiden fest; drei davon sind Derivate der Toxine, in denen ein zusätzlicher α-Glucosylrest an jede endständige Galactose angeheftet ist. Dies sind „latente" Formen des Giftes, das heißt, sie sind selbst nicht toxisch, ergeben aber ein Toxin, wenn man sie mit einer α-Glucosidase behandelt. Darüber hinaus waren in den Filtraten bis zu 21 nichttoxische Sesquiterpenglykoside, sogenannte Toxoide, zu finden; dabei handelt es sich um Homologe mit niedrigem Molekulargewicht, denen eine oder mehrere der Galactoseeinheiten des Toxins fehlen. Die fehlende toxische Wirkung all dieser verwandten Moleküle zeigt, daß die Struktur der tatsächlichen Toxine höchst spezifisch ist, und unterstützt die Vorstellung, das HS-Toxin erzeuge seine Krankheitssymptome, indem es an eine Rezeptorstelle in anfälligen Zellen bindet. Darauf deutet auch die Tatsache hin, daß einige der Toxoide als kompetitive Hemmstoffe des HS-Toxins fungieren können. So bietet das Toxoid III (das drei Galactosereste enthält) anfälligen Zuckerrohrpflanzen 90prozentigen Schutz vor der Wirkung des Helminthosporosid-Toxins, wenn man es in einem molaren Verhältnis von 24:1 zusammen mit dem Toxin verabreicht (Livingston und Scheffer 1983).

Victorin, das Pathotoxin der Haferkrankheit *Cochliobolus victoriae*, zeichnet sich speziell dadurch aus, daß es das wirkungsvollste und selektivste der bisher bekannten Toxine ist. Die Wirkung und Toxizität von Victorin wird dadurch verdeutlicht, daß man das Rohfiltrat von *C. victoriae*, in dem es enthalten ist, auf $1:10^7$ herunterverdünnen muß, bevor es bei einer anfälligen Haferpflanze keine Symptome mehr erzeugt. Im Vergleich dazu ist eine Verdünnung von 1:25 die Grenze, um bei einer resistenten Sorte noch Symptome zu induzieren. Die Selektivität von Victorin, das heißt das Verhältnis der maximalen Verdünnung für anfällige Pflanzen und der für resistente Pflanzen, beträgt somit 400 000. Weitere ähnliche Toxine mittleren Molekulargewichts isolierte man aus kranken Geweben von Mais, Mohrenhirse und Erbsen; ihre Selektivität liegt zwischen 25 und 300. Mit seiner so erstaunlich unterschiedlichen Giftwirkung bei Getreidepflanzen ist Victorin ein einzigartiges Molekül. In den Anfangsstadien der Infektion scheint seine Toxizität mit einer Störung der Zellpermeabilität zusammenzuhängen (Wheeler und Luke 1963). Chemisch gesehen besitzt Victorin eine peptidähnliche Struktur (Abb. 10.14) mit mehreren ungewöhnlichen Aminosäuren, darunter Dichloroleucin, β-Hydroxylysin und Victalanin (Wolpert et al. 1985).

10.14 Struktur des Phytotoxins Victorin von *Cochliobolus victoriae*.

D. Makromolekulare Toxine

Über die genaue Struktur makromolekularer Phytotoxine ist wenig bekannt. Von zwei verschiedenen Toxinen, nämlich einem Peptidorhamnomannan und einem reinen Protein (Ceratoulmin), hat man behauptet, sie seien für die Welkesymptome verantwortlich, die *Ceratocystis ulmi* hervorruft – jener Pilz, der am Ulmensterben schuld ist (Burdekin 1983). Aus dem Rostpilz *Rhynchosporium secalis* hat man ein reines Glykoprotein als Pflanzengift isoliert. Es enthält die vier Zucker Mannose, Rhamnose, Galactose und Glucosamin im Verhältnis von 13,6:1:1:1, und diese Zucker sind über Threonin- und Serinreste mit dem Polypeptidrückgrat verbunden (Mazars et al. 1984). Ein weiteres, als Malseccin bezeichnetes Glykoprotein ist für die Symptome bei Zitronenblättern verantwortlich, die von *Phoma tracheiophila* infiziert sind. Es enthält Mannose, Galactose und Glucose sowie die meisten der üblichen Proteinaminosäuren (Nachmias et al. 1979).

Polysaccharide aus Pilzen vermögen ebenfalls Welkesymptome bei Pflanzen hervorzurufen, aber es ist noch nicht klar, ob sie tatsächlich die eigentlichen Verursacher der Krankheit sind. Aus mehreren *Phytophthora*-Arten hat man zum Beispiel Glucane mit $\beta1\rightarrow3$- und $\beta1\rightarrow6$-Verbindungen isoliert; sie können das Welken von *Eucalyptus*-Sämlingen bewirken (Woodward et al. 1980).

Keine Zusammenstellung der biochemischen Wirkungen pathogener Mikroorganismen auf höhere Pflanzen wäre vollständig, wenn sie nicht die Rolle der mikrobiellen Enzyme beim Auseinanderreißen und bei der Zerstörung von Wirtsgewebe nach einer Infektion zumindest erwähnte. Dieses Thema – der Abbau der Zellwände höherer Pflanzen durch Parasiten – erforschten unter anderem R. K. S. Wood und seine Studenten besonders intensiv, und in Wood (1967) sowie in späteren Übersichtsartikeln (zum Beispiel Friend und Threlfall 1976) finden sich zahlreiche Informationen darüber. Die abbauenden Enzyme wurden insbesondere im Zusammenhang mit der Weichfäule von Speichergeweben wie Kartoffeln, Karotten und Zitrusfrüchten untersucht. Zu den für diese Schädigungen verantwortlichen Organismen zählen *Botrytis cinerea*, *Rhizoctonia solani*, *Sclerotinia fructigena* sowie verschiedene *Aspergillus*- und *Penicillium*-Arten.

Kurzum, bestimmte durch den angreifenden Organismus produzierte Enzyme führen zum Verlust des Zellzusammenhalts im infizierten Gewebe. Infolgedessen werden die Zellen getrennt – ein Prozeß, den man als Maceration bezeichnet –, und die freigelegten nackten Protoplasten sterben sogleich ab. Die Auswirkungen kann man an jeder faulenden Frucht oder jedem Gemüse erkennen, wo das verfaulte Gewebe seine gesamte Widerstandskraft gegen mechanische Beschädigung verliert. Die darin verwickelten Enzyme sind Cellulasen, Hemicellulasen und verschiedene Pektinenzyme (Pektinesterasen, Polygalacturonasen, (*E*)-Eliminasen und andere). Die Pektinasen sind besonders zerstörerisch, weil sie die Verbindungen zwischen den Cellulosemikrofibrillen und den Bestandteilen der Zellwandmatrix zerbrechen. Die so freigesetzen Bestandteile wie Cellulose und Glykoproteine werden dann durch Cellulasen, Hemicellulasen und Proteasen weiter abgebaut. Die Aktivitäten dieser verschiedenen Enzyme bestimmen der pH-Wert des Gewebes und das Vorhandensein von Calciumionen.

Aus diesen Experimenten ist klar ersichtlich, daß die pathogenen Pilze höchst-
wirksame Enzyme besitzen, um pflanzliche Gewebe zu zerstören, wenn sie sich in
der Wirtspflanze erst einmal etabliert haben. Die freigesetzten Stoffe nutzt der
Pilzparasit letztendlich, um seinen eigenen intermediären Stoffwechsel aufrechtzuerhalten.

E. Weitere Auswirkungen der Phytotoxine

Phytotoxine sind definitionsgemäß mikrobielle Metabolite, die imstande sind, bei
der Wirtspflanze ein oder mehrere Krankheitssymptome hervorzurufen. Wenngleich man normalerweise davon ausgeht, daß sie lediglich Ausdruck der Virulenz des Pathogens sind, also seiner Fähigkeit, Pflanzengewebe zu zerstören, haben sie möglicherweise noch andere Funktionen. Beispielsweise könnten sie eine
infizierte Pflanze vor einer weiteren Infektion durch einen zweiten Pilz bewahren.
Das ist offenbar bei *Epichloe typhina* der Fall, einem pathogenen Pilz des Wie-
senlieschgrases (*Phleum pratense*). Der Pilz produziert drei Sesquiterpene, die
offensichtlich fungitoxisch wirken. Diese könnten dafür verantwortlich sein,
daß mit *Epichloe typhina* infizierte *Phleum*-Pflanzen resistent gegenüber einer
späteren Infektion durch *Cladosporium phlei* sind (Yoshihara et al. 1985).

Indem ein Pilz ein Toxin produziert, läuft er auch Gefahr, autotoxisch zu wirken; im Falle von Piricularin, dem Phytotoxin der Reisbräune (*Pyricularia oryzae*), gibt es Hinweise darauf, daß es mit Proteinen einen Komplex bildet, um eine
autotoxische Wirkung zu vermeiden (siehe Abschnitt III.B). In bestimmten Stadien des Lebenszyklus von Pilzen mögen autotoxische oder selbstinhibitorische
Stoffe natürlich von Wert sein. Das scheint beispielsweise für Gloeosporon zu
gelten, das die eigene Keimung hemmt und das man aus den Conidien von *Colletrichum gloeosporioides* (einem Krankheitserreger vieler tropischer Pflanzen) isolierte. Indem diese Verbindung die Keimung der Sporen beschränkt, ermöglicht
sie ihnen vermutlich, länger zu leben, und verbessert somit ihre Chancen, eine
geeignete Wirtspflanze zu parasitieren (Meyer et al. 1983).

Bodenpilze produzieren möglicherweise Toxine, durch die sie erfolgreich mit
anderen bodenlebenden Organismen konkurrieren können. Das scheint für *Laetisaria arvalis* zu gelten, der imstande ist, das Wachstum von *Phytium ultimum* zu
stoppen. Das Toxin identifizierte man als Laetisarinsäure oder 8-Hydroxylinol-
säure (Bowers et al. 1986). Diese allelopathische Wirkung eines Pilzes auf einen
anderen hat sich der Mensch zunutze gemacht. *Phytium* ist ein bedeutendes Pathogen der Wurzeln zahlreicher Nutzpflanzen, und eine Beimpfung der Felder mit
Laetisaria erwies sich als effektive Bekämpfungsmethode.

IV. Schlußfolgerung

Bei den Wechselwirkungen zwischen höheren Pflanzen und Mikroorganismen, die zu Krankheiten führen, finden sich Anhaltspunkte für eine Coevolution sowohl bei den von höheren Pflanzen entwickelten Resistenzmechanismen als auch bei den verschiedenen Methoden, mit denen virulente Mikroorganismen ihre Wirtspflanze schädigen können. Dies ist in Tabelle 10.3 zusammengefaßt. Für eine Krankheitsresistenz gibt es mindestens drei Mechanismen: 1) die Anreicherung einer für Pilze toxischen Verbindung an der Oberfläche der Pflanze, wo eine Infektion am wahrscheinlichsten ist, insbesondere an der Oberseite der Blätter, 2) die Freisetzung bereits in gebundener Form im Gewebe vorhandener Toxine, ausgelöst durch die Infektion, und 3) die Neusynthese genauestens abgestimmter Fungitoxine, der Phytoalexine. Ebenso wenden Mikroorganismen eine Vielzahl von Methoden an, um ihren Wirt zu vernichten. Dazu gehören a) die Produktion von Pathotoxinen, b) die übermäßige Produktion von Wachstumshormon, c) die Beeinflussung des primären Stoffwechsels und d) die Synthese hydrolytischer Enzyme, die den Zusammenhalt des Organismus zerstören.

Diese Wechselwirkungen sind insofern dynamisch, als ständig die Möglichkeit für eine Veränderung des Gleichgewichts zugunsten der einen oder anderen Seite besteht. Der Mikroorganismus kann einen Entgiftungsmechanismus für das Phytoalexin entwickeln, und die höhere Pflanze kann zum Gegenschlag gegen die eindringenden Parasiten ausholen, indem sie die in deren Gewebe produzierten Pathotoxine abbaut oder bindet.

Tabelle 10.3: Zusammenfassung der biochemischen Mechanismen der Resistenz und Anfälligkeit gegenüber Krankheiten bei Pflanzen

	höhere Pflanze	Mikroorganismus
Resistenz (Hypersensitivitätsreaktion)	1. präinfektionelles Toxin 2. postinfektionelles Toxin, gebildet aus schon vorhandenem Substrat 3. postinfektionelles Toxin, neu gebildet (Phytoalexin)	Infektion gestoppt oder Toxin zu harmlosen Produkten abgebaut
Anfälligkeit (Krankheitssymptome)	biologisch abgebaut oder gebunden	1. Pathotoxine (mit niedrigem Molekulargewicht oder Peptide) 2. Synthese von Wachstumshormon 3. Anreicherung primärer Stoffwechselprodukte 4. enzymatischer Abbau

In jeder näher untersuchten Wechselbeziehung offenbarte sich eine beträchtliche chemische Komplexität. So hat man herausgefunden, daß an der Wechselwirkung zwischen der Saubohne und *Botrytis* mindestens sieben verschiedene

Phytoalexine beteiligt sind (Hargreaves et al. 1976a). Bei der Beziehung zwischen Erbse und *Fusarium solani* werden einige Phytoalexine unmittelbar nach der Infektion gebildet, andere erst einige Tage später (Pueppke und VanEtten 1976). Bei der Interaktion zwischen der Kartoffel und *Phytophthora infestans* wiederum scheint eine Abwehr durch Phytoalexinsynthese weniger wichtig zu sein als eine Abwehr über die Veresterung der Zellwandpolysaccharide durch Phenolsäuren (Friend 1976). Ähnliche chemische Verwicklungen bestehen bei den Pathotoxinen der Pilze und Bakterien. So produziert beim Ulmensterben der infizierende Pilz eine Reihe von Toxinen (siehe Seite 339). In den meisten anderen untersuchten Fällen sind zwei oder mehr Verbindungen von oft weit abweichender Struktur an der Pathogenwirkung beteiligt.

Pflanzliche Krankheiten sind jedoch biologisch außerordentlich komplex, und die physiologischen Faktoren können von immenser Bedeutung sein und den Ausschlag geben, ob die Pflanze eine Infektion erleidet, und auch die Stärke des Angriffs bestimmen. Wie Wheeler (1975) es ausdrückt: »Man kann die Pathogenese als Kampf zwischen einer Pflanze und einem Pathogen ansehen, bei dem die Umwelt als Schiedsrichter fungiert.« Von den vielen Umweltfaktoren sind die Temperatur und die Feuchtigkeit zweifellos besonders bedeutend. Sind weitere Mirkoorganismen vorhanden, kann dies das System noch zusätzlich komplizieren. Diese können entweder im Boden oder im Luftbereich (der Phyllosphäre) um die Pflanze herum auftreten. Sie können vorteilhaft für die Pflanze und antagonistisch für den Mikroorganismus sein. So wird beispielsweise der Schaden an Tomatenpflanzen durch den Pilz *Sclerotium rolfsii* gemildert, wenn man dem Boden einen zweiten Pilz, nämlich *Trichoderma harzianum*, hinzufügt. Es handelt sich um eine Form der biologischen Bekämpfung, weil der zweite Pilz den ersten überwächst und tötet (Wells et al. 1972).

Trotz der zahlreichen biologischen Faktoren, die oft entscheidend die Resistenz oder Anfälligkeit bestimmen, gilt dennoch, daß die tatsächlichen Waffen des Kampfes biochemischer Natur sind. Weitere Studien der Biochemie der Phytoalexine und Pathotoxine können unser gegenwärtig lückenhaftes Verständnis der Resistenzmechanismen höherer Pflanzen also nur bereichern. Durch Anwendung der auf diese Weise erhaltenen Ergebnisse lassen sich potentiell enorme praktische Vorteile für den Schutz von Nutzpflanzen erzielen. Phytoalexine beispielsweise wirken definitionsgemäß toxisch gegen Pilze, also könnte man sie als Fungizide zur Bekämpfung von Pflanzenkrankheiten einsetzen. Wie vorläufige Versuche mit dem Sesquiterpenoid Capsidiol, dem Phytoalexin von Pfeffer, zeigten, kann man mit ihm Angriffe der Krautfäule an Tomaten bekämpfen, wenn man es in einer Konzentration von 5×10^{-4} M versprüht.

Da die Phytoalexinsynthese ein recht genereller Resistenzmechanismus ist, bieten diese Substanzen interessante Möglichkeiten für einen wechselseitigen Schutz von Nutzpflanzen. So könnte das Phytoalexin der einen Pflanze (im genannten Fall Pfeffer) den Krankheitserreger einer zweiten (zum Beispiel der Tomate) weitaus effektiver bekämpfen als die zweite Pflanze allein. Beim Tabak (*Nicotiana tabacum*) gelang es, durch gentechnisches Einschleusen eines Gens für die Stilbensynthese aus der Weinrebe (*Vitis vinifera*) ein solches Abwehrsystem herzustellen. Die transgene Pflanze produzierte bei einer Infektion das neue Stilbenphytoalexin Resveratrol und erwies sich auch als resistenter gegen den Pilz *Botrytis cinerea* (Hain et al. 1993). Eine andere Möglichkeit zur Nutzung der Phytoalexine im Pflanzenschutz ist die Aktivierung ihrer Synthese durch abiotische Mittel. So hat man mit Hilfe eines systemischen Fungizids bei Reispflanzen eine massive Phytoalexinsynthese und damit Resistenz gegen die Reisbräune (*Pyricularia oryzae*) induziert (Cartwright et al. 1977). Schließlich könnte man noch erfolgreich synthetische Analoga der Phytoalexine entwickeln, um fungizide Stoffe zu erzeugen, die dauerhaft sind und nicht so leicht biologisch abgebaut werden wie natürliche Moleküle.

Literatur

Bücher und Übersichtsartikel

Bailey, J. A.; Deverall, B. J. (Hrsg.) *The Dynamics of Host Defence*. Sydney (Academic Press) 1983.

Bailey, J. A.; Mansfield, J. W. (Hrsg.) *Phytoalexins*. Glasgow (Blackie) 1982.

Burdekin, D. A. (Hrsg.) *Research on Dutch Elm Disease in Europe*. London (HMSO) 1983.

Callow, J. A. (Hrsg.) *Biochemical Plant Pathology*. Chichester (Wiley) 1983.

Cruickshank, I. A. M.; Perrin, D. R. *Pathological Function of Phenolic Compounds in Plants*. In: Harborne, J. B. (Hrsg.) *Biochemistry of Phenolic Compounds*. London (Academic Press) 1964. S. 511–544.

Durbin, R. D. (Hrsg.) *Toxins in Plant Disease*. New York (Academic Press) 1981.

Friend, J.; Threlfall, D. R. (Hrsg.) *Biochemical Aspects of Plant-Parasite Relationships*. London (Academic Press) 1976.

Fröhlich, *Phytopathologie und Pflanzenschutz*. Stuttgart (G. Fischer).

Harborne, J. B. *Chemosystematics and Coevolution*. In: *Pure appl. Chem.* 49 (1977) S. 1403–1421.

Harborne, J. B. *The Role of Phytoalexins in Natural Plant Resistance*. In: Green, M. B.; Hedin, P. A. (Hrsg.) *Natural Resistance of Plants to Pests*. Washington, D. C. (American Chemical Society) 1986. S. 22–35.

Harborne, J. B. *Natural Fungitoxins*. In: *Proc. Phytochem. Soc. Eur.* 26 (1987) S. 195–211.

Harborne, J. B.; Ingham, J. L. *Biochemical Aspects of the Coevolution of Higher Plants with Their Fungal Parasites*. In: Harborne, J. B. (Hrsg.) *Biochemical Aspects of Plant and Animal Coevolution*. London (Academic Press) 1978. S. 343–405.

Heitefuss, R.; Williams, P. H. (Hrsg.) *Physiological Plant Pathology*. Bd. 4 der neuen Folge der *Encyclopedia of Plant Physiology*. Berlin (Springer) 1976.

Hillis, W. E. (Hrsg.) *Wood Extractives*. New York (Academic Press) 1962.

Horsfall, J. B.; Cowling, E. B. (Hrsg.) *Plant Disease Vol. 5. How Plants Defend Themselves*. New York (Academic Press) 1980.

Ingham, J. L. *Disease Resistance in Plants: The Concept of Preinfectional and Postinfectional Resistance*. In: *Phytopath. Z.* 78 (1973) S. 314–335.

Strobel, G. A. *Phytotoxins Produced by Plant Parasites*. In: *Ann. Rev. Plant Physiol.* 25 (1974) S. 541–566.

Swinburne, T. R. *The Resistance of Immature Bramley's Seedling Apples to Rotting by* Nectria galligena. In: Byrde, R. J. W.; Cutting, C. V. (Hrsg.) *Fungal Pathogenicity and the Plants Response*. London (Academic Press) 1973. S. 365–382.

Weber, H. *Allgemeine Mykologie*. Stuttgart (G. Fischer) 1993.

Wheeler, H. *Plant Pathogenesis*. Berlin (Springer) 1975.

Wood, R. K. S. *Physiological Plant Pathology*. Oxford (Blackwell) 1967.

Sonstige Quellen

Bailey, J. A.; Vincent, G. G.; Burden, R. S. In: *J. gen. Microbiol.* 85 (1974) S. 57–74.

Beijersbergen, J. C. M.; Lemmers, C. B. G. In: *Acta Bot. Neerl.* 19 (1970) S. 114.

Blakeman, J. P.; Atkinson, P. In: *Physiol. Plant Path.* 15 (1979) S. 183–192.

Bostock, R. M.; Kuc, J. A.; Laine, R. A. In: *Science* 212 (1981) S. 67–69.

Bowers, W. S.; Hock, H. C.; Evans, C. H.; Katayama, M. In: *Science* 232 (1986) S. 105.

Cartwright, D.; Langcake, P.; Price, R. J.; Leworthy, D. P.; Ride, J. P. In: *Nature* 267 (1977) S. 511–513.

Claydon, N.; Grove, J. F.; Hosken, M. In: *Phytochemistry* 13 (1974) S. 2567–2572.

Coley-Smith, J. R. In: Friend, J.; Threlfall, D. R. (Hrsg.) *Biochemical Aspects of Plant-Parasite Relationships*. London (Academic Press) 1976. S. 11–24.

Crombie, W. M. L.; Crombie, L.; Green, J. B.; Lucas, J. A. In: *Phytochemistry* 25 (1986) S. 2075–2083.

Cruickshank, I. A. M.; Perrin, D. R. In: *Nature* 187 (1960) S. 799f.

Darvill, A. G.; Albersheim, P. In: *Ann. Rev. Plant Physiol.* 25 (1984) S. 243–275.

Franisch, R. A.; Carson, M. J.; Carson, S. D. In: *Physiol. Molec. Plant Path.* 28 (1986) S. 267f.

Friend, J. In: Friend, J.; Threlfall, D. R. *Biochemical Aspects of Plant-Parasite Relationships*. London (Academic Press) 1976. S. 291–304.

Greathouse, G. A.; Watkins, G. M. In: *Am. J. Bot.* 25 (1938) S. 743–748.

Greenaway, W.; Whatley, F. R. In: Smith, H. (Hrsg.) *Commentaries in Plant Science*. Oxford (Pergamon Press) 1976. S. 249–262.

Greenhalgh, J. R.; Mitchell, N. D. In: *New Phytol.* 77 (1976) S. 391–398.

Hain, R.; Reif, H. J.; Krause, E.; Langebartels, R.; Kindl, H.; Vornam, B.; Wiese, W.; Schmetzer, E.; Schreier, P. H.; Stocker, R. H.; Stenzel, K. In: *Nature* 361 (1993) S. 153–156.

Harborne, J. B.; Ingham, J. L.; King, L.; Payne, M. In: *Phytochemistry* 15 (1976) S. 1485–1488.

Hargreaves, J. A. In: *Physiol. Plant Path.* 15 (1979) S. 279–287.

Hargreaves, J. A.; Mansfield, J. W.; Coxon, K. R. In: *Nature* 262 (1976a) S. 318f.

Hargreaves, J. A.; Mansfield, J. W.; Coxon, D. T.; Price, R. K. In: *Phytochemistry* 15 (1976b) S. 1119–1121.

Higgins, V. J.; Millar, R. L. In: *Phytopathology* 58 (1968) S. 1377–1383.

Hughes, J. C.; Swain, T. In: *Phytopathology* 50 (1960) S. 398–400.

Hulme, A. C.; Edney, K. L. In: Pridham, J. B. (Hrsg.) *Phenolics in Plants in Health and Disease.* Oxford (Pergamon Press) 1960. S. 87–94.

Hunter, L. D. In: *Phytochemistry* 14 (1975) S. 1519–1522.

Hunter, L. D.; Kirkham, D. S.; Hignett, R. C. In: *J. gen Microbiol.* 53 (1968) S. 61–67.

Ingham, J. L. In: *Phytochemistry* 15 (1976a) S. 1791–1793.

Ingham, J. L. In: *Phytochemistry* 15 (1976b) S. 1489–1496.

Ingham, J. L. In: Polhill, R. M.; Raven, P. H. (Hrsg.) In: *Advances in Legume Systematics.* London (HMSO) 1981. S. 599–626.

Jurd, L.; Corse, J.; King, A. D.; Bayne, H.; Mihara, K. In: *Phytochemistry* 10 (1971) S. 2971–2974.

Kern, H. In: Wood, R. K. S.; Ballio, A.; Graniti, A. (Hrsg.) *Phytotoxins in Plant Disease.* London (Academic Press) 1972. S. 35–48.

Kirkham, D. S.; Hunter, L. D. In: *Nature* 201 (1964) S. 638.

Kistler, H. C.; VanEtten, H. D. In: *J. gen. Microbiol.* 130 (1984) S. 2545–2603.

Livingston, R. S.; Scheffer, R. P. In: *Plant Physiol.* 72 (1983) S. 530.

Lovrekovich, L.; Lovrekovich, H.; Goodman, R. N. In: *Can. J. Bot.* 48 (1970) S. 999f.

Luke, H. H.; Gracen, V. E. In: Kadis, S.; Ciegler, A.; Ajl, S. J. (Hrsg.) *Microbial Toxins.* Bd. 8 London (Academic Press) 1972. S. 139–168.

Lüning, H. U.; Schlösser, E. In: *Z. Pflanzenkrankheiten Pflanzenschutz* 83 (1976) S. 317–327.

Macko, V.; Acklin, W.; Hildenbrand, C.; Weibel, F.; Arigoni, D. In: *Experientia* 39 (1983) S. 343.

Marré, E. In: *Prog. Phytochem.* 6 (1980) S. 253–284.

Mazars, C.; Hapner, K. D.; Strobel, G. A. In: *Experientia* 46 (1984) S. 1244.

Meyer, W. L.; Lax, A. R.; Templeton, G. E.; Brannon, M. J. In: *Tetrahedron Lett.* 24 (1983) S. 5059.

Millar, R. L.; Higgins, V. J. In: *Phytopathology* 60 (1970) S. 104–110.

Müller, K. O.; Börger, H. In: *Arb. biol. Abt. (Ansl. Reichstanst.), Berl.* 23 (1941) S. 189–231.

Nachmais, A.; Borasch, I.; Buckner, V.; Solel, Z.; Strobel, G. A. In: *Physiol. Plant Path.* 14 (1979) S. 135–140.

Nicholson, R. L.; Butler, L. G.; Asquith, T. N. In: *Phytopathology* 76 (1986) S. 1315–1318.

Offord, H. R. In: *Bull. US Bur. Ent.* E-518 (1950).

O'Neill, M. J.; Adesanya, S. A.; Roberts, M. F. In: *Z. Naturforsch.* 38c (1983) S. 693.

Perreaux, D.; Maraito, H.; Meyer, J. A. In: *Physiol. Molec. Plant Path.* 28 (1986) S. 323–328.

Piattelli, M.; Impellizzeri, G. In: *Phytochemistry* 10 (1971) S. 2657–2660.

Pueppke, S. G.; VanEtten, H. D. In: *Physiol. Plant Path.* 8 (1976) S. 51–61.

Robeson, D.; Harborne, J. B. In: *Phytochemistry* 19 (1980) S. 2359–2366.

Scheffer, T. C.; Cowling, E. B. In: *A. Rev. Phytopath.* 4 (1966) S. 147–170.

Sequeira, L. In: Horsfall, J. G.; Cowling, E. B. (Hrsg.) *Plant Disease. Vol. 5. How Plants Defend Themselves.* New York (Academic Press) 1980. S. 179–200.

Sijpesteijn, A. K. In: *Meded. Landbouwhogesch. (Gent)* 34 (1969) S. 379–391.

Sinden, S. L.; Durbin, R. D. In: *Nature* 219 (1968) S. 379f.

Slob, A.; Jekel, B.; Jong, B.; Schlatmann, E. In: *Phytochemistry* 14 (1975) S. 1997–2006.

Spencer, P. A.; Towers, G. H. N. In: *Phytochemistry* 27 (1988) S. 2781–2785.

Stachel, S. E.; Messene, E.; Motagu, M. van; Zambryski, P. In: *Nature* 318 (1985) S. 624–629.

Stoessl, A. In: *Can. J. Chem.* 45 (1967) S. 1745–1760.

Towers, G. H. N. In: Harborne, J. B. (Hrsg.) *Biochemistry of Phenolic Compounds.* London (Academic Press) 1964. S. 249–294.

VanEtten, H. F. In: *Phytochemistry* 15 (1976) S. 655–659.

Walker, J. C.; Stahmann, M. A. In: *A. Rev. Plant Physiol.* 6 (1955) S. 351–366.

Ward, E. W. B.; Unwin, C. H.; Stoessl, A. In: *Phytopathology* 65 (1975) S. 168f.

Ward, H. M. In: *Ann. Bot.* 19 (1905) S. 1–54.

Wells, H. D.; Bell, D. K.; Jaworski, C. A. In: *Phytopathology* 62 (1972) S. 442–447.

Wheeler, H.; Luke, H. H. In: *A. Rev. Microbiol.* 17 (1963) S. 223–242.

Wolpert, T. J.; Macko, V.; Acklin, W.; Jann, B.; Seibl, J.; Meili, J.; Arigoni, D. In: *Experientia* 41 (1985) S. 1370f.

Woodward, J. R.; Keane, P. S.; Stone, B. A. In: *Physiol. Plant Path.* 16 (1980) S. 205–212.

Yoshihara, T.; Togiya, S.; Koshimo, H.; Sakamura, S. In: *Tetrahedron Lett.* 26 (1985) S. 5551.

Index

A

Aasfliegen 74
Aasgeruch 64
Abbau von Giftstoffen 97–99
Abies 147
  balsamea (Balsamtanne) 140
  grandis (Großtanne) 140 f
Abietinsäure 272
Abrin 86, 92
Abrus precatorius 86, 92
Abscisinsäure 6, 18 f
Abstinon 258
Abutilon (Schönmalve) 72
Abwehr, induzierte 237–239
Abwehrgilden, pflanzliche 2
Abwehrmechanismen, gegen Herbivoren 84
Abwehrpheromone 270
Abwehrstoffe 106, 111, 114–118, 135, 147, 216, 270
  bei Arthropoden 269–284
  gegen Tierfraß 155, 163, 168, 182, 198, 201, 204, 225, 227, 232 f, 244–246
Acacia (Ameisenakazien) 77
Acanthomyops calviger 271 f
Acer saccharum (Zuckerahorn) 236
Acesulfam K 212
Acetaldehyd 17
Acetat 255, 272 f
Acetidin-2-carbonsäure 86 f
Aceton 104
β-Acetoxyistearinsäure 75
Acetsyringon 341
3-Acetyl-6-methoxybenzaldehyd 294
Acetylandromedol 76
Acetyl-CoA 259
Achlya bisexualis 124
Acidose, cytoplasmatische 17
Ackerschnecke (*Deroceras reticulatum*) 104
Acokanthera ouabaio 94
Aconitase 93
Aconitase-Hydratase 244
Acrididae (Feldheuschrecken) 226 f
Acyrthosiphon pisum (Grüne Erbsenlaus) 166, 231
Acyrthosiphon spartii (Grüne Besenginster-blattlaus) 159, 166 f
Adenosin 184
Adenostoma fasciculatum (Scheinheide) 299 f
Adenostyles alliariae (Grauer Alpendost) 181
Adlerfarn (*Pteridium aquilinum*) 106, 302, 225
Adoxophyes orana (Apfelschalenwickler) 257

adstringierende Wirkung 168, 193, 197, 207, 246
Aesculetin 32 f
Aesculin 33
Affen 200–203
Aflatoxine 94–96
Agalinis purpurea 307
Agaonidae (Feigenwespen) 45
Agasicles 159, 161, 167
Ageratum houstianum (Leberbalsam) 141
Aggregationspheromone 251, 283
Aglykon 275
Agrobacterium tumefaciens 341
Agromyza frontella (Luzernenminier-fliege) 258
Agrostis tenuis (Rotes Straußgras) 23 f
β-Alanin 161
L-Alanin 161
Alarmpheromone 229, 262–264, 283
Alaskapapierbirke (*Betula resinifera*) 233
Aldehyde, aliphatische 269
Algen 25 f, 29, 181 f
Aliphaten 62
Alkaloide 3, 53, 76, 84–86, 89–91, 99, 110, 113, 116, 118, 135, 137 f, 151 f, 159, 166, 168 f, 181, 185, 198, 201 f, 206, 223, 226, 234, 236, 239, 253 f, 261, 269 f, 276, 279, 283, 309 f, 322
  bei Tieren 276–279
  siehe auch Pyrrolizidinalkaloide
Alkane 231, 273, 283
Alkene 258, 273, 283
Alkoholdehydrogenase 17
Alkohole 13, 255, 283
  aliphatische 66
Alkylpyrazin 208
Allelopathie 252, 288, 306, 309–311
  ökologische Bedeutung 304
allelopathische Substanzen 289
Allium cepa (Zwiebel) 319
Allomone 252 f, 265
Allophyllum gilioides 57
Allylisothiocyanat 158, 163, 184, 211, 324–326
Allylnitrat 211
Alnus crispa 233 f
Alnus glutinosa (Schwarzerle) 293
Alnus incana (Grauerle) 16
Alpendost, Grauer (*Adenostyles alliariae*) 181
Alpenschneehase (*Lepus timidus*) 234
Alpenschneehuhn 204
Alstroemeria (Inkalilie) 326